高等学校教材

塑料成型基础及成型工艺

孙立新　张昌松　编

化学工业出版社
·北京·

本书是根据机械类材料成型与控制工程专业的课程设置，结合塑料成型工艺学所相关内容而进行编著的。其内容包括塑料成型的理论基础、塑料成型材料及塑料成型工艺三部分。全书共分为四章，分别是：绪论、塑料成型的理论基础、塑料成型材料和塑料成型工艺，文后附有附录，以便学生在遇到各类问题时能独立解决。

本书力求做到理论联系实际，深入浅出。不仅可适用于材料成型与控制工程专业的学生，同时也希望能对机械类从事塑料加工及塑料模具设计的专业人员有一定的帮助。

图书在版编目（CIP）数据

塑料成型基础及成型工艺/孙立新，张昌松编．—北京：化学工业出版社，2011.11
高等学校教材
ISBN 978-7-122-12544-6

Ⅰ．塑… Ⅱ．①孙…②张… Ⅲ．塑料成型-工艺-高等学校-教材 Ⅳ．TQ320.66

中国版本图书馆 CIP 数据核字（2011）第 209082 号

责任编辑：杨　菁　　　　　　　　　　　　文字编辑：李　玥
责任校对：周梦华　　　　　　　　　　　　装帧设计：杨　北

出版发行：化学工业出版社（北京市东城区青年湖南街 13 号　邮政编码 100011）
印　　装：三河市延风印装厂
787mm×1092mm　1/16　印张 18　字数 485 千字　2012 年 2 月北京第 1 版第 1 次印刷

购书咨询：010-64518888（传真：010-64519686）　售后服务：010-64518899
网　　址：http://www.cip.com.cn
凡购买本书，如有缺损质量问题，本社销售中心负责调换。

定　　价：36.00 元　　　　　　　　　　　　　　　　　　　版权所有　违者必究

前　言

　　塑料制品涉及国民经济和人民生活的各个方面，如机电、仪表、机械制造、汽车、家用电器、化工、建材、医疗卫生、农业、军事、航天工业等。随着生产力和生活水平的不断提高，人们对塑料制品开发、设计与制造水平及其要求也越来越高，与之相关的材料成型与控制专业及模具设计与制造专业已成为国内热门专业。为满足社会对人才的迫切需要，培养更多和更优秀的工程技术人员，我们在总结多年教学实践经验的基础上特编写本教材。

　　本教材是根据机械类材料成型与控制工程专业的课程设置，结合塑料成型工艺学所要求的内容而进行编写的。它包括塑料成型的理论基础、塑料成型材料及塑料成型工艺三部分。编写时考虑到机械类学生高分子方面知识薄弱的因素，在材料成型理论基础部分加入了相关高分子的基础内容，以拓宽高分子方面的知识，使学生能够深入理解塑料的成型理论；在塑料成型材料中，为了加强实用性，编写时以结构与性能为主线，着重介绍常用塑料的使用性能、加工性能、改性方法及发展方向，使学生在明确常用的塑料品种及性能的基础上了解更多的塑料品种及它们的特性；在塑料成型工艺着重介绍常用成型工艺过程及控制因素，同时对塑料的机械加工、修饰及装配也作了简要介绍。

　　本教材在编著时力求理论联系实际，深入浅出，希望它不仅适用于材料成型与控制专业的学生，同时对机械类从事塑料加工及塑料模具设计的专业人员也有一定的帮助。

　　本教材分为 4 章：第 1 章绪论，简明扼要地介绍了塑料成型加工在塑料工业体系中的地位，成型工艺发展概况及成型技术加工分类等；第 2 章塑料成型理论基础，主要介绍高分子的概念、结构、力学状态及加工过程所涉及的相关知识等；第 3 章塑料成型材料，主要介绍塑料的发展简史，常用通用塑料和工程塑料的种类、性质与成型特性；第 4 章塑料成型工艺，主要介绍了塑料的挤出成型、注塑成型、压缩成型、中空吹塑等成型方法，同时对塑料的机械加工、修饰和装配进行了简要介绍。

　　本教材第 1 章、第 2 章、第 4 章 4.1～4.5 节和附录由陕西科技大学孙立新老师编写，第 3 章和第 4 章 4.6～4.7 节由陕西科技大学张昌松老师编写。

　　由于本教材在吸纳了陕西科技大学材料成型及控制工程专业十多年的教学改革研究的实践成果的同时也参考了许多优秀教材，因此它凝聚了除编者之外更多人的心血与汗水，在此作者深表感谢。

　　由于本教材内容广泛，编者水平有限，尽管加倍努力，但存在不足之处在所难免，恳请同行和读者批评指正。

编者

2011 年 10 月　于西安

目　　录

1 绪论 ……………………………………………………………………… 1
　1.1　塑料成型加工在塑料工业中的地位 …………………………………… 1
　1.2　塑料成型加工发展概况 …………………………………………………… 2
　　1.2.1　仿制时期 ……………………………………………………………… 2
　　1.2.2　改进与扩展时期 ……………………………………………………… 2
　　1.2.3　创新时期 ……………………………………………………………… 3
　1.3　塑料成型加工技术分类 …………………………………………………… 4
　　1.3.1　按所属成型加工阶段划分 …………………………………………… 4
　　1.3.2　按聚合物在成型加工过程中的变化划分 …………………………… 4
　　1.3.3　按成型加工的操作方式划分 ………………………………………… 5
2 塑料成型的理论基础 …………………………………………………… 6
　2.1　高分子化合物的基本概念 ………………………………………………… 6
　　2.1.1　高分子化合物的定义 ………………………………………………… 6
　　2.1.2　高分子化合物的特点 ………………………………………………… 7
　　2.1.3　高分子化合物的分类 ………………………………………………… 8
　　2.1.4　高分子化合物的命名 ………………………………………………… 10
　2.2　高分子的链结构 …………………………………………………………… 10
　　2.2.1　高分子链的近程结构 ………………………………………………… 11
　　2.2.2　高分子链的远程结构 ………………………………………………… 15
　2.3　高聚物的分子运动及力学状态 …………………………………………… 19
　　2.3.1　高聚物的运动特点 …………………………………………………… 19
　　2.3.2　高聚物的力学状态 …………………………………………………… 21
　2.4　高聚物聚集态结构 ………………………………………………………… 23
　　2.4.1　概述 …………………………………………………………………… 23
　　2.4.2　高聚物非晶态结构 …………………………………………………… 24
　　2.4.3　高聚物的晶态结构 …………………………………………………… 25
　　2.4.4　高聚物的取向结构 …………………………………………………… 31
　　2.4.5　共混高聚物的织态结构 ……………………………………………… 38
　2.5　高聚物的流变行为 ………………………………………………………… 40
　　2.5.1　高聚物黏流态特征 …………………………………………………… 40
　　2.5.2　剪切黏度和非牛顿流动 ……………………………………………… 42
　　2.5.3　拉伸黏度 ……………………………………………………………… 46
　　2.5.4　温度和压力对黏度的影响 …………………………………………… 47
　　2.5.5　高聚物熔体的弹性 …………………………………………………… 49
　　2.5.6　流体在简单截面管道中的流动 ……………………………………… 51
　　2.5.7　流动的缺陷 …………………………………………………………… 54

2.6 高聚物的加热与冷却 ……………………………………………………… 56
  2.6.1 热扩散系数 ………………………………………………………… 56
  2.6.2 摩擦热 ……………………………………………………………… 57
2.7 高聚物的降解 …………………………………………………………… 58
  2.7.1 热降解 ……………………………………………………………… 58
  2.7.2 力降解 ……………………………………………………………… 59
  2.7.3 氧降解 ……………………………………………………………… 59
  2.7.4 水降解 ……………………………………………………………… 60
  2.7.5 降解的防治 ………………………………………………………… 60
2.8 热固性塑料的交联作用 ………………………………………………… 61
2.9 高聚物常见力学性能简介 ……………………………………………… 62
  2.9.1 高聚物的高弹性与黏弹性 ………………………………………… 62
  2.9.2 高聚物的蠕变与应力松弛 ………………………………………… 63
  2.9.3 玻耳兹曼叠加原理和时温等效原理 ……………………………… 64
  2.9.4 高聚物的银纹现象 ………………………………………………… 64

3 塑料成型材料 …………………………………………………………………… 66
3.1 概述 ……………………………………………………………………… 66
  3.1.1 塑料的发展简史 …………………………………………………… 66
  3.1.2 塑料的分类 ………………………………………………………… 66
  3.1.3 塑料的组成 ………………………………………………………… 67
  3.1.4 塑料的特性 ………………………………………………………… 70
  3.1.5 塑料的工艺性能 …………………………………………………… 71
3.2 通用塑料 ………………………………………………………………… 76
  3.2.1 聚乙烯 ……………………………………………………………… 76
  3.2.2 聚丙烯 ……………………………………………………………… 80
  3.2.3 聚苯乙烯 …………………………………………………………… 85
  3.2.4 聚氯乙烯 …………………………………………………………… 89
  3.2.5 聚甲基丙烯酸甲酯 ………………………………………………… 95
  3.2.6 酚醛塑料 …………………………………………………………… 97
  3.2.7 氨基塑料 …………………………………………………………… 103
3.3 工程塑料 ………………………………………………………………… 106
  3.3.1 ABS 塑料 …………………………………………………………… 106
  3.3.2 聚酰胺 ……………………………………………………………… 110
  3.3.3 聚甲醛 ……………………………………………………………… 113
  3.3.4 聚碳酸酯 …………………………………………………………… 116
  3.3.5 聚苯醚 ……………………………………………………………… 119
  3.3.6 聚砜类塑料 ………………………………………………………… 121

4 塑料成型工艺 …………………………………………………………………… 126
4.1 挤出成型 ………………………………………………………………… 126
  4.1.1 概述 ………………………………………………………………… 126
  4.1.2 单螺杆挤出机的基本结构 ………………………………………… 127
  4.1.3 单螺杆挤出原理 …………………………………………………… 130
  4.1.4 单螺杆结构设计的改进 …………………………………………… 136

    4.1.5 双螺杆挤出机的结构及挤出原理 …………………………………………… 140
    4.1.6 挤出制品举例 …………………………………………………………………… 146
  4.2 注射成型 ……………………………………………………………………………………… 158
    4.2.1 概述 ………………………………………………………………………………… 158
    4.2.2 注射模塑设备 …………………………………………………………………… 160
    4.2.3 注射模塑工艺过程及控制因素 ………………………………………………… 167
    4.2.4 注射模塑工艺条件的分析讨论 ………………………………………………… 173
    4.2.5 注射模塑的发展 ………………………………………………………………… 177
  4.3 压缩模塑及热固性塑料的其他成型方法 ………………………………………………… 186
    4.3.1 压缩模塑概述 …………………………………………………………………… 186
    4.3.2 压缩模塑的设备 ………………………………………………………………… 186
    4.3.3 压缩模塑的工艺过程 …………………………………………………………… 190
    4.3.4 压缩模塑的控制因素 …………………………………………………………… 194
    4.3.5 冷压烧结成型 …………………………………………………………………… 198
    4.3.6 热固性塑料的传递模塑和注射模塑 …………………………………………… 200
  4.4 中空吹塑 …………………………………………………………………………………… 205
    4.4.1 概述 ………………………………………………………………………………… 205
    4.4.2 挤出吹塑 ………………………………………………………………………… 206
    4.4.3 注射吹塑 ………………………………………………………………………… 212
    4.4.4 拉伸吹塑 ………………………………………………………………………… 214
  4.5 层压塑料和增强塑料的成型 ……………………………………………………………… 217
    4.5.1 概述 ………………………………………………………………………………… 217
    4.5.2 增强材料及偶联剂 ……………………………………………………………… 218
    4.5.3 热固性增强塑料的成型 ………………………………………………………… 221
    4.5.4 热塑性增强塑料的成型 ………………………………………………………… 226
  4.6 热成型 ……………………………………………………………………………………… 228
    4.6.1 概述 ………………………………………………………………………………… 228
    4.6.2 热成型的基本方法 ……………………………………………………………… 228
    4.6.3 热成型的设备 …………………………………………………………………… 233
    4.6.4 模具 ………………………………………………………………………………… 235
    4.6.5 工艺因素分析 …………………………………………………………………… 237
    4.6.6 热成型常用的塑料 ……………………………………………………………… 240
  4.7 塑料的机械加工、修饰及装配 …………………………………………………………… 241
    4.7.1 概述 ………………………………………………………………………………… 241
    4.7.2 机械加工 ………………………………………………………………………… 242
    4.7.3 修饰 ………………………………………………………………………………… 252
    4.7.4 装配 ………………………………………………………………………………… 262
附录 …………………………………………………………………………………………………… 276
  附录1 挤压管材的反常现象、原因及消除方法 ………………………………………… 276
  附录2 吹塑薄膜的反常现象、原因及消除方法 ………………………………………… 276
  附录3 注塑模塑的缺陷及其可能产生的原因 …………………………………………… 277
  附录4 一般热固性塑料产生废品的类型、原因及处理方法 …………………………… 279
参考文献 …………………………………………………………………………………………… 282

1 绪 论

1.1 塑料成型加工在塑料工业中的地位

人类社会的进步是与材料的使用密切相关的。人类要生存、要发展就离不开材料的使用。从古至今，人类使用的材料主要有四大类：木材、水泥、钢铁、塑料。其中塑料是20世纪才发展起来的一大类新材料。由于自然条件的限制，木材的产量不可能有大的增长；水泥虽有良好的用途，但使用范围有一定的局限性；钢铁的性能优良，但近几十年来其产量增长却十分有限；而塑料以其品种多、性能各具特色、适应性广、生产所消耗的能量低等优势，在国民经济中已成为不可缺少的材料。

塑料工业包含塑料生产（包括树脂和半成品的生产）和塑料制品生产（也称为塑料成型工业）两个部分。没有塑料的生产，塑料制品生产就无成型加工对象，没有了塑料制品生产，塑料生产的产物就不能成为生产或生活资料，其使用价值就不会为社会所承认，所以两者是一个体系的两个连续部分，是相互依存的。

塑料制品的生产是一种复杂而又繁重的过程，其目的在于根据各种塑料的固有性能，利用一切可以实施的方法，使其成为具有一定形状有使用价值的制件或型材。当然，除加工技术外，生产成本和制品质量也应重点考虑。

塑料制品生产的过程如图1-1-1所示，它主要由原料准备、成型、机械加工、修饰和装配等组成。其中成型是将各种形态的塑料（粉料、粒料、溶液或分散体）制成所需形状的制品或坯件的过程，在整个过程中最为重要，是一切塑料制品或型材生产的必经过程。其他过程，通常是根据制品的使用要求来取舍的，也就是说，不是每种制品都需完整地经过这些过程。若某些制品的生产不需完整地通过这五个工序，则在剔除某些工序后仍需按以上次序进行，不容颠倒，否则在一定程度上会影响制品的质量或浪费劳动力和时间。机械加工是指在

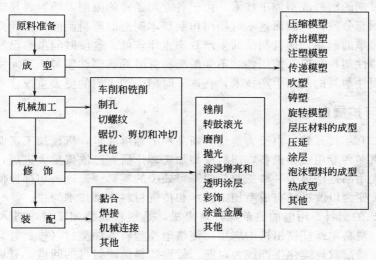

图1-1-1 塑料制品的生产过程

成型后的工件上钻眼、切螺纹、车削或铣削等，用来完成成型过程所不能完成或完成得不够准确的一些工作。修饰主要是为了美化塑料制品的表面或外观，也有为其他目的的（如高度光滑的表面可提高塑料制品的介电性能）。装配是将各个已经完成的部件连接或配套使其成为一个完整制品的过程。后三种过程有时统称为加工。相对来说，加工过程常居于次要地位。

1.2 塑料成型加工发展概况

从19世纪中期塑料作为一种新型材料问世之后，就产生了将其成型加工为制品的问题。作为一种新出现的材料，当时不可能有现成的成型加工技术可供采用。因此，塑料的成型加工首先从仿制传统材料（如金属、玻璃、陶瓷和橡胶等）的成型加工技术开始，中间经历了对仿制技术的改进与扩展阶段，进而达到开发塑料专用成型加工技术的创新时期。

1.2.1 仿制时期

随着19世纪70年代的硝化纤维素和酚醛塑料的出现，20世纪初醋酸纤维素和脲醛塑料的相继问世，将这些新兴材料制造成有使用价值的产品，就成为当时塑料工业亟待解决的问题。

由于当时既没有现成的塑料专用设备，也缺乏对塑料成型工艺性的深刻了解，因此塑料材料的加工主要是根据塑料与某些传统材料在工艺性上的相似之处，通过仿造这些传统材料的成型技术并利用它们的成型设备，或对成型技术和设备稍加改进，就将其用于制造塑料制品。例如，从酚醛树脂与铸铁等金属材料在加热到熔点以上时都具有良好流动性这一相似之处出发，借鉴金属的铸造技术成型电绝缘用的酚醛树脂铸塑体，从而产生了早期的塑料"浇铸"技术。从酚醛塑料和脲醛塑料与橡胶一样，都能在加热和加压条件下转变成不溶不熔固体物这一相似处出发，将橡胶的压制成型技术移植到塑料制品生产部门，从而产生了现在称作"压缩模塑"的塑料成型技术。此外，热塑性塑料的中空吹塑技术，是从玻璃制品工业的吹瓶技术仿制而来；塑料的压延成型技术，是从橡胶工业和造纸工业的辊筒加工技术得到启发；最初的柱塞式注塑，可追溯到金属的压力铸造技术；而现在成为塑料二次成型技术中发展最快的片材热成型技术，显然与金属的钣金加工有密切关系。

处于仿制时期的塑料成型加工技术，由于各方面条件的限制，塑料容易成型加工这一突出特性尚未得到充分发挥，因而这一时期用仿制技术制造的塑料制品性能较差，只能成型加工形状与结构简单的制品，而且制品的生产效率也比较低。这段时间虽然已经出现了几种改性纤维素类热塑性塑料，但其使用性远不如酚醛和脲醛等热固性塑料，从而使压缩模塑等特别适合成型热固性塑料的制品生产技术，在这一时期受到人们的更大重视。

1.2.2 改进与扩展时期

从20世纪20年代开始，由于大量塑料新品种的相继问世，机械加工工业已能为塑料制品生产部门提供多种专用成型设备，塑料成型加工理论研究已取得重大进展，塑料制品从传统材料产品的代用品逐渐成为一些工业部门不可缺少的零部件。这一切都促使塑料成型加工从以仿制为主转变为以改进已有成型加工技术和传统材料成型技术为主。

1936年制成的塑料专用电加热单螺杆挤出机，是塑料成型加工技术进入改进时期的第一项重大成就。塑料单螺杆挤出机的应用，使热塑性塑料各种型材（棒、管、膜、片、板和各种异型材等）的高效连续化生产成为可能。带预塑料筒注射机的问世，有可能将原来的塑化与注射不分的简单柱塞式注塑技术，改造成先将固体塑料塑化为熔体后再注射的预塑化注塑技术，这不仅提高了注塑制品的生产效率，而且也使注塑制品的质量明显提高。其他，如将金属的粉末冶金技术改造为可成型聚四氟乙烯等难熔塑料的冷压烧结成型技术，将金属的压铸技术改造为适合热固性模塑料成型的"传递模塑"技术，将搪瓷制品的传统生产技术改造成适合糊塑料成型的"涂凝模塑"技术等，都是这一时期塑料制品生产部门改造传统材料成型加工技术，以满足塑料成型加工需要所取得的重要成果。

塑料成型加工技术进入改进时期后，与前一时期相比出现了一些明显的新特点：其一是塑料的成型加工技术更加多样化，从前一时期仅有的几种技术发展到数十种技术，借助这几十种技术可将粉状、粒状、纤维状、碎屑状、糊状和溶液状的各种塑料原材料制成多种多样形状与结构的制品，如带有金属嵌件的模制品、中空的软制品和用织物增强的层压制品等；其二是塑料制品的质量普遍改善和生产效率明显提高，成型过程的监测控制和机械化与自动化的生产已经实现，全机械化的塑料制品自动生产线也已出现；其三是由于这一时期新开发的塑料品种主要是热塑性塑料，加之热塑性塑料有远比热固性塑料良好的成型工艺性，因此，这一时期塑料成型加工技术的发展，从以成型热固性塑料的技术为重点转变到以成型热塑性塑料的技术为主。目前塑料制品生产部门广泛采用的注塑、挤塑、压延和中空吹塑等成型技术，都是在这一时期迅速发展起来的。

1.2.3 创新时期

从 20 世纪 50 年代中期开始，由于出现了如聚碳酸酯、聚甲醛、聚苯醚、聚砜、聚酰亚胺、环氧树脂、不饱和聚酯和聚氨酯等一大批高性能的塑料，而这些新塑料品种的成型工艺性又各具特色，这就要求有适合它们的成型加工技术将其高效而经济地制造为产品，加之各种尖端技术的发展对塑料制品的性能、性能重现性和尺寸精度等提出了更高的要求，这二者都促使塑料成型加工技术向更高的阶段发展。由于计算机和各种自动化控制仪表的普及，塑料成型设备的设计和制造技术不断取得新成果，以及塑料成型加工理论研究的新进展，则为塑料成型加工技术的提高、创新提供了条件。

1956 年出现的移动螺杆式注射机，以及同时问世的双螺杆挤出机，使热敏性和高熔体黏度的热塑性与热固性塑料，都能采用高效的成型技术生产优质的制品。这一时期出现的反应注塑技术，使聚氨酯、环氧树脂和不饱和聚酯的液态单体或低聚物的聚合与成型能在同一生产线上一次完成；而滚塑技术的采用，使特大型塑料中空容器的成型成为可能。往复螺杆式注塑、反应注塑和滚塑等一批塑料独有的制品生产技术的出现，标志着塑料成型加工已从以改进各种仿制技术为主的时期，转变到开发更能发挥塑料成型工艺性新成型加工技术的时期。在这一时期成型加工技术的发展，也促使高效成型技术的制品生产过程从机械化和自动化，进一步向着连续化、程序化和自适控制的方向发展。

进入创新时期的塑料成型加工技术与前一时期相比，在可成型加工塑料材料的范围、可成型加工制品的范围和制品质量控制等方面均有重大突破。采用创新的成型技术，不仅使以往难以成型的热敏性和高熔体黏度的材料可方便地成型为制品，而且也使以往很少采用的长纤维增强塑料、片状模塑料和团状模塑料也可大量用作高效成型技术的原材料。重量超过 100kg 的汽车外壳和船体、容积超过 50000L 的特大容器、幅宽大于 30m 的薄膜和宽度大于 2m 的板材，以及重量仅几十毫克的微型齿轮与微型轴承和厚度仅几微米的超薄薄膜，在成型加工技术进入创新期后都已经成为塑料制品家族中的成员。电子计算机在塑料成型加工中的推广应用，不仅可对成型设备进行程序控制以实现制品成型过程的全自动化，而且通过发挥电子计算机的监控、反馈和自动调节功能，可使一些塑料制品的成型过程实现自适控制，这对提高塑料制品生产效率、降低制品的不合格率和保证同一批制品的质量指标接近相同等方面，均起重要作用。

塑料成型加工技术的发展仍在继续，由单一型技术向组合型技术发展，如注射—拉伸—吹塑成型技术和挤出—模压—热成型技术等，由常规条件下的成型技术向特殊条件下的成型技术发展，如超高压和高真空条件下的塑料成型加工技术，由基本上不改变塑料原有性能的保质成型加工技术向赋予塑料新性能的变质型成型加工技术发展，双轴拉伸薄膜成型、发泡成型和借助电子束与化学交联剂使热塑性塑料在成型过程中进行交联反应的交联挤出是这方面的代表。

1.3 塑料成型加工技术分类

经过100多年的仿制、改进与创新，塑料成型加工到目前已拥有近百种可供制品生产采用的技术。将这些众多的技术进行科学的分类，不仅有助于加深对各种成型加工技术共性和特性的理解，而且也有助于按照塑料的工艺特性和制品的形状与结构特点正确选择成型加工技术。文献上报道的塑料成型加工技术分类方法很多，以下仅介绍几种比较广泛采用的分类方法。

1.3.1 按所属成型加工阶段划分

按各种成型加工技术在塑料制品生产中所属成型加工阶段的不同，可将其划分为一次成型技术、二次成型技术和二次加工技术三个类别。

（1）一次成型技术

一次成型技术，是指能将塑料原材料转变成有一定形状和尺寸制品或半制品的各种工艺操作方法。用于一次成型的塑料原料常称作成型物料。粉状、粒状、纤维状和碎屑状固体塑料以及树脂单体、低分子量预聚体、树脂溶液和增塑糊等，是常用的成型物料。这类成型技术多种多样，目前生产上广泛采用的挤塑、注塑、压延、压制、浇铸和涂覆等重要成型技术，均属于一次成型技术的范畴。

（2）二次成型技术

二次成型技术，是指既能改变一次成型所得塑料半制品（如型材和坯件等）的形状和尺寸，又不会使其整体性受到破坏的各种工艺操作方法。目前生产上采用的有双轴拉伸成型、中空吹塑成型和热成型等少数几种二次成型技术。

（3）二次加工技术

这是一类在保持一次成型或二次成型产物硬固状态不变的条件下，为改变其形状、尺寸和表观性质所进行的各种工艺操作方法。由于是在塑料完成全部成型过程后实施的工艺操作，因此也将二次加工技术称作"后加工技术"。生产中已采用的二次加工技术多种多样，但大致可分为机械加工、连接加工和修饰加工三类方法。

一切塑料产品的生产都必须经过一次成型，是否需要经过二次成型和二次加工，则由所用成型物料的成型工艺性、一次成型技术的特点、制品的形状与结构、对制品的使用要求、批量大小和生产成本等多方面的因素决定。

1.3.2 按聚合物在成型加工过程中的变化划分

根据这一特征，可将塑料成型加工技术划分为以物理变化为主、以化学变化为主和兼有物理变化与化学变化的三种类别。

（1）以物理变化为主的成型加工技术

塑料的主要组分聚合物在这一类技术的成型加工过程中，主要发生相态与物理状态转变、流动与变形和机械分离之类的物理变化。在这类技术的成型加工过程中，有时也会出现一些聚合物力降解、热降解和轻度交联之类化学反应,但这些化学反应对成型加工过程的完成和制品的性能都不起重要作用。热塑性塑料的所有一次成型技术和二次成型技术,以及大部分的塑料二次加工技术都用于此类。

(2) 以化学变化为主的成型加工技术

属于这一类的技术,在其成型加工过程中聚合物或其单体有明显的交联反应或聚合反应,而且这些化学反应进行的程度对制品的性能有决定性影响。加有引发剂的甲基丙烯酸甲酯预聚浆和加有固化剂液态环氧树脂的静态浇铸、聚氨酯单体的反应注塑,以及用液态热固性树脂为主要组分的胶黏剂胶接塑料件的加工技术,是这类成型加工技术的实例。

(3) 物理变化和化学变化兼有的成型加工技术

热固性塑料的传递模塑、压缩模塑和注塑是这类成型技术的典型代表,其成型过程的共同特点是都需要先通过加热使聚合物从玻璃态转变到黏流态,黏流态物料流动取得模腔形状后,再借助交联反应使制品固化。用热固性树脂溶液型胶黏剂和涂料胶接与涂装塑料件的加工技术,由于需要先使溶剂充分蒸发,然后才能借助聚合物交联反应形成胶接接头或涂膜,故也应属于这一类别的加工技术。

1.3.3 按成型加工的操作方式划分

根据塑料成型加工过程操作方式的不同,可将其划分为连续式、间歇式和周期式三个类别。

(1) 连续式成型加工技术

这类技术的共同特点是,其成型加工过程一旦开始,就可以不间断地一直进行下去。用这类成型加工技术制得的塑料产品长度可不受限制,因而都是管、棒、单丝、板、片、膜之类的形状。典型的连续式塑料成型加工技术有各种型材的挤塑、薄膜和片材的压延、薄膜的流延浇铸、压延和涂覆人造革成型和薄膜的凹版轮转印刷与真空蒸镀金属等。

(2) 间歇式成型加工技术

这类技术的共同特点是:成型加工过程的操作不能连续进行,各个制品成型加工操作时间并不固定;有时具体的操作步骤也不完全相同。一般来说,这类成型加工技术的机械化和自动化程度都比较低,手工操作占有较重要的地位。用移动式模具的压缩模塑和传递模塑、冷压烧结成型、层压成型、静态浇铸、滚塑以及大多数二次加工技术均属此类。

(3) 周期式成型加工技术

这一类技术在成型加工过程中,每个制品均以相同的步骤、每个步骤均以相同的时间,以周期循环的方式完成工艺操作。主要依靠成型设备预先设定的程序完成各个制品的成型加工操作,是这类成型加工技术的共同特点,因而成型加工过程可以没有或只有极少量的手工操作。全自动式控制的注塑和注塑吹塑,以及自动生产线上的片材热成型和蘸浸成型等是这类技术的代表。

除以上三种常见的分类方法外,还有按被加工塑料的类别将塑料成型技术划分为热塑性塑料成型、热固性塑料成型、增强塑料成型、泡沫塑料成型和糊塑料成型等;也有按成型过程中塑料被加热的温度和所承受的压力,将成型技术划分为高温成型与低温成型或高压成型与低压成型等。

2 塑料成型的理论基础

本章在明确高分子基本概念的基础上，围绕高分子物理学的基本知识，阐述高聚物的结构与性能之间的关系。众所周知，物质的性质是其运动形式的宏观表现。因此，要认识高分子的物理力学性能，必须研究其分子运动，进而研究结构与性能之间的内在联系及其基本规律。因为只有掌握了结构与性能之间的内在联系及其规律，才能更好地理解各种高分子材料的结构与性能，才能正确地选择和改性材料。在高分子材料成型过程中，由于加工条件的变化，会引起高分子制品聚集态结构的变化，这必然导致制品性能的变化。因此，如何合理地控制加工条件，从而获得性能合格的制品，显然需要结构与性能之间关系的知识。所以，本章所阐述的内容是高分子成型加工的理论基础。

2.1 高分子化合物的基本概念

2.1.1 高分子化合物的定义

高分子化合物是由成千上万的原子，主要以共价键相连接起来的大分子组成化合物，其相对分子质量在一万以上。高分子化合物亦称高分子、大分子、聚合物或高聚物。这些词汇的含义并无本质区别，多数情况下是可以相互混用的，对于化学组成和结构复杂的生物高分子化合物通常使用"大分子"较为恰当，最好避免使用"聚合物"。

高分子化合物的分子量虽然很大，但其化学组成一般比较简单。合成高分子化合物都是由一种或几种简单的化合物聚合而成的，如聚氯乙烯是由氯乙烯单体均聚而成（如图2-1-1所示），聚己二酰己二胺（尼龙66）则是由己二酸与己二胺共聚而成。需要注意的是：高分子化合物不是原子任意排列而成的，而是某个（些）结构单元有规律地重复排列。在结构式中，中括号内为重复结构单元，也称作链节；结构式中的 n 称作聚合度，高分子化合物的分子量可用重复结构单元分子量的 n 倍表示；A与B为端基，是由高分子合成时的条件所决定。

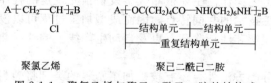

图 2-1-1 聚氯乙烯与聚己二酰己二胺的结构式

绝大多数高分子化合物中构成分子主链的元素都是通过共价键实现互相联结的，只有极少数高分子化合物（如某些新型合成聚合物）的分子主链可能含有配位键，一些特殊高分子化合物（如功能高分子）的分子侧基或侧链上则可能含有离子键或配位键。

对于高分子化合物的"相对分子质量在一万以上"只是一个大概的数值。事实上对于不同种类的高分子化合物而言，具备高分子特性所必需的分子量下限各不相同，甚至相差甚远。例如一般缩合聚合物（简称缩聚物）的相对分子质量通常在一万左右或稍低，而一般加成聚合物（简称加聚物）的相对分子质量通常超过一万，有些甚至高达百万以上。对于相对分子质量从几百到几千以下的聚合物被称作低聚物；热固性树脂固化前的聚合物，一般相对分子质量在100～3000左右的低聚物被称作预聚物。

2.1.2 高分子化合物的特点

2.1.2.1 分子量很大

高分子的相对分子质量一般大于10^4，常用高分子的相对分子质量为10^5～10^6。

在高分子合成的过程，随着聚合物分子量的增大，聚合物分子间的作用力也会随之增加，聚合物分子的运动能力降低，物理性质随着分子量的增加而递变。分子量很低的相邻同系物间的沸点、熔点等物理常数相差甚大，随着分子量增加而这些物理常数的差距逐渐变小，再高则靠近，当分子量高达一定程度后其物性接近于一定值，此时，分子量可在一定范围内变化而不影响沸点、熔点等物理性质，或对性质的影响很微小。同时分子量越高，挥发性越小，溶解度越低，结晶不易完全。因此，作为高分子使用的聚合物由于其分子量很大，不能用蒸馏法（沸点超过分解温度）或结晶法提纯，并且赋予高分子一系列独特的物理-力学性能，使它们能作为材料使用。

高分子的独特的物理力学性能，即高分子与低分子物质的区别，表现在其固体及溶液的力学性质上，例如：①高分子固体的力学性质是固体弹性和液体黏性的综合，而且在一定条件下，又能表现出相当大的可逆力学形变（高弹性），几乎所有的动植物材料（棉、丝、毛、革和天然橡胶）以及合成橡胶、化学纤维和塑料都具有这种特性；②恒温下，能抽丝或制成薄膜，也就是说，高分子材料会出现高度各向异性；③高分子在溶剂中能表现出溶胀特性，并形成介于固体和液体之间的一系列中间体系；④高分子溶液的黏度特别大，2%～3%的高分子溶液比同样含量的低分子溶液的黏度大几十至几百倍。

2.1.2.2 高分子的分子量具有多分散性

(1) 分子量的多分散性

不管是天然的高分子（除少数几种蛋白质外）还是合成的高分子，它们总是具有相同的化学组成（链节结构相同）而分子链长度不等（分子的链节数不同）的同系聚合物的混合物。故高分子的分子量是具有多分散性的（即分子量的不均一性）。

高分子的分子量具有多分散性的原因有两个方面：一是由于高分子在形成过程中存在着反应概率与终止概率的问题，因此随着反应机理与条件的不同，必然导致形成的高分子中包含着大量的具有不同聚合度或分子量的分子；二是由于分离提纯同系聚合物存在实际困难。所以，高分子只能是同系聚合物的混合物，高分子的分子量是具有多分散性的，其分子量具有统计平均的意义。

近年来，随着高分子合成技术的发展，虽然已出现少数高聚物能合成近乎"单分散"产品，但极不普遍。

(2) 平均分子量及分子量分布

高聚物的分子量和分子量分布是高分子材料最基本、最重要的结构参数之一。高聚物的许多性能，如拉伸强度、冲击强度、高弹性等力学性能以及流变性能、溶液性质、加工性能等均与高聚物的分子量和分子量分布有密切关系。此外，在研究和论证聚合反应机理、老化和裂解过程的机理、研究高聚物的结构与性能关系等方面，分子量和分子量分布的数据常常是不可缺少的。

由于高聚物的分子量是多分散性的，因而分子量具有统计的意义。用实验方法测定的分子量只是某种统计的平均值，即某种平均分子量。对于同一高聚物，如果统计平均的方法不同，所得平均分子量的数值也不同。常用的有数均分子量、重均分子量及黏均分子量等。

数均分子量是按分子数统计平均的分子量。

$$\overline{M}_n = W/\sum_i N_i = \sum_i N_i M_i / \sum_i N_i \qquad (2\text{-}1\text{-}1)$$

式中，N 为高聚物的分子总数；W 为总质量；M_i、N_i、W_i 分别表示体系中 i 聚体的分子量、分子数与质量。

重均分子量是按质量统计平均的分子量。

$$\overline{M}_w = \sum_i W_i M_i / \sum_i W_i \qquad (2\text{-}1\text{-}2)$$

黏均分子量是用溶液黏度法测定的平均分子量。

$$\overline{M}_\eta = \left[\sum_i \frac{W_i}{W} W_i^\alpha\right]^{\frac{1}{\alpha}} \qquad (2\text{-}1\text{-}3)$$

式中，α 为特性黏度公式 $[\eta]=KM^\alpha$ 中参数。当 $\alpha=-1$ 时，$\overline{M}_\eta=\overline{M}_n$；当 $\alpha=1$ 时，$\overline{M}_\eta=\overline{M}_w$。通常 α 在 0.5~1 之间，则有 $\overline{M}_n<\overline{M}_\eta\leqslant\overline{M}_w$。

高聚物的性能不仅与分子量有关，而且与分子量分布有关。通常，高聚物的性能，如强度和熔体黏度主要决定于分子量较大分子。所以对于某一特定用途，不仅要求高聚物有一定的分子量，而且要有一确定的分子量分布。高聚物的分子量分布常用以下两种表示方法。

分子量分布曲线：将多分散性高聚物采用分级沉淀或凝胶渗透色谱分离，测定不同分子量组分所对应的质量分数，然后作出如图 2-1-2 所示的质量分数分布曲线。$\overline{M}_n$、$\overline{M}_w$ 和 $\overline{M}_\eta$ 的相对大小也在图中表示出来。由该图可见，$\overline{M}_n$ 偏向于低分子量级分，$\overline{M}_w$ 偏向于高分子量级分，$\overline{M}_w$ 与 $\overline{M}_\eta$ 十分接近，一般相差 10%~20%。

平均分子量相同的高聚物，分子量分布可以不同，其性质也不完全相同。这是由于各种分子量部分所占的百分比不同所致。

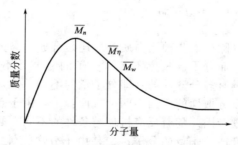

图 2-1-2　质量分数分布曲线

分布指数：以 $D=\overline{M}_w/\overline{M}_n$ 表示分子量分布宽度称之为分布指数。对于分子量均一的体系，$D=1$，活性阴离子聚合中的产物，可接近这种情况。不同方法得到的聚合物，分布指数在 1.5~2，甚至可高达 20~50。比值越大，分布越宽。聚合反应的历程往往直接和分子量分布宽度有关。

平均分子量与分子量分布，两者在工艺上都是重要的参数，特别是对加工性与韧性的影响，高聚物中所含分子量低的部分可能使强度降低，但若含量适当又可以调节韧性；所含高分子量部分大多又可能造成加工的困难。因此，为使高聚物具有所要求的性能，应尽可能严格控制合成反应条件。作为商品出售的很多聚合物，常按不同的分子量和分子量分布而分为若干"等级"，以利于加工工艺的选择。

2.1.3　高分子化合物的分类

聚合物科学技术的发展历史虽然较短，但发展极为迅速。目前已知的聚合物种类繁多，每年还不断涌现出许多新品种。这就要求有一种合理的科学分类方法，以便掌握其共同特性和规律。人们常常从不同角度对聚合物进行多种分类。

2.1.3.1 按性能和用途分类

聚合物主要用于合成材料。首先根据材料的性能和用途，将聚合物分成橡胶、纤维和塑料三大类。

橡胶的特性是在室温下弹性高，即在很小的外力作用下，能产生很大的形变（可达1000%）；外力去除后，能迅速恢复原状，弹性模量小，约为 $10^5 \sim 10^6 \mathrm{N/m^2}$。常用的橡胶有天然橡胶（异戊橡胶）、丁苯橡胶、顺丁橡胶（聚丁二烯）、乙丙橡胶和硅橡胶等。

相反，纤维的弹性模量较大，约为 $10^9 \sim 10^{10} \mathrm{N/m^2}$；受力时，形变较小，一般在20%以下。纤维大分子沿轴向做一定规则排列，长径比大。在较广的温度范围内（-50～150℃），力学性能变化不大。常用的合成纤维有尼龙、涤纶、腈纶和维纶等。

塑料的弹性模量介于橡胶和纤维之间，约为 $10^7 \sim 10^8 \mathrm{N/m^2}$。温度稍高时，受力形变可达百分之几十到百分之几百。部分形变是可逆的，也有一部分则是永久形变。黏度、延展性和弹性模量都与温度有直接关系，反映出塑性行为。

合成塑料中未成型加工前的原始聚合物，在工程技术上有时称合成树脂。早期发现的一些聚合物，如酚醛树脂、脲醛树脂和醇酸树脂等的外形酷似天然树脂，故有合成树脂之称。后来将树脂名称扩大，把外形与树脂毫无相似之处的聚乙烯和聚氯乙烯的原粉，也称作聚乙烯树脂和聚氯乙烯树脂。

塑料、橡胶和纤维三类聚合物很难严格划分。例如聚氯乙烯是典型的塑料，但也可抽成纤维，如氯纶，配入适量增塑剂，可制成类似橡胶的软制品。又如尼龙和涤纶是很好的纤维材料，但也可用作工程塑料。

在合成树脂和塑料的基础上，又衍生出黏合剂、涂料和离子交换树脂等。用途虽然有别，但聚合物本身可能相似。例如酚醛树脂可以制作塑料，也可作黏合剂和涂料用，还可以制成离子交换树脂。

2.1.3.2 按主链结构分类

从高分子化学角度看，还是以有机化合物分类为基础，根据主链结构将聚合物分成碳链、杂链和元素有机聚合物三类。

① 碳链聚合物的主链完全由碳元素组成。绝大部分烯类和二烯类聚合物都属于这一类，如聚氯乙烯、聚苯乙烯和聚丁二烯等。

② 杂链聚合物的分子主链中除碳元素外，还有氧、氮和硫等杂原子，如聚醚、聚酯、聚酰胺、聚氨酯、聚脲和聚硫橡胶等。酚醛树脂主链中除碳原子外，还有芳环，虽然没有杂原子，但从树脂性能和合成方法上比较，仍以归入这类为妥。

③ 元素有机聚合物的主链中没有碳元素，主要由硅、硼、铝和氧、氮、硫、磷等原子组成，但侧基却由有机基团组成，如甲基、乙基、乙烯基和芳基等。有机硅橡胶就是典型的例子。

元素有机聚合物也属于杂链。

如果主链和侧基均无碳元素，则称为无机高分子。

2.1.3.3 按产物的来源分类

可以分为天然高分子和合成高分子两大类。前者包括天然无机高分子和天然有机高分子。云母、石棉、石墨等是常见的天然无机高分子。天然有机高分子是自然界生命存在、活动与繁衍的物质基础，如蛋白质、淀粉、纤维素、核糖核酸（RNA）、脱氧核糖核酸（DNA）便是最重要的天然有机高分子化合物。合成高分子其实也包括无机和有机两大类，不过通常在未作特别说明时往往指合成有机高分子。这是本书的主要研究对象。

2.1.3.4 按照聚合物受热时的不同行为分类

可以分为热塑性聚合物和热固性聚合物。前者受热变软可流动,多为线型高分子;后者受热转化成不溶、不熔、强度更高的交联体型聚合物。

2.1.4 高分子化合物的命名

聚合物的命名方法有习惯法和系统法两种。前者比较简单,在实际中常使用;而系统命名法虽较严谨,但很繁琐,难以掌握,故很少用。

2.1.4.1 按原料名称命名

由一种单体得到的聚合物,一般在单体名称前面加个"聚"字。例如由乙烯得到的聚合物叫聚乙烯,由氯乙烯得到的聚合物叫聚氯乙烯,还有聚甲醛、聚甲基丙烯酸甲酯等的命名也是如此。

由两种原料得到的结构较复杂的聚合物,在原料名称后面加上"树脂"二字。例如由苯酚与甲醛合成的聚合物叫(苯)酚(甲)醛树脂,由丙三醇与苯二甲酸酐合成的聚合物叫醇酸树脂,还有脲甲醛树脂、三聚氰胺甲醛树脂等。

由两种单体得到的共聚物作为橡胶使用时,它们的名称可取各单体名称中的一个字,后面加上橡胶二字即可。例如丁二烯与苯乙烯的共聚物可称丁苯橡胶,丁二烯与丙烯腈的共聚物可称丁腈橡胶,还有乙丙橡胶等。

2.1.4.2 按结构特征命名

有时还可根据聚合物分子中重复单元或端基的结构特征来命名。由二元酸与二元醇合成的聚合物链节中含有酯键(—COO—),所以叫聚酯;由二元酸与二元胺合成的聚合物链节中含有酰胺键(—CONH—),所以叫聚酰胺。类同的还有聚氨酯、聚有机硅氧烷等。具体来讲,由对苯二甲酸与乙二醇得到的聚合物就叫聚对苯二甲酸乙二酯,由己二酸与己二胺得到的聚合物就叫聚己二酰己二胺。

环氧树脂是由于分子末端含有环氧基而得名的。

2.1.4.3 按商品名称命名

对有些名称很长、难记的聚合物,其商品名称也经常使用。例如,人们常叫的"涤纶"就是"聚对苯二甲酸乙二酯"的商品名称,"聚己二酰己二胺"的商品名称叫"尼龙 66"(Nylon 66)(前面数字表示二元胺的碳原子数,后面数字表示二元酸的碳原子数);"聚己内酰胺"的商品名称叫"尼龙 6"(数字表示己内酰胺的碳原子数)。应当指出,同一种聚合物产品不同国家或不同厂商可能有不同的商品名称。例如我国把涤纶(英国叫法)叫做的确良,把尼龙(英、美叫法)叫做锦纶等。

2.1.4.4 系统命名法

为了避免聚合物命名中的混乱现象,国际纯粹与应用化学联合会(IUPAC)曾制定了以聚合物的结构重复单元为基础的系统命名法(1972 年)。系统命名按如下步骤进行:首先确定最小的结构重复单元,并排好其次序,然后按小分子有机化合物的 IUPAC 命名规则给重复结构单元命名并加括号,最后在该名称前冠以"聚"字即成聚合物的名称。

2.2 高分子的链结构

物质的结构是指物质的组成单元(原子或分子)之间相互作用达到平衡时在空间的几何排列。分子内原子之间的几何排列称为分子结构,分子之间的几何排列称为聚集态结构。

由于高聚物是由许多小分子单元键合而成的长链状分子,其结构远比小分子复杂得多,其结构所包含的内容见表 2-2-1。其中高分子链的近程结构又称一级结构,远程结构又称二级结构，高分子的聚集态结构又称三级或更高级结构。

表 2-2-1 高聚物的结构

高分子的结构	高分子链结构	近程结构	结构单元的化学组成
			键接方式与序列
			立体构型和空间排列
			支化与交联
			端基
		远程结构	高分子大小(分子量及其分布)
			高分子形态(分子链的柔性)
	高分子聚集态结构	非晶态结构	
		晶态结构	
		取向结构	
		织态结构	

2.2.1 高分子链的近程结构

2.2.1.1 结构单元的化学组成

高分子结构单元或链节的化学组成，是由参加聚合的单体的化学组成和聚合方式决定的。当高分子结构单元的化学组成不同时，高分子的性质就会发生改变。比如主链由碳原子以共价键相连接而成的聚乙烯具有可塑性好、容易成型加工等优点，但因 C—C 键的键能较低，故容易燃烧，耐热性较差，容易老化，只能作为通用塑料使用。而主链除了碳原子以外，还有氧原子的聚碳酸酯，其耐热性和强度等性能均比纯碳链高分子高，可以作为工程塑料使用。

值得一提的是，在考虑结构单元的化学组成对高分子材料性能影响的时候，不能仅着眼于主链组成，侧基的组成也是至关重要的。有时候仅仅侧基的化学组成发生改变，就会使材料出现质的改变。例如氯磺化聚乙烯（部分—H 被—SO_2Cl 取代）是一种橡胶材料，聚乙烯是塑料。

2.2.1.2 均聚物中结构单元的键接方式与序列

当高分子链是由同一种结构单元组成时，这种高聚物称为均聚物。

通过缩聚反应生成的高分子，其结构单元的键接方式是明确的；但如果是加聚反应，在生成高分子时其结构单元的键接会因单体结构和聚合反应条件的不同而出现几种形式。

图 2-2-1 单烯类单体的键接方式

对于聚乙烯，由于单体分子 $CH_2=CH_2$ 是完全对称的，结构单元在分子链中只有一种键接方式；但对于 $CH_2=CHR$ 这类单体，由于它带有不对称的取代基团，因而可能有头-头（尾-尾）、头-尾等不同的键接方式(图 2-2-1)。

检测结果表明，单烯类单体聚合生成高分子时多数采取头-尾键接方式，其中也含有少量头-头或尾-尾键接方式。

双烯类聚合物的键接方式更加复杂。以异戊二烯为例，聚合时可能有 1,2 加成、3,4 加成和 1,4 加成三种加成方式，分别获得如图 2-2-2 三种产物，而且每一种加成方式中，都可能存在头-头（尾-尾）、头-尾等不同的键接方式。

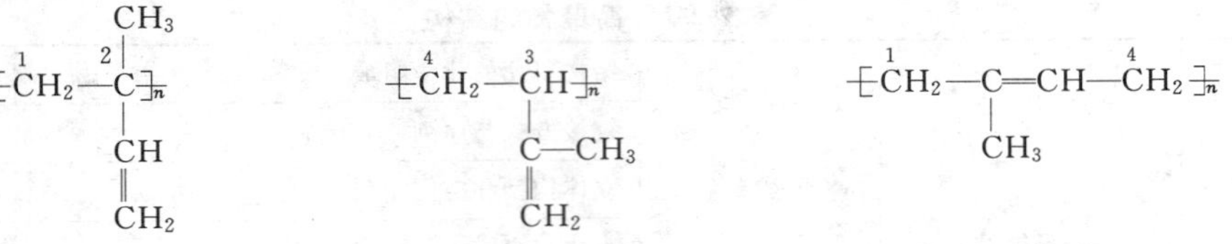

（a）1,2 加成　　　　　（b）3,4 加成　　　　　（c）1,4 加成

图 2-2-2　异戊二烯的聚合产物

高分子链中结构单元的键接方式对高分子材料的性能有明显的影响；结构单元键接方式的规整程度主要影响高聚物的结晶能力。

2.2.1.3　共聚物中结构单元的键接方式

共聚物分子链中包含着两种或两种以上不同的结构单元，以化学键相连的这些不同结构单元所形成的序列分布，构成了许多结构异构体。不同序列结构的共聚物，显示截然不同的性能。以 A、B 两种单体共聚为例，共聚物按其中 A、B 的键接方式不同可分为图 2-2-3 所示的四种结构较为简单的共聚物。

```
AAABBBBBBABBAABAABB           ABABABABABABABABABA
     （a）无规共聚物                  （b）交替共聚物

   AAAAAAABBBBBBBBB           AAAAAAAAAAAAAAAAAA
   AAAABBBBBBBBBAAA              |            |
                                 BBBBBBB      BBBBBB
     （c）嵌段共聚物                  （d）接枝共聚物
```

图 2-2-3　共聚物的键接方式

① 无规共聚物　共聚物中不同单体单元的排列是完全无规的。
② 交替共聚物　两种单体单元交替排列在主链中的共聚物。
③ 嵌段共聚物　共聚物的线型主链是由两种均聚物彼此键接镶嵌而成的。
④ 接枝共聚物　共聚物中由一种单体单元的均聚物形成主链，在主链中接上由另一种单体单元的均聚物形成侧链。

此外还有更复杂的形式。如交联接枝共聚以及互穿网络——两种单体分别独立地形成均聚交联网并相互贯穿；半互穿网络——一种单体形成线型均聚物，另一种单体形成均聚交联网。实际上共聚物的结构远不是分得这么清楚。共聚物的一个高分子链上可能同时存在几种键接方式。无规共聚的键接还存在序列问题。

共聚对高聚物性能的影响是很显著的。例如丁二烯和苯乙烯无规共聚时得到的产品为丁苯橡胶；接枝共聚时得到韧性很好的"耐冲击聚苯乙烯塑料"；三嵌段共聚时则得到一种称为"热塑弹体"的新型材料。又如乙烯的均聚物为聚乙烯，丙烯的均聚物为聚丙烯，两者都是塑料，而乙烯和丙烯的无规共聚物却可能是乙丙橡胶。还有 ABS 树脂，它是丙烯腈、丁二烯和苯乙烯的三元共聚物，共聚方式是无规共聚与接枝共聚相结合，结构非常复杂：可以是以丁苯橡胶为主链，将苯乙烯、丙烯腈接在支链上；也可以是以丁腈橡胶为主链，将苯乙烯接在支链上；还可以是以苯乙烯-丙烯腈的共聚物为主链，将丁二烯和丙烯腈接在支链上等。分子结构不同，ABS 的性能也有差别。

改变共聚物的组成和结构，能在广泛的范围内改善和提高高聚物的性能，它是分子设计和材料设计中极其重要的手段之一。

2.2.1.4　支化与交联

许多天然和合成高分子都是线型长链分子。长链分子可以卷曲成团，也可以伸展开来，这取决于分子本身的柔顺性及外部条件。由线型高分子链组成的高聚物称为线型高聚物。线型高聚物能在适当的溶剂中溶解，加热时也能熔融。

如果在缩聚过程中至少有一种单体含有两个以上的反应活性点，则可能生成支化高分子或交联高分子。

支化高分子的类型如图 2-2-4 所示。

图 2-2-4　支化高分子的类型　　　　　　　　图 2-2-5　网状高分子

支化高聚物能溶解在适当的溶剂中，加热时也能熔融。但支链的存在对高聚物的性能有影响。短支链使得高分子链的规整程度及分子间堆砌密度降低，因而降低高聚物的结晶能力；长支链主要影响高分子溶液和熔体的流动性。以聚乙烯为例，高密度聚乙烯基本上是线型高分子，结构规整，容易结晶，因而密度高；低密度聚乙烯的分子链上含有较多的短支链，破坏了分子链的规整性，结晶性较差，因而密度低。这两种聚乙烯因此具有一系列不同的力学性能。

表征高分子链支化程度的参数是支链结构、支链长度和支化点的密度（或相邻支化点之间的链的平均分子量）。

热塑性塑料、未硫化橡胶和合成纤维都是线型或支化高聚物。

高分子链之间通过化学键联系起来形成一个分子量无限大的三维空间网（见图 2-2-5）的高聚物称为交联高聚物。交联高聚物既不能在溶剂中溶解，受热也不熔化，只有在交联程度不太大时可能在溶剂中溶胀。热固性塑料和硫化橡胶都是交联高聚物。

表征交联结构的参数是交联点的密度或相邻交联点之间链的平均分子量。对于橡胶弹性体而言，交联点的密度越小、其弹性越好，交联点的密度越大、其弹性越差；而热固性塑料的交联点的密度通常比橡胶大 10～50 倍。

2.2.1.5　高分子链的构型

构型是分子中由化学键所固定的原子之间的几何排列，是对分子中最近邻原子间的相对位置的表征。这种排列是稳定的，要改变构型必须经过化学键的断裂和重组。构型不同的异构体有旋光异构和几何异构两种。

（1）旋光异构

有机化合物分子中的碳原子，以四个共价键与四个原子或基团相连，形成一个四面体，四个基团位于四面体的顶点，碳原子位于四面体的中心。当四个原子或基团都不相同时，该碳原子称为不对称碳原子，以 C^* 表示。这种有机物能构成互为镜像的两种异构体（见图 2-2-6），表现出不同的旋光性，称为旋光异构体。

在结构单元为 —CH_2—C^*HR— 型的高分子中，由于结构单元中的第二个碳原子两端连接的基团不完全相同，它就是一个不对称碳原子。这样每个结构单元就有两种旋光异构体，它们在高分子链中有三种键接方式，分别是全同立构、间同立构、无规立构，见图 2-2-7。

① 全同立构　高分子链全部由一种旋光异构单元

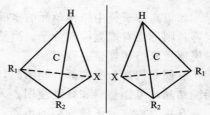

图 2-2-6　旋光异构体

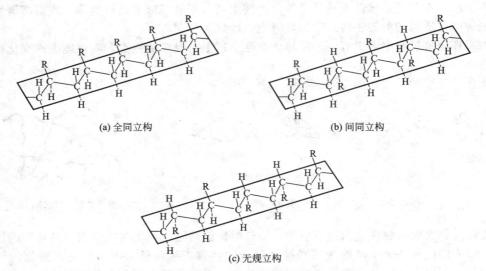

(a) 全同立构　　　　　　　　　(b) 间同立构

(c) 无规立构

图 2-2-7　$\mathrm{\{CH_2\text{-}CHR\}_n}$ 型高分子构型

键接而成。如果把该高分子链拉直，使主链碳原子排列为平面锯齿状，则所有的取代基 R 将都位于主链平面的同一侧。

② 间同立构　高分子链由两种旋光异构单元交替键接而成。该高分子链被拉直时，取代基 R 将交替出现在主链平面的两侧。

③ 无规立构　高分子链由两种旋光异构单元无规地键接而成。该高分子链被拉直时取代基 R 将无规地分布在主链平面的两侧。

对小分子物质来说，不同的空间构型常有不同的旋光性，高分子链虽然含有许多不对称碳原子，但由于内消旋或外消旋作用，没有旋光性。

(2) 几何异构

双烯类单体 1,4 加成时，高分子链每一单元中有一内双键，可构成顺式和反式两种构型，称为几何异构体。所形成的高分子链可能是全反式、全顺式或顺反两者兼而有之。以聚 1,4-丁二烯为例，其顺式和反式的结构见图 2-2-8。

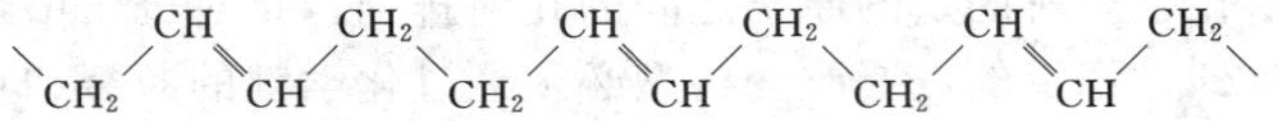

(a) 反式

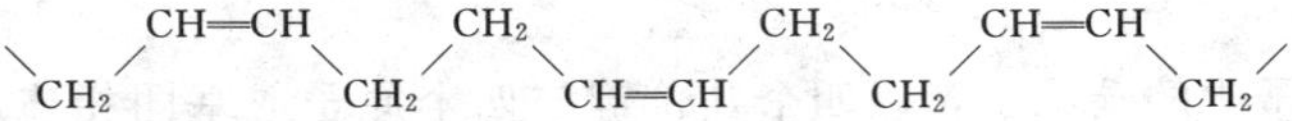

(b) 顺式

图 2-2-8　双烯类单体 1,4 加成几何异构

如果高分子链中结构单元的空间立构是规整的（如全同立构、间同立构、全反式和全顺式等）则称为有规立构高分子。当然，完全规整是比较困难的，因此引进立构规整度（也称等规度）来描述规整的程度。

有规立构高分子大部分能结晶，无规立构高分子一般则不能结晶。例如，全同立构聚丙烯能结晶，可作塑料和纤维使用；无规立构聚丙烯不能结晶，在常温下是一种黏稠状物质。

有规立构高分子随构型的不同，性能也会有很大的差别。例如，1,4-顺式聚丁二烯为橡胶，而 1,4-反式聚丁二烯却可作塑料。

2.2.1.6 端基

端基在高分子链中所占的量虽然很少,但不能忽视。合成高分子链的端基取决于聚合过程中链的引发和终止机理,因此,端基可能是单体、引发剂、溶剂或分子量调节剂,其化学性质与主链很不相同。

不同端基的存在直接影响高聚物的性能,尤其是热稳定性。链的断裂可以从端基开始。例如,聚甲醛的羟端基、聚碳酸酯中的羟端基和酰氯端基都是造成这些高聚物在高温下热降解的因素。所以常常通过适当的化学反应使高分子链封头,以提高材料的耐热性。不过,制备嵌段共聚物时,有时需要在高分子链上特意造成具有某种反应活性的端基。此外,端基对高聚物的结晶、熔点和强度都有影响。

2.2.2 高分子链的远程结构

高分子链的远程结构包括两个方面:①高分子的形态,即高分子的柔性;②高分子的大小,即高分子的分子量和分子量分布。后者在前一节已讨论。这里主要阐述高分子链的柔性。

高分子一般呈长链状,其直径约为零点几纳米,长度可达几百、几千甚至几万纳米。这样的高分子链犹如一根直径仅 1mm 而长度为几十米的钢丝,这样的钢丝,如果没有外力的作用,会呈卷曲状态。而高分子链则由于 C—C 单键可以内旋转,比钢丝还要柔软,可以在空间呈现各种形态,并随条件和环境的变化而变化。长链高分子的这种柔性是高分子材料具有一系列宏观特性的根本原因。

2.2.2.1 构象

在高分子化合物中,C—C、C—O、C—N 等单键上的电子云是轴向对称分布的,单键可以绕着轴线相对自由旋转而并不影响电子云的分布,这种单键称为 σ 键,这种旋转称为内旋转。

对于碳链化合物,如果 C—C 单键上的碳原子不带任何其他原子或基团,则 C—C 键的内旋转就能够在无外界阻力的情况下自由旋转,旋转方式如图 2-2-9 所示。如果一个碳链上含有许多个 C—C 键,且每个 C—C 单键都在内旋转,那么碳链上的每个碳原子在空间的位置就会不断变化,从而使分子链表现出千变万化的形态。

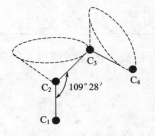

图 2-2-9 C—C 单键的内旋转

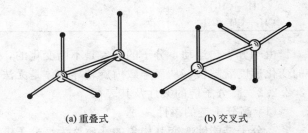

图 2-2-10 乙烷分子中氢原子在空间的排布

事实上,碳原子上总是要带有其他原子或基团,这些非键合原子靠近到一定程度时,由于外层电子云之间的作用,使单键的内旋转受到阻碍,旋转时需要消耗一定的能量以克服内旋转所受到的阻力,因此单键的内旋转不是完全自由的。当 C—C 单键发生内旋转时,碳原子上连接的其他原子或基团在空间的相对位置就会发生改变。这种由于单键的内旋转所形成的分子内各原子在空间的几何排布称为构象。

以乙烷分子为例,如果让 C—C 键发生 360°的内旋转,那么在 C—C 键旋转的过程中,乙烷分子的构象就会出现两种极限情况(见图 2-2-10),一种是重叠式(顺式),一种是交叉式(反式);同时,由于旋转使得两个碳原子上连接的氢原子间的距离发生变化,因而乙烷分子所具有的位能不同(见图 2-2-11),其中交叉式中氢原子间的距离最大,位能最低,这种构象最稳定;而重叠式中氢原子间的距离最小,位能最高,构象最不稳定。如果将乙烷分子中的氢原子被其他原子或基团取代(如 1,2-二氯乙烷),分子的内旋转位能曲线就复杂了(见图 2-2-12)。

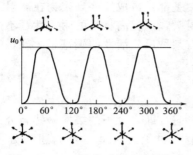

图 2-2-11 乙烷分子的内旋转位能

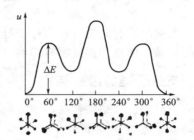

图 2-2-12 1,2-二氯乙烷分子的内旋转位能

显然,由于非键合原子之间的相互作用,分子可能实现的相对稳定的构象数是有限的。我们把那些对应于位能曲线上不同深度位垒的相对稳定的构象称为内旋转异构体。分子从一种内旋转异构体转变到另一种内旋转异构体所需要的活化能(如图 2-2-12 中的 ΔE)称为内旋转位垒。内旋转位垒愈高,内旋转就愈困难。表 2-2-2 列出了各种单键的内旋转位垒值。由该表可以看到:①当分子中有甲基或卤素取代基时,内旋转位垒较高;②当分子中含有双键或叁键时,尽管双键和叁键本身不能内旋转,但与之邻接的单键更容易内旋转;③C—N、C—S、C—Si 等单键比 C—C 键更易内旋转。

表 2-2-2 各种单键内旋转位垒

化合物	内旋转位垒/(kJ/mol)	化合物	内旋转位垒/(kJ/mol)
CH_3—CH_3	12.2	CH_3—OCH_3	11.4
CH_3—CH_2F	13.9	CH_3CH_2—CH_2CH_3	14.7
CH_3—CH_2Cl	15.5	CH_3—OH	4.5
CH_3—CHF_2	13.4	CH_3—SH	4.5
CH_3—CHO	4.9	CH_3—NH_2	8.0
CH_3—$CH=CH_2$	8.3	CH_3—SiH_3	7.1

由于分子热运动,分子的构象是不断变化的,而且温度越高,内旋转越容易,分子构象的变化速度就越快,从而导致内旋转异构体是无法分离的。

2.2.2.2 高分子链的柔性及其表征

(1) 高分子链的柔性

高分子链能够改变其构象的性质称为高分子链的柔(顺)性。

线型高分子链中含有成千上万个 σ 键。如果主链上每个单键的内旋转都是完全自由的,则这种高分子链称为自由联结链。它可采取的构象数将无穷多,且瞬息万变。这是柔性高分子链的理想状态。

实际高分子链中,键角是固定的。就碳链而言,键角为 109°28′。所以即使单键可能自由旋转,每一个键只能出现在以前一个键为轴,以 2θ ($\theta=180-109°28'$) 为顶角的圆锥面上(见图 2-2-9)。而且由于分子上非键合原子之间的相互作用,内旋转一般是受阻的,因此每个键只能处于圆锥面上若干个有限的位置上。不过,即使每个单键在空间可取的位置数很少,一个含有许多个单键的高分子链所能实现的构象数仍然十分可观。假设每个单键在内旋转中可取的位

置数为 m，那么，一个包含 n 个单键的高分子链可能的构象数就为 m^{n-1}。当 n 足够大时，m^{n-1} 无疑是一个庞大的数字。其中绝大部分的构象所对应的分子形态都是卷曲的。

可见，高分子链之所以具有柔性的根本原因在于它含有许多可以内旋转的 σ 单键。

如果高分子主链上没有单键，则高分子中所有原子在空间的排布是确定的，即只存在一种构象，这种分子就是刚性分子。如果高分子主链上虽有单键，但数目不多，则这种高分子所能采取的构象数也是很有限的，高分子链的柔性不大。如果高分子主链上含有很多个单键，高分子链所能实现的构象数就十分可观，高分子链的柔性很大，高分子链呈卷曲形态概率就很高。根据热力学熵增原理，自然界中一切过程都自发地朝熵值增大的方向发展（熵是物质微观热运动时混乱程度的标志），因此，高分子链在无外力作用下总是自发地取卷曲的形态。这就是高分子链柔性的实质。柔性高分子链的外形呈椭球状。

随着分子的热运动，高分子链的构象不停地变化，椭球状高分子链的长轴与短轴之比也不停地改变。通常把无规地改变着构象的椭球状高分子称为无规线团。应注意的是，无规线团之间是互相贯穿的。

(2) 高分子链柔性的表征

高分子链的柔性可以从平衡态柔性和动态柔性两方面来考虑。

① 平衡态柔性　指高分子在热力学平衡条件下的柔性。由高分子中各个键所取构象的相对含量和序列所决定。

设某高分子的内旋转位能曲线如图 2-2-12 所示。由图可知，处于相对稳定构象的位置分别是 0°、360°（构象为反式）及 120°、240°（构象为旁式），其中反式与旁式的能量差为 Δu。高分子链中每个键相对于邻近的键或取反式或取旁式，两者的比例在热力学平衡条件下取决于热能和 Δu 之比。当温度一定时，取决于 Δu。Δu 愈小，反式与旁式出现的概率愈相近，两者在高分子链上无规地排列，使高分子链呈无规线团，即柔性很好。相反，当 Δu 较大时，反式构象将占优势，高分子链呈伸展状态，即柔性较差。所以高分子链的平衡态柔性是由 Δu 决定的。

表征高分子链平衡态柔性的参数是链段长度和均方末端距等。

链段是指高分子链中划分出来的可以任意取向的最小链单元。这是一个统计的概念，可以这样来理解它：如果高分子链中每个单键相对于前一个键在空间取向的位置数为 m，那么，当第一个键的位置固定后，第二个键相对于第一个键的空间取向的位置数就是 m；同样，第三个键相对于第二个键取向的位置数也是 m，因此第三个键相对于第一个键取向的位置数就是 m^2；依此类推，第 $i+1$ 个键相对于第一个键取向的位置数便是 m^i。显然，只要 m 足够大，第 $i+1$ 个键在空间取向的位置数就很多，实际上已与第一个键的位置不相关了。我们把第一个键到第 i 个键组成的这一部分可以独立运动的单元称为链段，其长度用链段中所包含的链结构单元数或分子量来表示。

尽管高分子链中单键的内旋转是受阻的，但可以把高分子看作由若干个链段组成，链段与链段之间为自由联结。不难理解，高分子链上的单键愈容易内旋转，相邻键的空间位置就愈不确定，链段就愈短。在极端的情况下，如果高分子链上每个键都能完全自由地内旋转，即所有键之间都是自由联结的，那么链段的长度就等于键长，这种高分子是理想的柔性链；相反，如果高分子链上所有的键都不允许内旋转，则这种高分子便是绝对的刚性分子，其链段长度就等于整个分子链的长度。在大多数实际情况中，高分子的链段长度介于链节长度和分子长度之间，约包含几个至几十个结构单元。几种常见高聚物的链段长度如表 2-2-3 所示。

分子链的末端距是指高分子链两端点之间的直线距离（见图 2-2-13）。可以想象，高分子链愈柔软，卷曲得就愈厉害，其末端距就愈小。不过通常用来表征高分子平衡态柔性的量是均方末端距。

表 2-2-3　常见高聚物的链段长度

高聚物	单体分子量	链段长度/nm	链段所含结构单元数
聚乙烯	28	0.81	2.7
聚甲醛	44	0.56	1.25
聚苯乙烯	104	1.53	5.1
聚甲基丙烯酸甲酯	100	1.34	4.4
纤维素	162	2.57	5
甲基纤维素	186	8.10	16

② 动态柔性　指高分子链在外界条件影响下从一种平衡构象转变到另一种平衡构象的速度。

构象之间转变所需要的时间与内旋转位垒 ΔE 和温度有关。内旋转位垒愈低，构象之间转变所需要的时间愈短，即转变的速度愈快。所以，在温度一定时，高分子的动态柔性取决于 ΔE。

当研究各种结构因素对高分子链柔性的影响时，一般用平衡态柔性的概念，而在研究高分子链在外场作用下的构象变化时，就要用动态柔性这个概念。这两种概念在很多情况下是一致的，但也有不一致的情况。例如，具有对称庞大侧基的高分子，构象之间的能量差 Δu 不大，因而具有相当好的平衡态柔性，但是由于构象之间的能量差很大，其动态柔性可能相当差。

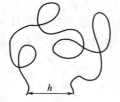

图 2-2-13　柔性高分子链的末端距

2.2.2.3　影响高分子链柔性的结构因素

(1) 主链结构

① 主链完全由 C—C 键组成的碳链高分子都具有较大的柔性，如聚乙烯、聚丙烯等。

② 主链上带有内双键时，如果不是共轭双键，尽管双键本身不能内旋转，但与之邻接的单键却更容易内旋转。

③ 如果主链上带有共轭双键或苯环，则分子链的刚性大大提高。若整个高分子链是一个大 π 共轭体系，则高分子链成绝对刚性的分子。

④ 在杂链高分子中，围绕 C—O、C—N、Si—O 等单键进行的内旋转的位垒均比 C—C 键低。其原因是非键合原子之间的距离更大，相互作用力更小。聚酯、聚酰胺、聚氯酯、聚二甲基硅氧烷等都是柔性高分子。

(2) 取代基

① 极性取代基　高分子链中引进极性取代基的结果是增加分子内和分子间的相互作用，从而降低高分子键的柔性。影响的程度则取决于极性基团的极性大小、极性基团在分子链上的密度以及对称性。取代基的极性愈大，高分子链的柔性愈差；极性基团在高分子链上分布的密度愈高，高分子链的柔性愈低；极性基团在主链上的分布如果具有对称性则比极性基团非对称分布的高分子链的柔性好。

② 非极性取代基　非极性取代基的存在增加了高分子链内旋转时的空间位阻效应，使高分子链柔性降低；另一方面，非极性取代基的存在又增大了分子链之间的距离，因而削弱了分子间的相互作用而使柔性提高。最终的效果将决定于哪一方面起主要作用。

(3) 氢键的作用

如果高分子在分子内或分子间可以形成氢键，则由于氢键的作用而使分子链刚性提高。

(4) 交联

当高分子之间以化学键交联起来形成三维网状结构时，交联点附近的单链内旋转便受到很大的阻碍。不过，当交联点密度较低、交联点之间的分子链仍足够长时，网链的柔性仍能表现出来。随着交联密度的增高,网链的柔性便迅速降低,最后可能完全失去柔性。

这里需要指出的是,不论高分子链本身如何柔顺,一旦结晶之后,那么在晶相中高分子链的构象是不允许改变的。

2.3 高聚物的分子运动及力学状态

材料的物理性能是分子运动的反映。不同结构的高聚物材料,由于它们的分子运动模式不同,性质也不同。即使是同一结构的材料,在不同的条件下,也会由于分子运动的不同而显示出不同的物理性能。例如,聚甲基丙烯酸甲酯,在室温下是坚硬的玻璃体,当加热到100℃左右时,就变成柔软的弹性体。相反,橡胶在室温下是柔软的弹性体,但在冷冻到-100℃以下时,就成了坚硬的玻璃体。这两个例子说明,尽管高聚物的链结构没有发生变化,但由于温度改变了高聚物的分子运动对外力作用的响应,使它们的物理力学性能发生了显著的变化。由此可见,为了研究高聚物的物理力学性能,必须在了解高聚物结构的基础上,弄清其分子运动的规律。只有通过对分子运动的深刻理解,才能建立高聚物结构与性能间的内在联系。

2.3.1 高聚物的运动特点

2.3.1.1 运动的多重性

高聚物的分子运动,不仅有多种运动单元,而且有多种运动方式,这就叫运动的多重性。从分子运动单元来说,可以是侧基、支链、链节、链段以及整个分子链;从运动方式来说,可以是键长键角的变化,也可以是侧基支链、链节的旋转和摇摆运动,也可以是链段绕主链单键的旋转运动。按照运动单元的大小,可以把高分子的运动单元大致分为大尺寸和小尺寸两类运动单元。前者指整链,后者指链段、链节、侧基等。在上述运动单元中,对高聚物的物理力学性能起决定作用的、最基本的运动单元只有两种,即整链运动和链段运动。这里着重讨论这两种基本运动单元的性质及其相互转变。

① 链段运动 高分子链在保持其质量中心不变的情况下,一部分链段相对于另一部分链段的运动,这种运动是由主链上单键的内旋转引起的(见图2-3-1)。因此,链段运动是柔性高分子特有的运动单元。通常认为,对同一种高聚物,无论是同一分子链的链段或是不同分子链的链段,其大小都是不同的。

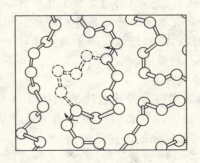

图 2-3-1 链段的运动方式

② 整链运动 像小分子一样,高分子链作为一个整体也能作质量中心的移动。研究表明,这种移动是通过分子链中的许多链段的协同移动来实现的。因此,可以认为链段运动是高分子更基本的运动。

高聚物运动单元的多重性取决于结构,而运动单元的转变则依赖于外场条件。改变条件就能改变分子运动状态,从而导致高聚物力学状态的转变。这里要指出的是,在讨论高聚物的物理力学性能时,必须依据高聚物的结构和所处的条件,分清高分子的运动是哪种运动单元的运动。只有这样,才能深刻理解所讨论的物理力学性能的本质。

2.3.1.2 高分子运动的松弛过程

在外场作用下,物体从一种平衡状态通过分子运动而过渡到与外场相适应的新的平衡状态,这个过程称为松弛过程。完成这个过程所需要的时间称为松弛时间。松弛时间是表征松弛过程快慢的一个物理量,通常可用实验方法测定。例如取一段橡皮,在一恒定温度下,用外力把它拉长 ΔL_0 后,当外力除去后,橡皮不会立即缩回到原长,而是开始时回缩较快,然后回缩的速度愈来愈慢,以致回缩过程可持续几昼夜或几星期(用精密仪器才能测出)。这就是分子运动本身具有松弛特性的表现。

设高聚物在平衡态时某物理量的值为 x_0,则在外场作用下,该物理量的测量值 x 随外场作用的时间(即观察时间)t 的增加按指数规律逐渐减小:

$$x = x_0 e^{-\frac{t}{\tau}} \tag{2-3-1}$$

从上式可确定松弛时间值:当 $t=\tau$ 时 $x=x_0/e$,即松弛时间为 x 减少到 x_0/e 所需要的时间。从上式可见,当 τ 很小时,在很短的观察时间 t 内,x 已达到 x_0/e 值,这说明松弛过程进行得很快。对这样快速转变的体系,在一般情况下很难观察到松弛过程。如果松弛时间很长而外场作用的时间又较短,那么 $x \approx x_0$,也不能观察到松弛过程。只有在松弛时间和外场作用时间是同数量级时,才能观察到 x 值随时间逐渐减小的松弛过程。

小分子液体的松弛时间很短,在室温下只有 $10^{-8} \sim 10^{-10}$ s,几乎是瞬时完成的。因此,在通常的时间标尺上,察觉不出小分子运动的松弛过程,换言之,对小分子物质可以不考虑松弛过程的时间。但对高聚物则不然。由于高聚物的分子很大,分子内和分子间的相互作用很强,本体黏度很高,因而高分子的运动不可能像小分子的运动那样瞬间完成。实际上,每种高聚物的松弛时间都不是单一的值,这是由高分子运动单元的多重性决定的。不难理解,松弛时间与分子的尺寸有关,分子愈大,运动速度愈小。对柔性高聚物,各链段的运动速度将同大小相当的小分子的速度一样。因此,其松弛时间的分布是很宽的,可以从几秒钟(对应于小链段)一直到几个月、几年(对应于整链)。在一定的范围内可以认为是一个连续的分布,常用"松弛时间谱"来表示。

由于高聚物中存在着"松弛时间谱",在一般力作用的时间标尺下,必有相当于和大于作用时间的松弛时间。因此,实际上高聚物总是处于非平衡态,这就是说,松弛过程是高聚物分子运动的基本属性。此外,在给定的外场条件和观察时间内,我们只能观察到某种单元的运动。例如当观察时间与链段运动的松弛时间相当但又远小于整链运动的松弛时间时,我们只能观察到链段运动而观察不到整链运动。

2.3.1.3 高分子运动的温度依赖性

高分子的运动强烈地依赖于温度。升高温度能加速高分子的运动,其原因可归结为两点。一是增加了分子热运动的动能,当动能达到运动单元对某种运动模式运动所需的位垒(即活化能)时,就激发起该运动单元的这种模式的运动,二是使高聚物的体积膨胀,增加了分子间的自由空间。当自由空间增加到某种运动单元所需的大小后,这一运动单元便可自由运动。由于这两方面的原因,升高温度将加速所有的松弛过程。对任何一种松弛过程,其温度依赖性大都服从阿累尼乌斯(Arrhenius)方程,因而松弛时间可用下式来表示:

$$\tau = \tau_0 e^{\frac{\Delta H}{RT}} \tag{2-3-2}$$

式中,R 为气体常数;T 为热力学温度;RT 表征 1mol 分子的分子热运动动能;ΔH 为松弛过程所需的活化能;τ_0 为一常数。

从式(2-3-2)中可见，松弛时间取决于位垒和动能的大小。对给定的高聚物(这时 ΔH 大致为常数)，松弛时间主要依赖于温度。因此，在一定的观察时间内，当温度逐渐升高时，高聚物各种运动单元的松弛时间将按式(2-3-2)减小，我们将能依次观察到各运动单元的运动。这种情况说明，高聚物的物理力学性能不仅依赖于观察时间，而且依赖于温度。

2.3.2 高聚物的力学状态

2.3.2.1 线型非晶态高聚物

高聚物的物理力学性能是分子运动的宏观表现，改变分子运动状态也就改变了高聚物的宏观力学状态。为了揭示高聚物的力学状态并分析其与分子运动的关系，最简单的实验方法是测量高聚物的形变与温度的关系。为此，可在等速升温下，对高聚物试样施加一恒定的力，在力的作用时间一定(一般为10s)的情况下，观察试样发生的形变与温度的关系，即可得到图2-3-2所示的温度-形变曲线(或称为热-机械曲线)。用类似的实验方法可测出温度-模量曲线(见图2-3-3)。

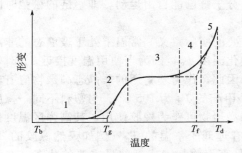
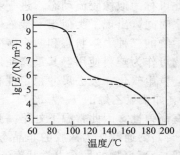

图 2-3-2　线型非晶高聚物温度-形变曲线　　图 2-3-3　线型非晶高聚物温度-模量曲线

从图2-3-2和图2-3-3可见，对非晶态高聚物，整个温度-形变曲线或温度-模量曲线可区分为以下五个区域。

① 区域1　高聚物的形变很小，模量在 $10^9 \sim 10^{9.5} \text{N/m}^2$ 之间，类似于刚硬的玻璃体，这一力学状态称为玻璃态。

② 区域3　高聚物柔软而具有弹性，弹性形变值可达原长的5～10倍，模量只有 $10^5 \sim 10^6 \text{N/m}^2$，这一力学状态称为高弹态。

③ 区域5　高聚物像黏性液体一样，可发生黏性流动，称为黏流态。

④ 区域2和4　区域2为玻璃态与高弹态的转变区；区域4为高弹态和黏流态的转变区，一般转变区的温度范围为20～30℃。

从转变区中可定出两个特征温度(通常用切线法作出)：玻璃化温度 T_g 和流动温度 T_f。前者表征玻璃态和高弹态之间的转变温度，后者则表征高弹态转变为黏流态的温度。因此，线型非晶态高聚物的三种力学状态可用 T_g 和 T_f 来划分，温度低于 T_g 时为玻璃态，温度在 $T_g \sim T_f$ 之间时为高弹态，温度高于 T_f 时为黏流态。

线型非晶态高聚物随温度变化出现三种力学状态，是高分子的两种基本运动单元——链段和整链随温度升高而被分别活化的结果。

当温度低于玻璃化温度时，分子的能量很低，不足以克服主链单键内旋转位垒，链段和整链运动均被冻结。从高分子运动的松弛过程看，链段运动的松弛时间远大于力作用时间，以致测量不出链段运动所表现的形变。但是，那些较小的运动单元，如链节、侧基仍能运动。同时，原子间的共价键和次价键都能振动，即主链的键长和键角有微小的形变。玻璃态的形变就是由这些运动模式引起的。由于这些运动的幅度很小，而且几乎在瞬间完成，因此，从宏观上看玻璃态高聚物的形变是很小的，形变与时间无关，形变与应力的关系服从虎克定律，与一般固体的弹性相似，属虎克弹性或普弹性。

温度继续上升，分子的热运动能量足以使链段自由运动，但由于大分子链间的缠结阻碍整链的运动，而分子链质心不能位移，这时高聚物处于高弹态，并且其模量几乎不随温度而改变，这可称为高弹态平台。

从转变区至高弹态平台（这两个区域常统称为高弹态），其形变除普弹形变外，主要为高弹形变。高弹形变产生的过程为：在外力作用下，分子链通过链段的运动，从原来的构象过渡到与外力相适应的构象。例如受张力作用时，分子链可从卷曲的构象转变为伸展的构象，因而宏观上表现出很大的形变。除去外力后，分子链又可通过链段的自发运动回复到原来的构象，宏观表现为形变的回缩。分子链构象的转变是需要时间的，因此一般高弹性具有松弛特征，尤其在转变区。

当温度继续上升，使得高分子链间的缠结开始解开，整链开始滑移时，高弹平台消失，开始了从高弹态向黏流态的转变。在这一转变区，尽管高聚物还有弹性，但已有明显的流动。因此可称为似橡胶流动态。进一步升高温度，分子链已能自由运动，即整链的松弛时间小于观察时间，出现了类似于一般液体的黏性流动。

高聚物的三种力学状态和两个转变温度具有重要的实际意义。常温下处于玻璃态的非晶态高聚物可作为塑料使用，其最高使用温度为玻璃化温度 T_g，因为当使用温度接近 T_g 时塑料制品会发生软化，失去尺寸稳定性和力学强度。因此，作为塑料用的非晶态高聚物应有较高的 T_g（如聚氯乙烯的 T_g 为87℃，聚甲基丙烯酸甲酯的 T_g 为105℃）。与塑料不同，橡胶要求具有高弹性，因此常温下处于高弹态的非晶态高聚物可作为橡胶使用，其高弹区温度范围为 $T_g \sim T_f$。通常作为橡胶的非晶态高聚物应具有远低于室温的 T_g（例如天然橡胶的 T_g 为 -73℃）。高聚物的另一力学状态——黏流态则是高聚物加工成型的最重要的状态，非晶态高聚物的成型温度一般在 $T_f \sim T_d$（分解温度）。

2.3.2.2 晶态高聚物

部分结晶高聚物中的非晶区也能发生玻璃化转变。但这种转变必然要受到晶区的限制，这是因为微晶起着类似交联点的作用。当温度低于微晶的熔点时，微晶阻碍整链运动，但非晶区的链段仍能运动。因此，部分结晶高聚物除了具有熔点之外，还具有玻璃化温度。当温度高于玻璃化温度而又低于熔点时，非晶区从玻璃态转变为高弹态，这时高聚物变成了柔韧的皮革态。但是非晶区的玻璃化转变强烈地受结晶度的影响，随着结晶度的增加，非晶区链段运动更为困难，因而形变减小，刚性增加，到结晶度大于40%后，微晶体彼此衔接，形成贯穿整个高聚物材料的连续结晶相，此时结晶相承受的应力要比非晶相大得多，材料变得更为刚硬，也观察不到有明显的玻璃化转变。在这种情况下，玻璃化转变的重要性就变得很小了。结晶高聚物的温度-形变曲线如图2-3-4所示。

由图2-3-4可见，在低于熔点的温度下，结晶高聚物的形变很小，与非晶态高聚物的玻璃态形变相似，除作为塑料外，还可作为纤维。

当温度高于 T_m 时，结晶高聚物可处于高弹态或黏流态，这取决于分子量。对分子量足够大的结晶高聚物，其熔点已趋近于定值，但其流动温度仍随分子量的增大而升高。因此，高分子量的结晶高聚物熔融后只发生链段运动而处于高弹态，直到温度升至流动温度时，才发生整链运动而进入黏流态（见图2-3-4曲线2）。但对分子量不太大的结晶高聚物，其非晶态的流动温度低于晶态的熔点，熔融后即进入黏流态（见图2-3-4曲线1），可以加工成型。从加工成型的角度看来，后一种情况是很有利的。因此，为了便于加工成型，应在满足材料强度要求的前提下，将结晶高聚物的分子量控制在较低值。

多数结晶性高聚物由熔融状态骤冷（淬火）能处于非晶态。这类非晶态高聚物与本质上

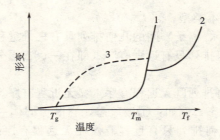

图 2-3-4 结晶高聚物的温度-形变曲线
1—分子量较小；2—分子量较大；3—轻度结晶度高聚物

不能结晶的非晶态高聚物不同，当以很慢的速度升温到 T_g 后，链段有可能按照结晶结构的要求重新排列成较规则的晶体结构。

2.3.2.3　交联高聚物

在交联高聚物中，分子链间的交联键限制了整链运动，只要不产生降解反应，是不能流动的。至于能否出现高弹态，则与交联密度有关。当交联密度较小时，网链（两交联点间的链长）较长，在外力作用下，网链仍能通过单键内旋转改变其构象，这类体型高聚物仍能出现明显的玻璃化转变，因而有两种力学状态，即玻璃态和高弹态。随着交联密度的增加，网链长度减小，链段运动由于受到更多的交联键限制而变得困难，结果使玻璃化温度升高，而高弹形变值则减小，因此，对交联度足够大的体型高聚物，其玻璃化转变是不明显的。例如，用六亚甲基四胺固化的酚醛树脂，当固化剂含量小于 2% 时，固化树脂的分子量仍较小，而且分子是支链形的，因此它的温度-形变曲线像小分子一样，温度升高时直接从玻璃态转变为黏流态。当固化剂含量大于 2% 时，形成了体型高聚物，出现了高弹态，但黏流态消失。随着固化剂含量增加（即交联度增加），玻璃化温度升高，高弹形变减小，直到固化剂含量达 11% 时，高弹态几乎消失（见图 2-3-5）。由此可见，交联密度大的许多体型高聚物，在高温下仍保持着玻璃态的特点，可作为塑料使用，这就是通常所称的热固性塑料。为了得到耐热性高（即玻璃化温度高）的塑料制品，在固化成型这类塑料时必须保证树脂获得足够的交联度。与热固性塑料不同，在成型橡胶制品（其中的高聚物也是体型高聚物，通常由柔性高聚物交联而成）时，则应控制适当低的交联度，以保持其固有的高弹性。

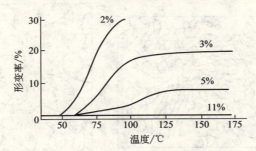

图 2-3-5　交联高聚物的温度-形变曲线

2.4　高聚物聚集态结构

2.4.1　概述

分子的聚集态结构是指平衡态时分子与分子之间的几何排列。按照排列的有序程度，小分子的聚集态结构有三种基本类型。

① 晶态　分子（或原子、离子）间的几何排列具有三维远程有序。

② 液态　分子间的几何排列只有近程有序（即在一、二层分子范围内具有序性），而无远程有序。

③ 气态　分子间的几何排列既无远程有序，又无近程有序。

此外还存在一些过渡状态，例如：①玻璃态，它既像固体一样具有一定的形状和体积，又像液体一样，分子间的几何排列只有近程有序而无远程有序。它实际上是一种"过冷液体"，只是由于黏度太大，不易表现出它的流动而已；②液晶态，它既能流动，分子间的排列又具有相当程度的有序性。这是一类由刚性棒状分子组成的物质，从各向异性的晶态过渡到各向同性的液态中经历的"各向异性液态"的过渡状态。

对于高聚物来说，除了不存在气态外，同样存在着晶态、液态、玻璃态和液晶态。不过，由于高分子链既有高度的几何不对称性又有柔性，其聚集态结构比小分子的要复杂得多。不难想象，长而柔软的高分子链要排列成像小分子晶体那么严格的规整的结构是相当困难的；又细又长的高分子链在空间取向排列必然会带来一系列特殊的性能。此外，实际应用中还常把几种高分子物质混合起来，形成"高分子合金"，这时，各组分本身的聚集态结构、组分之间相互交织的织态结构必然更加复杂。

高聚物在加工成型中形成的分子聚集态结构是决定高聚物制品性能的主要因素。链结构相同的高聚物，由于加工成型条件（如温度、应力等）不同，制品的性能可能有很大的差别。因此，研究高分子聚集态结构的特征、形成条件及其对制品性能的影响是控制产品质量和设计新材料的重要基础。

2.4.2　高聚物非晶态结构

对高聚物非晶态结构的认识，经历了三个过程。最初认为非晶态高聚物中的分子排列是杂乱无章的，只是由于无法解释有些高聚物能够迅速结晶的事实，而提出了局部有序的折叠链缨状胶束模型（见图 2-4-1）。该模型认为，在非晶态高聚物中，除了无规排列的分子链区之外，也存在局部的有序区，在这些有序区内，分子链折叠而且排列比较规整。这一模型曾一度被人们所接受，至今仍在一些高分子物理专著中加以介绍。

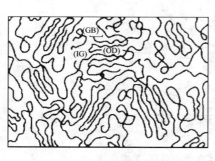 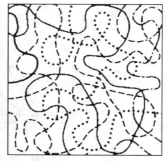

(a) 折叠链缨状胶束模型　　　　　　(b) 无规线团模型

图 2-4-1　高聚物非晶态结构模型

近几年来，用中子小角散射技术对高聚物熔体和非晶态玻璃体研究的结果表明，非晶态高聚物中的分子排列确实是无规线团状。因为用中子小角散射测得的分子尺寸，与 θ 溶剂中测得的无扰分子尺寸基本一致，故著名科学家 Flory 仍然主张非晶态高聚物的分子排列是无规线团状。

2.4.3 高聚物的晶态结构

2.4.3.1 聚合物的结晶形态

(1) 高聚物晶体结构概述

在天然高分子中，许多蛋白质能从水溶液中按某种规律各自卷曲成球状，由于天然蛋白质分子量的均一性，球状蛋白质尺寸一致，能规整地堆砌成三维远程有序的分子晶体。每一晶胞中可能包含若干个分子。

对于合成高聚物，由于其分子量的多分散性，显然不可能按上述方式形成分子晶体。研究表明，合成高分子的晶体中，分子链通常采取比较伸展的构象。为了使分子链构象的位能最低，以利于在晶体中作紧密而规整的排列，一些没有取代基或取代基较小的碳氢链，如聚乙烯、聚乙烯醇、聚酯和尼龙等均采取全反式的平面锯齿形构象 [见图 2-4-2(a)]，而只有较大侧基的高分子链，如全同立构聚丙烯、聚四氟乙烯等都采取旁式或反式-旁式相间的螺旋构象 [见图 2-4-2(b)]。螺旋构象的特征通常以链方向上的对称要素 P_n 来描述，其意义是每一周期包含 P 个重复单元，旋转 n 周。例如全同立构聚丙烯分子的构象为 3_1 螺旋，表示每一周期包含 3 个重复单元，旋转 1 周；聚四氟乙烯分子的构象为 15_7 螺旋，表示每一周期中包含 15 个重复单元，旋转 7 周。

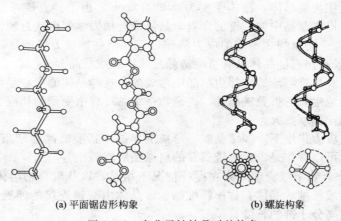

(a) 平面锯齿形构象　　　　(b) 螺旋构象

图 2-4-2　高分子链结晶时的构象

不管分子链是采取平面锯齿形构象还是螺旋构象，在晶体中作紧密堆砌时，分子链都只能采取主链中心轴互相平行的方式排列。与主链中心轴平行的方向称为晶胞的主轴方向，通常称为 c 方向。在这个方向上，原子之间是以共价键联系在一起的，而在其他两个方向上只有范德华力，这就产生了晶体的各向异性。因此，在合成高聚物的晶体中，不存在立方晶系，但其他六种晶系（六方、四方、菱方、正交、三斜、单斜）都存在。在这种高分子晶体的晶胞中，所包含的结构单元不是一个或若干个高分子链，而是分子链上的一个或若干个链节。

同一种高聚物，由于结晶条件的变化，可能形成几种不同的晶型。例如，聚乙烯的稳定晶型是正交晶型，但在拉伸时可以形成三斜或单斜晶型；全同立构聚丙烯在不同的结晶温度下，可由同一螺旋构象 3_1，以不同的方式堆砌成单斜、六方或菱方 3 种不同的晶型。这种现象称为高聚物结晶的多型性或同素异晶现象。

在高分子晶体中往往含有比小分子晶体中多得多的缺陷。典型的晶体缺陷可以由端基、链扭结、链扭转造成的局部构象错误、局部键长键角改变和链位移等引起。但高聚物一旦结晶，排列在晶相中的高分子链的构象就不再改变了。

(2) 聚合物的结晶形态

随着结晶条件的不同，结晶性高聚物可以形成形态极不相同的宏观或亚微观晶体，如单晶、球晶、伸直链晶体、纤维状晶体和串晶等。组成这些晶体的晶片有两类：折叠链晶片和伸直链晶片。

① 单晶　凡是能够结晶的聚合物，在适当的条件下都可以形成单晶。单晶只能从极稀的聚合物溶液（浓度一般低于0.01%），加热到聚合物熔点以上，然后十分缓慢地降温制备。得到的单晶只是几微米到几百微米大小的薄片状晶体，具有规则外形。晶片中分子链是垂直于晶面方向的。单晶的晶片厚度约为100Å（1Å=0.1nm），且与聚合物的分子量无关，只取决于结晶时的温度和热处理条件。由于聚合物分子链一般有几千埃（Å）以上，因此认为晶片中分子链是折叠排列的。

② 球晶　聚合物从浓溶液或熔体冷却时，往往形成球晶——一种多晶聚集体。依外界条件不同，可以形成树枝晶、多角晶等。球晶可以生长得很大，最大可达到厘米级。用光学显微镜很容易在正交偏振光下观察到球晶呈现的黑十字消光图形。球晶中分子链总是垂直于球晶半径方向。

③ 伸直链晶体　聚合物在极高的压力下结晶，可以得到完全由伸直链构成的晶片，称为伸直链晶体。实验发现，在0.5GPa压力下，200℃时，让聚乙烯结晶200h，则得到晶片厚度与分子链长度相当的晶体，晶体密度为$0.994g/cm^3$。由于伸直链可能大幅度提高材料的力学强度，因此提高制品中伸直链的含量，是使聚合物力学强度接近理论值的一个途径。

④ 串晶或柱晶　高聚物在一定的应力场作用下（但这种应力场不足以使高聚物形成伸直链晶体），得到既有伸直链晶体又有折叠链晶片的串晶或柱晶。

串晶最早是在高聚物溶液边搅拌边结晶中形成的。这种晶体的中心是伸直链结构的纤维状晶体，外延间隔地生长着折叠链晶片。高聚物在结晶过程中受到的切应力愈大，形成的串晶中伸直链晶体的比例就愈大。

高聚物熔体在应力作用下冷却结晶时，形成的串晶中折叠链晶片密集，使晶体呈柱状，称为柱晶。柱晶也可以看作是由伸直链贯穿的扁球晶组成。

⑤ 纤维晶　聚合物溶液流动时或在搅拌情况下结晶，以及聚合物熔体被拉伸或受到剪切力时，也可能形成纤维状晶体，称作纤维晶。该晶体由交错连接的伸展高分子链所构成，其长度可大大超过高分子链的长度。

2.4.3.2　聚合物的结晶能力与结晶度

(1) 聚合物的结晶能力

在众多的高聚物中，有些是结晶高聚物，有些是非结晶高聚物。在结晶高聚物中，有些在常温下就结晶，有些只有在特定的温度或在拉伸应力场下才能结晶，即使化学结构和组成相同的高聚物也有结晶与不结晶之分。这些事实说明，高聚物要想结晶必须具备一定的条件，即高聚物结构的规整性。

① 高聚物分子链的化学结构对称性好的容易结晶，对称性差的就不易结晶。例如，低压聚乙烯分子链上的支链极少，分子链对称性好，它的结晶速率就大，结晶度可达95%；而高压聚乙烯分子链上的支链多，分子链的对称性差，它的结晶速率就小，结晶度只能达到60%~70%。

② 当主链上含有不对称中心时，聚合物的结晶能力便与链的立体规整性有很大的关系。无规立构的聚合物都不能结晶，全同立构和间同立构的聚合物都能结晶，而且全同立构的聚合物要比间同立构的聚合物容易结晶，等规度愈高，结晶能力也愈强。

③ 支化、共聚、交联，都导致高聚物难结晶甚至不能结晶。如将乙烯与丙烯进行共聚，得到乙烯丙烯共聚物，它的化学结构相当于在大分子链上引入若干甲基支链，大分子结构的

规整性被破坏,其结晶度也降低了。

④ 分子链节小和柔顺性适中有利于结晶。链节小易形成晶核,柔顺性适中一方面分子链不容易缠结,另一方面使其具有适当的构象才能排入晶格,形成一定的晶体结构。

⑤ 分子链节间须有足够的分子间作用力。规整的结构只能说明分子能够排列成整齐的阵列,但不能保证该阵列在分子热运动下的稳定性。因此要保证规整排列的稳定性,分子链节间须有足够的分子间作用力。这些作用力包括偶极力、诱导偶极力和氢链等。分子间作用力越强,结晶结构越稳定,而且结晶度和熔点越高。

虽然许多缩聚物具有规整的构型并且能够结晶,但因为缩聚物的重复结构单元通常都比较长,它们与加聚高聚物相比,一般结晶比较困难。

(2) 聚合物的结晶度

由于聚合物分子链结构的复杂性,不可能从头至尾保持一种规整结构。另外如果聚合物链足够长,则同一分子的链段能结合到一个以上的微晶中去。当这些链段以这种方式被固定时,则分子链的中间部分不可能再有足够的运动自由度而排入晶格。所以聚合物是不可能完全结晶的,仅有有限的结晶度,而且结晶度依聚合物结晶的历史不同而不同。表 2-4-1 是常见聚合物的结晶度范围。

表 2-4-1 常见聚合物的结晶度

聚合物	结晶度/%	聚合物	结晶度/%
低密度聚乙烯	45~74	聚对苯二甲酸乙二酯	20~60
高密度聚乙烯	65~95	纤维素	60~80
聚丙烯	55~60		

测定聚合物结晶度的常用方法有量热法、X 射线衍射法、密度法、红外光谱法以及核磁共振波谱法等。最为简单的方法是密度法。采用密度法时,应预先知道聚合物完全结晶和完全非晶时在任何参照温度下的密度,然后测出样品的密度,按式(2-4-1)算出样品的结晶度。

$$C = \frac{\rho_1}{\rho} \times \frac{\rho - \rho_2}{\rho_1 - \rho_2} \tag{2-4-1}$$

式中,ρ_1、ρ_2 分别为完全晶体和完全非晶体的密度;ρ 为测试样品的密度。通常完全晶体密度是从 X 射线衍射分析中求出晶格中单位晶胞的尺寸而计算出来的。完全非晶体的密度是将熔体密度与温度关系图上的曲线外推而得到的。X 射线衍射法是通过结晶衍射峰面积积分同总的衍射峰面积积分的比来求得结晶度。宽谱线核磁共振谱也适用于测量样品中非晶态与结晶态的比率。因为非晶区中聚合物可运动的链段比晶区中不能运动的链段产生的信号要窄,聚合物样品的组合光谱可分解为结晶和非晶成分,从而确定一个平均结晶度。许多聚合物的红外吸收光谱含有代表大分子在晶区和非晶区中的谱带,结晶和非晶特征谱带的吸收比率与样品的结晶和非晶比率有关。如果能算出结晶和非晶态聚合物在熔融温度下的比焓,平均结晶度就可从单位重量聚合物的熔融焓的测量推断出来。

应注意的是,上述方法测出的都是平均结晶度,而且是一个相对值,其值的大小与测试方法有关。因此,在提及聚合物结晶度时,应指出所采用的测试方法。表 2-4-2 列出了几种常用聚合物的完全结晶体和完全非晶体的密度。

2.4.3.3 聚合物的熔化过程

结晶聚合物当加热温度超过其熔点时,其晶形结构即被分子的热运动所摧毁。如果加热温度已达到熔点,而聚合物尚未显示出熔融的迹象,则因为此时熔化的体积膨胀还不能克服内在的阻力,不过这种滞后时间不长。另外,结晶聚合物不像低分子晶体那样有明确的熔点,它的熔融有一个较宽的温度范围——熔限(见图 2-4-3),通常以聚合物晶体完全熔融时的温度作为熔点。研究表明，结晶高聚物之所以存在一个比较宽的熔限，是因为结晶高聚物中晶片厚度和完善程度各不同。一般认为，晶片厚度对熔点的影响与晶片的表面能有关，表面能越高，熔点越低。高分子晶片表面的分子链堆砌比较不规整，这部分分子链对熔融热不作贡献。晶片厚度越小，单位体积晶片的表面越大，表面能越高，熔点越低。

表 2-4-2　几种常用聚合物的完全结晶体和完全非晶体的密度

聚合物	$\rho_1/(g/cm^3)$	$\rho_2/(g/cm^3)$	聚合物	$\rho_1/(g/cm^3)$	$\rho_2/(g/cm^3)$
聚乙烯	1.00	0.85	尼龙 6	1.23	1.08
聚丙烯	0.95	0.85	尼龙 66	1.24	1.07
聚丁烯	0.95	0.84	尼龙 610	1.19	1.04
聚苯乙烯	1.13	1.05	聚对苯二甲酸乙二酯	1.46	1.33
聚氯乙烯	1.52	1.39	聚碳酸酯	1.31	1.2
聚四氟乙烯	2.35	2.00	聚甲基丙烯酸甲酯	1.23	1.17
聚甲醛	1.54	1.25	聚乙烯醇	1.35	1.26

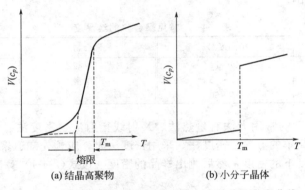

(a) 结晶高聚物　　　　(b) 小分子晶体

图 2-4-3　结晶物质熔融过程的热容（比热容）-温度曲线

结晶高聚物的熔融过程实质上是厚度不同的晶片陆续熔化的过程。结晶高聚物中晶片厚度的分布愈宽，它的熔限就愈宽。结晶聚合物的熔点、熔限与分子量大小、分子量分布关系不大，相反地，却与结晶历程、结晶度的高低及球晶的大小有关。

2.4.3.4　聚合物的结晶过程

熔融聚合物经过急冷使其温度骤然降到玻璃化温度以下，则冷却后的聚合物就成为非晶态。因为在急冷过程中，分子链段未能及时排入晶格就已被冻结而丧失活动能力，所以保持原来的无序状态。但是如果急冷速率不够快或聚合物结晶速率异常快，则很难得到无定形样品。

聚合物由非晶态转变为结晶的过程就是结晶过程。结晶过程由晶核生成和晶体生长两部分组成，所以结晶的总速率即由这两个连续的部分所控制。晶核生成和晶体生长对温度都很敏感，且受时间的控制。

当温度比熔点低得不多时，晶核的生成速率是极小的，但晶核的生成速率会随温度的下降而加快。也就是说，如果以 ΔT 表示晶核生成的温度与熔点之间的温差，则晶核生成所需时间就是 ΔT 的函数。最初，当 ΔT 等于零时，即温度为熔点，晶核生成所需时间为无穷大（晶核生成的速率为零）。ΔT 逐渐增大时，晶核生成所需的时间就很快下降（见图 2-4-4），以至达到一个最小值，这是因为没有达到临界尺寸的晶坯聚多散少和温度下降有利于它们形成晶核的结果。ΔT 继续增大时，晶核生成所需的时间又逐渐增大，直至接近玻璃化温度时再次变为无穷大。因为温度足够低时，分子链段运动越来越困难，晶坯的生长受到限制。温度降至玻璃化温度时，分子链段运动停止，所以晶坯的生长、晶核的生成及其晶体生长也全部停止。这样，凡是尚未开始结晶的分子均以无序状态保持在聚合物中。如果再将此聚合物加热到玻璃化温度与熔点之间，则结晶将继续原来的状态发展下去。在晶核生成过程中，如果熔体中存在外来的物质（成核剂），则晶核生成所需的时间将大为减少。

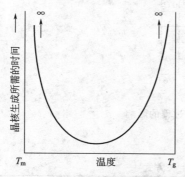 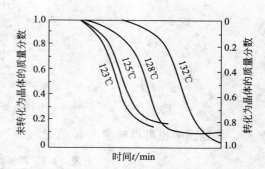

图 2-4-4　晶核生成时间与温度的关系　　　图 2-4-5　聚丙烯在不同温度下的等温体积变化

对晶体生长速率而言，恰巧在熔点以下的温度时最快，温度下降则生长速率随之下降。原因是温度下降时分子链段活性会降低，从而增加分子链段排入晶格的难度。由于结晶速率是受晶核生成速率和晶体生长速率两步控制，晶核生成最大速率处于熔点和玻璃化温度中间某一点；在这一段温度区域内晶体生长速率恰好从最大逐渐到临近玻璃化温度时变为零。所以，结晶的总速率是两者的叠加，即两边小中间大，也就是在这一段温度区域内的前半段（靠近熔点）受晶核生成速率的控制，而在后半段（靠近玻璃化温度）则受晶体生长速率的控制。至于结晶总速率最大处的位置，是随聚合物而异的。

晶体的生长过程，尤其是在熔体冷却过程中的生长，是很复杂的，既与聚合物分子结构有关，又随外界条件而变动。总的说来，在晶坯形成稳定的晶核后，没有程序的分子链段就围绕着晶核排列生成微晶体。在微晶体表面区域还可能生成新的晶核。这种晶核的生成比在无序分子区域内更容易。结果就在以最初的晶核为中心的情况下形成圆球状的晶区——球晶。它是聚合物熔体结晶的基本形态，是使结晶聚合物呈现乳白色不透明的原因。

研究结晶速率时，大多用膨胀计测量聚合物在结晶过程中的体积变化来实现。结晶是在几个不同温度的等温情况下进行的。图 2-4-5 是对聚丙烯研究的结果。

结晶过程可以用阿弗拉米（Avrami）方程来描述：

$$\frac{V_\infty - V}{V_\infty - V_0} = \exp(-Kt^n) \tag{2-4-2}$$

式中，V_∞ 和 V_0 分别表示试样的起始体积和终了体积；V 为 t 时刻的体积；K 为等温下的结晶速率常数；n 为与晶核生成和晶体生长过程以及晶体形态有关的常数，其数值见表 2-4-3。

将式(2-4-2)取两次对数，则

$$\ln\left[-\ln\left(\frac{V_\infty - V}{V_\infty - V_0}\right)\right] = \ln K + n\ln t \tag{2-4-3}$$

用 $\ln t$ 对 $\ln\left[-\ln\left(\frac{V_\infty - V}{V_\infty - V_0}\right)\right]$ 作图，由图 2-4-6（用聚对苯二甲酸乙二酯的数据）可以看出图形都是直线，表明 n 在恒温下并未改变。但在不同温度下的 n 可有不同的值。n 在 110℃时为 2，在其他两个温度下则为 4，说明不同结晶温度下聚合物的生长方式可有不同。

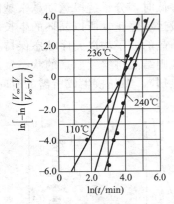

图 2-4-6 不同冷却温度对结晶过程的影响

另外，从该图中也可以推测出 K 值是依赖于温度的。

表 2-4-3 阿弗拉米指数与生长方式

晶体生长方式	均相成核	异相成核
一维生长（针状体）	$n=2$	$1<n<2$
二维生长（片状体）	$n=3$	$2<n<3$
三维生长（球状或块状）	$n=4$	$3<n<4$

2.4.3.5 成型加工与聚合物的结晶

聚合物结晶不仅与分子结构有关，而且强烈地依赖结晶发生的历史。由于加工过程中有许多因素都影响到聚合物结构的形成，因此，能否取得预期的结构，加工过程的控制至关重要。

(1) 结晶压力的影响

聚合物熔体在高流体静压力下的结晶现象是很常见的。在压力作用下，聚合物熔体的体积缩小，分子链排列得更紧密，分子链处于伸直构象的可能性增加，因而聚合物结晶速率增加，晶片厚度增加。如在更高的压力下（例如 500MPa）甚至生成完全伸直链晶体。在注射成型过程中，最初模具中的熔体处于高压下而且温度较高。随着皮层冷却，模具浇口冻结，中心部分流体静压下降。在此过程中，如果压力高，则发生较大的压力诱导结晶，得到的晶体晶片厚，熔点高；反之，在中心部位生成的晶体，同常压下产生晶体相似。

(2) 应变和流动诱导结晶

应变和流动诱导结晶现象的一个极为有用和重要的应用例子是聚丙烯、聚甲醛-乙缩醛共聚物和其他高聚物的硬弹性膜及纤维的发现。这些结构都是通过熔体挤出并使之在高压力下结晶得到的。通常外部施加应力导致熔体大分子链拉伸并使之按与形变相同的方向排列，由此大大降低了结晶时大分子规则排列的阻力，从而加快了结晶速率。

(3) 退火

退火（热处理）的方法能够使结晶聚合物的结晶趋于完善（结晶度增加），比较不稳定结晶结构转变为稳定的结晶结构，微小的晶粒转变为较大的晶粒等。退火可明显使晶片厚度增加，熔点提高，但在某些性能提高的同时又可能导致制品"凹陷"或形成空洞及变脆。此外退火也有利于大分子的解取向和消除注射成型等过程中制品的冻结应力。

2.4.3.6 液晶聚合物

某些聚合物受热时由固体转变到熔体之间，或沉淀过程中由溶液过渡到固体之间，存在液体-固体中间相，称为介晶态。一般固体熔融或溶解后分子获得两种自由度——位移和转动自由度，但介晶态中分子仅获得其中的一种。通常获得位移自由度的称为液晶，即能流动的晶体；获得转动自由度的聚合物分子可以转动，但不能流动并处在固体状态，称为塑性晶体。

根据光学方法的研究结果，把液晶分为以下三类。

① 近晶型　分子以长轴相互平行地排列，若躺在二维层片中，片间相互可以滑动，此外任何方向的运动都是困难的［图 2-4-7(a)］。

② 向列型　分子间相互保持着近晶型那样的平行，但它们的重心位置是无序的。它是一维取向，实质上是由取向分子所组成［图 2-4-7(b)］。

③ 胆甾型　分子像近晶型那样排列，分层堆积，层间可以相互滑动，一个平面层内长轴的平行排列和向列型液晶相似，而每一层对下一层都稍微扭转，以适应伸到分子平面外的官能团的要求，这样层层累加起来，形成螺旋面结构［图 2-4-7(c)］。

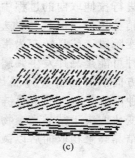

(a)　　　　　　　　(b)　　　　　　　　(c)

图 2-4-7　液晶结构

大多数液晶化合物都是热致性的，即当把聚合物加热到一定温度以上时，可以观察到它由稳定的晶型转变成浑浊的液体；当温度进一步升高时，浑浊突然消失，得到各向同性的澄清液体。一般高聚物的熔点较高，其液晶属于热致性的很少，多属于溶致性的，即聚合物溶液在一定浓度等条件下，可以形成液晶。液晶是硬链高分子从各向同性液体过渡到晶体的中间状态，说明这些高分子并不是由无规状态一下就转变成三维有序排列，而是有一个中间有序状态。

高分子液晶是一种很有前途的材料。它不仅在生物领域有极重要的研究价值，因为在生命现象中，起关键作用的生物大分子及聚集态——蛋白质、核酸、病毒、细胞等在某些条件下都表现了液晶的特征，而且作为材料，它可以制作高强度高模量材料、分子增强复合材料、光学记录、储存、显示材料以及光导材料。近来发现用少量液晶聚合物诱导其他高聚物结晶，有利于制备性能更好的材料。所以，研究高分子液晶，不论在理论上还是实际应用上都有意义。

2.4.4　高聚物的取向结构

2.4.4.1　取向单元

线型高分子具有高度的几何不对称性，它们的长度可能是宽度的几百、几千甚至几万倍。在外场作用下，高分子链沿外场方向作某种方式和某种程度的平行排列叫做取向。

非晶态高聚物的取向单元分两类：链段取向和分子链取向。链段取向时，链段沿外场方向平行排列，但分子链的排列可能是杂乱的。分子链取向时，整个分子链沿外场方向平行排列，但链段未必取向。高聚物的链段取向在高弹态——链段能自由运动但整个分子链的移动还很困难的状态时就能实现，而分子链的取向则只有在黏流态时才能进行。

取向过程是分子在外场作用下的有序化过程。外场除去之后，分子的热运动使分子趋向于无序化，即解取向。在热力学上解取向是自发过程，而取向必须依靠外场的帮助才能实现。因此高聚物的取向状态在热力学上是一种非平衡态。为了维持取向状态，必须在材料取向后把温度迅速降到玻璃化温度以下，使分子或链段的运动"冻结"起来之后才能撤去外场。这种"冻结"的取向状态不是热力学平衡状态，只有相对的稳定性。随着分子热运动的进行，终究要发生解取向。取向过程中取向快的单元，解取向也快，因而发生解取向时，链段先于分子链解取向。当温度足够低时，解取向过程进行得十分缓慢，不易被察觉。

结晶高聚物中包括晶区和非晶区。晶区由晶片组成。就晶片本身而言，其中的链段或分子链彼此之间总是平行排列的。但是未取向结晶高聚物中，晶片的排列是无序的。因此对结晶高聚物来说，在外场作用下，除了发生非晶区的分子链或链段取向外，还有晶片的取向问题。

高聚物在通常条件下从熔融状态冷却结晶时，往往生成由折叠链晶片组成的球晶。在对结晶高聚物进行拉伸取向的过程中，球晶会经历弹性形变阶段和塑性形变阶段。在弹性形变阶段，球晶稍被拉长，但长短轴差别不大。在塑性形变的初始阶段，球晶被拉成细长椭圆形；到大形变阶段，球晶转变为带状结构。在球晶的外形变化中，内部晶片的重排机理有两种可能：一种可能是晶片发生倾斜、滑移、转动甚至破坏，部分折叠链被拉伸成伸直链，形成由沿外场方向取向的折叠链晶片和贯穿在晶片之间的伸直链组成的微丝结构［图 2-4-8(a)］；另一种可能是原有的折叠链晶片被拉伸转化为伸直链晶体［图 2-4-8(b)］。取向过程中的聚集态变化取决于结晶高聚物的类型和拉伸取向的条件（如温度、拉伸速度等）。在一般情况下，结晶高聚物取向后以微丝结构为主。

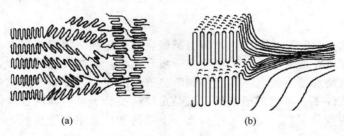

图 2-4-8　晶片在拉伸取向中的结构变化

结晶高聚物中晶片的取向在热力学上是稳定的，在晶体被破坏以前不可能发生解取向。

2.4.4.2　取向方式与取向高聚物的各向异性

按照外力作用的方式，高聚物的取向主要分单轴取向和双轴取向两大类。

① 单轴取向　材料只沿一个方向拉伸，长度增加，厚度和宽度减小。高分子链或链段倾向于沿拉伸方向排列［图 2-4-9(a)］。

② 双轴取向　材料沿两个互相垂直的方向拉伸，面积增加，厚度减小。高分子链或链段倾向于与拉伸平面平行排列。但在拉伸平面内分子的排列是无序的［图 2-4-9(b)］。

取向对材料性能最大的影响是造成材料的力学、光学和热性能的各向异性。造成各向异

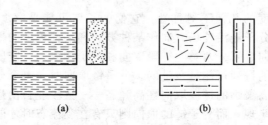

图 2-4-9　取向高聚物中分子链排列

性的根本原因是沿高分子链方向原子之间以化学键联结，而在分子链之间以范德华力结合。材料未取向时，高分子链和链段的排列是无序的，因此呈各向同性。取向后，由于在取向方向上原子之间的作用力以化学键为主，而在与之垂直的方向上原子之间的作用力以范德华力为主，因此呈各向异性。

取向材料的力学各向异性表现为，取向方向上的模量、强度等比未取向时显著增大，而在垂直于取向的方向上，强度和模量降低。最直观的一个例子是目前广泛用作包扎绳的全同聚丙烯的单轴取向薄膜。这种薄膜在拉伸取向方向上（即包扎绳长度方向上）强度非常高，而在横方向上却十分容易撕开。对于只要求一维强度的纤维和薄膜，常常采用单向拉伸工艺来大幅度提高其拉伸强度。以尼龙为例，未取向时，拉伸强度为 70~80MPa，而经过拉伸取向的尼龙纤维，拉伸强度可高达 470~570MPa。目前，一些研究工作者正在利用拉伸取向获得以伸直链晶体为主的超高模量和超高强度纤维。但是，高度取向的纤维弹性较差，出现僵硬现象。在实际应用中，要求使用的合成纤维既有高的强度，又有 10%~20% 的弹性伸长。为了使纤维兼具高强度和适当的弹性，在加工中可以利用分子链取向和链段取向速度的不同，用慢的取向过程使整个高分子链得到良好的取向，以达到高强度，而后再用快的解取向过程使链段解取向，使纤维具有弹性。

高聚物经双轴拉伸后，在拉伸方向上的强度和模量均比未取向时高，但在未拉伸方向上强度下降。如果双轴拉伸时两拉伸方向上的拉伸比相同，则材料在拉伸平面内的力学性能差不多是各向同性的。一些要求二维强度高而平面内性能均匀的薄膜材料如电影胶卷片基、录音磁带和录像磁带等都是双轴拉伸薄膜。

取向与结晶虽然都与高分子的有序性有关，但是它们的有序程度不同。取向态是一维或二维有序的，而结晶态则是三维有序的。

2.4.4.3 成型过程中的取向

聚合物的成型加工常常是在外场力的作用下进行的。比如聚合物熔体在圆形管道内流动时必然受到管道两端的压力差与管壁处的阻力的双重作用，从而导致聚合物熔体在管道截面上各点的速度分布呈扁平的抛物线分布。在这种流动的情况下，热固性和热塑性塑料中各自存在的细长的纤维状填料（如木粉、短玻璃纤维等）和聚合物分子，在很大程度上，都会顺着流动的方向作平行的排列，如果不作这样的排列，细而长的单元势必以不同速度运动，其结果是被拉断，所以只能在不同的位置顺着流动方向作平行排列，这就导致纤维状填料与聚合物分子在加工过程中发生了取向。同理，对于热塑性塑料，在其玻璃化温度与熔点（或软化点）之间进行拉伸时，也会发生取向现象。显然，这些取向的单元，如果存在于制品中，则制品的整体就将出现各向异性。各向异性有时是在制品中特意形成的，如制造取向薄膜与单丝以及拉伸网格等，这样就能使制品沿拉伸方向的拉伸强度和抗蠕变性能得到提高；但在制造许多厚度较大的制品（如模压制品）时，又力图消除这种现象。因为制品中存在的取向现象往往是取向方向不一致，同时各部分的取向程度也有差别，这样会使制品在有些方向上的力学强度得到提高，而在另外一些方向上必会变劣，甚至发生翘曲或开裂。以下分别就热固性与热塑性两类塑料在不同的成型方法中的取向现象进行简单的讨论。

（1）热固性塑料模塑制品中纤维状填料的取向

用带有纤维状填料的粉状或粒状热固性塑料制造模压制品的方法分为两类：①压缩模塑法，用这种方法制造制品时，由于成型时原料的流动程度很小，则纤维填料的取向程度很小，常忽略不计；②传递模塑法和热固性塑料的注塑法等，这类成型方法在成型时，由于原料须经明显的流动才能成型，因此会引起纤维状填料的取向。

为探讨填料的取向，可用成型扇形（见图 2-4-10）片状物为例来说明。实验证明，扇形片状试样切线方向的机械强度总是大于径向方向，而在切线方向的收缩率（室温下制品尺寸

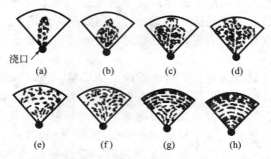

图 2-4-10 扇形片状试样中填料的取向

与塑模型腔相应尺寸的比较）和后收缩率（试样在存放期间的收缩）又往往小于径向。基于这种测定和显微分析的结果并结合以上讨论的情况，可推断出填料在模压过程中的位置变更基本上是按照图 2-4-10(a)～(h) 顺次进行的。可以看出填料排列的方向主要是顺着流动方向的，碰上阻断力（如模壁等）后，它的流动就改成与阻断力成垂直的方向。在整个成型过程中，虽然有塑料原料与填料两种材料的流动，且两者均能在流动过程中发生取向，但由于塑料原料在充满型腔后发生交联反应，使得制品中的塑料部分并不表现出取向状态，使塑料部分各向同性。因而前述力学性能在径、切两向上差别的原因在于填料排列的方向不同。由图 2-4-10(h) 可见，纤维填料是在切线方向上平行排列的，因而在试样切线方向的机械强度总是大于径向方向；对于收缩率，由于纤维填料在成型过程中只因温度的降低而尺寸略有收缩，其收缩量远小于塑料原料因交联反应及温度降低而产生的收缩，纤维填料实际是阻碍了塑料的自由收缩。由于纤维填料在切线方向上平行排列，使得切线方向上的阻碍大于径向，因而切线方向的收缩率和后收缩率又往往小于径向。

模塑制品中填料的取向方向与程度主要依赖于浇口的形状（它能左右塑料流动速度的梯度）与位置，这是生产上应该注意的。

模塑制品的形状几乎是没有限制的。因此，当对塑料在模内流动情况还没有积累足够资料时，要作出一般性结论是困难的。但是可以肯定地说，填料的取向起源于塑料的流动，并且与它的发展过程和流动方向紧密联系。为此，在设计模具时应考虑到制品在使用中的受力方向应与塑料在模内流动的方向相同，也就是设法保证填料的取向方向与受力方向一致。填料在热固性塑料制品中的取向是无法在制品成型后消除的。

（2）热塑性塑料成型过程中聚合物分子的取向

如果所用的热塑性塑料也含有纤维状填料，则填料的取向作用与上述相同，故不赘述。这里只讨论聚合物分子取向。

用热塑性塑料生产制品时，只要在生产过程中存在着熔体流动，几乎都有聚合物分子取向的问题，不管生产方法如何变化，影响取向的外界因素以及因取向在制品中造成的后果基本上是一致的。因此，这里以出现取向现象较为复杂和工业上广泛应用的注塑法来说明。至于在其他方法（挤出、吹塑、压延等）中的情况则可类推。

图 2-4-11 是长条形注射模塑制品的取向情况。从图中可以看出，分子取向程度从浇口处起顺着料流的方向逐渐增加，达到最大点（偏近浇口一边）后又逐渐减弱。在图 2-4-11(b) 所示中心区与邻近表面的一层，其取向程度都不很高，取向程度较高的区域是在中心两侧（若从整体来说，则是中心的四周）而不到表层的一带。以上各区的取向程度都是根据实际试样用双折射法测量的结果。

在没有说明取向现象为何在制品二维上各点有如此差别以前，应该明确下列两点：①分子取向是流动速度梯度诱导而成的，而这种梯度又是剪应力造成的；②当所加应力已经停止

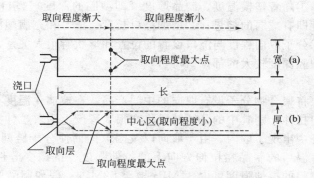

图 2-4-11　长条形注射模塑制品中分子取向

或减弱时，分子取向又会被分子热运动所摧毁。分子取向在各点上的差异应该是这两种对立效应的净结果。如何结合这两种效应于物料一点上来说明其差异，应对该点在模塑过程中的温度变化和运动的历史过程有所了解。把二者结合起来分析是很复杂的。

现以图 2-4-11 所示试样进行分析。当熔融塑料由料筒（使塑料熔化与加压的圆形导管）通向浇口而向塑模流入时，由于模具的温度比熔料的温度低，凡与模壁接触的一层都会冻结。导致塑料流动的压力在入模处应是最高，而在料的前锋应是最低，即为常压。由于诱导分子取向的剪应力是与料流中压力梯度成正比的，所以分子取向程度也是在入模处最高，而在料的前锋最低。这样前锋料在承受高压（承受高压应在塑料充满模腔之后）之前，与模壁相遇并行冻结时，冻结层中的分子取向就不会很大，甚至没有。紧接表层的内层，由于冷却较慢，因此当它在中心层和表层间淤积而又没有冻结的时间内是有机会受到剪应力的（在型腔为塑料充满之后），所以临近表层处，分子就会发生取向。

其次，再考虑型腔横截面上各点剪应力的变化情况。如果模壁与塑料的温度相等（等温过程），则模壁处的剪应力应该最大，而中心层应是最小。但从贴近模壁一层已经冻结的实际情况（非等温过程）来看，在型腔横截面上能受剪应力作用而造成分子取向的料层仅限于塑料仍处于熔融态的中间一部分。这部分承受剪应力最大的位置，是在熔态塑料柱的边缘，即表层与中心层的界面上。由此不难想到分子取向程度最大的区域应该如图 2-4-11(b) 所标示的区域，而越向中心取向程度应该越低。

再次，塑料注入型腔后，首先在横截面上堵满的位置既不会在型腔的尽头，也不会在浇口的四周，而是在这两者之间，这是很明显的。最先充满的区域，它的冻结层应是最厚（以塑料充满型腔的瞬时计），而且承受剪应力的机会也最多，因为在充满区的中间还要让塑料通过，这就是图 2-4-11 所示取向程度最大的地方。

以上论述虽属定性的，而且还不够完全，例如没有涉及黏度对温度和剪应力的依赖性等。但已足够说明分子取向是如何进行的。

制品中如果含有取向的分子，顺着分子取向的方向（也就是塑料在成型中的流动方向，简称直向）上的机械强度总是大于与之垂直的方向（简称横向）上的。至于收缩率也是直向大于横向的。例如高密度聚乙烯试样在直向上的收缩率为 0.03cm/cm，而在横向上只有 0.023cm/cm。以上是仅就单纯的试样来说的。在结构复杂的制品中，由取向引起的各向性能的变化往往十分复杂。

从种种试验结果说明：每一种成型条件，对分子取向的影响都不是单纯的增加或减小，也就是说一种条件在大幅度内的影响，可能有一段是对分子取向具有促进作用，而在另一段则又可能起抑制作用。这一问题的症结在于矛盾是多种而彼此牵制着的。比如在增加压力的过程中，塑料的黏度就会变，同时温度的梯度等也不可能前后相同。虽然如此，仍然可以给出若干粗糙的通则：①随着塑模温度、制品厚度（即型腔的深度）、塑料进模时的温度等的增加，分子取向程度即有减弱的趋势；②增加浇口长度、压力和充满塑模的时间，分子取向程度也随之增加；③分子取向程度与浇口设置的位置和形状有很大关系，为减少分子取向程度，浇口最好设在型腔深度较大的部位。

(3) 拉伸取向

成型过程中如果将聚合物分子没有取向的中间产品，在玻璃化温度与熔点之间的温度区域内，沿着一个方向拉伸，则其中的分子链段将在很大程度上沿着拉伸方向作整齐排列，也就是分子在拉伸过程中出现了取向。由于取向以及因取向而使分子链间吸引力增加的结果，拉伸并经迅速冷至室温后的制品在拉伸方向上的拉伸强度、抗蠕变等性能就会有很大的提高。例如聚苯乙烯薄膜的拉伸强度可由 34MPa 增至 82MPa。假如制品厚度较小，则增加数值还可更高。对薄膜来说，既可以是单向拉伸（或称单轴拉伸），也可以是双向拉伸（或称双轴拉伸）。拉伸后的薄膜或其他制品，在重新加热时，将会沿着分子取向的方向（即原来的拉伸方向）发生较大的收缩。如果将拉伸后的薄膜或其他制品在张紧的情况下进行热处理，即在高于拉伸温度而低于熔点的温度区域内某一适宜的温度下加热若干时间（通常为几秒钟），而后急冷至室温，则所得的薄膜或其他制品的收缩率就降低很多。不是所有聚合物都适合拉伸取向的，目前已知能够拉伸并取得良好效果的有聚氯乙烯、聚对苯二甲酸乙二酯、聚偏二氯乙烯、聚甲基丙烯酸甲酯、聚乙烯、聚丙烯、聚苯乙烯以及某些苯乙烯的共聚物。图 2-4-12 列出了不同条件下拉伸聚苯乙烯薄膜的拉伸强度。

拉伸取向之所以要在聚合物玻璃化温度和熔点之间进行的原因是：分子在高于玻璃化温度时分子链段才具有一定的运动能力，这样，在拉应力的作用下，分子才能从无规线团中被拉应力拉开、拉直和在分子彼此之间发生移动。实质上，聚合物在拉伸取向过程中的变形可分为三个部分：①瞬时弹性变形，这是一种瞬息可逆的变形，是由分子键角的扭变和化学键的伸长造成的，这一部分变形，在拉伸应力解除时，能全部恢复；②分子排直的变形，排直是分子中的链段运动使无规线团解开的结果，排直的方向与拉伸应力的方向相同，这部分的变形即所谓分子取向部分，是拉伸取向工艺要求的部分，它在制品的温度降到玻璃化温度以下后即行冻结而不能恢复；③黏性变形，这部分的变形与液体的变形一样，是分子质心彼此滑动，也是不能恢复的。当薄膜或其他制品在稍高于玻璃化温度进行快拉时，第一部分的弹性变形也就很快发生。而当第二部分的排直变形进行时，弹性变形就开始回缩。第三部分的黏性变形在时间上是一定落后于排直变形的。如果能在排直变形已相当大，而黏性变形仍然较小时就将薄膜或其他制品骤然冷却，这样就能在黏性变形较小的情况下取得排直变形程度较大的分子取向。假如将拉伸时的温度和骤冷所达到的温度均行提高，在这种情况下，即令拉伸保持不变，排直变形也相形见少。这是因为温度升高，黏性变形需要的松弛时间减小，黏性变形量变大。同时，在高温下，排直变形的松弛也要比在低温时多些。从这样的过程当然可以看出：拉伸取向是一个动态过程，一方面有分子被拉直，即分子无规线团被解开；而另一方面却又有分子在纠集成无规线团。

基于以上一些论述，可以扼要地将拉伸聚合物的情况归纳成以下几个通则。

① 在给定拉伸比（拉伸后的长度与原来长度的比）和拉伸速度的情况下，拉伸时温度越低（不得低于玻璃化温度）越好。其目的是增加排直变形而减少黏性变形。

② 在给定拉伸比和温度下，拉伸速度越大则所得分子取向的程度越高。

③ 在给定拉伸速度和温度下，拉伸比越大取向程度越高。

④ 不管拉伸情况如何，骤冷的速率越大，保持取向的程度越高。

在具体产品的拉伸取向过程中，对待无结晶倾向与有结晶倾向的聚合物是不同的。拉伸无结晶倾向的聚合物通常比较容易，只需按上述情况选择恰当的工艺条件即可。但尚需指出

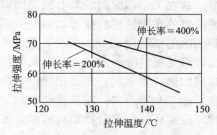

图 2-4-12　不同条件下拉伸聚苯乙烯薄膜的拉伸强度

的有两点：①实验结果证明，在相等的拉伸条件下，同一品种的聚合物，平均分子量高的取向程度较分子量低的要小；②拉伸过程有时是在温度梯度下降的情况下进行的，这样就可能使制品的厚度波动小些。因为在降温与拉伸同时进行的过程中，原来厚的部分比薄的部分降温慢，较厚的部分就会得到较大的黏性变形，从而减低了厚度波动的幅度。

如果拉伸取向的聚合物是有结晶倾向的，则对结晶在拉伸过程中的影响以及最后得到的产品中要不要使它含有结晶相等问题都须考虑。关于后一问题的回答是，制品中应该具有恰当的晶相。因为对具有结晶倾向的聚合物来说，如果由它制造的薄膜或单丝是属于无定形的，则在使用上并无多大价值，结晶而没有取向的产品一般性脆且缺乏透明性；取向而没有结晶或结晶度不足的产品具有较大的收缩性。如果是单丝，依然没有多大使用价值，而薄膜也只有用作包装材料。其中唯有取向而又结晶的在性能上较好，同时还具备透明性和收缩率小的优点。控制结晶度的关键是最后热处理的温度与时间以及骤冷的速率。

结晶对拉伸过程的影响是比较复杂的。首先，要求拉伸前的聚合物中不含有晶相，这对某些具有结晶倾向的聚合物来说是困难的。例如聚丙烯等，因为它们的玻璃化温度要低于室温以下很多，即使是玻璃化温度较高的聚合物，例如聚对苯二甲酸乙二酯，如果在制造作为拉伸用的中间产品时冷却不当，同样也含有晶相。含有晶相的聚合物，在拉伸时，不容易使其取向程度提高。因此在拉伸像聚丙烯这类聚合物时，为保证它们的无定形，拉伸温度应该定在它们结晶速率最大的温度以上和熔点之间，比如纯聚丙烯的结晶速率最大的温度约为150℃（工业用的有低达120℃的）；熔点为170℃（也有低至165℃的），所以拉伸温度即在150~170℃范围。因此，在对一种聚合物进行拉伸取向之前，应对该种聚合物的结晶行为具有足够的了解。

其次，具有结晶倾向的聚合物，在拉伸过程中，伴有晶体的产生、结晶结构的转变（指拉伸前已存有晶相的聚合物）和晶片的取向。拉伸过程中的分子取向能够加速结晶的过程，这是晶体在较短时间（拉伸所需时间不长）就能够产生的缘故。加速的大小是随聚合物品种而异的。具有晶相的聚合物的拉伸，在拉伸中，会出现细颈区域（拉伸温度偏高时，可能没有这种现象），从而产生拉伸不均的现象，其原因在于细颈区的强度高。所以，如果在非细颈区没有完全变成细颈区时就进行随后的过程，则最终制品的性能将会因区而异，同时厚度的波动也大。如果拉伸时，在整个被拉的面上出现细颈的点不止一个，则问题更多。这些都是生产上应该重视的问题。拉伸时结晶结构转变的真相，现在还不很清楚，需要仔细的研究。实验证明，在拉伸取向时，晶体的 c 轴是与拉伸方向一致的，但在挤出时则 a 轴与挤出方向一致，这是因为拉伸取向时已有晶体存在，而挤压时晶体尚不存在，晶体是后生的。

再次，具有结晶倾向的聚合物在拉伸时伴有热量产生，所以拉伸取向即使在恒温室内进行，如果被拉中间产品厚度不均或散热不良，则整个过程就不是等温的。由非等温过程制得的制品质量较差。因此，和前面所说无定形聚合物的拉伸取向一样，拉伸取向最好是在温度梯度下降的情况下进行。

热处理能够减少制品收缩，这在无结晶倾向的与有结晶倾向的两类聚合物中的本质上有些不同。对前者来说，热处理的目的在于使已经拉伸取向的中间制品中的短链分子和分子链段得到松弛，但是不能扰乱制品的主要取向部分。显然，扰不扰乱的界限是由温度来定的，所以热处理的温度应该定在能够满足短链分子和分子链段松弛的前提下尽量降低，以免扰乱取向的主要部分。对有结晶倾向的聚合物来说，如果按照以上所述进行考虑，当然不能说是错的，但是这样考虑毕竟是次要的。众所周知，结晶常能限制分子的运动。因此，这类聚合物中间制品的热处理温度和时间应定在能使聚合物形成的结晶度足以防止收缩的区域内。

2.4.5　共混高聚物的织态结构

2.4.5.1　高聚物多组分混合体系的分类

根据混合组分的不同，高聚物多组分混合体系可分为以下三大类。

① 高分子-增塑剂体系　增塑高聚物。

② 高分子-填充剂体系　复合材料。如炭黑补强的橡胶、纤维增强的塑料、泡沫塑料等。

③ 高分子-高分子体系　共混高聚物。有时把嵌段共聚物、接枝共聚物、互穿和半互穿网络也包括在此类。

高聚物多组分混合体系是开发高聚物新材料中十分重要的领域。

聚氯乙烯被合成以后，由于其加工温度太接近于分解温度，曾很长时期无法工业化生产，直到人们发现增塑剂能降低其加工温度之后才开始在工业上大量生产，并通过调节增塑剂的类型与用量而获得一系列由软至硬的产品。它已成为目前塑料中最大的品种之一。

虽然，人们在古代就知道应用复合材料，例如，在泥土中混进稻草以获得增强的土坯。但直到人们成功地以炭黑增强橡胶才真正标志着复合材料科学的开始。自20世纪50年代以来，复合材料领域的发展突飞猛进，出现了许多先进复合材料，它们具有出色的甚至超过金属的比强度、比模量，优异的抗蠕变、抗疲劳性能，已经成为航天、航空、航海及电子工业等部门必不可缺少的结构材料。

共混高聚物和冶金工业中的合金十分相似。用现有的高聚物品种通过适当的工艺制备高分子-高分子混合物，使之具有良好的综合性能，而且通过混合组分的变化可获得千变万化的性能来满足各种不同的使用要求。与合成高聚物新品种相比，共混是开发新材料的捷径。比如 ABS 与 SBS 都是以共混高聚物的形式出现的，被誉为高分子合金。共混方法包括物理共混（机械共混、溶液浇铸共混和乳液共混）和化学共混（溶液接枝、溶胀聚合和嵌段共聚）。

从聚集态结构来看，高分子-增塑剂体系一般可看作为高分子与增塑剂互溶的浓溶液，是均相体系。高分子-填充剂体系无疑是非均相体系。高分子-高分子体系则有两类，一类是两组分在分子水平上互相混合的均相体系，另一类是两组分各成一相但混合在一起的非均相体系。非均相体系中一般有连续相与分散相之分。相与相之间有界面。材料的性能将取决于各相的性能、两相之间的织态结构以及界面的特性。

绝大多数高分子与高分子共混时，只能形成非均相体系。这种非均相体系从热力学观点来看是不稳定的，终究要造成相分离。然而由于高分子-高分子共混物的黏度很大，分子链或链段的运动实际上处于一种"冻结"状态，这种热力学不稳定的状态能长期维持。嵌段共聚物和接枝共聚物形成的非均相体系在热力学上是稳定体系。

2.4.5.2　非均相高聚物多组分体系的织态结构

在高分子-填充体系中，高聚物基体为连续相，填充剂为分散相。分散相的形状由填充剂本身的形状决定，有颗粒状或球状（如炭黑、玻璃珠、闭孔泡沫塑料中的泡孔等）、片状

（如云母）、棒状（如纤维）和网状（如开孔泡沫塑料中的泡孔）。

在非均相共混高聚物中，一般含量少的组分为分散相，含量多的组分为连续相。分散相的形状随其含量的增加从球状→棒状→层状。其结构模型如图 2-4-13 所示。共混高聚物中，一种组分由连续相向分散相的转变或由分散相向连续相的转变称为相反转。

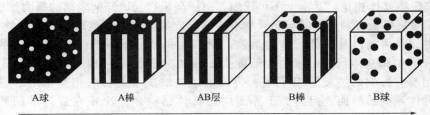

图 2-4-13 非均相共混高聚物的织态结构模型
白色：组分 A 黑色：组分 B

大多数实际共混高聚物的织态结构比模型所示的要复杂些。根据相的连续性，可分为以下三种基本类型。

(1) 单相连续结构

共混高聚物中的两相或多相中只有一相为连续相，其他为分散相。分散相区也称为相畴。根据相畴的规则性，单相连续结构又可分三类：①相畴形状很不规则，大小分布很宽，用机械共混法往往得到这种形态；②相畴形状规则，畴内不包含或只包含极少量的连续相成分，苯乙烯：丁二烯＝80：20 的嵌段共聚物就属于这一类，某些共混高聚物的相畴不仅形状规则，大小均匀，而且相畴在空间的排列可达到宏观量级的远程有序，例如苯乙烯：异戊二烯为 30：70 的星形嵌段共聚物就具有这种远程有序结构；③相畴具有胞状结构，即分散相中包含由连续相组分构成的更小的颗粒，许多接枝共聚共混物具有这类结构。

(2) 两相连续结构

最典型的例子是互穿网络。在这种共混高聚物中，两种高聚物的网络都是连续相，相互贯穿，使整个试样成为一个交织网络。如果两种组分的相容性不够好，则会发生一定程度的相分离。这时，高聚物网络的贯穿不是在分子程度上，而是在相畴程度上的互相贯穿，两组分的相容性越好，相畴越小。

广义地说，结晶高聚物也是非均相体系，一相是晶相，另一相为非晶相。当结晶程度较低时，晶相为分散相，非晶相为连续相；当结晶程度较高时（超过 40%），晶相为连续相，非晶相为分散相。当共混高聚物中有一个组分或多个组分能结晶时，织态结构是很复杂的。

共混高聚物按其连续相和分散相的软硬程度可分为四类。

① 分散相软-连续相硬 橡胶增韧塑料，如高抗冲聚苯乙烯、ABS、橡胶增韧聚氯乙烯等都属于这一类。

② 分散相硬-连续相软 SBS 热塑性弹性体、聚氨酯热塑性弹性体、聚苯乙烯（或聚氯乙烯、热固性树脂）补强的橡胶都属于这一类。

③ 分散相与连续相均软 主要指天然橡胶和合成橡胶的共混物，如天然橡胶或顺丁橡胶与乙烯-丙烯-双烯三元共聚饱和橡胶的共混物，天然橡胶与丁苯橡胶的共混物等。

④ 分散相和连续相均硬 不同类型聚乙烯之间的共混、聚丙烯与聚乙烯或尼龙的共混、聚乙烯与聚碳酸酯的共混、聚氯乙烯与聚醋酸乙烯酯的共混都属于这一类。

在非均相高聚物混合体系中，两相之间有一定的相互作用，有利于应力的传递，因而有助于加强分散相对连续相性能的影响。例如用橡胶来改进聚苯乙烯的抗冲击性能时，用接枝的办法往往比共混效果好。又例如用短玻璃纤维增强聚丙烯时,若将聚丙烯改性,使之在加工过程中与玻璃纤维间形成一定的键的连接,增强效果会大大提高。这就牵涉到相与相之间的界面问题。到目前为止,关于界面的理论很多,从力学的观点来看,界面可分为两类。第一类是高分子-硬填充剂体系中的界面。这类材料中分散相(如玻璃纤维、碳纤维、无机填料等)与高聚物基体相比,基本上不可压缩。由于高聚物与填充剂表面的吸附作用在填充剂表面形成了一层界面层,其性能与高聚物本体不同。界面层的厚度取决于高聚物的内聚能、填充剂的表面自由能以及高分子链的柔性。第二类是高分子-分子混合体系中的界面。这类材料中分散相和基体具有相似的变形能力。两相的表面层结构与性能都起了变化,形成了对两相都有影响的过渡层-界面层。界面的结构取决于两相的相互作用。图 2-4-14 示意了这两种体系中的界面。但是关于界面层的具体结构是一个正在探讨的问题,至今尚无完臻的理论。

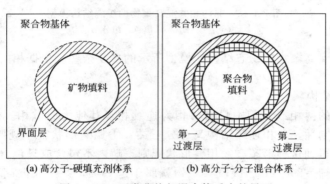

图 2-4-14 两类非均相混合体系中的界面

2.5 高聚物的流变行为

当温度处于流动温度 T_f(或熔点 T_m)与分解温度(T_d)之间时,高聚物呈现黏流态,称为熔体。高聚物熔体的主要力学特性就是流动性,即在外力作用下,不仅表现出黏性流动(不可逆形变),而且表现出弹性形变(可逆形变)。这种流动过程中伴随形变的特性就称为流变性。

高聚物的黏流态和流变性对实际加工应用有着重要的意义。例如,树脂要加热到黏流温度以上才能模塑、挤出、注射成型或者纺丝等,即必须通过物料的黏性流动来实现。因此,研究高聚物的黏流态和流变性是正确进行加工成型的基础。

2.5.1 高聚物黏流态特征

2.5.1.1 高聚物黏性流动的特点

高聚物分子链细而长,流动过程中其分子运动形式与小分子有所不同,因而导致高聚物的黏性流动有以下几个方面特点。

(1)流动机理——链段相继跃迁

小分子液体的流动可以用简单的孔穴模型来说明。该模型假设,液体中存在许多孔穴,小分子液体的孔穴与分子尺寸相当。当无外力时,分子热运动无规则跃迁,和孔穴不断交换位置,发生分子扩散运动;在存在外力的情况下,分子沿外力方向从优跃迁,即通过分子间的孔穴相继向某一方向移动,形成宏观流动。温度升高,分子热运动能量增加,孔穴增加和膨胀,流动阻力减小。

高分子的流动机理与小分子不同，高分子流动时，其流动活化能与聚合度的关系是：在某个聚合度（n_c）以前，流动活化能是随着聚合度 n 的增加而增加的。当 $n>n_c$（$n_c=$20～30）以后，流动活化能与 n 无关（图 2-5-1）。这表明高分子在流动时分子的流动单元不是整个分子链而是链段，高分子链重心的位移是通过链段的相继跃迁实现的。形象地说，这种流动类似蚯蚓的蠕动。这种流动不需要预先产生整个分子链那样大小的孔穴，而只要链段大小的孔穴就可以了。显然，链段越短，越容易流动，流动温度较低。柔性高分子链段短，故容易流动，刚性高分子由于其链段很长，甚至整个链是一个链段，故流动很困难，需要很高的温度，有时甚至没达到流动温度就已分解。

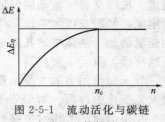

图 2-5-1　流动活化与碳链中碳原子数的关系

（2）流动黏度大

流体流动阻力的大小以黏度值表征。高聚物熔体的黏度通常比小分子液体大，原因在于高分子链很长，熔体内部能形成一种拟网状的缠结结构。这种缠结不同于硫化等化学交联，而是通过分子间作用力或几何位相物理结点形成的。在一定的温度或外力的作用下，可发生"解缠结"，导致分子链相对位移而流动。

由于高聚物熔体内部存在这种拟网状结构以及大分子的无规热运动，使整个分子的相对位移比较困难，所以流动黏度比小分子液体大得多。

（3）流动中伴随高弹形变

小分子液体流动时所产生的形变是完全不可逆的，而高聚物流动过程中所发生的形变中有一部分是可逆的。因为高聚物的流动并不是高分子链之间简单的相对滑移，而是各个链段分段运动的总结果。在外力作用下，高分子链不可避免地要顺着外力方向有所伸展，发生构象改变，这就是说，在高聚物黏性流动的同时，必然会伴随一定量的高弹形变，这部分高弹形变显然是可逆的。当外力消失后，高分子链又将自发地卷曲起来，因而，整个形变必将恢复一部分。这种流动过程如图 2-5-2 所示。

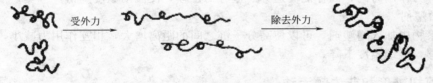

图 2-5-2　高聚物流动时构象改变

高弹形变的恢复过程进行得快或慢，一方面与高分子链本身的柔顺性有关，即柔顺性高则形变恢复得快；另一方面与高聚物所处的温度等流动条件有关，温度高，形变也恢复得快。

由于高聚物熔体有以上特点，其流动规律往往与小分子液体的流动规律即牛顿流动定律不相符合。

2.5.1.2　影响高聚物流动温度的因素

高聚物流动温度 T_f 是决定加工工艺条件的重要参数。对于非结晶性高聚物，加工温度必须高于 T_f；对于结晶性高聚物，加工时要达到黏流态，温度不仅要高于结晶部分的熔点 T_m，也要高于无定形部分的流动温度 T_f，即加工温度视 T_f 和 T_m 大小而定。现分别说明影响流动温度 T_f 的几个因素。

（1）分子结构的影响

分子链的柔顺性对流动温度影响很大。链的柔顺性好，内旋转的位垒低，流动单元链段就短。按照高分子流动的分段跃迁机理,链段长度短,流动所需的孔穴较小;反之,如果链较刚硬,链段长度大,流动所需孔穴较大。孔穴的大小又与温度有关。温度升高,分子热运动能量增加,液体中的孔穴也随着增加和膨胀。所以,分子链越柔顺,流动温度越低;分子链越刚硬,流动温度越高。

分子间作用力的大小也影响高聚物的 T_f。这是由于黏性流动是分子与分子之间相对位置发生变化的过程。如果分子之间相互作用力很大,则必须在较高的温度下才能克服分子间的相互作用而产生相对位移。因此,极性较强的高聚物黏流温度较高。例如聚丙烯腈由于极性过强,以致它的流动温度远在分解温度之上,使腈纶纺丝不能采用熔融法,只能用溶液法。又如,聚氯乙烯也由于分子间作用力较强,只能通过加入增塑剂降低黏流温度并加入稳定剂提高其分解温度才能进行加工成型。而聚苯乙烯,分子间作用力较小,黏流温度低,易于加工成型。

(2) 分子量的影响

流动温度 T_f 是整个高分子链开始运动的温度。它不仅与高聚物的结构有关,而且与分子量的大小有关。一方面分子量越大,可能形成的物理结点越多,内摩擦阻力越大;另一方面,分子链越长,分子链本身的无规热运动阻碍着整个分子向某一方向的定向运动。所以,分子量越大,位移运动越不易进行,黏流温度就要提高。从加工成型角度来看,不希望成型温度高。因此,在不影响制品基本性能要求的前提下,适当降低分子量是很必要的。应当指出,由于高聚物分子量的多分散性,所以实际非晶高聚物没有明确的流动温度,而往往是一个较宽的软化区域,在此温度区域内均可进行成型加工。

(3) 外力大小及外力作用时间

外力增大,有利于强化链段在外力作用方向上的热运动,促进分子链重心有效地发生位移。因此,有外力时,即使在较低的温度下,聚合物也可以发生流动。例如,对于聚砜、聚碳酸酯等比较刚硬的高分子,由于它们的黏流温度较高,一般都采用较大的注射压力来降低加工温度,以便于成型。但不能过分增大压力,如果超过临界压力,将导致熔体破裂,制品表面不光洁。

延长外力作用时间,同样能促进分子重心的位移,使流动温度降低。

(4) 增塑剂

在高聚物中加入增塑剂,可以使高分子链之间的距离增大,相互作用力减小,分子间容易相对位移,流动温度下降。

2.5.2 剪切黏度和非牛顿流动

除极少数几种工艺外,在大多数成型过程中都要求聚合物处于黏流状态(塑化状态),因为在这种状态下聚合物不仅易于流动,而且易于变形,这给它的输送和成型都带来极大方便。为使塑料在成型过程中易于流动和变形,并不限定用黏流态的聚合物(聚合物熔体),采用聚合物的溶液或分散体(悬浮液)等也是可以的,熔体和分散体都属于液体的范畴。

液体的流动和变形都是在受有应力的情况下得以实现的。重要的应力有剪切、拉伸和压缩应力三种。三种应力中,剪切应力对塑料的成型最为重要,因为成型时聚合物熔体或分散体在设备和模具中流动的压力降、所需功率以及制品的质量等都受到它的制约。拉伸应力在塑料成型中也较重要,经常是与剪切应力共同出现的,例如吹塑中型坯的引伸,吹塑薄膜时泡管的膨胀,塑料熔体在锥形流道内的流动以及单丝的生产等。压缩应力一般不是很重要,可以忽略不计。但这种应力对聚合物的其他性能却有一定的影响,例如熔体的黏度等,所以在某些情况下应给予考虑。

流体在平直管内受剪切应力而发生流动的形式有层流和湍流两种。层流时,液体主体流动是按许多彼此平行的流层进行的，同一流层之间的各点速度彼此相同，但各层之间的速度却不一定相等，而且各层之间也无可见的扰动。如果流动速度增大且超过临界值时，则流动转变为湍流。湍流时，液体各点速度的大小和方向都随时间而变化，此时流体内会出现扰动。层流和湍流的区分是以雷诺数（Re）为依据。对流体而言，凡 $Re<2100\sim2300$，均为层流；当 $Re=2300\sim4000$ 时，为过渡流；当 $Re>4000$ 时则为湍流。由于聚合物流体的黏度大，流速低，在成型中其 $Re<10$，一般为层流。而聚合物分散体的雷诺数通常较大，但也不会大于 2300，因此其流动也应为层流。但必须指出，在少数情况下有例外，因为有时由于切应力过大则可能出现弹性湍流，此时不仅要用雷诺数，而且要用弹性雷诺数来判断流动类型。

描述流体层流的最简单规律是牛顿流动定律。该定律称，当有剪切应力 τ（N/m^2 或 Pa）于定温下施加到两个相距为 dr 的流体平行层面并以相对速度 dv 运动（见图 2-5-3），则剪切应力与剪切速率 dv/dr 之间呈直线关系，即

$$\tau = \eta \frac{dv}{dr} = \eta \dot{\gamma} \tag{2-5-1}$$

式中，η 为比例常数，称为切变黏度系数或牛顿黏度，简称黏度，单位为 Pa·s。黏度是流体的一种基本特性，依赖于流体的分子结构和外界条件。以 τ 对 $\dot{\gamma}$ 作图得到流动曲线图，牛顿型流体的流动曲线是通过原点的直线，该直线与横坐标轴的夹角 θ 的正切值是牛顿黏度值（图 2-5-4）。

$$\eta = \frac{\tau}{\dot{\gamma}} = \tan\theta \tag{2-5-2}$$

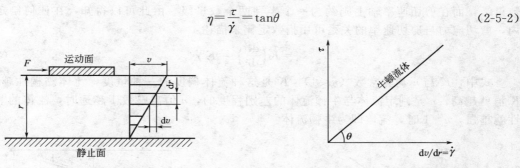

图 2-5-3 剪切流动
F—剪切力；τ—剪切应力

图 2-5-4 牛顿流体的流动曲线

事实上，真正属于牛顿流体的只有低分子化合物的液体或溶液。聚合物熔体除聚碳酸酯和偏二氯乙烯-氯乙烯共聚物等少数几种与牛顿流体相近似外，绝大多数都只能在剪切应力很小或很大时表现为牛顿流体。在成型过程中，通常对聚合物流体所施加的剪切应力都不是很大或很小，所以它表现的流动行为与牛顿流体的流动行为不相符合。聚合物分散体在成型过程中的流动行为也不是牛顿流体。

凡流体的流动行为不遵从牛顿流动定律的，均称为非牛顿型流体。非牛顿型流体流动时剪切应力和剪切速率的比值（剪切黏度）不再称为黏度而称为表观黏度，用 η_a 表示。表观黏度在一定温度下并不是一个常数，可随剪切应力、剪切速率而变化，甚至有些还随时间而变化。如果不考虑聚合物熔体的弹性（以后讨论），可将非牛顿流体分为两个系统。

2.5.2.1 黏性系统

这一系统在受到外力作用而发生流动时的特性是其剪切速率只依赖于所施加剪切应力的大小，根据其剪切应力和剪切速率的关系，又可分为宾哈流体、假塑性流体和膨胀性流体三种。

(1) 宾哈流体

这种流体与牛顿流体相同，其剪切应力和剪切速率的关系表现为直线。不同的是它的流动只有当剪切应力高至一定值 τ_y 后才发生塑性流动（图 2-5-5）。使流体产生流动的最小应力 τ_y 称为屈服应力。宾哈流体的流动方程为：

$$\tau - \tau_y = \eta_p \frac{dv}{dr} = \eta_p \dot{\gamma} \tag{2-5-3}$$

式中，η_p 称为刚度系数，等于流动曲线的斜率；应力小于 τ_y 时材料完全不流动；$\dot{\gamma}=0$，$\eta_p = \infty$。当 $\tau < \tau_y$ 时，实际上是固体材料；当 $\tau > \tau_y$ 时，立刻呈现流动行为，具有一定黏度。宾哈流体之所以有这种行为，是因为流体在静止时形成了凝胶结构。外力超过 τ_y 时这种三维结构即受到破坏。牙膏、油漆、润滑脂、钻井用的泥浆、下水污泥、聚合物在良溶剂中的浓溶液和凝胶性糊塑料等属于或接近宾哈流体。

(2) 假塑性流体

这种流体是非牛顿流体中最为普通的一种，它所表现的流动曲线是非直线的（图 2-5-5），但并不存在屈服应力。流体的表观黏度随剪切应力的增加而降低。大多数聚合物的熔体，也是塑料成型中处理最多的一类物料，以及所有聚合物在良溶剂中的溶液，其流动行为都具有假塑性流体的特征。图 2-5-6 是在对数坐标上绘制的聚合物熔体的流动曲线。A 与 B 是分别在温度 T_1 和 T_2 下所绘的曲线，$T_1 < T_2$。A 与 B 两条曲线均接近于直线（图中的虚线是加画的直线，借以与 A 和 B 作比较）。从图中可以看出，如果将剪切应力或剪切速率的范围缩小，则 A 和 B 将接近于直线。近似的直线在剪切应力轴上所跨越的范围约为一个数量级，而在剪切速率轴上则约为一个半到两个数量级。由此可以得知，在任何给定范围内，剪切应力与剪切速率的关系可用指数定律来描述：

$$\tau = K \left(\frac{dv}{dr} \right)^n = K \dot{\gamma}^n \tag{2-5-4}$$

式中，K 与 n 均为常数（$n<1$），K 是这种流体稠度的一种量度，流体黏稠性越大时，K 值就越高；n 是判定流体与牛顿流体的差别程度的，n 值离整数 1 越远时，流体的非牛顿性就越强，$n=1$ 时，流体即为牛顿流体。

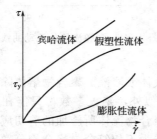 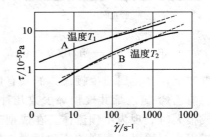

图 2-5-5 非牛顿流体的流动曲线　　图 2-5-6 典型聚合物的熔体的流动曲线

指数函数仅是描述假塑性流体流动行为的一种方式，描述这种行为且能使之适应剪切应力范围的公式很多，不论是理论上或经验上的为数均不少，但是这种较大范围的适应是通过比较复杂的数学关系才能取得。从工程角度讲，在解决具体问题时要求一个公式描述流体流动的剪切范围并不十分宽，所以多采用简单经验性的指数函数。但是随着计算机的普遍使用，求解复杂的流变方程已不是难事。

表示假塑性流体流动行为的指数函数还可用另一种形式表示：

$$\frac{dv}{dr} = \dot{\gamma} = k \tau^m \tag{2-5-5}$$

式中，k 与 m 也是常数（$m>1$）。k 称为流动度或流动常数，k 值越小时表明流体越黏稠，也越不易流动。k 与 K 的关系为：

$$K=\left(\frac{1}{k}\right)^n \quad (2\text{-}5\text{-}6)$$

m 所指的意义和 n 一样，但 m 不等于 n 而是等于 $1/n$。

按前述表观黏度的定义知：

$$\eta_a=\frac{\tau}{\dot{\gamma}} \quad (2\text{-}5\text{-}7)$$

则

$$\eta_a=K\dot{\gamma}^{n-1} \quad (2\text{-}5\text{-}8)$$

又 $\dot{\gamma}=k\tau^m$，则有：

$$\eta_a=k^{-\frac{1}{m}}\dot{\gamma}^{\frac{1-m}{m}} \quad (2\text{-}5\text{-}9)$$

假塑性流体的黏度随剪切应力或剪切速率的增加而下降的原因与流体分子的结构有关。对聚合物溶液来说，当它承受应力时，原来由溶剂化作用而被封闭在粒子或大分子盘绕空穴内的小分子就会被挤出，这样，粒子或盘绕大分子的有效直径即随应力的增加而相应地缩小，粒子或盘绕大分子间接触或碰撞的概率减小，从而使流体黏度下降。对聚合物熔体来说，造成黏度变化的原因在于熔体中大分子彼此之间的缠结。当缠结的大分子承受应力时，缠结点被解开，同时还沿着流动的方向规则排列，因此就降低了黏度。缠结点被解开和大分子规则排列的程度是随应力的增加而加大的。显然，这种大分子解缠学说也可用于说明聚合物熔体黏度随剪切应力增加而降低的原因。

用指数函数式(2-5-5)描述聚合物熔体流动行为时，式中的 m 值一般在 $1.5\sim4$ 的范围内变化，但当剪切速率增高时，某些聚合物的 m 值可达至 5。图 2-5-7 所示的流动曲线，其 m 值约为 3。平均分子量相同的同一种聚合物，其分子量分布幅度大的流动性对所施加应力的敏感性大。

几种热塑性塑料的表观黏度与剪切应力的关系见图 2-5-7。

（3）膨胀性流体

这种流体的流动曲线也不是直线（图 2-5-5），而且也不存在屈服应力，但与假塑性流体不同的是它的表观黏度会随剪切应力的增加而上升。膨胀性流体的流动行为也可用式(2-5-4)或式(2-5-5)来描述，只是式(2-5-4)中的常数 n 大于 1，式(2-5-5)中的常数小于 1。属于这一类型的流体大多数是固体含量高的悬浮液，处于较高剪切速率下的聚氯乙烯糊塑料的流动行为就很接近这种流体。膨胀性流体之所以有这样的流动行为，多数解释是：当悬浮液处于静态时，体系中由固体粒子构成的空隙最小，其中流体只能勉强充满这些空间。当施加于这一体系的剪切应力不大时，也就是剪切速率较小时，流体就可以在移动的固体粒子间充当润滑剂，因此，表观黏度不高。但当剪切速率逐渐增高时，固体粒子的紧密堆砌就逐渐被破坏，整个体系就显得有些膨胀，此时流体不再能充满所有的空隙，润滑作用因而受到限制，表观黏度就随着剪切速率的增长而增大。

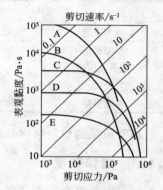

图 2-5-7 几种热塑性塑料的表观黏度与剪切应力的关系
A—低密度聚乙烯（170℃）；
B—乙丙共聚物（230℃）；
C—聚甲基丙烯酸甲酯（230℃）；
D—甲醛共聚物（200℃）；
E—尼龙 66（285℃）

2.5.2.2 有时间依赖性的系统

属于这一系统的流体，其剪切速率不仅与所施加的剪切应力的大小有关，而且还依赖于应力施加时间的长短。当所施加的应力不变时，这种流体在恒温下的表观黏度会随着所施加应力的持续时间而逐渐上升或下降，上升或下降到一定值后达到平衡不再变化。这种变化是可逆的，因为流体中的粒子或分子并没有发生永久性的变化。表观黏度随剪切应力持续时间下降的流体称为摇溶性（或触变性）流体，与此相反则称为振凝性流体。二者中摇溶性流体较为重要。属于摇溶性流体的有某些聚合物的溶液，如涂料和油墨等；属于振凝性流体的有某些浆状物，如石膏的水溶液等。关于这种系统的流动机理问题还研究得不够深透，目前认为与假塑性和膨胀性流体极为相似，所不同的是在流动开始后需一定时间以达到平衡。尽管有些学者已对高分子材料的触变机理作了探讨，并提出了触变结构模型，建立了触变动力学方程，但其求得到实质性的解，还有一定距离。

将非牛顿流体按以上方法分类，仅仅是为了分析方便和便于读者理解。事实上，在塑料成型过程中所遇到的同一聚合物的溶体和分散体，在不同条件下常会分别具有以上几种流体的流动行为。

几种主要的成型操作中，塑料所受到的剪切速率范围见表 2-5-1。对给定的塑料来说，如果通过实验求得了在这种范围内的黏度数据（即流动曲线），则对这种塑料在指定成型方法中的操作难易程度就能作出初步判断。例如在注塑模塑时，如果某一塑料熔体在温度不大于其降解温度而于剪切速率为 $10^3 s^{-1}$ 的情况下测得其表观黏度为 $50\sim500\,Pa\cdot s$，则注塑将不会发生困难。表观黏度过大时，塑模的大小与设计就受到较大限制，同时成型的制品很容易出现缺陷；过小时，溢模的现象比较严重，制品的质量也难以保证。

表 2-5-1　塑料在成型时的剪切速率范围

熔体成型		糊塑料成型	
成型方法	剪切速率/s^{-1}	成型方法	剪切速率/s^{-1}
压缩模塑	$1\sim10$	涂层	$10^2\sim10^3$
混炼与压延	$10\sim10^3$	浇铸与蘸浸	约 10
挤出	$10^2\sim10^3$		
注射模塑	$10^3\sim10^5$		

通常所见的塑料熔体黏度范围为 $10\sim10^7\,Pa\cdot s$，分散体的黏度约在 $1\,Pa\cdot s$。

2.5.3　拉伸黏度

如果引起聚合物熔体的流动不是剪切应力而是拉伸应力时，仿照式(2-5-2)即有拉伸黏度：

$$\lambda=\sigma/\dot{\varepsilon} \tag{2-5-10}$$

式中，$\dot{\varepsilon}$ 为拉伸应变速率；σ 为拉伸应力或真实应力，是以拉伸时真正断面积计算的。拉伸流动的概念可由图 2-5-8 来说明，一个流体单元由 (a) 变至 (b) 时，形状发生了不同于剪切流动的变化，长度从原长 l_0 变至 $l_0+\mathrm{d}l$。

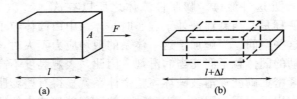

图 2-5-8　拉伸流动

由于拉伸应变 ε 为：

$$\varepsilon=\int_{l_0}^{l}\frac{\mathrm{d}l}{l}=\ln\frac{l}{l_0} \tag{2-5-11}$$

故拉伸应变速率为：

$$\dot{\varepsilon} = \frac{d\varepsilon}{dt} = \frac{d\left(\ln\frac{l}{l_0}\right)}{dt} = \frac{1}{l} \times \frac{dl}{dt} \tag{2-5-12}$$

由此可见，剪切流动是与拉伸流动有区别的，前者是流体中一个平面在另一个平面上的滑动，而后者则是一个平面两个质点间的距离拉长。此外，拉伸黏度还随所拉应力是单向、双向等而异，这是剪切黏度所没有的。

假塑性流体的 η_a 随 $\dot{\gamma}$ 增大而下降，而拉伸黏度则不同，有降低、不变、升高三种情况。这是因为拉伸流动中，除了由于解缠结而降低黏度外，还有链的拉直和沿拉伸轴取向，使拉伸阻力、黏度增大。因此，拉伸黏度随 $\dot{\varepsilon}$ 的变化趋势，取决于这两种效应哪一种占优势。低密度聚乙烯、聚异丁烯和聚苯乙烯等支化聚合物，由于熔体中有局部弱点，在拉伸过程中形变趋于均匀化，又由于应变硬化，因而拉伸黏度 λ 随拉伸应变速率增大而增大；聚甲基丙烯酸甲酯、ABS、聚酰胺、聚甲醛、聚酯等低聚合度线型高聚物的 λ 则与 $\dot{\varepsilon}$ 无关；高密度聚乙烯、聚丙烯等高聚合度线型高聚物，因局部弱点在拉伸过程中引起熔体的局部破裂，所以 λ 随 $\dot{\varepsilon}$ 增大而降低。应指出的是，聚合物熔体的剪切黏度随应力增大而大幅度降低，而拉伸黏度随应力增大而增大，即使有下降，其幅度也远比剪切黏度小。因此，在大应力下，拉伸黏度往往要比剪切黏度大100倍左右，而不是像低分子流体那样 $\lambda = 3\eta$。由此可以推断，拉伸流动成分

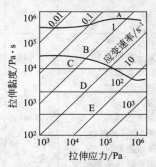

图 2-5-9 几种热塑性塑料熔体在常压下的拉伸黏度与拉伸应力的关系

只需占总形变的1%，其作用就相当可观，甚至占支配地位，因此拉伸流动不容忽视。在成型过程中，拉伸流动行为具有实际指导意义，如在吹塑薄膜或成型中空容器型坯时，采用拉伸黏度随拉伸应力增大而上升的物料，则很少会使制品或半制品出现应力集中或局部强度变弱的现象。反之则易于出现这些现象，甚至发生破裂。几种热塑性塑料的拉伸应力-拉伸黏度的实测数据见图 2-5-9。

2.5.4 温度和压力对黏度的影响

对流体黏度起作用的因素有温度、压力、施加的应力和应变速率等。后两者对黏度的关系已经论及，这里仅讨论前两者对黏度的影响。

2.5.4.1 温度对剪切黏度的影响

温度与流体剪切黏度（包括表观黏度）的关系可用式(2-5-13)表示：

$$\eta = \eta_0 e^{a(T_0 - T)} \tag{2-5-13}$$

式中，η 为流体在 T℃时的剪切黏度；η_0 为某一基准温度 T_0℃时的剪切黏度；e 为自然对数的底；a 为常数。从实验知，式(2-5-13)中的 a，在温度范围不大于50℃时，对大多数流体来说都是常数，超出此范围则误差较大。

如果将式(2-5-13)用于剪切黏度对剪切应力（或剪切速率）有敏感性的流体时，则该式只有当剪切应力（或剪切速率）保持恒定时才是准确的。

式(2-5-13)虽然对聚合物的熔体、溶液和糊都适用，但是必须指出，当用于聚合物糊时，应以在所涉及温度范围内聚合物没有发生溶胀与溶解的情况为准。

表 2-5-2 列出几种常用热塑性塑料熔体在恒定剪切速率下的表观黏度与温度关系的数据。从该表中可知，聚合物分子链刚性越大和分子间的引力越大时，表观黏度对温度的敏感性也越大。但这不是很肯定的结论，因为敏感程度还与聚合物分子量和分子量分布有关。

表观黏度对温度的敏感性一般比它对剪切应力或剪切速率要强些。在成型操作中，对一种表观黏度随温度变化不大的聚合物来说，仅凭增加温度来增加其流动性是不适合的，因为温度即使升幅很大，其表观黏度的降低有限（如聚丙烯、聚乙烯、聚甲醛等）。另一方面，大幅度地增加温度很可能使其发生热降解，从而降低制品质量，此外成型设备等的损耗也较大，并且会恶化工作条件。相对而言，在成型中利用升温来降低聚甲基丙烯酸甲酯、聚碳酸酯和尼龙66等聚合物熔体的黏度是可行的，因为升温不多即可使其表观黏度下降较多。

表 2-5-2　几种常用热塑性塑料熔体在恒定剪切速率下的表观黏度与温度的关系

聚合物	T_1/℃	T_1℃与$10^3 s^{-1}$下的黏度 η_1/kPa·s	T_2/℃	T_2℃与$10^3 s^{-1}$下的黏度 η_2/kPa·s	黏度对温度的敏感性 η_1/η_2
高压聚乙烯	150	0.4	190	0.23	1.7
低压聚乙烯	150	0.31	190	0.24	1.3
软聚氯乙烯	150	0.9	190	0.62	1.45
硬聚氯乙烯	150	2	190	1	2.0
聚丙烯	190	0.18	230	0.12	1.5
聚苯乙烯	200	0.18	240	0.11	1.6
聚甲醛（共聚物）	180	0.33	220	0.24	1.35
聚碳酸酯	230	2.1	270	0.62	3.4
聚甲基丙烯酸甲酯	200	1.1	240	0.27	4.1
尼龙 6	240	0.175	280	0.08	2.2
尼龙 66	270	0.17	310	0.049	3.5

表 2-5-2 所列聚合物均为指定的产品，数据仅供参考。

2.5.4.2　压力对剪切黏度的影响

一般低分子的压缩性不很大，压力增加对其黏度的影响不大。但是，聚合物由于具有长链结构和分子链内旋转，产生空洞较多，所以在加工温度下的压缩性比普通流体大得多。聚合物在高压下（注射成型时受压达 35～300MPa）体积收缩较大，分子间作用力增大，黏度增大，有些甚至会增加十倍以上，从而影响了流动性，在没有可靠的依据情况下，将低压下的流变数据用在高压场合是不正确的。

黏度与压力的关系如下：

$$\eta_p = \eta_{p_0} e^{b(p-p_0)} \tag{2-5-14}$$

式中，η_p 和 η_{p_0} 分别代表在压力 p 和大气压 p_0 下的黏度；b 为压力系数，b 与空洞体积成正比，与热力学温度成反比，b 值约为 $2.07 \times 10^{-1} Pa^{-1}$，这表明压力增大 $6.9 \times 10^7 Pa$，则黏度升高 35%，可见压力效应是显著的。

对于聚合物流体而言，压力的增加相当于温度的降低。在处理熔体流动的工程问题时，首先把黏度看成是温度的函数，然后再把它看成是压力的函数，这样可在等黏条件下得到一个换算因子 $-(\Delta T/\Delta p)_\eta$，即可确定出产生同样熔体黏度所施加的压力相当的温降。表 2-5-3 中列举了几种聚合物熔体的换算因子 $-(\Delta T/\Delta p)_\eta$ 值，恒熵下温度随压力的变化和恒熔下温度随压力变化的数据。一般聚合物熔体的 $-(\Delta T/\Delta p)_\eta$ 值约为 $(3\sim 9)\times 10^{-7}$ ℃/Pa，即压力增大 1Pa，相当于温度降低 $(3\sim 9)\times 10^{-7}$ ℃。

聚合物结构不同对压力的敏感性也不同。一般情况带有体积庞大的苯基的高聚物，分子量较大、密度较低者其黏度受压力的影响较大，还应指出，即使同一压力下的同一聚合物熔体，如果在成型时所用设备的大小不同，则其流动行为也有差异，因为尽管所受压力相同，所受剪切应力仍可以不同。

表 2-5-3　聚合物熔体的 $-(\Delta T/\Delta p)_\eta$ 值

聚合物	$-(\Delta T/\Delta p)_\eta \times 10^7$	$-\partial T(\partial T/\partial p)_s \times 10^7$	$-\partial T(\partial T/\partial p)_v \times 10^7$
聚氯乙烯	3.1	1.1	16
尼龙 66	3.2	1.2	11
聚甲基丙烯酸甲酯	3.3	1.2	13
聚苯乙烯	4.0	1.5	13
高密度聚乙烯	4.2	1.5	13
共聚聚甲醛	5.1	1.4	14
低密度聚乙烯	5.3	1.6	16
聚有机硅氧烷	6.7	1.9	9
聚丙烯	8.6	2.2	19

2.5.4.3　温度和压力对拉伸黏度的影响

温度和压力对流体拉伸黏度的影响与对剪切黏度的影响相同，故不再赘述。

2.5.5　高聚物熔体的弹性

聚合物熔体是一种高弹性流体。它在流动时，不但有切应力，而且还有法向应力。当流体收敛时，沿流动方向有速度梯度，则还存在拉伸应力。这些力都会产生弹性形变，所以在高聚物流体中存在着三种基本形变，即能量耗散形变或黏性流动、储能弹性或可回复弹性形变和破裂。

聚合物熔体在流动时，由于大分子构象的变化，产生可回复的弹性形变，因而发生了弹性效应。典型的弹性效应例子就是聚合物熔体在挤出时的出模膨胀（见图 2-5-10）。这种现象对低分子流体来说是没有的。弹性形变的回复不是瞬间完成的，因为聚合物熔体弹性形变的实质是大分子长链的弯曲和延伸，应力解除后，这种弯曲和延伸部分的回复需要克服内在的黏性阻滞。因此，在聚合物加工过程中的弹性形变及其随后的回复，对制品的外观、尺寸、产量和质量都有重要影响。

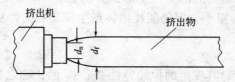

图 2-5-10　挤出塑料时的出模膨胀现象

d_h—出口部分口模的内径；d_f/d_h—出模膨胀比；d_f—挤出物膨胀后的直径

聚合物熔体随着所受应力不同而表现的弹性也有剪切和拉伸等的区别。

2.5.5.1　剪切弹性

物料所受剪切应力 τ，对其发生的剪切弹性变形 γ_R（亦称可以回复的剪切变形）的比称为剪切弹性模量 G：

$$G = \tau/\gamma_R \tag{2-5-15}$$

绝大多数聚合物熔体的剪切弹性模量在定温下都是随应力的增大而上升的。在应力低于 10^6 Pa 时剪切弹性模量约为 $10^3 \sim 10^6$ Pa。当应力继续增大时，熔体模量有上升的趋势，即高聚物熔体往往出现应变硬化的情况。几种热塑性塑料的剪切弹性模量和剪切应力的关系见图 2-5-11。

温度、压力和分子量对聚合物熔体的剪切弹性模量的影响都很有限，影响比较显著的是分子量分布。分子量分布宽的具有较小的模量和大而缓的弹性回复，分子量分布窄的则相反。

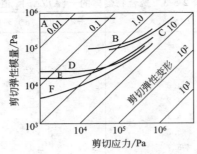

图 2-5-11　几种热塑性塑料的剪切弹性模量和剪切应力的关系
A—尼龙 66（285℃）；B—尼龙 11（220℃）；C—甲醛共聚物（200℃）；
D—低密度聚乙烯（190℃）；E—聚甲基丙烯酸甲酯（230℃）；F—乙丙共聚物（230℃）

如前述，聚合物熔体在受到应力作用时，黏性和弹性两种变形都有发生。两种之中以哪一种占优势，这在成型过程中应当加以考虑。作为一种粗略的估计，凡是变形经历的时间大于"松弛时间"（定义为聚合熔体受到应力作用时，表观黏度对弹性模量的比值，即 η_a/G）的体系，则黏性变形将占优势。众所周知，聚合物熔体在受到应力作用的过程中，一方面有分子被拉直和分子线团被解缠，另一方面又有已被拉直的分子在发生卷曲和缠结，它是一个动态过程。如果在时间上允许分子重新卷曲和缠结进展得多一些，则最后变形中弹性变形部分势必退居次要地位。因为黏性变形部分没有回复的可能，而弹性变形部分则可以回复。例如，在注射温度为 230℃ 和注射时间为 2s 的条件下注射聚甲基丙烯酸甲酯，如果最大剪切速率为 $10^5 s^{-1}$，则其相应的剪切应力为 0.9MPa，表观黏度为 9Pa·s，而其相应的剪切模量为 0.21MPa，由此计算出松弛时间为 $43×10^{-6}$s，同注射时间相比较则微不足道。因此，在注塑过程中的弹性变形是很小的。如果用相同材料在相同温度下挤出棒材，则最大剪切速率为 $10^3 s^{-1}$，剪切应力为 $3×10^5$Pa，相应的松弛时间为 $2.5×10^{-3}$s。如果熔融塑料通过口模的时间为 20s，则最后的弹性变形部分仍然较小，但已比注射成型要大得多。应该注意的是，尽管弹性变形很小，但仍能使熔体产生流动缺陷，从而影响制品质量，甚至出现废品。

2.5.5.2　拉伸弹性

物料所受拉伸应力 σ，对其发生的拉伸弹性变形 ε_R 的比称之为拉伸弹性模量 E。

$$E=\sigma/\varepsilon_R \tag{2-5-16}$$

聚合物熔体的 E 在单向拉伸应力低于 1MPa 时，等于剪切弹性模量的三倍，拉伸弹性变形的最高限值约为 2。

成型过程中，决定熔体由拉伸应力引起的变形是黏性还是弹性占优势的依据仍然是松弛时间。例如，挂在口模上的乙丙共聚物吹塑型坯，其温度为 230℃，吹胀前经历的时间为 5s，垂伸的弹性变形速率约为 $0.03s^{-1}$。在这种情况下熔体的拉伸黏度约为 $3.6×10^4$Pa·s，拉伸弹性模量约为 $4.6×10^3$Pa，由此可知松弛时间为 8s。因此型坯下垂的性质当以弹性为主。

聚合物熔体在锥形流道中流动时是受到拉应力作用的，故体系必然同时存在着拉伸变形和剪切变形，而且其效果将是叠加性质的。拉伸弹性变形和剪切弹性变形一样，是一个动态过程。所以在较长的锥形流道中流动时，弹性变形部分会逐渐松弛，致使在出模膨胀中由拉伸弹性形变贡献部分减少。这一情况自然也适用于一切具有拉伸变形的其他成型过程。综上所述，熔体在截面不变的通道内流动时是不存在拉伸变形的，此时出模膨胀与拉伸弹性形变无关。

仍可以用松弛时间来区别熔体中弹性是剪切弹性还是拉伸弹性。具体的方法是根据熔体在成型中所经历的过程分别求出剪切和拉伸的松弛时间，在弹性变形中占优势的将是松弛时间数值较大的一种。根据大量实验结果证明：如果两种应力都不超过 10^3Pa，则两种松弛时间近似相等，应力较大时，拉伸松弛时间总是大于剪切松弛时间，其程度与聚合物的性质有关。

2.5.6 流体在简单截面管道中的流动

成型过程中，经常需要让塑料通过管道（包括模具中的流道），以便对它加热、冷却、加压和成型。通过管道时塑料的状态可以是流体或固体，但前者居多。

弄清塑料流体在流道内流动时的流率与压力降的关系，以及沿着流道截面上的流速分布是很重要的，因为这些对设计模具和设备、了解已有设备的工作性能以及进行制品和工艺设计都很有帮助，甚至成为一种设计依据。由于聚合物熔体流动的复杂性，目前只能对一些简单流道进行计算分析。它们是：①圆形和狭缝形（即长方形，但其宽与高的比值须等于或大于 10）截面的流道；②与①有联系的流道，如环隙形流道；③截面的形状是圆形与狭缝形的组合形状；④矩形、椭圆形和等边三角形截面的流道。前三种不论是对牛顿流体还是非牛顿流体都能从理论分析求得其计算公式，而第四种还只能对牛顿流体进行处理。

2.5.6.1 在圆形流道中的流动

在成型中所涉及的塑料流体大多都是塑料熔体和分散体，其黏度都很高，所以它们在流道内的流动基本上都属于层流。此外，流体还仅限于服从指数定律的流体且在等温条件下流动。最后，流动必须是稳态流动，即流动速度不因时间改变而变化。

当塑料熔体按上述条件在等截面圆形流道中流动时，所受到的剪切应力和真实剪切速率之间的关系可用式(2-5-17)来表示。此时，流速 v 却是随任意流动层的半径 r（见图 2-5-12）的增大而减小，中心处流速最大。即

$$-\frac{dv}{dr}=k\tau^m \tag{2-5-17}$$

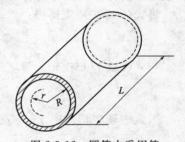

图 2-5-12 圆管中采用符号的几何意义

规定圆管的半径为 R，管长为 L，于是在任意半径 r 处的流层所受到的剪切应力为：

$$\tau_r=\frac{\pi r^2 P}{2\pi rL}=\frac{rP}{2L} \tag{2-5-18}$$

式中，P 代表圆管两端的压力降。对于一般流体，在管壁的流动速度为零，即 $v_{r=R}=0$，不过聚合物熔体由于在管壁处可能产生滑移，故流速不为零。但当此效应不明显时仍可以认为 $v_{r=R}=0$。将式(2-5-18)代入式(2-5-17)中，并积分得到流体在任意半径处的流速 v_r：

$$v_r=k\left(\frac{P}{2L}\right)^m\left(\frac{R^{m+1}-r^{m+1}}{m+1}\right) \tag{2-5-19}$$

式(2-5-19)既表示恒压下流体在圆管截面上各点的流动速率，同时也表现出压力降与流动速率的关系。图 2-5-13 是以 v_r/v_a（v_a 为平均流动速率）对 r/R 所作的图，图中四条曲线分别表示四种不同 m 值的流速分布情况。

流体在管内的体积流率 q 为：

$$q=\int_0^R 2\pi r v_r dr$$

将式(2-5-19)代入上式积分得：

$$q=\pi k\left(\frac{P}{2L}\right)^m\left(\frac{R^{m+3}}{m+3}\right) \tag{2-5-20}$$

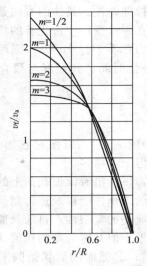
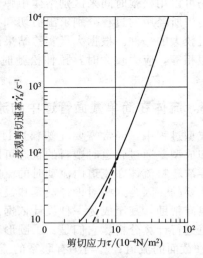

图 2-5-13 圆管内等温流动的流速分布　　　图 2-5-14 聚乙烯在 235℃ 的流动曲线

通常书籍或资料上所载的由毛细管流变仪测出的聚合物熔体的流动曲线图，大多是最大剪切应力 $pR/2L$（也就是在管壁处的应力）和相应的牛顿剪切速率 $4q/\pi R^2$ 所作的图。所谓牛顿剪切速率，就是将非牛顿流体看成牛顿流体时的剪切速率，也称为"表观剪切速率"。这样，如果要用这种图来求解式(2-5-19)、式(2-5-20) 中的 k 值就必须经过换算。对于服从指数定律的流体在圆管内的流动，可以按以下方式来处理。

将式(2-5-20) 重排得：

$$\frac{4q}{\pi R^3} \times \frac{m+3}{4} = k\left(\frac{PR}{2L}\right)^m \tag{2-5-21}$$

与式(2-5-17) 比较，管壁处的真实剪切速率：

$$\dot{\gamma}_R = \frac{4q}{\pi R^3} \times \frac{m+3}{4} \tag{2-5-22}$$

引入表观剪切速率 $\dot{\gamma}'_R$ 与表观流动常数 k' 的概念，它的意义是：

$$\dot{\gamma}'_R = \frac{4q}{\pi R^3} = k'\left(\frac{PR}{2L}\right)^m \tag{2-5-23}$$

由此得到真实剪切速率与表观剪切速率、真实流动常数与表观流动常数的关系：

$$\dot{\gamma}_R = \frac{m+3}{4}\dot{\gamma}'_R = \frac{3n+1}{4n}\dot{\gamma}'_R \tag{2-5-24}$$

$$k = \frac{m+3}{4}k' = \frac{3n+1}{4n}k' \tag{2-5-25}$$

由此，在处理非牛顿流体的流动问题时，就可以进行剪切速率修正，或求出真实流动常数来进行进一步计算，从而保证结果更接近于真实。下面举例说明之。

例题：用内径为 2cm，长度为 8cm 的口模挤出聚乙烯棒材，挤出温度 235℃。聚乙烯在 235℃ 的流动曲线见图 2-5-14，如果不计端末效应所引起的压力降，则当挤出速率为 50cm³/s 时，聚乙烯熔体进入口模时的压力为多少 MPa？

解：① 求指数函数中的 m 与 k 值

由于挤出时的剪切速率约为 $10^2 \sim 10^3 \mathrm{s}^{-1}$，故在图 2-5-14 的这一区域内引出直线（图中虚线），在直线上取任意两点 (0.207MPa, 500s⁻¹)、(0.413MPa, 3700s⁻¹)。

由于 $\dot{\gamma}'_a = k'\tau^m$　则有　$\dfrac{(\dot{\gamma}'_a)_2}{(\dot{\gamma}'_a)_1} = \left(\dfrac{\tau_2}{\tau_1}\right)^m$

即 $\frac{3700}{500} = \left(\frac{0.413}{0.207}\right)^m$ 得 $m = 2.898$

$k_1' = (\dot{\gamma}_a')_1/\tau_1^m = 500/(0.207)^{2.898} = 4.801 \times 10^4$

$k_2' = (\dot{\gamma}_a')_2/\tau_2^m = 3700/(0.413)^{2.898} = 4.799 \times 10^4$

故 $\overline{k'} = (k_1' + k_2')/2 = (4.801 \times 10^4 + 4.799 \times 10^4)/2 = 4.80 \times 10^4$

所以 $k = (m+3)k'/4 = (2.898 + 3) \times 4.80 \times 10^4/4 = 7.08 \times 10^4$

② 求进入口模时的压力

由于
$$q = \pi k \left(\frac{P}{2L}\right)^m \left(\frac{R^{m+3}}{m+3}\right)$$

则
$$P = \left[\frac{2^m L^m (m+3) q}{\pi k R^{(m+3)}}\right]^{\frac{1}{m}}$$

代入数据：$P = \left[\dfrac{2^{2.898} \times 0.08^{2.898} \times (2.898+3) \times 50 \times 10^{-6}}{3.14 \times 7.08 \times 10^4 \times 0.01^{5.898}}\right]^{\frac{1}{2.898}} = 1.63 \text{MPa}$

考虑到大气压力，所以聚乙烯熔体进入口模的实际压力为：
$$P_c = P + 0.1 = 1.63 + 0.1 = 1.73 \text{MPa}$$

2.5.6.2 在狭缝形流道内的流动

当符合指数定律的塑料流体在等温条件下在狭缝形流道中稳定流动时，如果狭缝宽度 W（见图 2-5-15）大于狭缝厚度 h 的 20 倍，则狭缝形流道两侧壁对流速的减缓作用可忽略不计。从分析可知，流速在沿狭缝形截面宽度中心线上各点最大，在上下两壁处为零。同理，流体所受到的剪切应力和真实剪切速率之间有如下关系：

$$-\frac{\mathrm{d}\nu}{\mathrm{d}y} = k\tau^m \tag{2-5-26}$$

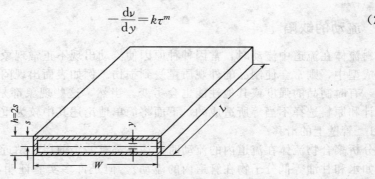

图 2-5-15 狭缝形导管中采用符号的几何意义

式中，y 表示狭缝截面上任意一点到中心线的距离。于是，距中心线 y 处而与中心层平行的流层所受到的剪切应力为：

$$\tau = \frac{P}{L} y \tag{2-5-27}$$

代入式 (2-5-26) 并积分得：

$$\nu_y = k\left(\frac{P}{L}\right)^m \left(\frac{1}{m+1}\right)\left[\left(\frac{h}{2}\right)^{m+1} - y^{m+1}\right] \tag{2-5-28}$$

又：
$$q = \int_0^{\frac{h}{2}} 2W\nu_y \mathrm{d}y$$

则：
$$q = kW\left(\frac{P}{L}\right)^m \frac{h^{m+2}}{2^{m+1}(m+2)} \tag{2-5-29}$$

将上式重排得：

$$\frac{6q}{Wh^2} = \frac{3}{m+2}k\left(\frac{Ph}{2L}\right)^m \tag{2-5-30}$$

引入表观剪切速率 $\dot{\gamma}'_w$ 与表观流动常数 k''：

$$\dot{\gamma}'_w = \frac{6q}{Wh^2} = k''\left(\frac{Ph}{2L}\right)^m \tag{2-5-31}$$

则有：

$$\dot{\gamma}_w = \frac{m+2}{3}\dot{\gamma}'_w \tag{2-5-32}$$

和

$$k = \frac{m+2}{3}k'' \tag{2-5-33}$$

同时，把式(2-5-25)与式(2-5-33)联立求解得：

$$k'' = \frac{3(m+3)}{4(m+2)}k' \tag{2-5-34}$$

这样，由一般的流动曲线按前述例题求出 k' 和 m，再求出 k'' 和 k 后，亦可处理非牛顿流体在狭缝流道中的流动问题。当然也可事先对表观剪切速率进行非牛顿性改正，从而得到真实的流变曲线。

塑料流体在环隙形流道内流动时，如果环隙的半径（外径 R_0 和内径 R_i）很大，而其厚度（R_0 和 R_i 的差）却不大，则这种流动也可以按式(2-5-28)和式(2-5-29)进行计算。因为当 R_0 和 R_i 趋向无穷大时，环隙形流道就是狭缝形流道。进行计算时，上述两式中 $h = R_0 - R_i$，$W = \pi(R_0 + R_i)$，而且最好在 R_0 或 R_i 大于 $20(R_0 - R_i)$ 的情况下，否则误差较大。

2.5.7 流动的缺陷

塑料流体在流道中流动时，常因种种原因使流动出现不正常现象或缺陷。这种缺陷如果发生在成型中，则常会使制品的外观质量受到损伤。例如表面出现闷光、麻面、波纹以至于裂纹等，有时制品的强度或其他性能也会劣变。当然，这些现象都是工艺条件、制品设计、设备设计和原料选择不当等所造成的。下面将简单地论述其中较为重要的原因。

2.5.7.1 管壁上的滑移

在分析聚合物流体在流道内的流动时，往往都有一个前提：贴近管壁一层的流动是不流动的（如水和甘油等低分子物在管道内的流动）。但是许多实验证明，塑料熔体在高剪切应力下的流动并非如此，贴近管壁处的一层流体会发生间断的流动，或称滑移。这样管内的整个流动就成为不稳定流动，即在熔体流程特定点上的质点加速度不等于零，或 $\partial v/\partial t \neq 0$。显然，这种滑移不仅会影响流率的稳定和在无滑移前提下的计算结果（通常比实际结果小 5% 左右），而且还说明了挤出过程中为何有时会发生挤出物出模膨胀不均、几何形状相同或相似以及仪器测定的同一种样品的流变数据不尽相同的原因。实验证明，滑移的程度不仅与聚合物品种有关，而且还与采用的润滑剂和管壁的性质有关。

2.5.7.2 端末效应

如前所述，不管是用哪种截面流道的流动方程，都只能用于稳态流动的流体，但是在流体由大管或储槽流入小管后的最初一段区域内（见图 2-5-16 中进口区），流体的流动不是稳态流动。这段管长 L_e，对聚合物熔体而言，根据实验确定大约等于 $(0.03\sim0.05)ReD$，Re 为雷诺数，D 为管径。这一段管长内的压力降总比用式(2-5-19)算出的大，其原因在于：熔体由大管流入小管时，必须变形以适应在新的流道内流动。但聚合物熔体具有弹性，对变形具有抵抗能力，因此就须消耗适当的能量，即消耗适当的压力降来完成在这段管内的变形；其次，熔体各点的速度在大小管内是不同的，为调整速度，也要消耗一定的压力降。实验证明,在一般情况下,如果将式(2-5-19)中 L 改为 $(L+3D)$ 来计算压力降,则由上面两种情况引起的压力降就可被包括在内。当然,也可用巴格利的方法进行严格的入口校正,读者可查阅有关资料,此处不再赘述。

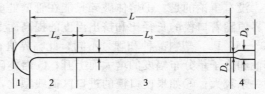

图 2-5-16　液体在圆管内流动分区
1—大管或储槽出口；2—小管进口区；3—小管稳态流动区；4—小管出口区

塑料熔体从流道流出时,料流有先收缩后膨胀的现象。如果是牛顿流体则只有收缩而无膨胀。收缩的原因除了物料冷却外,还由于熔体在流道内流动时,料流径向上各点的速度不相等,当流出流道后须自行调整为相等的速度。这样,料流的直径就会发生收缩,理论上收缩的程度可用式(2-5-35) 表示：

$$D_c/D = \sqrt{(m+2)/(m+3)} \tag{2-5-35}$$

式中,D_c 是料流在出口处的直径；D 为流道直径；m 为常数,其意义同指数定律中的 m 一致。对于牛顿流体,$m=1$,则 $D_c/D=0.87$,表明收缩率为 13%。如果是假塑性流体,则收缩率恒小于此值。由于后面紧接着料流发生膨胀,因此收缩现象常不易观察到。

挤出物的膨胀是由于弹性回复造成的。如果是单纯的弹性回复而且熔体组分均匀,温度恒定和符合流动规律,则这种膨胀可以通过复杂的计算求得。但是实际过程中这种情况极少。圆形流道中的聚合物熔体,其相对膨胀率约在 30%~100% 之间。

2.5.7.3　弹性对层流的干扰

塑料熔体在成型过程中的雷诺数通常均小于 10,故不应出现湍流。但事实却不尽如此,因为它具有弹性,熔体在管内流动时,其可逆的弹件形变是在逐渐回复的。如果回复太大或过快,则流动单元的运动就不会限制在一个流动层,势必引起湍流,通常称为弹性湍流。弹性湍流的发生也有一定规律,对塑料熔体的剪切流动来说,只有当 γ_R [见式(2-5-15)] 的值超过 4.5~5 时才会发生。

2.5.7.4　"鲨鱼皮症"

"鲨鱼皮症"是发生在挤出物表面上的一种缺陷。这种缺陷可自挤出物表面发生闷光起,变至表面呈现与流动方向垂直的许多具有规则和相当间距的细微棱脊为止。其起因有人认为是挤出口模对挤出物表面所产生的周期性张力,也有人认为是口模对熔体发生时黏时滑的作用所带来的结果。根据研究得知：①这种症状不依赖于口模的进口角或直径,而且只能在挤出物的线速度达到临界值时才出现；②这种症状在聚合物分子量低、分子量分布宽、挤出温度高和挤出速率低时不容易出现；③提高口模末端的温度有利于减少这种症状,但与口模的光滑程度和模具的材料关系不大。

2.5.7.5　熔体破碎

熔体破碎是挤出物表面出现凹凸不平或外形发生畸变或断裂的总称。发生熔体破碎的原因仍然是弹性,但是对其机理还没有完全了解清楚。有些现象还不能从分子结构观点加以解释,更谈不上对其预测和加以防范了。目前对其的解释是：在流动中,中心部位的聚合物受到拉伸,由于它的黏弹性在流场中产生了可回复的弹性形变,形变程度随剪切速率的增大而增大。当剪切速率增大到一定程度,弹性形变到达极限,熔体再不能够承受更大的形变了,于是流线发生周期性断开,造成"破裂"。另一种解释仍然是"黏-滑机理",该机理认为：由于熔体与流道壁之间缺乏黏着力,在某一临界切应力以上时,熔体产生滑动,同时释放出由于流经口模而吸收的过量能量。能量释放后以及由于滑动造成的"温升",使得熔体再度粘上。由于这种"黏-滑过程",流线出现不连续性,使得有不同形变历史的熔体段错落交替地组成挤出物。不过这些说法还有一些争论,没有争论的是:①熔体破碎只能在管壁处剪切应力或剪切速率达到临界值后才会发生;②临界值随着口模的长径比和挤出温度的提高而上升;③对大多数塑料来说,临界剪切应力约为 $10^5 \sim 10^6 Pa$。塑料品种和牌号不同,此临界值有所不同;④临界剪切应力随着聚合物分子量的降低和分子量分布幅度的增大而上升;⑤熔体破碎与口模光滑程度的关系不大,但与模具材料的关系较大;⑥如果使口模的进口区流线型化,常可以使临界剪切速率增大十倍或更多;⑦某些聚合物,尤其是高密度聚乙烯,显示有超流动区,即在剪切速率高出寻常临界值时挤出物并不出现熔体破碎的现象。因此,这些聚合物采用高速加工是可行的。

典型的熔体破碎例子见图 2-5-17。在剪切速率 $\dot{\gamma}$ 极低时,挤出物表面光滑(A);$\dot{\gamma}$ 逐渐增加,挤出物表面出现细纹(B);进一步,出现粘连的螺旋状峰(C);当 $\dot{\gamma}$ 再增大时,出现单个分离的螺旋状峰(D);随后出现振荡区,即螺旋状峰与畸变相间。作用力大时为峰,作用力小时为畸变(E);经过振荡区后,畸变量大于螺旋状峰量(F);$\dot{\gamma}$ 足够高时,挤出物整体发生畸变(G)。

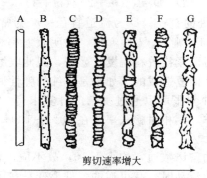

图 2-5-17 聚合物挤出时熔体破碎

2.6 高聚物的加热与冷却

2.6.1 热扩散系数

在成型加工中,为了实现聚合物流动和成型,对聚合物进行加热与冷却是必须的。任何物料加热与冷却的难易是由温度或热量在物料中的传递速度决定的,而传递速度又取决于物料的固有性能-热扩散系数 α,这一系数的定义为:

$$\alpha = \frac{k}{c_p \rho} \tag{2-6-1}$$

式中,k 为热导率;c_p 为定压热容;ρ 为密度。某些材料的热性能见表 2-6-1。

表 2-6-1 中所列的热扩散系数仅为常温状态下的,如果需要准确计算加工温度范围内各种聚合物的热扩散系数是颇为麻烦的,因为式(2-6-1)中几个因素都随温度而变化。但是从实验数据统计结果可知,在较大温度范围内各种聚合物热扩散系数的变化幅度并不很大,通常不到两倍。虽然各种聚合物由玻璃态至熔融态的热扩散系数是逐渐下降的。但是在熔融状态下的较大温度范围内却几乎保持不变。在熔融状态下热扩散系数不变的原因是:比热容随温度上升的趋势恰为密度随温度下降的趋势所抵消。

表 2-6-1 某些材料的热性能（常温）

材　　料	c_p/[cal/(g·℃)]	k/[10^{-4}cal/(cm·s·℃)]	α/(10^4·cm²/s)
尼龙	0.40	5.5	12
聚乙烯(高密度)	0.55	11.5	18.5
聚乙烯(低密度)	0.55	8.0	16
聚丙烯	0.46	3.3	8
聚苯乙烯	0.32	3.0	10
聚氯乙烯(硬)	0.24	5.0	15
聚氯乙烯(软)	0.3~0.5	3.0~4.0	8.5~6.0
ABS	0.38	5.0	11
聚甲基丙烯酸甲酯	0.35	4.5	11
聚甲醛	0.35	5.5	11
聚碳酸酯	0.35	4.6	13
聚砜	0.3	6.2	16
聚甲醛塑料(木粉填充)	0.35	5.5	11
酚甲醛塑料(矿物填充)	0.30	12	22
脲甲醛塑料	0.4	8.5	14
蜜胺塑料	0.35	4.5	8
醋酸纤维素	0.4	6	12
玻璃	0.2	20	37
钢材	0.11	1100	950
铜	0.092	10000	1200

注：1cal=4.1868J。

从表 2-6-1 中的数据可以看出，各种聚合物的热扩散系数相差并不很大，但与铜和钢相比，则差得很多，几乎要小 1~2 个数量级。这说明聚合物热传导的传热速率很小，冷却和加热都不很容易。其次，黏流态聚合物由于黏度很高，对流传热速率也很小。基于这两种原因，在成型过程中，要使一批塑料的各个部分在较短的时间内达到同一温度，常需要很复杂的设备和很大的消耗。即便如此，还往往不易达到要求，尤其在时间上很不经济。

对聚合物加热时还有一项限制，就是不能将推动传热速率的温差提得过高，因为聚合物的传热既然不好，则局部温度就可能过高，会引起降解。聚合物熔体在冷却时也不能使冷却介质与熔体之间温差太大，否则就会因为冷却过快而使其内部产生内应力。因为聚合物熔体在快速冷却时，皮层的降温速率远比内层为快，这样就可能使皮层温度已经低于玻璃化温度而内层依然在这一温度之上。此时皮层就成为坚硬的外壳，弹性模量远远超过内层（大于 10^3 倍以上），当内层获得进一步冷却时，必会因为收缩而使其处于拉伸的状态，同时也使皮层受到应力的作用。这种冷却情况下的聚合物制品，其物理力学性能，如弯曲强度、拉伸强度等都比应有的数值低。严重时，制品会出现翘曲变形以致开裂，成为废品。

2.6.2 摩擦热

由于许多聚合物熔体的黏度都很大，因此在成型过程中发生流动时，会因内摩擦而产生显著的热量。此摩擦热在单位体积的熔体中产生的速率 Q 为：

$$Q=\tau\dot{\gamma}=\eta_a\dot{\gamma}^2 \tag{2-6-2}$$

式中，τ 为剪切应力；$\dot{\gamma}$ 为剪切速率；η_a 为表观黏度。如果熔体的流动是在圆管内进行的，则 Q 在管的中心处为零（因为管中心处 $\tau=0$），而在管壁处最大。

借助摩擦热而使聚合物升温是成型中常用的一种方法，例如在挤塑或注塑过程中聚合物的许多热量来自于摩擦生热。用摩擦的方法加热对有些聚合物是十分有益的，它使熔体烧焦的可能性不大，因为表观黏度常随温度的升高而降低。

聚合物熔体在流动过程中，由于黏度大，会在较短的流道内造成很大的压力降，从而可能使前后的密度不一致。密度变小表明熔体的体积膨胀，膨胀则会消耗热能。关于这项热能，虽在理论上有不少计算，但与实际有出入。

最后还须一提的是，结晶聚合物在受热熔融时，伴随有相态的转变，这种转变需要吸收较多的热量。例如，部分结晶的聚乙烯熔融时就比无定形的聚苯乙烯熔融时吸收更多的热量。反过来，在冷却时也会放出更多的热量。两种聚合物热焓随温度的变化情况见图2-6-1，此图是典型的结晶性聚合物和无定形聚合物的热焓图。此外，聚乙烯在相态转变时，比热容常有突变（见图2-6-2），但聚苯乙烯的比热容变化就较为缓和（图2-6-3）。此图也是较为典型的结晶聚合物和无定形聚合物比热容对温度变化图。

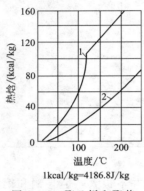

图 2-6-1　聚乙烯和聚苯乙烯的热焓图
1—聚乙烯；2—聚苯乙烯

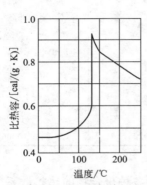

图 2-6-2　固体和液体聚乙烯的比热容与温度的关系

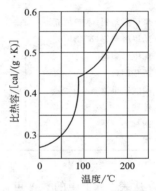

图 2-6-3　固体和液体聚苯乙烯的比热容与温度的关系

2.7　高聚物的降解

聚合物在热、力、氧、水、光、超声波和核辐射等作用下往往会发生降解的化学过程，从而使其性能劣化。降解的实质是：①断链；②交联；③分子链结构的改变；④侧基的改变；⑤以上四种作用的综合。在以上的许多作用中，自由基常是一个活泼的中间产物。作用的结果都是聚合物分子结构发生变化，从而导致聚合物失去弹性、熔体黏度变化甚至发生紊流，从而使塑件强度降低，表面粗糙，使用寿命下降。对成型来说，在正常操作的情况下，热降解是主要的，由力、氧和水引起的降解居于次要地位，而光、超声波和核辐射的降解则是很少的。显然，标志热作用大小的是温度，但是温度的大小也与力、氧和水等对聚合物的降解有密切关系。比如，温度高时，对氧或水与聚合物的反应均属有利，而力的影响则是相反的，因为温度高时聚合物的黏度小。

2.7.1　热降解

在成型过程中，聚合物因受高温的时间过长而引起的降解称为热降解。通常，热降解温度稍高于热分解温度。广义上讲，聚合物因加热温度过高而引起的热分解现象也属于热降解范畴。因此，在成型过程中，应严格控制成型温度和加热时间，保证塑件质量。

聚合物是否容易发生热降解，应从其分子结构和有无痕量杂质（能对聚合物分解速率和活化能的大小起敏感作用的物质）的存在来判断，但大部分的热降解特性都来自前者。聚合物的热降解首先是从分子中最弱的化学键开始的。关于化学键的强弱次序一致认为：C—F＞C—H＞C—C＞C—Cl；在聚合物主链中各种C—C键的强度是：

$$\cdots C-C-C\cdots > \cdots C-\underset{C}{\overset{|}{C}}-C\cdots > \cdots C-\underset{C}{\overset{\overset{C}{|}}{\underset{|}{C}}}-C\cdots$$

因此，与叔碳原子或季碳原子相邻的键都是不很稳定的。C—C键若与C=C双键形成β-位置的关系，则不论它是处在主链或侧链上，都会造成该链的相对不稳定性。

仲氢原子一般都较叔氢原子稳定。叔氢原子与氮原子一样，之所以不稳定，是由于它们很容易被传递反应移去的关系。

含有芳环主链和等同立构的聚合物热降解的倾向都比较小。

能引起聚合物发生热降解的杂质，本质上就是降解中的催化剂。它是随聚合物种类的不同而不同的。不同杂质促使聚合物的降解历程也不同。

2.7.2 力降解

聚合物在成型过程中常因粉碎、研磨、高速搅拌、混炼、挤压、注射等而受到剪切和拉伸应力，这些应力在条件适当的情况下使聚合物分子链发生断裂反应而引起的降解称为力降解。引起断裂反应的难易不仅与聚合物的化学结构有关，而且也与聚合物所处的物理状态有关。此外，断裂反应常有热量发生，如果不及时排除，则热降解将同时发生。在塑料成型中，除特殊情况外，一般都不希望力降解的发生，因为它常能劣化制品的性能。

在大量实验结果的基础上，有关力降解的通性可以归纳为以下几条：

① 聚合物分子量越大的，越容易发生力降解；
② 施加的应力越大时，降解速率也越大，而最终生成的断裂分子链段却越短；
③ 一定大小的应力，只能使分子断裂到一定的长度。当全部分子链都已断裂到施加的应力所能降解的长度后，力降解将不再继续；
④ 聚合物在增温与添加增塑剂的情况下，力降解的倾向趋弱。

2.7.3 氧降解

在使用过程中，由于聚合物经常与空气中的氧气接触，造成某些化学键较弱的部位产生一种氧化结构，这种结构很不稳定，很容易分解产生游离基，从而导致降解，这种因氧化而导致的降解称为氧化降解。

在常温下，绝大多数聚合物都能和氧气发生极为缓慢的作用，只有在热、紫外辐射等的联合作用下，氧化作用才比较显著。联合作用的降解历程很复杂，而且随聚合物的种类不同，反应的性质也不同。不过在大多数情况下，氧化是以链式反应进行的，其降解历程如下。

① 引发形成自由基

$$RH \xrightarrow{\text{热或其他能源}} R\cdot + H\cdot$$
$$RH + O_2 \longrightarrow R\cdot + \cdot OOH$$
$$ROOH \longrightarrow RO\cdot + \cdot OH$$

② 链传递

$$R\cdot + O_2 \longrightarrow ROO\cdot$$
$$ROO\cdot + RH \longrightarrow ROOH + R\cdot$$

③ 链终止

$$R\cdot + R\cdot \longrightarrow 稳定化合物$$
$$ROO\cdot + R\cdot \longrightarrow 稳定化合物$$
$$ROO\cdot + ROO\cdot \longrightarrow 稳定化合物$$
$$RO\cdot + R\cdot \longrightarrow 稳定化合物$$

经氧化形成的结构物（如酮、醛、过氧化物等）在电性能上常比原来聚合物的低，且容易受光的降解。当这些化合物进一步发生化学作用时，将引起断链、交联和支化等作用，从而降低或增高分子量。就最后制品来说，凡受过氧化作用的聚合物必会变色、变脆、拉伸强度和伸长率下降、熔体的黏度发生变化，甚至还会发出气味。但是由于化学过程过于复杂，目前就是一些比较常用的聚合物，如聚氯乙烯，其氧化降解历程也只能得出一些定性的概念。不管如何，总的来说，任何降解作用速率在氧气存在下总是加快，而且反应的类型增多。在解决实际问题时，通常是根据实测的结果。图 2-7-1 表示聚氯乙烯在不同的气体中的热降解。

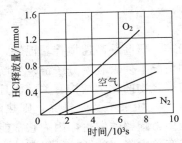

图 2-7-1　聚氯乙烯在氧气、空气和氮气中的热降解（190℃）

2.7.4　水降解

当聚合物分子结构中含有容易被水解的碳-杂链基团（如—CO—NH—、—CO—O—、—C≡N、—O—CHR—O—等）或氧化基团时，在成型温度和压力下，这些基团很容易被聚合物中的水分分解，这种现象称为水降解。若上述各种基团位于大分子主链上，则水降解后聚合物的分子量降低，制件力学性能变劣；若位于支链上，则水降解后，只改变了聚合物的部分化学组成，对分子量及塑件性能影响不大。因此，为避免水降解现象发生，成型前应对物料采取必要的干燥措施，这对聚酯、聚醚和聚酰胺等吸湿性很大的原料尤为重要。

2.7.5　降解的防治

通常降解是有害的，它将使塑件性能低劣，甚至难以控制成型过程。因此生产中必须充分估计降解反应发生的可能性，并采取一定的防治措施。

① 严格控制原料技术指标，避免因原料不纯对降解发生催化作用。
② 成型前对物料采取必要的预热和干燥，严格控制其含水量。
③ 合理选择并严格控制成型工艺参数，保证聚合物在不易降解的条件下成型，这对热稳定性差、成型温度接近分解温度的原料尤为重要。为避免降解发生，对这类原料可绘制成型温度范围（图 2-7-2），以便于正确、合理地制定工艺条件。
④ 成型设备与模具应具有良好的结构，与聚合物接触的部位不应有死角或缝隙，流道长度要适中，加热和冷却系统应有灵敏度较高的显示装置，以保证良好的温度控制和冷却速率。

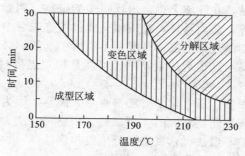

图 2-7-2 硬聚氯乙烯成型范围

⑤ 对热、氧稳定性较差的聚合物，可考虑在配方中加入稳定剂和抗氧剂等，以提高聚合物的抗降解能力。

2.8 热固性塑料的交联作用

众所周知，热固性塑料在尚未成型时，其主要组成物（树脂）都是线型或带有支链的聚合物。这些线型聚合物分子与热塑性塑料中线型聚合物分子的不同点在于：前者在分子链中都带有反应基团（如羟甲基等）或反应活性点（如不饱和键等）。成型时，这些分子通过自带的反应基团的作用或自带反应活性点与后加的交联剂（也称硬化剂）的作用而交联在一起。这些化学反应都称为交联反应。已经发生作用的基团或活性点对原有反应基团或活性点的比值称为交联度。

交联反应是很难完全的，其主要原因有以下两点。①交联反应是热固性树脂分子向三维发展并逐渐形成巨型网状结构的过程。随着过程的进行，未发生作用的反应基团之间或者反应活性点与交联剂之间的接触机会就越来越少，甚至变为不可能。②有时反应系统中包含着气体反应生成物（如水汽），因而阻止了反应的进行。

以上都是从化学意义上来说明交联作用的。在成型工业中，交联一词常常用硬化、熟化等词代替。所谓"硬化得好"或"硬化得完全"并不意味着交联作用的完全，而是指交联作用发展到一种最为适宜的程度，使制品的物理力学性能等达到最佳的境界。显然，交联程度是不会大于100%的，但硬化程度是可以的。一般称硬化程度大于100%的为"过熟"，反之则为"欠熟"。此外，不同热固性塑料，即使采用同一类型的树脂，它们的完全硬化在化学意义上也可能是不同的。

工业上还习惯将树脂交联过程分为三个阶段：①甲阶，这一阶段的树脂是既可以溶解又可以熔化的物质；②乙阶，此时树脂在溶解与熔化的量上受到了限制，也就是说有一部分是不溶解不熔化的，但依然是可塑的；③丙阶，这一阶段的树脂是不熔不溶的物质，不过严格地说，丙阶树脂中仍有少量可以溶解的物质。

硬化作用的类型是随树脂的种类而异的，它对热固性塑料的储存期和成型所需的时间起着决定性的作用。硬化不足的热固性塑料制品，其中常存有比较多的可溶性低分子聚合物，而且由于分子结合得不够强（指交联作用不够），以致对制品的性能带来了损失。例如机械强度、耐热性、耐化学腐蚀性、电绝缘性等的下降，热膨胀、后收缩、内应力、受力时的蠕变量等的增加，表面缺少光泽，容易发生翘曲等。硬化不足时，有时还可能使制品产生裂纹，这种裂纹有时甚至用肉眼也能察觉到。裂纹的存在将使前面列举的性能进一步恶化，吸水量也有显著的增加。出现裂纹说明所用模具或成型条件不合适，不过塑料中树脂与填料的用量比不当时也会产生裂纹。

过度硬化或过熟的制品，在性能上也会出现很多的缺点。例如力学强度不高、发脆、变色、表面出现密集的小泡等，显而易见，过度硬化或过熟连成型中所产生的焦化和裂解（如果有的话）也包括在内。制品过熟一般都是成型不当所引起的。必须指出，过熟和欠熟的现象有时也会发生在同一制品上，出现的主要原因可能是模塑温度过高、上下模的温度不一、制品过厚或过大等。

检定硬化程度的方法很多。所有化学方法都难令人满意，因为已经硬化的制品，尽管它的硬化程度不足，它的溶解度还是不大的，所以最好用物理方法。常用的方法有：脱模后热硬度检测法、沸水试验法、萃取法、密度法、导电度检测法等。如有条件，也可采用超声波和红外辐射法，其中以超声波方法为最好。

2.9 高聚物常见力学性能简介

2.9.1 高聚物的高弹性与黏弹性

2.9.1.1 高弹性

高聚物在一定的条件下（例如线型高聚物在 $T_g \sim T_f$ 之间，交联高聚物在 $T_g \sim T_d$ 之间）处于高弹态。高弹态高聚物在小应力作用下能产生很大的可逆弹性形变，这种独特的行为称为高弹性。金属、陶瓷、玻璃态或晶态高聚物则只有在大应力作用下产生微小可逆弹性形变的普弹性。

分子量足够高、轻度交联的柔性链高聚物，在高弹态具有最典型的高弹性。与金属的普弹性相比，高聚物的高弹性有如下特点：

① 弹性形变大，最高可达 1000%，而金属材料的弹性形变一般不超过 1%；

② 弹性模量低，高弹模量只有 $0.1 \sim 1$ MPa，而金属的普弹模量高达 $10^1 \sim 10^2$ GPa；

③ 快速拉伸时，高弹态高聚物的温度升高，而金属材料的温度下降；

④ 理想高弹性的高弹模量随热力学温度的增加而成正比地增加，而金属的普弹模量随温度的升高而降低；

⑤ 对于理想高弹性，高弹形变对应力的响应应该是瞬时的，高弹模量与时间无关。实际高弹态高聚物在恒定应力作用下，高弹形变按下述规律随时间逐渐增大，最后才达到平衡值。同样，外力去除后，高弹形变的回复也有时间依赖性。

高弹性的上述特征，都是由高弹性的本质决定的。热力学分析证明，高弹性的本质是熵弹性，即高弹形变主要引起体系的熵变；而普弹性的本质是能弹性，即普弹形变主要引起体系的内能变化。结合形变中分子运动的机理来看，高弹形变时，高分子链通过链段运动从卷曲的构象转变为伸展的构象，从而引起体系混乱程度的降低，即高分子链熵的减小；外力去除后，高分子链又自发地从伸展的构象回复到卷曲的构象，体系朝熵增方向变化，高弹形变回复。在普弹形变中，分子运动的机理是键长键角的变化，因而引起体系内能的变化。

对于一个主链由 N 个单键组成的柔性高分子链来说，它完全伸直时的末端距与不受外力作用时处于无规线团状态时的末端距相比，高弹形变值可达 1000% 就不足为奇了。高聚物在高弹形变时，对抗外力的回缩力主要是由于链段热运动力图使分子链保持卷曲状态引起的。这种回缩力远远小于普弹形变中的回缩力——键能的作用，因而高弹模量远远低于普弹模量。当温度升高时，高分子链热运动加剧，分子链趋于卷曲构象的倾向愈甚，回缩力更大，所以高弹模量随温度的升高而增大。在实际高弹形变中，由于分子内和分子间非键合原子之间存在相互作用力、分子链通过链段相对迁移而改变构象时，不可避免地要克服一定的摩擦力，因此，高弹形变的发展需要一定的时间。只有在假定分子内和分子间不存在相互作用的理想高弹性中,高弹形变对应力的响应才是瞬间完成的。橡胶在快速(绝热)拉伸中的放热现象,主要是因为高弹形变引起体系熵的减少,所以放热。此外,链段相对迁移时的内摩擦也能产生微量的热,某些橡胶在拉伸中诱导结晶也能放热。

2.9.1.2 黏弹性

理想固体的弹性服从虎克定律,即应力正比于应变。理想液体的黏性服从牛顿定律,即应力正比于应变速率。大量研究表明,高聚物在外力作用下的形变行为往往既不符合虎克定律,又不符合牛顿定律,而是介于弹性与黏性之间,应力同时依赖于应变和应变速率。我们把这种特性称为黏弹性。如果黏弹性是理想弹性和理想黏性的组合,则称为线性黏弹性,否则称为非线性黏弹性。

黏弹性高聚物在力的作用下,力学性质随时间而变化的现象称为力学松弛。力的作用方式不同时,力学松弛的表现形式不同。在恒定应力或恒定应变作用下的力学松弛称为静态黏弹性,最基本的表现形式是蠕变和应力松弛;在交变应力作用下的力学松弛称为动态黏弹性,最基本的表现形式是滞后与内耗。

2.9.2 高聚物的蠕变与应力松弛

2.9.2.1 蠕变

所谓蠕变,是指材料在一定的温度和远低于该材料断裂强度的恒定应力作用下,形变随时间逐渐增大的现象。几乎所有的高聚物都会蠕变。最直观的例子有:挂了重物的塑料绳逐渐变长;挂在钉子上的雨衣在自身重量的作用下逐渐伸长;笨重家具腿下受压的塑料地板革日渐出现凹坑等。橡胶在恒定应力作用下,高弹形变随时间逐渐增大的现象也是蠕变。

高聚物的蠕变过程,本质上是松弛时间长短不同的各种运动单元对外力的响应陆续表现出来的过程。以线型高聚物为例,当它刚受到应力作用的一瞬间,只有键长键角的运动能立即作出响应,并达到与外力相适应的平衡状态,表现为材料发生微小的普弹形变;而由运动松弛时间较长的链段运动所贡献的高弹形变,以及运动松弛时间更长的分子链重心迁移所贡献的流动形变,则不可能瞬间达到平衡值,只能随时间逐渐增大依次表现出高弹形变和黏性形变。线型高聚物蠕变过程中任一时刻的形变量实际上是普弹形变、高弹形变和黏性流动形变的叠加。对于交联高聚物,由于分子链间以化学键交联,不可能产生因分子链相对迁移而引起的流动形变。交联的体型或网状结构高聚物的蠕变行为不同于线型高聚物。线型高聚物蠕变过程包括普弹、高弹和黏性形变。在去除外力后,高聚物会保留下不可逆的塑性形变造成的永久形变。而体型高聚物仅有普弹和高弹形变,在去除外力后,最终能回复至原来形态,不存在永久形变。所以,交联是解决线型高弹态高聚物蠕变的关键措施。

蠕变反映制品的尺寸稳定性。一个高聚物制品,特别是精密零件或工程零部件,应该在某种载荷的长期作用下不改变其尺寸和形状,与金属和陶瓷制品相比,高聚物制品的抗蠕变能力较低,尺寸稳定性较差,这是高聚物制品的一大缺点,需通过各种途径加以改进。例如室温下处于玻璃态的高聚物材料其蠕变过程比起室温下处于高弹态的高聚物来说要慢得多。但务必考虑玻璃态高聚物在用作结构材料时,在承重下的蠕变特性。例如,硬聚氯乙烯有良好的抗腐蚀性能,可以用于加工化工管道、容器或塔器等设备,但它容易蠕变,使用时必须增加支架以防止因蠕变而影响尺寸稳定性。聚四氟乙烯是塑料中摩擦系数最小的品种,因而具有很好的自润滑性能,是很好的密封材料。但是,由于其蠕变现象很严重,不能制造齿轮或精密机械元件。相反,主链含芳杂环的刚性链高聚物,具有较好的抗蠕变性能,因而已成为广泛应用的工程塑料。

2.9.2.2 应力松弛

应力松弛是指在一定温度下,使试件维持恒定应变所需的应力(等于材料的内应力)随时间逐渐衰减的现象。例如，用于束紧一束或一捆物体的橡皮筋或塑料绳会慢慢松弛，尽管被束紧物体的尺寸并不随时间变化；密封用的橡胶或塑料垫、圈的密封效果会逐渐减小甚至完全失效。

与蠕变一样，高聚物的应力松弛也是松弛时间不同的各种运动单元对外界刺激的响应陆续表现出来的结果。当试件被施加一个突然的初始形变时，形变（弹性）是那些跟得上外力作用的运动单元（如键长键角等）的运动所产生的。随时间的推移，那些松弛时间较长的运动单元（链段、分子）的运动也将逐渐对形变作出贡献。但因总的形变保持不变，势必要使初始的弹性形变逐渐回复，因而所需应力逐渐减小。如果试件是线型高聚物，则由于它能通过分子链间的滑移产生不可回复的流动变形，在维持总形变不变时，随黏性流动形变的发展，弹性形变所占的比例愈来愈小。当总的形变全部由流动形变贡献时，弹性形变全部消失，应力衰减至零。对于交联高聚物，由于它不可能产生流动形变，总的形变只能由弹性形变维持。不过，在初始时刻，普弹形变对应力的贡献较大，随后，随高弹形变的发展，普弹形变量减小，应力逐渐衰减。但是维持一定的弹性形变总需一定的应力，因此交联高聚物的应力不可能衰减至零。和蠕变一样，交联也是克服应力松弛的重要措施。为此，橡胶制品需要交联处理。

应力松弛行为，对密封制件来说，决定它们的使用寿命；密封件的应力松弛速率愈低，维持良好密封效果的时间就愈长；对高聚物制品的加工来说，决定制品内残余应力的大小，加工中应力松弛的速率愈快，制品内的残余应力愈小，所得制品的尺寸稳定性也就愈高。

2.9.3 玻耳兹曼叠加原理和时温等效原理

2.9.3.1 玻耳兹曼叠加原理

玻耳兹曼叠加原理认为：①一种材料加上某一特定负荷所产生的效应与以前加到该材料上的任何负荷所产生的效应无关，即每一负荷对材料产生的效应是独立的；②观察时间相同时，各负荷使试样产生的形变与应力成正比，各负荷产生的效应可以叠加。

2.9.3.2 时-温等效原理

高聚物的同一力学松弛现象可以在较高的温度、较短的作用力时间（或较高的作用频率）表现出来，也可以在较低的温度、较长的作用力时间（或较低的作用频率）表现出来。这是因为，在较低的温度下，链段或分子运动的松弛时间比较长，它们对外力的响应在短时间内（或较高的作用频率下）表现不出来。这时若升高温度，缩短它们的运动松弛时间，就可以在较短时间（或较高频率）下观察到它们的力学响应。

例如，用作飞机轮胎的橡胶在室温下呈现良好的高弹性，因为交联橡胶网链中的链段运动很自由，很容易对外力作出响应。但是当飞机着地的瞬间，链段的运动对这么短的作用力来不及作出响应，轮胎可能不显示其高弹性，而只显示普弹性，好像橡胶在这一瞬间，温度下降了好多度似的。正是因为这个原因，用作飞机轮胎的橡胶要求有很低的玻璃化温度。相反，一些在室温下处于玻璃态的塑料，如有机玻璃和聚碳酸酯等，在外力缓慢拉伸下，能像橡胶一样产生大形变，好像温度升高了许多度似的。

2.9.4 高聚物的银纹现象

所谓银纹现象是指高聚物材料在储存或使用过程中于材料表面或内部出现许多肉眼可见的微细凹槽，姑且称之为"类裂纹"。这种现象在透明塑料如聚苯乙烯、有机玻璃、聚碳酸酯中尤其明显。当光线以某个入射角入射到已出现"类裂纹"的透明塑料中时，每一个"类裂纹"都像一面微小的镜子，强烈地反射光线，看上去银光闪闪，因此称为银纹。银纹也会出现在聚乙烯、聚丙烯之类的结晶塑料中以及环氧、酚醛之类的热固性塑料中，只是这些塑料通常透明度不高或完全不透明而不甚了然而已。

研究表明,高聚物只有在张应力作用下才能产生银纹,银纹面(银纹的两个张开面,即银纹与本体的界面)总是垂直于张应力;压应力不会诱发银纹。

银纹不同于裂纹。裂纹的两个张开面之间是完全空的,而银纹面之间是由维系两银纹面的银纹质(高度取向的微纤束)和空穴组成(图 2-9-1 中的银纹部分)。微纤的直径约为 $0.01\sim0.1\mu m$。靠近银纹尖端的微纤粗而短,靠近银纹中部的微纤细而长。银纹中空穴约占 40% 的体积。因此,银纹的平均密度和折射率低于本体材料。当光线以一定的角度入射到银纹面上时,会发生光的全反射。但由于银纹中有银纹质,银纹仍具有一定的强度。

银纹的形成是材料在张应力作用下,于局部薄弱处发生屈服和冷拉,使局部本体材料高度拉伸取向,但由于其周围的本体材料并未屈服,局部冷拉中所需的材料的横向收缩受到限制,结果在取向微纤间留下大量空穴。银纹常常始于材料表面缺陷或擦伤处,或始于内部空穴或夹杂物的边缘处。这些部位的材料,或因分子链间的相互作用力较小,屈服应力低,或因应力集中,所受的实际应力大于材料所受的平均应力,首先发生屈服和冷拉。

环境因素也可诱发银纹,这种银纹的形成与材料的内应力有关,银纹方向通常是无规的。一般来说,聚合物材料中总可能存在一定的内应力而没有完全松弛掉。内应力不足够大时,可能不导致银纹的出现。如果存在促进聚合物局部发生塑性流动的环境因素,就有可能产生银纹现象。

银纹与裂纹不同,具有可逆性。在压力或 T_g 以上退火时,它可回缩或愈合,再行拉伸时,它又重新出现。如果形成银纹的材料继续受到拉伸作用,银纹可发展为裂纹(如图 2-9-1 所示),最后导致整个材料断裂。银纹在形成的过程中是要吸收能量的。

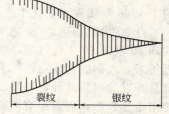

图 2-9-1 银纹转化为裂纹

高聚物材料中出现银纹,不仅影响外观质量,降低透明材料的光学透明度,还会降低材料的强度和使用寿命,因此一般是不希望材料中出现银纹的。但是人们认识了银纹的本质后,可以在一定的条件下化不利因素为有利因素。用橡胶增韧塑料就是利用了产生银纹必须吸收大量能量而达到提高塑料冲击韧性的目的。例如,聚苯乙烯是典型的脆性塑料,用共混的方法在聚苯乙烯中加入适量的橡胶后,共混物在外力作用下,很容易在橡胶颗粒赤道附近的聚苯乙烯中产生大量银纹,在这些银纹的尖端,应力场互相干扰,它们不易合并为大裂纹。但产生许多银纹需吸收大量的能量,因而共混物变成了高抗冲聚苯乙烯塑料。

3 塑料成型材料

3.1 概 述

3.1.1 塑料的发展简史

塑料是以树脂为主要成分，适当加入添加剂可在加工中塑化成型的一类高分子材料。塑料与树脂的主要区别为树脂为纯聚合物，而塑料为以树脂为主的聚合物制品，当塑料由纯树脂制成时两个概念通用。

最早的改性塑料为用硝酸处理的纤维素，称为硝酸纤维素，俗称"赛璐珞"，由美国的 Albang Dental Plate 公司于 1870 年开发。最早的合成塑料为酚醛树脂，由美国 Bakelite 公司于 1909 年实现工业化生产。

自 20 世纪初到 20 世纪 70 年代，塑料品种的增长速度很快，每年都有几十个品种诞生。而到 20 世纪 70 年代以后，塑料新品种的开发速度放慢，几年才有一个新品种诞生。特别是近年来，人们的着重点已从着力开发树脂新品种向对原有树脂的改性方向转变。因为大部分容易开发的树脂品种都已开发，剩下一些难开发的品种成本都比较高，即使开发成功，推广应用也比较难；而对原有树脂的改性，可获得全新的性能，并且改性成本较低。因此，近年来树脂的改性很活跃，新的改性品种不断出现，应用领域越来越广泛。目前已见报道的树脂品种接近万种，其中有几百种获得工业化生产，获得应用的树脂品种已接近百种。一些获得普遍应用树脂品种的诞生年份如表 3-1-1 所示。本书中对大部分获得应用的树脂都做相应的介绍。

表 3-1-1 主要树脂的诞生年份

树脂	硝酸纤维素	乙酸纤维素	PF	UF	PS	PMMA	PVC	MF	PA66	PU、PA6	SI	UP	EP
年份	1870	1905	1909	1926	1930	1933	1935	1938	1939	1943	1944	1946	1947
树脂	PTFE	LDPE	PA610	PET	ABS	HDPE	PP	PC	均POM	PA1010	EVA	PI	共POM
年份	1949	1951	1952	1953	1954	1954	1957	1958	1959	1959	1960	1961	1962
树脂	PSF	TPX	PPO	PPS	PBT	聚苯酯	PAR	PEEK	LLDPE	m-SPS	m-P	m-PE	
年份	1965	1965	1965	1968	1970	1970	1973	1977	1977	1986	1988	1991	

到 2000 年，中国合成树脂的产量已达到 900 万吨。其中，LDPE 79.5 万吨/年、LLDPE 83.4 万吨/年、HDPE 117.4 万吨/年、PP 266.5 万吨/年、PVC 230 万吨/年、PS 和 ABS 150 万吨/年。但 2000 年中国树脂的需求量为 1700 万吨，因此还有 800 万吨缺口需要进口。

3.1.2 塑料的分类

塑料的品种很多，从不同角度按照不同原则进行分类的方式也各不相同。常用的塑料分类方法有以下两种。

3.1.2.1 按照合成树脂分子结构和受热时的行为分类

(1) 热塑性塑料

这类塑料的合成树脂都是线型或带有支链线型结构的聚合物,因而受热变软,成为可流动的黏稠液体。在此状态下具有可塑性,可塑制成一定形状的塑件,并可经冷却定型;如再加热,又可变软再制成另一形状,如此可以反复进行多次。简而言之,热塑性塑料是由可以多次反复加热而仍具有可塑性的合成树脂制得的塑料。热塑性塑料在成型加工过程中,一般只有物理变化,因而其变化过程是可逆的。聚乙烯、聚丙烯、聚苯乙烯、聚氯乙烯、有机玻璃、聚酰胺、聚甲醛、ABS、聚碳酸酯、聚砜等塑料均属此类。

(2) 热固性塑料

这类塑料的合成树脂是带有体型网状结构的聚合物,在加热之初,因分子呈线型结构,具有可溶性和可塑性,可塑制成一定形状的塑件;当连续加热时,温度达到一定程度后,分子呈现网状结构,树脂变成不熔或不溶的体型结构,使形状固定下来不再变化。如再加热,也不再软化,不再具有可塑性。在这一变化过程中既有物理变化,又化学变化,因而其变化过程是不可逆的。简而言之,热固性塑料是由加热硬化的合成树脂制得的塑料。酚醛塑料、氨基塑料、环氧树脂、有机硅塑料、不饱和聚酯塑料等均属此类。

3.1.2.2 按塑料的应用范围分类

(1) 通用塑料

凡生产批量大、应用范围广、加工性能良好、价格又相对低廉的塑料可称为通用塑料。其中聚乙烯、聚丙烯、聚苯乙烯、聚氯乙烯、酚醛塑料合称 5 大通用塑料。其他聚烯烃、乙烯基塑料、丙烯酸塑料、氨基塑料等也都属于通用塑料。它们的产量占塑件总产量的一大半以上,构成了塑件工业的主体。

(2) 工程塑料

工程塑料是指那些具有突出的力学性能和耐热性,或具有优异的耐化学试剂、耐溶剂性,或在变化的环境条件下可保持良好绝缘介电性能的塑料。工程塑料一般可作为承载结构件、耐热件、耐腐蚀件等使用。工程塑料的生产批量小,价格昂贵,用途范围相对狭窄。从广义来讲,几乎所有的塑料都可作为工程塑料来用,但实际上目前常用的工程塑料仅包括聚酰胺、聚甲醛、ABS、聚碳酸酯、聚砜、聚酰亚胺、聚苯硫醚、聚四氟乙烯等。

(3) 特种塑料

又称功能塑料,指具有某种特殊功能的塑料。如用于导电、压电、热电、导磁、感光、防辐射、光导纤维、液晶、高分子分离膜、专用于减摩耐磨用途的塑料。特种塑料一般是由通用塑料或工程塑料用树脂经特殊处理或改性获得的,但也有一些是由专门合成的特种树脂制成的。

另外,按聚合物分子聚集状态塑料亦可分为两类:一类是无定形塑料;另一类是结晶型塑料。塑料按组成与结构还可分为模塑粉、增强塑料和发泡塑料 3 种。

3.1.3 塑料的组成

组成塑料的最基本成分是树脂,称为基质材料。按实际需要,塑料材料中一般还含有许多其他成分,称为助剂,这些助剂用以改善材料的使用性能或工艺性能。热塑性塑料有时也以纯树脂形式使用,热固性塑料则完全以加有助剂的形式使用。

树脂决定了制品的基本性能。在塑料制品中,树脂应成为均一的连续相,其作用在于将各种助剂黏结成一个整体,从而具有一定的物理力学性能。由树脂与助剂配制成复合物需要有良好的成型工艺性能。

塑料材料用助剂的品种很多，包括填料、增强剂、增塑剂、润滑剂、抗氧剂、热稳定剂、光稳定剂、阻燃剂、着色剂、抗静电剂、固化剂、发泡剂和其他某些助剂。

助剂是为使复合物或其制品具有某种特性而加入的一些物质，对助剂的基本要求是功能上有效，在塑料加工使用条件下稳定，与树脂结合稳固，价格适宜。加至填料中的助剂是随制品的不同要求而定的，并不是各类都需要，加入的各类助剂必须以相互发挥为要则，切忌彼此抑制。

3.1.3.1 增塑剂

指能改善树脂成型时的流动性和提高塑件柔顺性的助剂。其作用是降低聚合物分子之间的作用力。增塑剂通常是一类对热和化学试剂都很稳定的有机物，大多是挥发性低的液体，少数则是熔点较低的固体，而且至少在一定范围内能与聚合物相容（混合后不会离析），经过增塑的聚合物其软化点（或流动温度）、玻璃化温度、脆性、硬度、拉伸强度、弹性模量等均将下降，而耐寒性、柔顺性、断裂伸长率等则会提高。如普通聚氯乙烯只能制成硬聚氯乙烯塑件，加入适量增塑剂后，可以制成软聚氯乙烯薄膜或人造革。目前工业上大量应用增塑剂的聚合物只有聚氯乙烯、醋酸纤维、硝酸纤维等少数几种。

对增塑剂的要求是：与树脂有较好的相容性，性能稳定，挥发性小；不降低塑件的主要性能，无毒、无害、成本低。要求一种增塑剂同时兼具这些性能是困难的，但其中相容性好和挥发性低是最基本的要求，在使用时，应在满足这两项要求后再按具体情况作适当选择。在多数情况下，常将几种增塑剂混用来达到要求。常用的增塑剂有甲酸酯类、磷酸酯类和氯化石蜡等。增塑剂的使用应适量，使用过多会降低塑件的力学性能和耐热性能。

增塑剂的分类，不同的角度可以有不同的方法。其中按对聚合物的相容性可分为主增塑剂和次增塑剂，主增塑剂对聚合物具有足够的相容性，因而与聚合物可在合理的范围内完全相容（通常以增塑剂与聚合物之比能达到1∶1，而不发生析出的为准），故能单独使用。次（辅助）增塑剂对聚合物的亲和力较差，致使其相容性难以符合工艺或使用上的要求，不能单独使用，只能与主增塑剂共用，相容的限量最多是1∶3，使用目的主要是代替部分主增塑剂以降低成本。主与次须以被增塑的聚合物为前提。当然相容能力还与温度和聚合物分子量有关，但这却无严格的规定，故这种分法只有相对的意义，不过这种分类法能将增塑作用的主要矛盾，即相容性反映出来，所以具有一定实用价值。

增塑机理：聚合物大分子链常会以次价力而使它们彼此之间形成许多聚合物-聚合物的联结点，从而使聚合物具有刚性。这些联结点在分子热运动中是会解而复结的，而且十分频繁。但在一定温度下，联结点的数目却相对地稳定，所以是一种动平衡。加入增塑剂后，增塑剂的分子因溶剂化及偶极力等作用而"插入"聚合物分子之间并与聚合物分子的活性中心发生时解时结的联结点。这种联结点的数目在一定温度和浓度的情况下也不会有多大的变化，所以也是一种动平衡。但是由于有了增塑剂-聚合物的联结点，聚合物之间原有的联结点就会减少，从而使其分子间的力减弱，并导致聚合物材料一系列性能的改变。如图3-1-1所示。

3.1.3.2 稳定性

凡在成型加工和使用期间为有助于材料性能保持原始值或接近原始值而在塑料配方中加入的物质称为稳定剂。其添加目的是阻止或抑制树脂受热、光、氧和霉菌等外界因素作用而发生质量变异和性能下降。对稳定剂的要求是：能耐水、耐油、耐化学药品，并与树脂相溶；在成型过程中不分解，挥发小，无色。常用的稳定剂有硬脂酸盐、铅的化合物及环氧化合物等。稳定剂可分为光稳定剂、热稳定剂、抗氧剂等。由于稳定剂的作用原理大多是排除降解过程的化学原理，因此可分为以下几种。

（1）紫外线抗御剂

由于紫外线可以引起有机物化学键的破坏，因此户外或照明用的塑料制品，常会因光照而发生聚合物分子的降解。反映在外观上则发生开裂、起霜、变色、退光、性能变劣、起泡以致完全粉化。各种聚合物对紫外线的抵抗能力有所不同。如聚氟乙烯抵抗紫外线的能力就很强，而聚丙烯则会很快地变质，为了防止这种光降解，通用的方法是加入紫外线抗御剂。

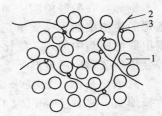

图 3-1-1　聚合物增塑
1—增塑剂分子；2—聚合物分子；
3—增塑剂与聚合物间的联结点

紫外线抗御剂的作用有两种。第一种是先于聚合物吸收入射的紫外线而放出无破坏性的长波光能或热能，从而使聚合物减缓或免除降解。具有这种作用的物质称为紫外线吸收剂或放光剂。第二种是移出聚合物吸收的光能，使其内储的光能达不到光降解所需要的水平，以这种作用保护聚合物的物质常称为能量转移剂。目前工业上用的以前一种居多，后一种很少，仅限于某些重金属的络合物。

（2）抗氧剂

许多聚合物在制造、储存、加工和使用过程中都会因氧化而加速降解，从而使其物理力学性能和化学性能下降。抗氧剂是这样一类物质，将其加至塑料中（用量通常为 0.01%～1.00%），就可以制止或推后聚合物在正常或较高温度下的氧化。易于氧化而采用抗氧剂的塑料有聚烯烃类、聚苯乙烯、聚甲醛、聚苯醚、聚氯乙烯、苯乙烯-丁二烯-丙烯腈共聚物等。

按照抗氧剂的抗氧作用粗略地可分为两类。一是自由基或增长链的终止剂。这类化合物都具有不稳定的氢原子，可以与自由基或增长链发生作用，从而免除自由基或增长链从聚合物中夺得氢原子的作用。这样，聚合物的氧化降解就被停止。二是氢过氧化物的分解剂。这类物质都能使氢过氧化物分解成非自由基型的稳定化合物，从而避免因氢过氧化物分解成自由基而引起的一系列降解。上述两类抗氧剂的作用是相辅相成的，所以，通常都是两者兼用。

（3）转变降解催化剂的物质

对聚合物降解具有催化作用的主要物质是金属离子，催化作用的强弱随金属离子的性质而异。消除催化作用的原理是用螯合剂与重金属盐形成络合物。

（4）去除活性中心的物质

凡是原来或发生降解以后的聚合物分子，如果其结构的某一部分具有化学活性且能促使其本身或导致其他聚合物分子发生降解的，则该部分结构即为活性中心，显然去除活性中心是可以抑制聚合物降解的。活性中心的种类很多，其中比较重要的几种是：①聚合物降解后析出的自由基；②聚氯乙烯分子中的不稳定氯原子；③双键结构。

塑料制品在成型和应用中所遇到的外界因素常是多种多样的，所以配制塑料时在聚合物中加入的稳定剂常不止一种。选择稳定剂除要求对聚合物的稳定效果要好外，还要求相容性好、挥发性小、无毒或低毒、对化学品稳定等。稳定剂的加入量一般小于 2%，少数也有高达 5% 左右的。

3.1.3.3　固化剂

指能促使树脂固化、硬化的添加剂，又称硬化剂，它的作用是使树脂大分子链受热时发生交联，形成硬而稳定的体型网状结构。如在酚醛树脂中加入六亚甲基四胺，在环氧树脂中加入乙二胺、顺丁烯二酸酐等固化剂，均可使塑料成型为坚硬的制件。

3.1.3.4　填充剂

又称填料，是塑料中一种重要但并非必要的成分。在塑料中加入填充剂可减少贵重树脂含量，降低成本。同时，还可起到增强作用，改善塑料性能，扩大使用范围。

例如，在酚醛树脂中加入木粉后，既克服了它的脆性，又降低了成本；在聚乙烯、聚氯乙烯的树脂中加入钙质填充剂后，可成为刚性强、耐热性好、价格低廉的钙塑料；在尼龙、聚甲醛的树脂中加入二硫化钼、石墨、聚四氟乙烯后，其耐磨性、抗水性、硬度及机械强度等会得到改善。用玻璃纤维做塑料填充剂，能使塑料的机械强度大幅度地提高。

对填充剂的一般要求是：易被树脂浸润，与树脂有很好的黏附性，本身性质稳定，价格便宜，来源丰富。为了改善聚合物与填充剂之间的结合性能，最好先用偶联剂（桥合剂）对填充剂进行处理，然后再加入聚合物中。填充剂按其形态有粉状、纤维状和片状3种。常用的粉状填充剂有木粉、大理石粉、滑石粉、石墨粉、金属粉等；纤维状填充剂有石棉纤维、玻璃纤维、碳纤维、金属须等；片状填充剂有纸张、麻布、石棉布、玻璃布等。填充剂的大小和表面状况对塑料性能有一定影响，球状、正方体状的通常可提高成型加工性能，但机械强度差；而鳞片状的则相反。粒子愈细时对塑料制品的刚性、冲击性、拉伸强度、稳定性和外观等改进作用愈大。填充剂的成分一般不超过塑料组成的40%（质量分数）。

3.1.3.5 着色剂

在塑料中加入有机颜料、无机颜料或有机染料时，可以使塑料制件获得美丽的色泽，美观宜人，提高塑件的使用品质。对着色剂的要求是：性能稳定，不易变色，不与其他成分（增塑剂、稳定剂等）起化学反应，着色力强；与树脂有很好的相容性。日常生活用塑料制品应注意选用无毒、无臭、防迁移的着色剂。

有些着色剂兼有其他作用，如本色聚甲醛塑料用炭黑着色后可防止光老化；聚氯乙烯用二碱式亚磷酸铅等颜料着色后，可避免紫外线射入，对树脂起着屏蔽作用，因此，它们还可提高塑料的稳定性，在塑料中加入金属絮片、珠光色料、磷光色料或荧光色料时，可使塑料获得特殊的光学性能。

塑料添加剂除上述几种外，还有润滑剂、发泡剂、阻燃剂、防静电剂、导电剂和导磁剂等，塑料制件可根据需要选择适当的添加剂。

3.1.4 塑料的特性

塑料特性包括使用性能、加工性能和技术性能。其中技术性能是物理性能、化学性能、力学性能等的统称。塑料品种繁多，性能、用途也各不相同，其主要特性如下。

3.1.4.1 质量轻

塑料是一种轻质材料。普通塑料的密度约在 $0.83 \sim 2.3 g/cm^3$，大约是铝材的1/2，钢材的1/5。如用发泡法得到的泡沫塑料，其密度可以小到 $0.01 \sim 0.5 g/cm^3$。利用这一特点，以塑代钢应用于汽车工业，已经取得可观的经济效益。美国近40年汽车发展史的经验表明，每减少10%（质量分数）的自重，可以节约燃料10%～20%。塑料质量轻的这一特点，对于需要全面减轻自重的飞机、船舶、建筑、宇航工业等也具有特别重要的意义。由于质量轻，塑料还特别适合制造轻巧的日用品和家用电器零件。

3.1.4.2 电气绝缘性能好

塑料具有优良的电器绝缘性能，其相对介电常数低至2.0（比空气高一倍）；发泡塑料的相对介电常数为1.2～1.3，接近空气。常用塑料的电阻通常在 $10^{14} \sim 10^{16} \Omega$ 范围之内。大多数塑料都有较高的介电强度，无论是在高频还是在低频，无论在高压还是在低压下，绝缘性能都十分优良，且耐电弧性好，介电损耗极小，所以被广泛用于电机、电气、电子工业中。

目前，采用先进的工艺技术，可将塑料制造成半导体、导电和导磁的材料。它们对电子工业的发展具有特殊的意义。

3.1.4.3 比强度、比刚度高

塑料的力学性能相对于金属差。塑件的强度与木材相近,拉伸强度一般为 10～500MPa,但由于塑料的密度小,所以按单位质量计算相对的强度和刚度,即比强度和比刚度(强度与密度之比称为比强度;弹性模量与密度之比称为比刚度)比较高。一些特殊塑料,如纤维增强塑料拉伸比强度高达 170～400MPa,这比一般钢材(约为 160MPa)要高得多。通常,塑料的比强度接近或超过普通的金属材料,因此可用于制造受力不大的一般结构件。一些玻璃纤维、碳纤维增强塑料的比强度和比刚度相当高,甚至超过钢、钛等金属,它们已广泛应用于汽车制造、造船、航空航天等领域。

3.1.4.4 化学稳定性能好

一般塑料均具有一定的抗酸、抗碱、抗盐等化学腐蚀的能力。有些塑料除此之外还能抗潮湿空气、抗蒸汽的腐蚀作用,在这方面它们大大地超过了金属。其中最突出的代表是聚四氟乙烯,它对强酸、强碱及各种氧化剂等腐蚀性很强的介质都完全稳定,甚至在沸腾的"王水"中也无任何反应,核工业中用的强腐蚀剂五氟化铀对它也不起作用。另外,聚氯乙烯可以耐 90%浓度的硫酸、各种浓度的盐酸和碱液等,因而常用作耐腐蚀材料。

由于塑料具有优越的化学稳定性,故在化工设备制造中有极其广泛的用途,比如做各种管道、密封件、换热器和在腐蚀介质中有相对运动的零部件等。

3.1.4.5 减摩、耐磨性能优良,减振消声性好

塑料的摩擦系数小,具有良好的减摩耐磨性能。某些塑料摩擦副、传动副,可以在水、油和带有腐蚀性的溶液中工作;也可以在半干摩擦、全干摩擦条件下工作,具有优良的自润滑性能。这一性能比一般金属零件要好。

同时,一般塑料的柔韧性比金属要大得多,当其受到频繁机械力冲击与振动时,因阻尼较大而具有良好的吸振与消声性能,这对高速运动的摩擦零部件以及受冲击载荷作用的零件具有重要意义。如一些高速运转的仪表齿轮、滚动车轴承的保持架、机构的导轨等可采用塑料制造。

3.1.4.6 热导率低,一些塑料具有良好的光学性能

塑料的热导率比金属低得多,一般为 $0.17～0.35W/(m·K)$;而钢的热导率为 $46～70W/(m·K)$,它们之间相差数百倍。利用热导率低的特点,塑料可以用来制作需要保温和绝缘的器皿或零件。

有些塑料具有良好的透明性,透光率高达 90%以上,如有机玻璃、聚碳酸酯、聚苯乙烯等都具有良好的透明性,它们可用于制造光学透镜、航空玻璃、透明灯罩以及光导纤维材料等。

此外,塑料还具有良好的成型加工性、焊接性、可电镀性和着色能力。但和其他材料相比,塑料也有一定的缺陷,如塑料成型时收缩较高,有的高达 3%以上,并且影响塑料成型收缩率的因素很多,这使得塑料制件要获得较高精度难度很大,故塑件精度普遍不如金属零件;塑料制件的使用温度范围较窄,塑料对温度的敏感性远比金属或其他非金属材料大,如热塑性塑料制件在高温下易变软产生热变形;塑料制件在光和热的作用下容易老化,使性能变差;塑料制件若长期受载荷作用,即使温度不高,其形状也会产生"蠕变",且这种变形是不可逆变的,从而导致塑料制件尺寸精度的丧失。这些缺陷,使塑料的应用受到了一定限制。

3.1.5 塑料的工艺性能

塑料成型工艺性是指塑料在成型过程中表现出的特有性能,它影响着成型方法及工艺参数的选择和塑件的质量,并对模具设计的要求及质量影响很大。下面分别介绍热塑性与热固

性塑料成型的主要工艺性能和要求。

3.1.5.1 热塑性塑料成型的工艺性能

热塑性塑料成型的工艺性能除了前面介绍过的热力学性能和结晶性外，还包括流动性、收缩性、相容性、吸湿性和热稳定性。

(1) 流动性

塑料熔体在一定温度与压力作用下充填模腔的能力称为流动性，大多数塑料都是在熔融塑化状态下加工成型的，因此，流动性是塑料加工为制成品过程中所应具备的基本特性。塑料流动性的好坏，在很大程度上影响着成型工艺的许多参数，如成型温度、压力、模具浇注系统的尺寸及其他结构参数等。在设计塑件大小与壁厚时，也要考虑流动性的影响。

从分子结构来讲，流动的产生实质上是分子间相对滑移的结果。聚合物熔体的滑移是通过分子链运动来实现的。显然，流动性主要取决于分子组成、分子量大小及其结构。只有线型分子结构而没有或很少有交联结构的聚合物流动性好，而体型结构高分子一般不产生流动。在聚合物中加入填料会降低树脂的流动性；加入增塑剂、润滑剂可以提高流动性。流动性差的塑料，在注射成型时不易充满型腔；当采用多个浇口时，塑料熔体的汇合处会因熔接不好而产生"熔接痕"。这些缺陷甚至会导致塑件报废。相反，若塑料的流动性太好，注射时易产生流延和造成塑件溢边，成型的塑件容易变形。因此，成型过程中应适当控制塑料的流动性，以获得满意的塑料制件。

塑料的流动性采用统一的方法来测定。对于热塑性塑料的流动性，常用熔体指数来表示。其测定方法如图3-1-2所示，将被测塑料装在标准装置的塑化室3中，加热到使塑料熔融塑化的要求温度，然后在一定压力下使塑料熔体通过标准毛细管（直径为φ2.09mm的口模4），在10min内挤出塑料的质量值即为要测定塑料的熔体指数。熔体指数的单位为g/10min，通常用MI表示。熔体指数越大，塑料熔体的流动性越好。塑料熔体的流动性与塑料的分子结构和添加剂有关。在实际成型过程中可以通过改变工艺参数来改变塑料的流动性，如提高成型温度和压力、合理设计浇口的位置与尺寸、降低模腔表面粗糙度值等都能大大提高流动性。

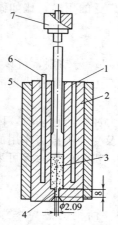

图3-1-2 熔体指数测定仪结构
1—温度计孔；2—料筒；3—塑化室；
4—口模；5—保温层；6—加热棒；
7—重锤（重锤加柱塞共重2160g）和柱塞

为方便起见，在设计模具时，人们常用塑料熔体溢料间隙（溢边值）来反映塑料的流动性。所谓溢料间隙，是指塑料熔体在成型压力下不得溢出的最大间隙值。根据溢料间隙大小，塑料的流动性大致可划分为好、中等和差3个等级，它对设计者确定流道类型和浇注系统的尺寸、控制镶件和推杆等及模具孔的配合间隙等具有实用意义。表3-1-2所示为常用塑料的流动性与溢料间隙。

表3-1-2 常用塑料的流动性与溢料间隙

溢料间隙/mm	流动性等级	塑料类型
≤0.03	好	尼龙、聚乙烯、聚丙烯、聚苯乙烯、醋酸纤维素
0.03～0.05	中等	改性聚苯乙烯、ABS、聚甲醛、聚甲基丙烯酸甲酯
0.05～0.08	差	聚碳酸酯、硬聚氯乙烯、聚砜、聚苯醚

(2) 收缩性

一定量的塑料在熔融状态下的体积总比其固态下的体积大，说明塑料在成型及冷却过程中发生了体积收缩,这种性质称为收缩性。影响塑料收缩性的因素很多,主要有塑料的组成及结构、成型工艺方法、工艺条件、塑件几何形状及金属镶件的数量、模具结构及浇口形状与尺寸等。收缩性的大小以单位长度塑件收缩量的百分比来表示,叫做收缩率。其公式如下:

$$S=\frac{L_m-L}{L_m}\times 100\% \tag{3-1-1}$$

式中,S 为塑料的收缩率,%;L_m 为模具在室温时的型腔尺寸,mm;L 为塑件在室温时的尺寸,mm。

收缩率的测定应在标准试验模具里完成,一般用直径为 $\phi(100+0.8)$mm、厚为 (4 ± 0.2)mm 的圆片模具或每边长 (25 ± 0.5)mm 的立方体模具,在适应该塑料所要求的工艺条件下进行塑模。

产生收缩的原因,除热胀冷缩外,往往是由于在聚合物固化过程中高分子堆砌密度的不同以及聚集状态的改变等造成的。不同聚集状态的塑料其收缩率也不相同。一般结晶塑料制件的收缩率为 1.2%~4%,非结晶塑料制件的收缩率为 0.3%~1.0%。熔融状态的塑料有明显的可压缩性,利用这种可压缩性,成型时对塑料熔体施加压力,可以预防制件的凹痕和缩孔的形成,提高制件的尺寸精度。

由于塑料收缩性影响着塑件的尺寸精度,所以在设计模具时必须精确地考虑计算收缩率的大小。又由于塑料的收缩是体积收缩,所以模具各项尺寸均应考虑其收缩的补偿问题。

由公式(3-1-1)整理得:

$$L_m=\frac{L}{1-S} \tag{3-1-2}$$

由数学知识可知(幂级数展开):

$$\frac{1}{1-S}=1+S+S^2+S^3+\cdots$$

由于 S 相对尺寸很小,故 S 的高次项可以忽略,因此:

$$L_m=L(1+S) \tag{3-1-3}$$

公式(3-1-3)是模具型腔尺寸计算时经常应用的基本公式。但对于收缩性较大的大型模塑件,则建议采用公式(3-1-2)。

(3) 热稳定性

它是指塑料在受热时性能上发生变化的程度。有些塑料在长时间处于高温状态下时会发生降解、分解和变色等现象,使性能发生变化。如聚氯乙烯、聚甲醛、ABS 塑料等在成型时,如果在料筒内停留时间过长,就会有一种气味释放出来,塑件颜色变深,所以它们的热稳定性就不好。因此,这类塑料成型加工时必须正确控制温度及周期,选择合适的加工设备或在塑料中加入稳定剂方能避免上述缺陷产生。

(4) 吸湿性

它是指塑料对水分的亲疏程度。据此塑料大致可以分为两种类型:第一类是具有吸湿或黏附水分倾向的塑料,例如聚酰胺、聚碳酸酯、ABS、聚苯醚、聚砜等;第二类是吸湿或黏附水分倾向极小的材料,如聚乙烯、聚丙烯等。造成这种差别的原因主要是由于其组成及分子结构不同。如聚酰胺分子链中含有酰胺基—CO—NH—极性基团,对水有吸附能力;而聚乙烯类的分子链是由非极性基团组成,表面是蜡状,对水不具有吸附能力。材料疏松使塑料表面积增大,也容易增加吸湿性。

塑料因吸湿性、黏附水分,在成型加工过程中如果水分含量超过一定限度,则水分会在成型机械的高温料筒中变成气体,促使塑料高温水解,从而导致塑料降解、起泡、黏度下降，给成型带来困难，使制件外观质量及机械强度明显下降。因此，塑料在加工成型前，一般都要经过干燥，使水分含量（质量分数）控制在 0.5%～0.2%以下。如聚碳酸酯，要求水分含量在 0.2%以下，可用循环鼓风干燥箱在 110℃温度下干燥 12h 以上，并要在加工过程中继续保温，以防重新吸潮。

（5）相容性

它是指两种或两种以上不同品种的塑料，在熔融状态不产生相互分离的能力。如果两种塑料不相容，则混熔时制件会出现分层、脱皮等缺陷。

不同种塑料的相容性与其分子结构有一定关系，分子结构相似者较易相容，例如高压聚乙烯、低压聚乙烯、聚丙烯、聚丙烯制件彼此的混熔等；分子结构不同时较难相容，例如聚乙烯和聚苯乙烯之间的混熔等。

塑料的相容性俗称为共混性。通过塑料的这一性质，可以得到类似共聚物的综合性能，它是改进塑料性能的重要途径之一。例如聚碳酸酯与 ABS 塑料相容，在聚碳酸酯中加入 ABS 能改善其成型工艺性。

塑料的相容性对成型加工操作过程有影响。当改用不同品种的塑料时，应首先确定清洗料筒的方法（一般用清洗法或拆洗法）。如果是相容性塑料，只需要将所要加工的原料直接加入成型设备中清洗即可；如果是不相容塑料，应更换料筒或彻底清洗料筒。

3.1.5.2 热固性塑料成型的工艺性能

热固性塑料同热塑性塑料相比，具有制件尺寸稳定性好、耐热和刚性大等特点，所以在工程上应用十分广泛。热固性塑料的热力学性能明显不同于热塑性塑料，所以，其成型工艺性能也不同于热塑性塑料。其主要的工艺性能指标有收缩率、流动性、水分及挥发物含量、固化速度等。

（1）收缩率

同热塑性塑料一样，热固性塑料也具有因成型加工而引起的尺寸减小。指标收缩率是用直径 ϕ100mm、厚 4mm 的圆片试样来测定。它的计算方法与热塑性塑料收缩率相同。产生收缩的主要原因有以下几点。

① 热收缩　这是因热胀冷缩而引起的尺寸变化。由于塑料是以高分子化合物为基础组成的物质，线膨胀系数比钢材大几倍甚至十几倍，制件从成型加工温度冷却到室温时，就会产生远大于模具尺寸收缩的收缩。这种热收缩所引起的尺寸减小是可逆的。收缩量大小可以用塑料线膨胀系数的大小来判断。

② 结构变化引起的收缩　热固性塑料的成型加工过程是热固性树脂在型腔中进行化学反应的过程，即产生交联结构。分子交联使分子链间距距离缩小，结构紧密，引起体积收缩。这种收缩所引起的体积减小是不可逆的，在进行到一定程度时不会继续产生。

③ 弹性恢复　塑料制件固化后并非刚性体，脱模时成型压力降低，体积会略有膨胀，形成一定的弹性恢复。这种现象会降低收缩率，在成型玻璃纤维和以布质为填料的热固性塑料中，尤为明显。

④ 塑性变形　这主要表现在制件脱模时，成型压力迅速降低，但模壁仍紧压着制件的周围，产生塑性变形。发生变形部分的收缩率比没有发生变形部分的收缩率大，因此，制件往往在平行于加压方向收缩较小，而垂直于加压方向收缩较大。为防止两个方向的收缩率相差过大，可采用迅速脱模的办法补救。

影响热固性塑料收缩率的因素主要有原材料、模具结构、成型方法及成型工艺条件等。塑料中树脂和填料的种类及含量，会直接影响收缩率的大小。当所用树脂在固化反应中放出的低分子挥发物较多时，收缩率较大；放出低分子挥发物较少时，收缩率较小。

在同类塑料中，填料含量多，收缩率小；填料中无机填料比有机填料所得的塑件收缩小，例如以木粉为填料的酚醛塑料的收缩率，比相同数量无机填料（如硅粉）的酚醛塑料收缩率大（前者为 0.6%～1.0%，后者为 0.15%～0.65%）。凡有利于提高成型压力、增大塑料充模流动性、使制件密实的模具结构，均能减少制件的收缩率。例如，用压缩成型工艺模塑的塑件比注射成型工艺模塑的塑件收缩率小。凡能使制件紧密、成型前使低分子挥发物溢出的工艺因素，都能使制件收缩率减少，例如成型前对酚醛塑料的预热、加压等。

（2）流动性

流动性的意义与热塑性塑料流动性类同，但热固性塑料通常是以拉西格流动性来表示的，而不是用熔体指数表示。其测定原理如图 3-1-3 所示，将一定量的被测塑料预压成圆锭，然后将圆锭放入压模中，在一定的温度和压力下，测定它从流料槽 3 中挤出的长度（只计算光滑部分，以 mm 计），即为拉西格流动性，其数值大则流动性好。每一品种塑料的流动性分为 3 个不同的等级，其适用范围见表 3-1-3。

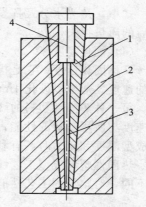

图 3-1-3　拉西格流动性测定模
1—组合凹模；2—模套；3—流料槽；4—加料室

表 3-1-3　热固性塑料流动性等级及应用

流动性等级	适宜成型方法	适宜制件
一级（拉西格流动性值 100～130mm）	压缩成型	形状简单,壁厚一般,无嵌件
二级（拉西格流动性值 131～150mm）	压缩成型	形状中等复杂
三级（拉西格流动性值 151mm 以上）	压缩、传递成型；拉西格值在 200mm 以上，可用于注射成型	形状复杂、薄壁、大件或嵌件较多的塑件

流动性过大容易造成溢料过多，填充不密实，塑件组织疏松，树脂与填料分头聚积，易粘模而使脱模和清理困难，产生早期硬化等缺陷；流动性过小则填充不足，不易成型，成型压力增大。影响热固性塑料流动性的主要因素有以下两点。

① 塑料原料　组成塑料的树脂和填料的性质及配比等对流动性都有影响。树脂分子支链化程度低，流动性好；填料颗粒小，流动性好；加入的润滑剂及水分、挥发物含量高时，流动性好。

② 模具及工艺条件的影响　模具型腔表面光滑，型腔形状简单，采用有利提高型腔压力的模具结构和适当的预热、预压、合适的模温等，都有利于提高热固性塑料的流动性。

（3）水分及挥发物含量

塑料中水分及挥发物的含量主要来自两方面：一是热固性塑料在制造中未除尽的水分或储存过程中由于包装不适当而吸收的水分；二是来自塑料中树脂制造时化学反应的副产物。

适当的水分及挥发物含量在塑料中可起增塑作用，有利于成型，有利于提高充模流动性。例如，在酚醛塑料粉中通常要求水分及挥发物含量为 1.3% 时合适；若过多，则会促使流动性过大，将导致成型周期增长，制件收缩率增大，易发生翘曲、变形，出现裂纹及表面粗糙现象，同时塑件的性能，尤其是电绝缘性能将会有所降低。

水分及挥发物的测定，是采用 (15±0.2)g 的试验用料，在烘箱中于 103～105℃ 干燥 30min 后，测其使用前后质量差求得。计算公式为：

$$X = \frac{G_b}{G_a} \times 100\% \qquad (3\text{-}1\text{-}4)$$

式中，X 为水分及挥发物含量的质量分数；G_a 为塑料干燥前的质量，g；G_b 为塑料干燥后的质量损失，g。

(4) 硬化速度

又称固化速度，它是指热固性塑料在压制标准试样时，在模内变成坚硬而不熔、不溶状态的速度。通常以硬化 1mm 厚试样所用时间来表示，单位为 min/mm。

每一种热固性塑料的硬化速度都是一定的。硬化速度太低，会使塑件成型周期延长；硬化速度与所用塑料的性能、预压、预热、成型温度和压力的选择有关，采用预热、预压、提高成型温度和压力时，有利于提高硬化速度。

热固性塑料成型工艺性能除上述指标外，还有颗粒度、比体积、压片性等。成型工艺条件不同，对塑料的工艺性能要求也不同，可参照有关资料和具体成型要求进行选择确定。

3.2 通用塑料

3.2.1 聚乙烯

聚乙烯是指由乙烯单体自由基聚合而成的聚合物，英文名称为 polyethylene，简称 PE。PE 的合成原料来自石油，因石油资源丰富，其产量自 1965 年以来一直高居榜首。

聚乙烯是一种工业化年代较晚、但发展最快的塑料品种。最早实现工业化的品种为 LDPE，于 1951 年首次实现万吨级工业规模生产。目前，聚乙烯的产量占合成树脂总量的 20% 左右。

聚乙烯的主要应用情况如下：薄膜占 65.5%（其中包装膜占 33.4%、棚地膜占 32.1%）、中空容器占 8.2%、管材 7.9%、单丝及编织袋占 7.1%、电缆料 3.9%、周转箱 3.9%、瓦楞箱 2.1%。

3.2.1.1 结构与性能

(1) 结构

聚乙烯的结构通式可简写为 $\text{+CH}_2\text{—CH+}_n$，由于主链是线型柔性长链，因而聚乙烯是柔性颇优的热塑性聚合物。按它的化学组成和分子链结构，实质上是高分子量的烷属链烃，无极性基团存在，因此分子链间引力较小。聚乙烯分子链的空间排列呈平面锯齿形。由于分子链规整和具有良好的柔性，使分子链可以反复折叠并整齐堆砌排列形成晶体。

红外光谱证明，聚乙烯分子链含有支链，不同聚合方法所得到的聚乙烯所含支链的多少和长短有很大差别。高压聚合法所得聚乙烯分子链上的支链比低压法所得聚乙烯多，中压法聚乙烯最少。支链的存在必然会影响到分子链的折叠和堆砌密度，导致结晶度减小，密度降低；支链的存在也会影响聚合物熔体的流动性，带有支链，尤其是带长支链的分子链比无支链的线状分子缠结性小，使其在分子量相同的条件下熔融黏度较小；支链越多其耐光降解和氧化能力越差。

高压聚乙烯与低压聚乙烯作聚合时分子链中往往会形成双键。双键的存在会影响材料的耐老化性和某些化学性能。此外，高压聚乙烯分子链上还会存在少量羰基与醚键。

聚乙烯的上述结构特点，决定了聚乙烯具有化学上的惰性、良好的韧性和耐低温性、优异的介电与电绝缘性、极优的耐溶剂性等一系列优异性能，但除韧性以外的力学性能不是很高。用不同方法制备的聚乙烯，由于分子链支化程度、分子量分布的不同，分子链中所含双键及其他基团类型与数量的不同，势必使不同类型的聚乙烯在力学性能、热性能和其他性能上存在着差异。

(2) 类型

① 按聚合方式分　乙烯的聚合可以在高压、中压、低压下进行，由此可把聚乙烯分类

成高压聚乙烯、中压聚乙烯和低压聚乙烯。高压聚乙烯的分子结构与中压聚乙烯、低压聚乙烯相比较，其支链数目较多，结晶度和密度都比较低，而中压聚乙烯和低压聚乙烯的分子接近线型结构，结晶度和密度都比较高，因此，通常把高压聚乙烯称为低密度聚乙烯（LDPE）、低结晶度聚乙烯、支链聚乙烯。中压聚乙烯和低压聚乙烯则称为高密度聚乙烯（HDPE）、高结晶度聚乙烯、线型聚乙烯。由于催化技术的发展，由高压法也能制得高密度聚乙烯，而低压法也能制得低密度聚乙烯，而且还生产出一种所谓线型低密度聚乙烯（LLDPE），该产品按密度虽属低密度，但分子结构却为直链状。

② 按密度分　工业上通常按照聚乙烯在 20℃时的密度大小把它分成以下三类：密度 0.910~0.925g/cm³ 为低密度聚乙烯，密度 0.941~0.965g/cm³ 为高密度聚乙烯，介于二者之间为中密度聚乙烯（MDPE）。近年来已有密度低于 0.910g/cm³ 甚至低于 0.900g/cm³ 聚乙烯问世，它们分别称作极低密度聚乙烯和超低密度聚乙烯。

③ 按分子量大小分　聚乙烯按照分子量大小分为以下四类：11 万以下为中分子量聚乙烯；11 万~25 万为高分子量聚乙烯；25 万~150 万为特高分子量聚乙烯；150 万以上为超高分子量聚乙烯。此外，相对分子质量在 1000~12000 之间的聚乙烯为低分子量聚乙烯，其熔点为 110~125℃。低分子量聚乙烯常温下为石蜡状物，强度和韧性都很差，但比石蜡坚韧，具有很好的耐水和耐化学腐蚀性，电性能优良，熔体黏度低，通常用作润滑剂、分散剂、蜡纸涂层等，不能单独用作塑料。

(3) 性能

① 一般性能　PE 树脂为无味、无毒的白色粉末或颗粒，外观呈乳白色，有似蜡的手感，吸水率低，小于 0.01%。PE 的膜透明，并随结晶度提高而下降。PE 膜的透水率低但透气性较大，不适于保鲜包装而适于防潮包装。PE 易燃，氧指数仅为 17.4，燃烧时低烟，有少量熔融落滴，火焰上黄下蓝，有石蜡气味。PE 的耐水性较好。制品表面无极性，难以粘接和印刷，经表面处理才可改善。

② 力学性能　PE 的力学性能一般，其拉伸强度较低，抗蠕变性不好，只有耐冲击性能较好。三种 PE 比较而言，冲击强度 LDPE＞LLDPE＞HDPE，其他力学性能 LDPE＜LLDPE＜HDPE。PE 的力学性能受密度、结晶度和分子量的影响大，随着几种指标的提高，其力学性能增大。PE 的耐环境应力开裂性不好，但随分子量增大而改善。PE 的耐穿刺性好，并以 LLDPE 最好。

③ 热学性能　PE 的耐热性不高，随分子量和结晶度的提高而改善。PE 的耐低温性好，脆化温度一般可达-50℃以下；随分子量的增大，最低可达-140℃。PE 的线膨胀系数大，最高可达 $(20~24) \times 10^{-5} K^{-1}$，在塑料中数较大者，不同品种 PE 的大小顺序为 LDPE＞LLDPE＞HDPE。PE 的热导率属塑料中较高者，不同 PE 的大小顺序为 HDPE＞LLDPE＞LDPE。

④ 电学性能　PE 无极性，因此电性能十分优异。介电损耗很低，且随温度和频率变化极小，可用于高频绝缘。PE 是少数耐电晕性好的塑料品种，介电强度又高，因而可用做高压绝缘材料。

⑤ 环境性能　PE 属烷烃类惰性聚合物，具有良好的化学稳定性。PE 在常温下可耐酸、碱、盐类水溶液的腐蚀，具体有稀硫酸、稀硝酸、任何浓度的盐酸、氢氟酸、磷酸、甲酸及乙酸等，但不耐强氧化剂如发烟硫酸、浓硫酸和铬酸等。PE 在 60℃以下不溶于一般溶剂，但与脂肪烃、芳香烃、卤代烃等长期接触会溶胀或龟裂。温度超过 60℃后，可少量溶于甲苯、乙酸戊酯、三氯乙烯、松节油、矿物油及石蜡中；温度超过 100℃后，可溶于四氢化萘。

因 PE 分子中含有少量双键和醚基，其耐候性不好，日晒、雨淋都引起老化，需加入抗氧剂和光稳定剂改善。PE的具体性能见表3-2-1。

表3-2-1 LDPE、LLDPE、HDPE的具体性能

性　能	LDPE	LLDPE	HDPE
相对密度	0.91~0.93	0.92~0.925	0.92~0.97
吸水率/%	<0.01	<0.01	<0.01
成型收缩率/%	1.5~5.0	1.5~5.5	2.0~5.0
拉伸强度/MPa	7~15	15~25	21~37
断裂伸长率/%	>650	>880	>500
弯曲强度/MPa	34	—	11
压缩强度/MPa	28	—	10
缺口冲击强度/(kJ/m^2)	80~90	>70	40~70
洛氏硬度(R)	45	—	70
热变形温度(1.82MPa)/℃	50	75	78
脆化温度/℃	−80~−55	<−120	<−140~−120
线膨胀系数/($\times 10^{-5}$K^{-1})	20~24	—	12~13
热导率/[W/(m·K)]	0.35	—	0.44
体积电阻率/(Ω·cm)	6×10^{15}	—	6×10^{15}
介电常数(10^{6}Hz)	2.28~2.32	—	2.34~2.38
介电损耗角正切值(10^{6}Hz)	0.0003	—	0.0003
介电强度/(kV/mm)	>20	—	>20
耐电弧/s	115	—	115
氧指数/%	20	—	20

3.2.1.2 加工性能与加工工艺

（1）加工性能

PE的吸水率低，加工前不需要干燥处理。

LDPE、HDPE的流动性好，加工温度低，黏度大小适中，分解温度低，在惰性气体中高达300℃也不分解，是一种加工性能很好的塑料。但LLDPE的黏度稍高，需相应增大电机功率20%~30%；易发生熔体破裂，需增加口模间隙和加入加工助剂；加工温度稍高，可达200~215℃。

PE熔体属非牛顿流体，黏度随温度的变化波动较小，而随剪切速率的增加下降快，并呈线性关系，其中以LLDPE的下降速度最慢。

PE熔体容易氧化，成型加工中应尽可能避免熔体与氧直接接触。

PE制品在冷却过程中容易结晶，因此在加工过程中应注意模温，以控制制品的结晶度，使之具有不同的性能。PE的成型收缩率大，在设计模具时一定要考虑。

在具体选用树脂时，不同PE制品与熔体指数的关系如表3-2-2所示。

表3-2-2 PE的熔体指数与制品种类的关系

用　途	熔体指数/(g/10min)		
	LDPE	LLDPE	HDPE
吹塑薄膜	0.3~8.0	0.3~3.3	0.5~8.0
重包装薄膜	0.1~1.0	0.1~1.6	3.0~6.0
挤出平膜	1.4~2.5	2.5~4.0	—
单丝、扁丝	—	1.0~2.0	0.25~1.2
管材、型材	0.1~5.0	0.2~2.0	0.1~5.0
中空吹塑容器	0.3~0.5	0.3~1.0	0.2~1.5
电缆绝缘层	0.2~0.4	0.4~1.0	0.5~8.0
注塑制品	1.5~50	2.3~50	2.0~20
涂覆	20~200	3.3~11	5.0~10
旋转成型	0.75~20	1.0~25	3.0~20

(2) 加工工艺

聚乙烯可采用多种成型工艺加工，可以注塑、挤出、中空吹塑、薄膜吹塑、薄膜压延、大型中空制品滚塑、发泡成型等，中、高密度聚乙烯还可以热成型。聚乙烯型材可以进行机械加工、焊接等。

① 注塑　LDPE的注塑工艺条件为：注塑温度180~240℃、模具温度50~70℃、注塑压力80~100MPa。

HDPE的注塑工艺条件为：注塑温度180~250℃、模具温度50~70℃、注塑压力80~100MPa。

LLDPE的注塑工艺条件为：注塑温度200~240℃、模具温度50~70℃、注塑压力80~100MPa。

② 挤出　LDPE的挤出温度随制品不同而变化，管材150℃、薄膜163℃、片材177℃、电缆218℃、挤出平膜246℃。

HDPE的挤出条件为温度165~260℃，挤出压力35~140MPa。

3.2.1.3　聚乙烯的改性

聚乙烯有一系列优点，但也有承载能力小、易燃、耐候性差等缺点。除了超高分子量聚乙烯外，一般的高、低密度聚乙烯都存在耐环境应力开裂性差的问题。为了克服这些缺点，对聚乙烯进行改性，其改性品种具体如下。

(1) 线型低密度聚乙烯

线型低密度聚乙烯的熔融温度比一般低密度聚乙烯提高约10~15℃，由于分子链结构和分子量分散性的改变，使材料拉伸强度、伸长率、刚性、冲击韧性、撕裂强度、抗翘曲性、耐热性、耐低温性等比一般低密度聚乙烯皆有明显提高，耐环境应力性也大大改善。作为薄膜材料，在保持同样工作性能的条件下，可以使厚度减小20%~25%。

(2) 交联聚乙烯

聚乙烯可以通过高能照射（辐射交联）或化学方法（化学交联）进行交联，从而使许多性能得到改善。例如在亲水性单体（如丙烯酰胺）存在下进行辐射交联，可以使该单体接枝到聚乙烯上，改善聚乙烯的表面黏附性，从而改善胶接和印刷性能。

(3) 氯化聚乙烯

氯化聚乙烯（PEC）与聚乙烯的性能相比，改善了材料的耐候性、耐油性，进一步提高了耐化学试剂性，也使材料变成阻燃材料，使有限氧指数从原来聚乙烯的17.4提高到30~35。当氯含量较低时，材料的冲击韧性会比原聚乙烯更好些，但耐环境应力开裂性仍不佳。当氯含量大于45%时，耐环境应力开裂性有明显改善。

氯化聚乙烯的主要用途是作为聚氯乙烯的增韧剂，也可以挤出成型耐燃、耐油、耐环境应力开裂的电线、电缆包皮，或用于家具、建材制品制备，还可挤成单丝或抽成纤维（氯纶），制作渔网、筛网等。近年来采用含氯量仅10%左右的氯化聚乙烯制备耐燃薄膜，其抗撕裂性也特别优良。

(4) 氯磺化聚乙烯

氯磺化聚乙烯是白色海绵状弹性固体，具有优良的耐氧、耐臭氧性，因此耐大气老化性比聚乙烯有明显的提高，其耐热性、耐油性、阻燃性比聚乙烯也有明显改善，有限氧指数可提高到30%~36%。氯磺化聚乙烯具有良好的耐磨耗性和抗挠曲性，是优良的橡胶材料。氯磺化聚乙烯的耐化学腐蚀性也优于聚乙烯。由于分子链上含有侧基氯原子和体积较大的氯磺酰基，使分子链柔曲性变差，韧性及耐寒性变差。

作为橡胶材料，氯磺化聚乙烯分子链中无不饱和键，不能用硫黄硫化，但由于氯磺酰基的存在，可以使材料用氧化铅、氧化镁或氧化锌等进行硫化。

氯磺化聚乙烯可用于天然橡胶或合成橡胶的改性，也可直接制作橡胶制品，此外还可作为织物涂层、金属和其他硬质材料涂层。

此外还有其改性品种乙烯-乙酸乙烯酯（EVA）等。

3.2.1.4 聚乙烯的应用

(1) 薄膜类制品

薄膜类制品是 PE 的最主要用途。LDPE 树脂用于膜类制品可占 50% 以上，可用于食品、日用、蔬菜、收缩、自粘、垃圾袋等轻质包装膜及农业用地膜、棚膜、保鲜膜等。HDPE 树脂用于膜类制品可占 10% 以上，因其薄膜强度高，主要用于重包装膜、撕裂膜及背心袋等。LLDPE 树脂用于薄膜类制品的密度比 LDPE 还要大，可占树脂的 70% 以上；LLDPE 膜具有延伸性好、较高的拉伸、耐穿刺、收缩膜、可制成超薄、耐环境应力开裂及低温冲击性好等优点，主要用于包装膜、垃圾袋、保鲜膜、自粘膜及超薄地膜等。

(2) 注塑制品

PE 的加工性好而广泛用于注塑制品，其中 HDPE 占 30% 以上，LDPE 和 LLDPE 各占 10% 以上。主要产品为：日用品如盆、筒、篓、盒等，周转箱、瓦楞箱、暖瓶壳、杯、台灯罩和玩具等。

(3) 中空制品

以 HDPE 树脂为主，可占树脂用量的 20%。其制品具有耐应力开裂性好、耐油性好、耐低温冲击性好等优点，可用于食品油、酒类、汽油及化学试剂等液体的包装，此外还有中空玩具等。

(4) 管材类制品

以 HDPE 树脂为主，主要用于生活给水、煤气输送、农业灌溉、穿线波纹管、液体吸管及圆珠笔芯等；LDPE 管还可用于化妆品、药品、鞋油及牙膏等化学品的包装。

(5) 丝类制品

圆丝用 HDPE 为原料，主要用于编织渔网、缆绳、工业滤网及民用纱窗网等。

扁丝以 HDPE 和 LLDPE 为原料，主要用于编织袋、编织布及撕裂膜等。

(6) 电缆制品

PE 广泛用于中高压电缆的绝缘和护套材料，其中以 LDPE 为主，最高耐压可达 220kV。

(7) 其他制品

HDPE、LLDPE 可用于打包带。LLDPE 可用于型材。

3.2.2 聚丙烯

聚丙烯是由丙烯单体经自由聚合而成的聚合物，英文名称 polypropylene，简称 PP。

PP 的优点为电绝缘性和耐化学腐蚀性优良、力学性能和耐热性在通用热塑性塑料中最高、耐疲劳性好、价格在所有树脂中最低；经过玻璃纤维增强的 PP，具有很高的强度，性能接近工程塑料，常用作工程塑料。PP 的缺点为低温脆性大和耐老化性不好。

PP 的主要应用情况如下：打包带、编织带及撕裂膜占 42%，注塑制品（洗衣机、汽车及衣架）占 18%，薄膜占 11%，丙纶占 12%，香烟过滤嘴占 4%，工业配件占 3%，管材占 2%。

3.2.2.1 结构与性能

(1) 结构

聚丙烯的结构通式可简写为 $-\text{[CH}_2-\text{CH]}-$，是线型链烃聚合物，与聚乙烯在性能上有颇
                    $\quad\quad\quad\quad\quad\quad\quad\quad |$
                    $\quad\quad\quad\quad\quad\quad\quad\text{CH}_3$

多相似处，特别是在电性能和溶解溶胀性方面。但由于聚丙烯的主链骨架碳原子上交替地连接着侧甲基，又使聚丙烯在性能上有很大的改变，具体表现如下。

① 侧甲基的存在使聚丙烯的分子链变得比聚乙烯分子链刚硬，也改变了分子链的对称性，使分子链的规整性降低。分子链变刚会使聚合物玻璃化温度与熔融温度提高，规整性降低又会使玻璃化温度及熔融温度下降，其净结果使二者都有所提高。

② 侧甲基的位阻效应，聚丙烯分子链在空间不能像聚乙烯那样呈平面锯齿形，而是以三个单体单元为一个螺旋周期的螺旋形结构。

③ 侧甲基连接的主链骨架碳原子是叔碳原子，由于甲基的诱导效应变得更活泼，使聚丙烯的化学性质比聚乙烯有很大改变，更容易受氧攻击而氧化，在热和紫外线或其他高能射线作用下更易断链，而不是交联。叔碳原子又是个不对称碳原子，使聚丙烯产生空间异构现象，可以存在三种异构体：等规聚丙烯、间规聚丙烯、无规聚丙烯。

工业上生产的聚丙烯是以上三种异构体的混合物，但以等规异构体占绝对优势，约为90%～95%。等规异构体结构最规整，极易结晶，等规异构体所占比例（等规指数）愈大，聚合物的结晶度愈高，熔融温度和耐热性也增高，弹性模量、硬度、拉伸、弯曲、压缩等强度皆提高，韧性则下降；间规异构体结晶能力较差，具有透明、韧性和柔性，但刚性和硬度只为等规PP的一半，间规PP可像乙丙橡胶那样硫化，得到弹性体的力学性能超过普通橡胶，属于高弹性热塑材料，因价格高，目前间规PP的应用面不广，但很有发展前途；无规异构体是无定形结构，不能用于塑料，常用于改性载体。

聚丙烯在不同的结晶条件下可生成多种结晶形态，其中α晶型是最常出现、热稳定性最好的晶型。

④ 聚丙烯的分子量对它的性能也有影响，但影响规律与其他材料有某些不同。分子量增大除了使熔体黏度增大和冲击韧性提高符合一般规律外，又会使熔融温度、硬度、刚度、屈服强度等降低，其原因是由于高分子量的聚丙烯结晶较困难，分子量增大使结晶度下降引起材料上述各性能下降。

工业用PP的数均分子量为3.8万～6万，重均分子量为22万～70万，习惯上用熔体指数来表示。不同PP制品选用的熔体指数如表3-2-3所示。

表3-2-3 PP制品与熔体指数的关系

制品	熔体指数/(g/10min)	制品	熔体指数/(g/10min)
管、板	0.15～0.85	丝类	1～8
中空吹塑	0.4～1.5	吹塑膜	8～12
双向拉伸膜	1～3	注塑制品	1～15
纤维	15～20		

(2) 性能

① 一般性能　PP树脂为白色蜡状固体，外观似PE，但比PE更透明、更轻，为仅次于聚4-甲基-1-戊烯和聚异质同晶体外的最轻品种。PP易燃，离火继续燃烧，火焰上端黄、下端蓝，有少量黑烟、熔融落滴，有石油气味。PP的吸水性低，气体透过率低。PP的成纤性较好，可用于丙纶的生产。

② 力学性能　PP的力学性能与分子量和结晶度有关，分子量低、结晶度高、球晶尺寸大时，制品的刚性大而韧性低。

PP具有较好的力学性能，其拉伸屈服强度和拉伸强度都超过PE，其拉伸强度还超过PS和ABS，而且经增强和拉伸处理后还可大幅度提高。PP的力学性能受温度的影响比较小，在温度为100℃时，拉伸强度仍能保持一半。

PP的冲击强度依赖于温度的大小，在室温以上PP的冲击性能较好；但在低温时，其冲击性能迅速变差。PP的冲击强度还与分子量、结晶度、结晶尺寸等因素有关。

PP制品的表面硬度和刚性较高，并有良好的表面光泽，但不如PS和ABS高。

PP的干摩擦系数为0.12，与PA接近，但在润滑状态下下降不明显，只适于低PV值和无冲击的齿轮和轴承使用。

PP的耐磨性一般，小于HPVC和PMMA，略高于HDPE。

PP有突出的抗弯曲疲劳性能，用它制成的铰链经7000万次折叠弯曲不损坏。PP的耐蠕变性较好，比HDPE要好，因此经过适当的增强改性处理可用作工程塑料。

③ 热学性能　PP的耐热性能良好，制品可耐100℃热水煮沸，可在100～120℃下长期使用，用于热水管道；不受外力作用时，可在150℃使用不变形。但PP的耐低温性不好，在-5～20℃即脆化，不能用于低温。

PP的线膨胀系数为$(5.8～10.2)\times10^{-5}K^{-1}$，属较大者；热导率为0.12～0.24W/(m·K)，属中等。

④ 电学性能　PP为非极性类聚合物，电绝缘性优良；电性能受湿度、稳定温度和频率的影响小，耐电弧性好，但不耐电晕。因低温脆性影响，PP在绝缘领域应用远不如PE和PVC广泛，主要用于电信电缆的绝缘和电器外壳。

⑤ 环境性能　PP属烷烃类聚合物，具有很高的耐化学腐蚀性。PP可耐除强氧化剂、浓硫酸及浓硝酸等以外的酸、碱、盐及大多数有机溶剂（如醇、酚、醛、酮及大多数羧酸等），但低分子量的脂肪烃、卤烃及芳烃等可使其溶胀，在高温下可熔于芳烃和卤代烃中，如十氢化萘、四氢化萘及1,2,4-三氯代苯等。

PP的耐候性不好，叔碳原子上的氢易氧化，对紫外线很敏感，不改性难以用于户外，需加入抗氧剂和光稳定剂。

PP的耐应力开裂性较好，优于HDPE和PS。除应用在腐蚀性介质中如浓硫酸、浓铬酸及王水中例外。

3.2.2.2　加工性能与加工工艺

（1）加工性能

PP的吸水率低，在水中浸泡一天，吸水率低于0.01%，因此加工前不必干燥处理。

PP的熔体接近非牛顿流体，黏度对温度敏感性小，对剪切速率敏感性较大。

PP属结晶类聚合物，成型收缩率大，一般可达1.6%～2%，对制品的精度影响较大，在具体设计模具和确定工艺条件时要注意。

PP在加工中易产生取向，造成不同方向上的性能差异，在成型中要引起注意。

PP制品对缺口较敏感，制品应避免出现尖角和缺口，以免引起应力集中。

PP在高温下对氧特别敏感，为防止加工中发生热降解，一般在树脂合成时即加入抗氧剂。PP熔体与铜接触会导致降解，应避免与铜接触或加入抗铜剂。

PP制品进行退火处理后，能消除残留的内应力，并改善冲击强度。

（2）加工工艺

PP可用注塑、挤出及吹塑等方法成型加工。

① 注塑　选用通用注塑机，浇口随制品质量增大而加大，原料熔体指数中等（MI为1～4.5）。

具体成型工艺条件为：料筒温度后160～180℃、中180～200℃、前200～220℃，喷嘴200～280℃，模具温度60～80℃，注塑压力40～70MPa，注塑时间20～60s，冷却时间20～60s。

② 挤出　可生产膜、片、管及丝等制品。

挤出机的螺杆加料段长度要比 PE 长，以克服热导率低的缺点。

具体成型条件为：加料段 180℃、其他 250℃，最高达 300℃，冷却条件对制品的透明性和冲击性能影响都很大。

PP 挤出制品可进行拉伸处理，既可单向拉伸也可双向拉伸，拉伸倍率可达 3 倍以上；拉伸后 PP 制品的强度、冲击性、透明性、耐热性、表面光泽和阻隔性都有明显的提高。

3.2.2.3 聚丙烯的改性

聚丙烯改性的目的是为了提高韧性、改善耐寒性、耐候性、染色性、尺寸稳定性，进一步提高力学性能与耐热性能等。聚丙烯改性目前常采用如下几种方法。

(1) 茂金属 PP（m-PP）

m-PP 是以茂金属为催化剂合成具有独特的间规立构规整性的聚丙烯。m-PP 最早于 1988 年合成。与普通 PP 相比，m-PP 的流动性能好、强度高、硬度大、耐热性好及熔点低，透明性、光泽和韧性优异。m-PP 的具体性能如表 3-2-4 所示。

表 3-2-4 m-PP 与 PP 的性能比较

性 能	m-PP	PP	性 能	m-PP	PP
成型收缩率/%	1.9	0.8	断裂伸长率/%	8	16
冲击强度/(kJ/m^2)	5.1	3.2	球压痕硬度	78	58
弯曲模量/MPa	1640	620	屈服应力/MPa	35	28
热变形温度/℃	102	72			

m-PP 的加工可用传统 PP 的加工方法，但料筒温度要比普通 PP 低 30～40℃。

m-PP 主要用于包装薄膜、汽车保险杠注塑件、片材及瓶等。

(2) 共聚 PP（PP-C）

PP-C 为丙烯与乙烯的共聚物，可分为无规共聚物（PP-R）和嵌段共聚物（PP-B）两种。

PP-R 的含乙烯量为 1%～7%，与普通 PP 相比，其结晶度和熔点低、柔软透明、温度低于 0℃ 时仍具有良好的冲击强度，-20℃ 时才达到应用极限，但其硬度、刚性、耐蠕变性等要比普通 PP 低 10%～15%，具体性能如表 3-2-5 所示。主要用于上水管和供暖管。

表 3-2-5 PP、PP-B 和 PP-R 的性能

性 能	PP	PP-B	PP-R
热变形温度/℃	100～110	90	105
脆化温度/℃	-8～8	-25	10～15
悬壁梁冲击强度/(kJ/m^2)	0.01～0.02	0.05～0.1	0.02～0.05
落球冲击强度/(kJ/m^2)	0.05	1.4～1.6	0.1～0.15
拉伸强度/MPa	30～31	23～25	26～28
硬度(R)	90	60～70	80～85

PP-B 的含乙烯量为 5%～20%，它既有较好的刚性，又有好的低温韧性。主要用于大型容器、周转箱、中空吹塑容器、机械零件、电线电缆包覆制品等。

(3) 增强 PP

增强 PP 常用玻璃纤维为增强材料，增强不仅保留了 PP 原有的优良性能，还使拉伸强度、耐热性、刚性、硬度、耐蠕变性、线膨胀系数及成型收缩率等性能明显改善，如可使拉伸强度提高一倍，热变形温度提高 50%，线膨胀系数降低一倍，具体参见表 3-2-6。

表 3-2-6 PP 与增强 PP 的性能

性能	PP	20%GF-PP	30%GF-PP
相对密度	0.9	1.04	1.13
成型收缩率/%	—	0.004	0.003
拉伸强度/MPa	29	52	55
断裂伸长率/%	200~700	2.2	2.1
弯曲强度/MPa	50	98	120
剪切强度/MPa	—	34.5	41.3
压缩强度/MPa	41.3	44.8	48.2
弹性模量/MPa	1378	5768	6201
缺口冲击强度/(kJ/m^2)	—	7	9
洛氏硬度(R)	80~100	107	110
热变形温度(1.82MPa)/℃	102	149	152
线膨胀系数/($\times 10^{-5}$K^{-1})	6~10	2.4	2.4

(4) 填充 PP

PP 的填充材料最为常用，常用的填充材料有碳酸钙、滑石粉、云母及木粉等，填充前需进行偶联剂活化处理，以提高相容性。

填充 PP 在密度、刚性、硬度、热变形温度、耐蠕变性、成型收缩率及线膨胀系数等方面有所改善，但使拉伸强度、冲击强度及断裂伸长率有所下降。表 3-2-7 所示为不同填料对 PP 性能的影响。

表 3-2-7 不同填料对 PP 性能的影响

性能改变幅度	滑石粉%		云母/%	玻璃微珠/%	碳酸钙%	
填料含量	20	40	40	20	40	60
密度	12	25	25	10	25	50
硬度	15	12	10	20	15	15
拉伸强度	0	0	−10	−20	−35	−40
弯曲强度	70	150	150	25	70	150
热变形温度	20	30	40	10	15	15

(5) 共混 PP

共混 PP 主要为改善其低温冲击性能，常用的共混实例如下。

PP/HDPE 共混，提高冲击强度，HDPE 含量 10%~40%，冲击强度可提高 8 倍之多。

PP/EPDM（EPR）共混，改善冲击性能，常协同填料一起加入，以保证刚性；改性效果明显，可用于汽车保险杠和安全帽。

PP/顺丁橡胶，悬臂梁冲击强度可提高 6 倍以上，脆化温变降低 8℃。

PP/PA 共混，改善冲击性、耐磨性及耐热性等。

(6) 氯化 PP

氯化 PP 的阻燃性、硬度、耐磨性、耐酸性、耐热、耐光、耐老化性及粘接性都好于普通 PP，熔点为 100~120℃。氯化 PP 主要用于涂料、薄膜等原料。

3.2.2.4 聚丙烯的应用

(1) 注塑制品

PP 树脂注塑制品可占一半左右，日用品以普通 PP 为原料，汽车配件以增强或增韧 PP 为原料，其他用途以高冲击强度和低脆化温度的 PP-C 原料为主。

汽车配件：汽车、保险杠和轮壳罩等用增韧PP，增强PP用于仪表盘、方向盘、风扇叶、手柄及蓄电池壳等。

日用品：衣架、椅子、桶类、盆类、凳子、书架、浴盆、玩具、文具、办公用品、家具、周转箱及货箱等。

其他用途：电器，如洗衣机桶、电视机壳、电扇叶、电冰箱内衬及电话壳等。

（2）薄膜制品

PP膜可占PP用量的10%左右，其特点为透明性和表面光泽接近玻璃纸，但柔软性不好，手揉有响声；强度高、可用于重包装材料；透氧率仅为HDPE膜的30%，适于防潮包装材料如高级衣物、药品及香烟等包装。

PP膜的耐热性能好，可进行煮沸消毒，用于冷冻和保鲜食品的包装。

PP膜的电绝缘性能好，经过热定型处理的定向薄膜可用于电容器、电机和变压器的绝缘材料，比PET膜要好。

PP双向拉伸膜的强度、透明性及光泽等都好，可用于打字机带、胶带基膜及香烟包装膜等。

（3）纤维制品

PP纤维制品主要包括单丝、扁丝和纤维三类。

PP单丝的密度小、韧性好、耐磨性好，适于生产绳索和渔网等。

PP扁丝拉伸强度高，适于生产编织袋以代替麻袋；PP编织袋具有防潮、高强等特点，可用于包装化肥、水泥、粮食、食糖、矿物粉及化工原料等。PP扁丝还可生产编织布，用于宣传品及防雨布等。

PP纤维广泛用于地毯、毛毯、衣料、蚊帐、人造草坪、人造毛、尿布、滤布、无纺布及窗帘等。

（4）挤出制品

管及管件：为新型应用领域，主要以PP-C为原料；管材可用于上水、排水、供暖及化工腐蚀性介质等，管材与管件用热熔法连接。

片：PP片材以PP/PE共混物为原料，主要用于吸塑制品，具体有水杯、冰淇淋盒、药托、固体酒精及工艺品等。

此外，PP还可用作棒、板等制品，板材可用于生产汽车挡泥板、汽车座椅、马达和泵的壳体、液体储槽等。

（5）中空制品

PP中空制品的透明性和力学性能好，单层瓶主要用作包装洗涤剂、化妆品和药品等，与阻隔材料复合瓶用于食品如酱油、液体燃料和化学试剂等。

3.2.3 聚苯乙烯

聚苯乙烯是指由苯乙烯单体经自由基缩聚反应合成的聚合物，英文名称为polystyrene，简称PS。PS包括通用聚苯乙烯（GPS）、可发性聚苯乙烯（EPS）和茂金属聚苯乙烯（mPS）等。

PS的优点为高透明性、其透光率可达90%以上、电绝缘性好、易着色、加工流动性好、刚性好及耐化学腐蚀性好等。PS的不足之处在于性脆、冲击强度低、易出现应力开裂、耐热性差及不耐沸水等。

PS的主要用途为包装产品（约占50%），还有透明产品（40%）、注塑制品（10%）。

3.2.3.1 结构与性能

（1）结构

聚苯乙烯的结构通式可简写为 ，可看作是聚乙烯分子链上的氢被苯基所取代。苯基的存在使聚苯乙烯具有如下结构特点。

① 分子链较聚乙烯、聚丙烯刚硬，制品易产生内应力。因为苯基体积较大，有较大的位阻效应，使分子链旋转困难，从而使聚合物的玻璃化温度大大提高，玻璃化温度约在90～100℃之间。

② 与苯基连接的主链骨架碳原子是不对称碳原子，故使聚合物分子链存在空间异构现象。由于等规聚苯乙烯可结晶结构，其熔点高，流动困难，难以加工，其性能也很脆，目前尚未在实际中得到应用。间规聚苯乙烯（sPS）为间同结构，是近年来发展的聚苯乙烯新品种，可结晶，熔点达到270℃，性能好，属于工程塑料。一般工业化生产的聚苯乙烯以无规异构体为主，含有少量的间规异构体，分子链中有少量支链，因此只能以无定形存在。

③ 苯基的存在使聚苯乙烯比聚乙烯、聚丙烯化学上都要活泼些，苯环所能进行的特征性反应如氯化、加氢、硝化、磺化等，聚苯乙烯都可以进行。因此，聚苯乙烯的耐化学性不及聚乙烯、聚丙烯等化学上相对惰性的聚合物。

④ 苯基可以使主链骨架上 α-位置上的氢原子活化，在空气中易氧化生成过氧化物，并引起降解，使分子量降低而变脆，并变色老化。

⑤ 由于聚合物是无定形聚合物，它可在许多溶剂中溶解，使耐溶剂性变差。

⑥ 苯基不会使聚苯乙烯产生明显的极性，故具有优异的介电、电绝缘性能。

⑦ 由于苯环是共轭体系，它可将吸收的辐射能在苯环上均匀分配，从而使聚合物耐辐射性较高。

(2) 类型

纯聚苯乙烯一般可分为四种级别。

① 通用级聚苯乙烯　这种级别的聚苯乙烯在耐热性、流动性和冲击性能等各方面都比较一般，即各方面性能都兼备但不突出。

② 高分子量聚苯乙烯　聚苯乙烯的相对分子质量范围通常为5万～20万，当聚苯乙烯的相对分子质量低于5万时，其抗冲击性能较差，随着分子量的提高，其抗冲击性能提高很快，但当相对分子质量超过10万时，其抗冲击性能不再有明显提高，而流动性却变得较差。高分子量聚苯乙烯主要用于要求耐冲击而不降低其透明度的场合。

③ 耐热聚苯乙烯　降低聚合物中残存的挥发性单体，可以提高聚苯乙烯的软化点。例如将残余单体从5%降低到0，则其软化点可以从70℃提高到100℃。通常耐热聚苯乙烯的软化点比通用聚苯乙烯要高7℃左右。

④ 易流动级聚苯乙烯　在低分子量聚苯乙烯中引入内润滑剂（如硬脂酸丁酯或液体石蜡）和外润滑剂（如硬脂酸锌），并且适当地控制粒度的形状和大小，则可以改善聚苯乙烯的流动性，而对其他性能影响较小，只是软化点降低将近10℃。这种材料特别适合模塑薄壁制品和形状复杂的制品。

(3) 性能

① 一般性能　PS为无色透明的粒料，燃烧时发浓烟并带有松节油气味，吹熄可拉长丝；制品质硬似玻璃状，落地或敲打会发出类似金属的声音；能断不能弯，断口处呈现蚌壳色银光。PS的吸水率为0.05%，稍大于PE，但对制品的强度和尺寸稳定性影响不大。

② 光学性能　透明性好是PS最大的特点，透光率可达88%～92%，同PC和PMMA一样属最优秀的透明塑料品种，人称三大透明塑料。PS的折射率为1.59～1.60，但因苯环的存在，其双折射率较大，不能用于高档光学仪器。

③ 力学性能　PS 硬而脆、无延伸性、拉伸至屈服点附近即断裂。PS 的拉伸强度和弯曲在通用热塑性塑料中最高，其拉伸强度可达 60MPa；但冲击强度很小，难以用做工程塑料。PS 的耐磨性差，耐蠕变性一般。PS 的力学性能随温度的影响比较大。

④ 热学性能　PS 的耐热性能不好，热变形温度仅为 0~90℃，只可长期在 60~80℃ 温度范围内使用。PS 的耐低温性也不好，脆化温度为 -30℃。PS 的热导率低，一般为 0.04~0.13W/(m·K)；线膨胀系数较大，为 (6~8)×$10^{-5}$$K^{-1}$，与金属相差悬殊，故制品不易带金属嵌件。

⑤ 电学性能　PS 的电绝缘性优良，且不受温度和湿度的影响，介电损耗角正切值小，可耐适当的电晕放电，耐电弧性好，适于做高频绝缘材料。

⑥ 环境性能　PS 的化学稳定性较好，可耐一般酸、碱、盐、矿物油及低级醇等，但可受许多烃类、酮类及高级脂肪酸等侵蚀，可溶于芳烃（如苯、甲苯、乙苯及苯乙烯等）、氯化烃（如四氯化碳、氯仿、二氯甲烷及氯苯）及酯类等。PS 的耐候性不好，其耐光、氧化性都差，不适于长期户外使用；但 PS 的耐辐射性好。PS 的具体性能见表 3-2-8 所示。

表 3-2-8　PS 的具体性能

性　能	数　据	性　能	数　据
相对密度	1.05	维卡软化点/℃	100
吸水率/%	0.05	长期使用温度/℃	60~75
成型收缩率/%	0.4~0.7	脆化温度/℃	-30
透光率/%	88~92	线膨胀系数/(×$10^{-5}K^{-1}$)	8
折射率	1.59~1.60	热导率/[W/(m·K)]	0.14
拉伸强度/MPa	50	体积电阻率/(Ω·cm)	10^{17}~10^{19}
断裂伸长率/%	2	介电常数(10^6Hz)	2.45~2.65
弯曲强度/MPa	105	介电损耗角正切值(10^6Hz)	(1~2)×10^{-4}
压缩强度/MPa	115	介电强度/(kV/mm)	20~28
弯曲弹性模量/MPa	3200	耐电弧/s	60~135
无缺口冲击强度/(kJ/m^2)	16	氧指数/%	20
洛氏硬度(M)	65~90		

3.2.3.2　加工性能与加工工艺

(1) 加工性能

PS 属无定形树脂，无明显熔点，熔融温度范围比较宽，可在 120~180℃ 之间成为熔体，在 180℃ 后可流动。热稳定性较好，分解温度在 300℃ 以上。

PS 熔体属非牛顿流体，黏度强烈地依赖剪切速率的变化，但温度的影响也比较明显。PS 的流动性十分好，是一种易于加工的塑料。

PS 的吸水率比较低，在加工前一般不需干燥；如有特殊需要时（如要求透明性高）才干燥，具体干燥温度为 70~80℃，时间 1.5h。

PS 在加工中易产生内应力，除选择正确的工艺条件、改进制品设计和合理的模具结构外，还应对制品进行热处理。热处理的条件为在温度 65~85℃ 热风循环干燥箱或热水中处理 1~3h。

PS 成型收缩率比较低，一般仅为 0.4%~0.7%，有利于成型出尺寸精度较高和尺寸较稳定的制品。

(2) 加工工艺

① 注塑　选用普通注塑机即可。具体工艺条件为：成型温度 180~215℃，注塑压力 30~150MPa，模具温度小于 70℃。

② 挤出　可在普通的挤出机上加工，制品有管材、棒材、片材、薄膜和纤维等。成型

后未拉伸时强度低、性脆，拉伸后透明度、光泽、强度和韧性都明显提高。具体的挤出温度为150～200℃。

③ 发泡成型　PS泡沫制品为其树脂的主要用途，常用的成型方法有以下两种。

a. 采用可发性PS树脂为原料。将聚苯乙烯珠粒在加温、加压的条件下，将6%左右的低沸点物质（如正戊烷、石油醚、异戊烷等）渗透到珠粒中，使之溶胀，制成可发性聚苯乙烯（EPS）珠粒。成型时再将其通过蒸汽箱模塑法、挤出或注塑法生产泡沫塑料制品。可发性聚苯乙烯泡沫塑料制品主要用途是作绝缘、冷冻、保温材料和包装时的缓冲防震材料。

b. 用普通PS为原料。采用一步法挤出方法，直接将发泡剂与PS混合好或在挤出熔融段将物理发泡剂注入PS熔体内，挤出发泡、冷却即可。主要产品为仿木型材、片材、仿木板材及发泡网等。

3.2.3.3 聚苯乙烯的改性

由于聚苯乙烯的韧性差，耐热性低，耐化学试剂、耐溶剂性欠佳，因此产生了下述各种改性聚苯乙烯。

(1) 抗冲击性聚苯乙烯

抗冲击性聚苯乙烯缩写为HIPS，称为高抗冲击聚苯乙烯。是用丁苯橡胶或顺式聚丁二烯（顺丁橡胶）对聚苯乙烯改性，可采用共混法和接枝共聚法制备。共混法是将丁苯橡胶或顺丁橡胶与聚苯乙烯混合塑炼所得。由于两相混溶性有一定限度，共混体系中聚苯乙烯相与橡胶相之间的分散不均匀，故所得共混物韧性与聚苯乙烯相比不会大幅度提高，仅有一定改善。而接枝共聚法是将丁苯或顺丁橡胶粉碎为碎粒后溶解到苯乙烯单体中，用过氧化物引发进行共聚而得，接枝共聚所得到的抗冲击聚苯乙烯比聚苯乙烯均聚物的韧性有颇大改善，冲击强度可提高七倍以上。

抗冲击性聚苯乙烯的加工性能良好，其流动性虽比聚苯乙烯有所减小，但优于丙烯酸塑料和绝大部分热塑性工程塑料，与ABS成型性能相近，可以进行注塑、挤出、热成型、旋塑、吹塑、泡沫成型等。

抗冲击聚苯乙烯可用来制备家用电容壳体或部件、电冰箱内衬材料、空调设备零部件、洗衣机缸体、电话听筒、玩具、吸尘器、照明装置、办公用具零部件，也可以与其他材料复合制备多层片状复合包装材料，制备纺织纱管、镜框、文教用品等。

(2) 苯乙烯-丙烯腈共聚物

苯乙烯-丙烯腈共聚物是改性聚苯乙烯的重要品种之一，缩写为AS或SAN，它是以苯乙烯单体为主体，用丙烯腈与之共聚，使之比聚苯乙烯均聚物的若干性能得到改善。

由于苯乙烯-丙烯腈共聚物中分子链上引入了强极性的侧基—CN，使共聚物比聚苯乙烯均聚物在性能上有如下改变：具有良好的耐油脂性和耐烃类溶剂性；提高了软化点；改善了韧性；刚性增大，力学性能提高；模塑收缩率及其波动范围减小；流动性有所降低；吸湿性增大；热稳定性比聚苯乙烯略有降低；电性能变得不及聚苯乙烯。

AS外观呈水白色至微黄色的透明或半透明体，着色后透明性更差。适用于多种方法成型加工，可以注塑、挤出、吹塑、旋转模塑、热成型、泡沫制品成型，但最常采用的是注塑和挤出。

AS的应用扩大了原聚苯乙烯的应用范围，主要应用于制备餐具、杯、盘、牙刷柄等日用品、化妆品、包装容器、仪表面罩、仪表板、收录机及电视机旋钮、标尺、仪表透镜、耐油的机械零件、空调机零部件、照相机及汽车零部件（尾灯罩、仪表壳、仪表盘）、风扇叶片、文教用品、渔具、玩具、灯具等，也可用于制备耐热的强度较高的薄壁管材。

(3) 苯乙烯甲基丙烯酸甲酯共聚物

以苯乙烯单体为主，用甲基丙烯酸甲酯与苯乙烯共聚对聚苯乙烯改性，所得到的嵌段共聚物缩写代号是 MS。

MS 具有以下性能特点。

① 与聚苯乙烯均聚物相比，具有较好的韧性和综合力学性能，拉伸、弯曲等强度均稍高于聚苯乙烯，断裂伸长率增大，韧性有所提高，耐磨性也提高。

② 透光性比聚苯乙烯有所提高，透光率可达到 90%。

③ 比聚苯乙烯具有较好的耐油性、耐候性，耐热性也有所提高，热变形温度接近聚甲基丙烯酸甲酯的水平，最高连续使用温度可达到 93℃。

④ 基本上保持了聚苯乙烯的成型加工流动性（仅略有下降），流动性优于聚甲基丙烯酸甲酯，吸水率也小于聚甲基丙烯酸甲酯。

MS 可以采用注塑、挤出、模压等成型。模压时应制成粉状供料。

MS 的用途与聚苯乙烯相似，此外还可以制造挡风玻璃、光学镜头、汽车透明零件。

(4) ABS 树脂

ABS 树脂是丙烯腈、丁二烯、苯乙烯三元共聚物，也是人们在对聚苯乙烯改性中开发的一种新型塑料材料。由于具有很优异的综合物理力学性能、良好的耐化学性、容易成型加工，价格又便宜，已成为用途极广的一种工程塑料，详细内容见 3.3.1 节。

3.2.3.4 聚苯乙烯的应用

(1) 电器制品

PS 兼有透明性和良好的绝缘性，可用于电视机、录音机及各种电器的配件、壳体及高频电容器等。

(2) 透明制品

PS 具有优异的透明性，可用于一般光学仪器、透明模型、灯罩、仪器罩壳及包装容器等。

(3) 日用品

PS 的着色性和光泽性好，可广泛用于日用品的生产，具体有儿童玩具、装饰板、磁带盒、家具把手、梳子、牙刷把、笔杆及文具等。

(4) 包装材料

PS 泡沫塑料的防震及保温性好，可用于防震包装和隔热材料。包装材料主要用于电器、精密仪表、工艺品、玻璃制品及陶瓷制品等；隔热材料有隔墙板及屋顶夹芯材料等。

3.2.4 聚氯乙烯

聚氯乙烯为由氯乙烯单体经自由基聚合而成的聚合物，英文名称 polyvinyl chloride，简称 PVC。PVC 为最早实现工业化的树脂品种之一，是在 20 世纪 60 年代以前产量最大的树脂品种，只是在 20 世纪 60 年代后期退居第二位。近年来，由于 PVC 合成原料丰富，合成路线的改进，树脂中氯乙烯单体含量的降低，价格低廉，在化学建材等应用领域中的用量日益扩大，其需求量增加很快，地位逐渐加强。

按分子量的大小分可将 PVC 分成通用型和高聚合度型两类。通用型 PVC 的平均聚合度为 500~1500，高聚合度型的平均聚合度大于 1700 以上。我们常用的 PVC 树脂大都为通用型。

PVC 树脂的合成以悬浮法为主，产量可占 80%~85%。其次为乳液法。树脂按形态不同可分为粉状和糊状两种，粉状常用于生产压延、注塑和挤出制品，乳液常用于生产人造革、壁纸、儿童玩具及乳胶手套等。按结构不同可分为紧密型和疏松型两种，其中疏松型呈棉花团状，可大量吸收增塑剂，常用于软制品的生产；紧密型呈乒乓球状，吸收增塑剂能力低，主要用于硬制品的生产。

PVC塑料主要包括硬制品、软制品、糊制品及低发泡泡沫塑料制品等。PVC的突出性能为力学强度高、硬度大、耐化学腐蚀性好、电绝缘性好、印刷和焊接性好、阻燃、价格低及软硬度可调等，常用于代替金属及木材。

3.2.4.1 结构与性能

（1）结构

聚氯乙烯的结构通式可简写为 $\sim\sim CH_2-CH-CH_2-CH\sim\sim$，可以看作是聚乙烯分子链上每
                                                    $|\quad\quad\quad|$
                                                    $Cl\quad\quad Cl$
个单体单元中的一个氢原子交替地被氯原子取代的结果。电负性较强的氯原子作为侧取代基的存在，对聚合物性能产生如下影响。

① 增大了分子链之间的吸引力，同时由于氯原子体积大，有较明显的空间位阻效应，这两个因素都促使分子链变刚硬，使材料玻璃化温度比聚乙烯有大幅度上升，材料的硬度、刚性增大，力学性能提高，但韧性和耐寒性下降。

② C—Cl键是极性键，使材料宏观上表现出明显极性，导致材料电性能比聚乙烯有所降低。

③ 氯原子的存在使材料具有阻燃性。

④ 由于氯原子的吸电子的能力较强，导致与其相连在同一个碳原子上的氢原子缺电子，成为质子。因此聚氯乙烯是质子授予体（电子接受体），这对聚合物的溶解性有颇大影响。

⑤ 两相邻碳原子之间含有氯原子和氢原子，易脱氯化氢，使PVC在光、热作用下易发生降解反应。

⑥ 与氯原子相连的碳原子是不对称碳原子，理论上应存在三种空间异构体。核磁共振分析测得工业化生产的聚氯乙烯约含55%～65%的间规异构体，其余为无规异构体。

试验证明，聚合物分子链中各单体基本上是头-尾连接，存在着一定的支化度，平均每50～60个链节有一个支化点，仅有5%～10%的结晶度，基本上属于无定形聚合物。

（2）性能

① 一般性能 PVC树脂为一种白色或淡黄色的粉末，相对密度为1.35～1.45；其制品的软硬程度可通过加入增塑剂的份数多少调整，制成软硬相差悬殊的制品。纯PVC的吸水率和透气性都很小。

② 力学性能 PVC具有较高的硬度和力学性能，并随分子量的增大而提高，但随温度的升高而下降。PVC中加入增塑剂份数不同，对力学性能影响很大，一般随增塑剂含量增大，力学性能下降；硬质PVC的力学性能好，其弹性模量可达1500～3000MPa；而软质PVC的弹性模量仅为1.5～15MPa，但断裂伸长率高达200%～450%。PVC的耐磨性一般，硬质PVC的静摩擦系数为0.4～0.5，动摩擦系数为0.23。

③ 热学性能 PVC的热稳定性十分差，纯PVC树脂在140℃即开始分解，到180℃迅速加快，而PVC的熔融温度为160℃，因此纯PVC树脂难以用热塑性方法加工。PVC的线膨胀系数较小，具有难燃性，其氧指数高达45%以上。

④ 电学性能 PVC是一种电性能较好的聚合物，但由于其本身极性较大，其电绝缘性不如PE和PP，介电常数、介电损耗角正切值和体积电阻率较大；PVC的电性能受温度和频率的影响较大，本身的耐电晕性又不好，一般只适用于中低压和低频绝缘材料。PVC的电性能与聚合方法有关，悬浮法较乳液法好，还受添加剂的种类影响较大。

⑤ 环境性能　PVC 可耐大多数无机酸（发烟硫酸和浓硝酸除外）、碱、多数有机溶剂（乙醇、汽油和矿物油）和无机盐，适合作化工防腐材料。PVC 在酯、酮、芳烃及卤烃中溶胀或溶解，其中最好的溶剂为四氢呋喃和环己酮。PVC 耐光、氧、热都不好，很容易发生降解，引起 PVC 制品颜色的变化，变化顺序为：白色→粉红色→淡黄色→褐色→红棕色→红黑色→黑色。

PVC 的具体性能如表 3-2-9 所示。

表 3-2-9　不同 PVC 的性能

性　　能	通用软 PVC	电器用软 PVC	硬 PVC
相对密度	1.2～1.6	1.2～1.6	1.4～1.6
吸水率/%	0.25	0.15～0.75	0.07～0.4
成型收缩率/%	1.5～2.5	1.5～2.5	0.6～1.0
拉伸强度/MPa	10.5～20.1	10.5～20.1	45.7
断裂伸长率/%	100～500	100～500	25
弯曲强度/MPa	—	—	100
弯曲模量/MPa	—	—	3000
压缩强度/MPa	8.8	8.8	20.5
缺口冲击强度/(kJ/m^2)	—	—	2.2～10.6
邵氏硬度	50～95(A)	60～95(A)	75～85(D)
长期使用温度/℃	60～70	80～104	80～90
线膨胀系数/($\times 10^{-5}$K^{-1})	7～25	7～25	5～18.5
热导率/[W/(m·K)]	0.15	0.15	0.16
体积电阻率/(Ω·cm)	10^{11}～10^{13}	10^{11}～10^{14}	10^{12}～10^{14}
介电常数/(10^6 Hz)	5～9	4～5	3.2～3.6
介电损耗角正切值/(10^6 Hz)	0.08～0.15	0.08～0.15	0.02
介电强度/(kV/mm)	14.7～29.5	26.5	9.85～35
耐电弧性/s	—	60～80	—

3.2.4.2　加工性能与加工工艺

(1) 加工性能

① PVC 粉末树脂以颗粒状态存在，其中悬浮法树脂的颗粒大小为 50～250μm，乳液法树脂的颗粒大小为 30～70μm；PVC 颗粒又由若干个初级粒子组成，悬浮法树脂的初级粒子大小为 1～2μm，乳液法树脂的初级粒子大小为 0.1～1μm。

PVC 在 160℃以前以颗粒状态存在，在 160℃以后颗粒破碎成初级粒子，在 190℃时初级粒子熔融。

② PVC 的加工稳定性不好，熔融温度（160℃）高于分解温度（140℃），如不进行改性，难以用熔融塑化的方法加工。改性方法一为在其中加入热稳定剂，以提高其分解温度，使其在熔融温度之上；二为在其中加入增塑剂，以降低其熔融温度，使其在分解温度之下。

PVC 用热稳定剂有四类，即铅盐类、有机锡类、金属皂类和稀土类，具体见表 3-2-10。以铅盐类最常用，但不能用于无毒和透明制品；有机锡类稳定效果好，透明、有毒或无毒，因价高限制使用；金属皂类稳定效果一般，分透明、有毒或无毒，很少单用，常复合使用，常用于软制品；稀土类稳定剂为最新品种，具有透明、无毒等优点，大有发展前途。PVC 热稳定剂可用于硬制品和软制品，在硬制品中的用量大于软制品。

PVC 最常用的主增塑剂为邻苯二甲酸酯类，如 DOP、DBP 及 DIDP 等；辅增塑剂为 DOA、DOS、氯化石蜡、环氧大豆油、石油酯及磷酸酯等，具体见表 3-2-11。PVC 增塑剂主要用于软制品，在硬制品中只加入 5 份以下，在软制品中加入 25 份以上。

表 3-2-10 PVC常用的热稳定剂品种

种类	品 种	性 能	应 用
铅盐类	三碱式硫酸铅	热稳定性突出、电绝缘性好、不透明、有毒	硬板、硬管、电缆护套、人造革、注塑制品
	二碱式亚磷酸铅	热稳定性和电绝缘性优良、耐候性好、不透明、有毒	硬质挤出、注塑制品、电缆、人造革
金属皂类	硬脂酸铅	光热稳定性好、润滑性好、不透明、有毒、不单用	不透明软、硬制品
	硬脂酸钡	热稳定性好、润滑性好、毒性低、不单用	软透明制品、硬板、管材
	硬脂酸镉	耐候性好、透明好、润滑性好、有毒、不单用	软透明制品、人造革、硬板、硬管
	硬脂酸钙	长期热稳定性和润滑性好、无毒、不单用	无毒膜、板材、管材、透明制品
	硬脂酸锌	防初期变色、润滑性好、透明好、无毒、不单用	无毒膜、片、人造革、农膜
有机锡类	二月桂酸二丁基锡	稳定性优良、透明、润滑性好	薄膜、管、人造革
	二月桂酸二辛基锡	稳定效果低些、无毒、润滑性好	食品包装容器
	马来酸二丁基锡	稳定性优、透明好	透明、半透明制品

表 3-2-11 PVC常用的增塑剂品种

种类	品 种	性 能	应 用
邻苯二甲酸酯类	邻苯二甲酸二辛酯(DOP)	相容性好、光稳定性好、电绝缘性好、耐低温、低毒	薄膜、板材、电绝缘料
	邻苯二甲酸二丁酯(DBP)	相容性好、柔软性好、价廉、不单用	薄膜、板材、电绝缘料
	邻苯二甲酸二异癸酯(DIDP)	耐热好、电绝缘性好	薄膜、板材、电绝缘料
脂肪族二元酸类	己二酸二辛酯(DOA)	低温性好、相容性差	薄膜、板材、塑料糊
	壬二酸二辛酯(DOZ)	低温性好、相容性差	薄膜、板材、塑料糊
	癸二酸二辛酯(DOS)	低温性好、相容性差	薄膜、板材、塑料糊
环氧酯类	环氧大豆油(ESO)	热稳定性好、挥发性低、无毒	透明制品
	环氧硬脂酸辛酯(ED_3)	光稳定性好、耐低温性好	农用薄膜、塑料糊
含氯类	氯化石蜡(42%)	耐燃、电性能好、价廉,不单用	电缆、板材
磷酸酯类	磷酸三甲苯酯(TCP)	相容性好、阻燃好、低温性差、有毒	板材、电缆、人造革
	磷酸三苯酯(TPP)	相容性好、阻燃性好、耐寒性差	电缆
	磷酸三辛酯(TOP)	相容性好、耐候性好、无毒	薄膜、板材
其他	石油磺酸苯酯(M-50)	辅增塑剂	通用塑料制品

PVC加工温度控制要精确,加工时间要尽可能短。

③ PVC熔体的流动特性不好,熔体强度低,易产生熔体破碎和制品表面粗糙等现象;尤其是PVC硬制品,此现象更突出,必须加入加工助剂,最常用的为ACR。

④ PVC熔体黏附金属倾向大,熔体之间以及熔体与加工设备之间摩擦力大,需加入润滑剂以克服摩擦阻力。按润滑剂与PVC树脂的相容性大小不同,可分为内润滑剂(相容性

大）和外润滑剂（相容性差），具体品种如表 3-2-12 所示。

表 3-2-12 PVC 常用的润滑剂

种类	品种	性能	用途
烃类	液体石蜡	无色、外润滑	挤出制品
	固体石蜡	外润滑,熔点 57~63℃	通用
	聚乙烯蜡	熔点 90~100℃,无毒	通用
金属皂类	硬质酸钡	熔点 200℃,兼热稳定性	通用
	硬质酸铅	熔点 110℃,兼热稳定性,有毒	不透明软、硬制品
	硬质酸锌	熔点 120℃,无毒,透明	无毒透明膜、片
	硬质酸钙	熔点 150℃,无毒	无毒透明制品
脂肪酸	硬质酸	熔点 65℃,无毒	无毒硬制品
酯类	硬脂酸丁酯	熔点 24℃,内润滑,透明	透明硬制品
	硬脂酸单甘油酯	透明、无毒、内润滑	无毒透明制品
脂肪酸酰胺类	硬脂酸酰胺	熔点 100℃,透明好	硬制品
	亚乙基硬脂酸酰胺	熔点 140℃,内润滑	压延制品、透明制品

⑤ PVC 的熔体属非牛顿流体，熔体黏度对剪切速率敏感；所以，对热敏性 PVC 树脂，在加工中要降低黏度，可通过提高螺杆转速来达到目的，尽可能少调温度。

⑥ PVC 在加工前需要干燥处理，具体条件为：温度 110℃，时间 1~1.5h。

⑦ PVC 配方中的组分十分多，要充分混合均匀。一要注意加料顺序，吸油性大的填料要后加，以防吸油；润滑剂最后加，以防影响其他组分的分散；二要控制好混合温度，一般在 110℃左右。

⑧ PVC 遇金属离子会加速降解，加工前要进行磁选，设备不应有铁锈。

（2）加工工艺

PVC 可用挤出、注塑、压延、吹塑、搪塑和滚塑等方法成型。

① 挤出 可用于生产膜、片、板、管、棒、异型材及丝等制品。可选用单螺杆挤出机，但需选用粒料，料筒温度正向设置；常选用锥型异向旋转型双螺杆挤出机，树脂可用粉料，料筒温度反向设置，从加料段到计量段从高到低，利于热能利用和有效排气。

PVC 硬制品的挤出工艺条件为：料筒温度 160~180℃，机头温度 180~200℃，螺杆转速 25r/min。

PVC 软制品的挤出工艺条件为：料筒温度 170~190℃，机头温度 190~210℃，螺杆转速 30r/min。

② 注塑 可用于生产凉鞋、壳体、管件、阀门及泵等制品。注塑的工艺条件为：料筒温度 160~190℃，喷嘴温度高于料筒 10~20℃，注塑压力 90MPa 以上，保压压力 60~80MPa，模具温度 40℃，螺杆转速 20~50r/min。

③ 压延 可用于生产膜、片、板、人造革及壁纸等制品。具体工艺条件为：1 辊温 165℃、2 辊温 170℃、3 辊温 175℃及 4 辊温 170℃。

④ 压制 压制多用于热固性塑料，但热塑性的 PVC 塑料也常用压制成型，主要用于生产鞋底、硬板及周转箱等形状简单的制品。

PVC 压制成型的工艺为：挤出型坯→冷压→成型，一般也称为冷挤压。

⑤ 塑料糊的成型 将 PVC 糊树脂涂于基材上，于 90~200℃下塑化，时间 50~60s，充分熔融后压花、冷却即可。

糊树脂的具体涂覆方法有刮涂法、滚塑法及蘸浸法等。

3.2.4.3 聚氯乙烯的改性

PVC 的改性品种包括高聚合度 PVC、氯化 PVC 及 PVC 合金等。

(1) 高聚合度PVC

高聚合度PVC与普通PVC结构基本相同,不同点在于其分子量大(平均聚合度大于2000)、分子链长、链的规整性及结晶度增加,分子链间的缠绕点增多,具有类似交联的结构。在常温下,高分子量PVC的大分子链间滑移困难,可防止一定的塑性变形,呈现类似橡胶的弹性。与普通PVC相比,PVC的性能如下。

① 具有较强的吸收增塑剂的能力,可与高达150份的增塑剂混合,制成软制品。

② 力学性能优异,拉伸强度和撕裂强度高。

③ 永久压缩变形小,仅为35%～60%,而普通PVC在65%以上;回弹性高,一般可达40%～50%。

④ 制品的硬度可在邵氏硬度(A)40～95范围内任意调整,而且受温度的影响小,可在较宽的范围内使用。

⑤ 优良的耐热、耐寒及耐老化性能。

⑥ 耐磨性好,比普通PVC高2倍。

高聚合度PVC的加工性能差,熔融温度高出普通PVC约10℃以上,熔融黏度大。具体的加工方法有注塑、挤出和压延等。注塑可生产高档鞋、旅游鞋底、凉鞋、密封垫等,挤出可生产耐热和耐寒电缆、耐压管、汽车和冰箱密封条,压延可生产高档人造革、防水膜及土工膜等。

(2) 氯化聚氯乙烯

氯化聚氯乙烯为PVC氯化的产物,简称CPVC。CPVC比PVC的含氯量增大,PVC的含氯量为56.8%,而CPVC的含氯量高达61%～68%。与PVC相比,增强了CPVC的极性,使大分子的主链运动受限制,使耐热性(含氯量60%～70%时连续使用温度可达105℃)、电绝缘性、阻燃性、耐腐蚀性、力学性能(拉伸强度和弯曲强度)等性能提高,但使热稳定性、加工流动性和冲击性能变差。

CPVC可用普通PVC的设备加工,但由于其熔体黏度高,热分解倾向比PVC大,使其加工工艺稍复杂,与物料接触的设备光洁程度要高,并要进行镀铬处理。CPVC可单独加工,也可与CPE、EVA、ABS等共混加工,以改进加工性和制品的脆性。CPVC目前主要用于阻燃和耐热管材。

(3) PVC合金

PVC合金主要是共混弹性体类冲击改性树脂,具体有ACR、CPE、MBS、EVA、ABS、氯丁胶及丁腈胶等,加入量一般为6～10份;其中以ACR和CPE的效果最好、最为常用,而MBS只用于透明制品中。

3.2.4.4 聚氯乙烯的应用

(1) 硬质PVC制品的应用

管材:可用于上水管、下水管、输气管、输液管及穿线管等。

型材:用于门、窗、装饰板、木线、家具及楼梯扶手等。

板材:可分为瓦楞板、密实板和发泡板等,用于壁板、天花板、百叶窗、地板、装饰材料、家具材料及化工防腐储槽等。

片材:用于吸塑制品,如各种包装盒等。

丝类:用于纱窗、蚊帐及绳索等。

瓶类:食品、药品及化妆品等包装材料。

注塑制品:管件、阀门、办公用品罩壳及电器壳体等。

(2) 软质PVC制品的应用

薄膜:农用大棚膜、包装膜、日用装饰膜、雨衣膜及本皮膜等。

电缆：用于中低压绝缘和护套电缆料。
鞋类：鞋底和面材料，具体如雨靴、凉鞋及布鞋底等。
革类：人造革、地板革及壁纸等。
其他：软透明管、唱片及垫片等。

(3) PVC 糊制品的应用

用于各种革类如人造革、地板及壁纸等，乳胶制品如手套、玩具及密封垫等。

3.2.5 聚甲基丙烯酸甲酯

聚甲基丙烯酸甲酯为大分子链上含有甲基丙烯酸甲酯重复结构单元的一类聚合物，俗称"有机玻璃"，英文名称 polymethyl methacrylate，简称 PMMA。

聚甲基丙烯酸甲酯的最大特点为透明性好，透光率达 90%～92%，可与无机玻璃媲美；此外，它的耐候性好、表面硬度高及综合性能优良，主要用于光学透明制品。

聚甲基丙烯酸甲酯的一半用于浇铸和挤出板材，其余用于注塑制品。

3.2.5.1 结构与性能

(1) 结构

聚甲基丙烯酸甲酯的结构通式可简写为 $\text{+CH}_2\text{-C(CH}_3\text{)(COOCH}_3\text{)+}_n$，主链为 C—C 单键构成的线型大分子，结构单元中的 α-碳原子上的非极性侧甲基及极性侧甲酯基对聚合物带来如下的影响。

① 使分子链刚性增强。与聚乙烯相比，聚甲基丙烯酸甲酯的玻璃化温度有大幅度升高，达到 104℃，而聚乙烯的玻璃化温度远低于 0℃，聚丙烯酸甲酯的玻璃化温度约为 0℃。

② 极性侧甲酯基增加了聚合物的分子间作用力，导致其柔性降低而刚性提高，使聚合物的电性能比聚乙烯有所降低。

③ 分子主链上的 α 碳原子是不对称碳原子，聚合物存在空间异构现象。红外光谱分析证明，工业化生产的聚甲基丙烯酸甲酯是三种空间异构体的混合物，以间规、无构异构体为主，仅含少量等规异构体（间规异构体约占 54%，无规异构体 37%，等规异构体 9%），因此聚合物宏观上属于无定形聚合物。如果在 −78℃ 的低温条件下进行聚合，可以得到间规异构体含量达 78% 的产物。采用阴离子型催化聚合亦可得到等规或间规立构为主的产物。

(2) 性能

① 一般性能 聚甲基丙烯酸甲酯是刚性硬质无色透明材料，密度为 1.18～1.19g/cm³，易燃，不自熄。燃烧时可熔融滴落，火焰上白下蓝，有花果臭味。

② 光学性能 聚甲基丙烯酸甲酯的光学性能是其最重要的性能之一，其折射率较小，约 1.49，透光率达 92%，雾度不大于 2%，是优质有机透明材料。有机玻璃的名称主要也来源于其优异的光学性能。聚甲基丙烯酸甲酯的透光率不仅优于其他透明塑料，而且比普通无机玻璃还高 10% 以上，可透过大部分紫外线和部分红外线。红外线的透过率随波长的增加而降低，透过极限为 2600nm。

由于这种材料对光的吸收率很小，根据其全反射临界角特性，可将其制成全反射材料。一般条件下，光只能直射而不能转弯，但在一定角度放一块反光镜，就可以通过反射达到使光"转弯"的目的，聚甲基丙烯酸甲酯自身就有这种反射能力，只要其弯角不超过 47°50′，不管拐几个弯，光都可以从一端传入而至另一端导出，制品表面不露出一丝光的痕迹。若表面刻上线条或花纹时，光又能从这些地方向外反射。利用这一特性，可制成发光图案的装饰品。

③ 力学性能　聚甲基丙烯酸甲酯是一种质轻而坚韧的材料，在常温下具有优良的拉伸强度、弯曲强度及压缩强度，但冲击强度不高，且缺口敏感性较大，未经改性的普通有机玻璃表面易划伤，耐磨性较低，耐热性及抗银纹性能也较差。

④ 电性能　聚甲基丙烯酸甲酯具有良好的电绝缘性，适用于无线电仪表工业的高端绝缘材料，但因其分子具有一定的极性，电绝缘性能不如聚乙烯，同时使其有较高的介电常数，并在远低于 T_g 时仍有相当高的功率因素。

⑤ 热性能　聚甲基丙烯酸甲酯的极限氧指数为 17.3%，热分解气体为甲基丙烯酸甲酯等气体，燃烧产物为 CO 和 CO_2。聚甲基丙烯酸甲酯的长期使用温度不应高于其马丁耐热温度（65℃），短时使用温度不得高于软化点（105℃），热成型温度应略高于软化点，但不应超过 135℃。

⑥ 环境性能　聚甲基丙烯酸甲酯的耐候性好，可长期在户外使用，性能下降很小。但由于分子中酯基的存在使其耐溶剂性一般，只耐碱、稀酸及水溶性无机盐、长链烷烃、油酯、醇类及汽油等；不耐芳烃、氯代烃，具体有四氯化碳、苯、二甲苯、二氯乙烷及氯仿等。

与其他塑料材料相比，聚甲基丙烯酸甲酯具有优良的耐老化性能。

3.2.5.2　加工性能与加工工艺

（1）加工性能

① 聚甲基丙烯酸甲酯含有极性侧甲酯基，加工时易水解，因此成型前需进行干燥处理，使其含水量在 0.02% 以下。干燥条件为：先在 100～110℃ 干燥 4h，再于 70～80℃ 下干燥 2h，料层厚度应小于 30mm。

② 聚甲基丙烯酸甲酯熔体属非假塑性流体，黏度的变化主要受螺杆转速的影响。其熔体的黏度比 PE、PS 等高，对温度的敏感性也比其他热塑性塑料高。

聚甲基丙烯酸甲酯成型温度在 180～230℃，超过 260℃ 以上即分解。因此加工中要严格控制温度，以防过热。

③ 聚甲基丙烯酸甲酯的熔体黏度较大，冷却速率较快，成型中易产生内应力。要得到尺寸精度高的制品，需进行退火处理，处理条件为温度 85℃，缓慢冷却即可。

④ 聚甲基丙烯酸甲酯是无定形聚合物，收缩率及其变化范围都较小，一般约在 0.5%～0.8%，有利于成型出尺寸精度较高的塑件。

⑤ 聚甲基丙烯酸甲酯切削性能很好，其型材可易机加工为各种要求的尺寸。

（2）加工工艺

PMMA 可用聚合物成型和塑化成型两种。

① 聚合成型　主要为浇铸成型，它将液体的 MMA 单体和催化剂一起注入模具中，不同厚度的制品在适当的温度下（一般 40～60℃），保温一定时间，缓慢冷却即可。浇铸成型可用于生产平板、圆棒和圆管等制品。

② 塑化成型　塑化成型有注塑、挤出和热成型等。

注塑的料筒温度为 180～230℃，喷嘴温度为 180～230℃，模具温度为 40～60℃，注塑压力为 110～140MPa，保压压力为 40～60MPa，注塑时间为 1～5s，保压时间为 20～40s，冷却时间为 20～40s。

挤出成型的温度为 210～230℃。

热成型的温度为 100～120℃。

3.2.5.3　聚甲基丙烯酸甲酯的改性

（1）改变 α-取代基

改变甲基丙烯酸甲酯 α-取代基包括两个方面，一是改变其酯基特性，二是将甲基用氟、氯、氰基等取代。

常用的为 α-甲基氟化聚甲基丙烯酸甲酯，它可提高拉伸强度、冲击强度和硬度，透明性不变。其中拉伸强度为 132MPa，冲击强度为 $25kJ/m^2$，布氏硬度为 318MPa。

（2）交联

采用乙二酸二丙烯酯、三聚氰酸三丙烯酯及二乙烯基苯等为交联剂，交联后耐热性、力学性能和表面耐磨性都有提高。

（3）共聚

① 与苯乙烯共聚，流动性好、易加工、成本低，可用于制作假牙。

② 与丙烯酸甲酯共聚，冲击强度和耐磨性高。

③ 与丙烯腈共聚，增大刚性和硬度。

④ 与甲基丙烯酸共聚，热变形温度可达 120~140℃。

3.2.5.4 聚甲基丙烯酸甲酯的应用

聚甲基丙烯酸甲酯作为性能优异的透明材料，广泛应用在以下各方面。

① 照明及采光　常用于灯罩和玻璃，如玻璃用于各种交通工具，如飞机、轮船、汽车上的窗玻璃及挡风玻璃，其他有仪器窗、展示窗、广告橱窗、天花板照明板等。

② 光学仪器　各种光学镜片如眼镜、放大镜及透镜等，信息传播材料如光盘及光纤等。

③ 医学材料　用于牙科材料如牙托、假牙以及假肢材料等。

④ 日用品　各种产品模型、标本及工艺美术品等，各种纽扣、发夹、儿童玩具、笔杆及绘图仪器等。

3.2.6 酚醛塑料

以酚类化合物与醛类化合物经缩聚反应而制成的聚合物称为酚醛树脂，其中以苯酚和甲醛为原料缩聚的酚醛树脂最为常用，英文简称为 PF。以酚醛树脂为主要成分并添加大量其他助剂而制成的制品称为酚醛塑料。酚醛树脂为第一个工业化的合成树脂品种。

酚醛树脂因价格低廉、原料丰富、性能独特而获得迅速发展，其目前产量在塑料中排第六位，在热固性塑料中排第一位，产量占塑料的 5% 左右。

纯酚醛树脂因性脆及机械强度低等缺点，很少单独加工成制品。一般酚醛树脂的制品为在树脂中加入大量填料以进行改性，并以填料的品种不同而具有不同的优异性能，并应用在不同领域。

酚醛树脂常制成模塑料制品、层压制品、泡沫塑料制品、纤维制品、铸造制品及封装材料六种，并以前三种最为常用。

3.2.6.1 酚醛树脂

（1）类型

酚醛树脂为酚类单体和醛类单体在酸性或碱性催化条件下合成的高分子聚合物。酚类单体主要为苯酚，其次为甲酚和二甲酚等；醛类单体主要为甲醛，有时也用糠醛及乙醛。在酚醛两种单体中，酚类具有三个活性点，但常用邻位、对位两个活性点；醛类具有两个活性点。在反应中，如果醛的比例大于酚，则多余的醛会同酚的第三个活性点反应，从而生成体型交联聚合物即热固性树脂；反之，如果醛的比例小于酚，则生成线型聚合物即热塑性树脂。

① 热塑性酚醛树脂　热塑性酚醛树脂又称酸法酚醛树脂，这种树脂为线型结构，且在分子链中不存在或很少存在未反应的羟甲基，故能反复熔化和凝固而不发生进一步的缩聚反应。但树脂的酚环上还存在未反应的活性点，当加入甲醛或能产生甲醛的化合物，如六亚甲基四胺（俗称乌洛托品），并通过加热即可发生固化交联反应，形成三维网状体型结构。

根据酚与醛缩聚反应时的 pH 值的大小，可获得通用型和高邻位两种热塑性酚醛树脂。通用型酚醛树脂是在 pH<3 时获得的，其聚合反应的位置发生在活性较大的酚羟基的对位，因而酚上所留下活性位置是活性大的对位少而活性小的邻位多；这种树脂，在加入固化剂后，其继续进行缩聚反应的速度较慢。高邻位酚醛树脂是在 pH=4~6 时即在弱酸性下获得的，其聚合反应的位置主要发生在酚羟基的邻位，而活性大的酚羟基的对位则被保留下来；这种树脂在加入固化剂后，其继续缩聚反应的速度较快，即能快速固化，适合于注塑法加工。

② 热固性酚醛树脂　热固性酚醛树脂可分为甲、乙、丙三个阶段，甲阶 PF 为线型可溶可熔树脂，乙阶 PF 为少量交联的半可溶可熔树脂，丙阶 PF 为交联体型不溶不熔树脂。一般合成的 PF 树脂大都控制在甲阶或乙阶，以保证在具体加工制品时可以流动，加工中不加固化剂加热即可固化，而处于丙阶的 PF 树脂加工则很困难。

甲阶酚醛树脂通常是在碱性介质（pH=8~11）中，甲醛过量时反应得到的。甲阶酚醛树脂是夹亚甲基的聚酚醇，在它的分子结构中，有两种可相互起反应的官能团，即酚羟基的邻对位和羟甲基，这两种官能团在一定的条件下，可继续进行缩聚反应使酚醛树脂进入乙阶，从而失去可用性，因而通常控制甲阶酚醛树脂的相对分子质量在 1000 以内，一般为 400~800。

(2) 性能

根据不同的用途，采用不同的原料和工艺，可以合成不同类型的酚醛树脂，因而酚醛树脂的性能也是千变万化的，下面就其共性作一简单的论述。

热固性酚醛树脂是红褐色的有毒性和强烈苯酚味的黏稠液体或脆性固体，有时也做成酒精溶液，它们不稳定，在储存过程中缓慢地进行缩聚反应，被加热后即迅速地从甲阶转变到乙阶甚至丙阶，失去用途，它是一种中间产品或半成品，市场上不易购得。

热塑性酚醛树脂一般是淡黄色或微红色的有毒脆性固体，储存稳定，但会逐渐被氧化成深红色，这不影响使用。它可以在 200℃ 以下反复加热，对其性能只稍有影响。

酚醛树脂是非结晶的低分子量聚合物，没有明确的熔点，固体树脂可在一定温度范围内软化或熔化，能溶于酒精、丙酮、苯和甲苯，不溶于矿物油和植物油，因而在制备油漆时必须采用极性小的对叔丁基酚醛树脂、对苯基酚醛树脂或松香改性酚醛树脂。酚醛树脂是极性聚合物，由于酚羟基的存在使其耐酸不耐碱，交联程度不高时碱可以解聚。

酚醛树脂是极性聚合物，因而它固化后的介电常数大，介电损耗角正切高，但它有较高的绝缘电阻和介电强度，所以它仍是一种优良的工频绝缘材料，其耐热等级可达到 B 级（130℃），特殊型号的可达 F 级（155℃）。固化后酚醛树脂的力学性能受许多因素的影响，如原料的结构、配比、合成的工艺和催化剂等，但总体来说，不加添加剂的酚醛树脂固化后较脆，力学性能一般。

3.2.6.2　酚醛树脂的改性

无论热塑性或热固性酚醛树脂，都有许多缺点，如耐热性及抗氧化能力不高、性脆、对玻璃纤维黏附力差、易吸水、高频绝缘性和耐电弧较差等。这些缺点都可通过改性方法克服。

酚醛树脂的具体改性方法如下。

① 封锁酚羟基，可改善其吸水、变色及交联过快的缺点。
② 引入其他组分，包围酚羟基，使之丧失活性，如引入聚乙烯醇缩醛和环氧树脂等。
③ 与多价元素如 Ca、Zn、Mg、Cd 等形成络合物。
④ 用杂原子如 O、S、N、Si 等取代亚甲基键合基团。
⑤ 共混其他高分子聚合物材料。

酚醛树脂的具体改性品种如下。

① 聚乙烯醇缩醛改性酚醛树脂　可以改善酚醛树脂对玻璃纤维的黏合性，克服其脆性，提高玻璃钢制品的力学强度。

② 环氧树脂改性酚醛树脂　改性品种兼有环氧树脂的黏合性和酚醛树脂的耐热性，克服 PF 的脆性。

③ 有机硅改性酚醛树脂　可改进酚醛树脂的脆性、耐热性、耐低温性、冲击强度和韧性，常用于航空结构材料、耐热、绝缘材料及消熔材料等。

④ 硼改性酚醛树脂　用硼酸与苯酚生成硼酸酚酯，再与甲醛反应；可提高耐热性、瞬时耐高温及机械强度等；用于刹车件及耐高温消熔材料，如硼酚醛玻璃纤维复合材料具有极优良的耐高温及烧蚀性，是火箭及导弹等空间技术上的理想烧蚀材料。

⑤ 磷改性酚醛树脂　改性品种具有突出的耐热性和抗火焰性。

⑥ 共混酚醛树脂　具体品种有丁腈橡胶、热塑性弹性体、聚氯乙烯及尼龙等。其他还有苯胺、二甲苯及三聚氰胺改性等。

3.2.6.3 酚醛模塑料

酚醛模塑料又称为酚醛压塑粉，它是以酚醛树脂为基础，加入粉状填料、固化剂及润滑剂等组成。

（1）酚醛模塑料的组成

① 树脂　选用热塑性 PF 或甲阶热固性 PF，大多为固体粉末。加入量为 35%～55%，可起到黏合剂的作用。树脂的性质在一定程度上决定制品的最终性能，如二甲苯改性酚醛树脂具有抗湿热性及优异的电性能，三聚氰胺改性酚醛树脂的抗电弧及抗漏电等性能。

② 填料　起到骨架作用，加入量为 30%～60%。填料的性质影响制品的机械强度、耐热性、电绝缘性和成本的高低。常用的填料有玻璃纤维、石棉、木粉、棉绒、织物碎片、碳酸钙、滑石粉、云母粉及石英粉等。填料视制品的性能要求而选用，如高强度制品选用玻璃纤维和石棉，低收缩率用木粉，电绝缘性用云母，耐热用石棉，耐磨用石墨等。

③ 固化剂　当选用热塑性酚醛树脂时需要加入，常用的有六亚甲基四胺，加入 10%～15%。选用热固性酚醛树脂时，有时也加入 2%～6% 的固化剂。

④ 固化促进剂　其作用为促进树脂的固化，提高制品的耐热性及机械强度，具体为 MgO、$Ca(OH)_2$ 等，加入量为 0.5%～4%。

⑤ 润滑剂　改善加工流动性和黏膜性，并稍提高热稳定性。常用硬脂酸、硬脂酸镁及硬脂酸锌等。

⑥ 增塑剂　改善酚醛树脂的可塑性及流动性，内增塑为水及糠醛等，外增塑为二甲苯及苯乙烯等。

典型的酚醛模塑料配方如表 3-2-13 所示。

表 3-2-13　酚醛模塑料配方

组分	通用级	绝缘级	中抗冲级	高抗冲级
热塑性 PF	100	100	100	100
六亚甲基四胺	12.5	14	12.5	17
氧化镁	3	2	2	2
硬脂酸镁	2	2	2	3.3
对氟蒽黑染料	4	3	3	3
木粉	100	—	—	—
云母	—	120	—	—
织物碎片	—	—	—	150
棉绒	—	—	110	—
石棉	—	40	—	—

(2) 酚醛模塑料的性能

① 力学性能

a. 酚醛模塑料制品的耐蠕变性比热塑性塑料好，尤其是云母和石棉填充的 PF 制品更好。

b. 酚醛模塑料制品尤其是玻璃纤维增强的机械强度对温度的依赖性小。

c. 酚醛树脂及填料都易吸水，产生内应力和翘曲变形，并引起机械强度的下降。

② 电器特性

a. 温度的影响。随温度的升高，酚醛树脂的体积电阻下降；介电强度开始升高，达到 100℃后迅速下降；介电损耗角正切值和介电常数升高。

b. 湿度的影响。当酚醛树脂的吸水性大于 5% 时，电性能迅速下降。

③ 物理性能

a. 收缩率。不同填充材料的酚醛模塑料的收缩率如表 3-2-14 所示。不同成型方法制得的制品收缩率也不同，大小顺序为：注塑＞传递成型＞压制成型。

表 3-2-14 不同填充材料的酚醛模塑料的收缩率

材料	玻璃纤维 PF	石棉＋云母 PF	木粉＋石棉 PF	石棉 PF	木粉、纸粉、布粉 PF	合成纤维 PF
收缩率/%	0.05~0.2	0.2~0.4	0.5~0.6	0.3~0.5	0.6~0.8	1~1.4

b. 线膨胀系数。在塑料中属较小者，一般为 $(2～4.5)\times10^{-5}K^{-1}$。

④ 耐热性酚醛模塑料在热固性塑料中仅次于有机硅塑料（SI），不同填充材料酚醛模塑料的耐热性不同，无机填充为 160℃，有机填充为 140℃，玻璃纤维和石棉填充为 160~180℃。

⑤ 耐腐蚀性不耐酸、碱介质。

典型的酚醛模塑料的各种性能如表 3-2-15 所示。

表 3-2-15 酚醛模塑料的性能

性能	铸塑制品（无填料）	模塑料		
		木粉填充	碎布填充	矿粉填充
相对密度	1.34	1.35~1.4	1.34~1.38	1.9~2.0
拉伸强度/MPa	28~70	35~56	35~56	21~56
弯曲强度/MPa	49~84	56~84	56~84	56~84
剪切强度/MPa	42~56	56~70	70~105	28~105
压缩强度/MPa	70~175	105~245	140~224	140~224
缺口冲击强度/(kJ/m²)	1~3.26	0.54~2.7	1.66~16.6	1.36~8.15
线膨胀系数/($\times10^{-5}K^{-1}$)	3~8	3~6	2~6	2~6
介电常数	4	5~15	5~10	5~10
介电强度/(kV/mm)	8~12	4~12	4~10	4~10
体积电阻率/($\Omega\cdot cm$)	10^{12}~10^{14}	10^9~10^{12}	10^8~10^{10}	10^9~10^{12}

(3) 酚醛模塑料的加工

酚醛模塑料的加工性不好，回收利用困难。早期只能用压制方法成型，后来开发出注塑方法成型，扩大了应用范围。

① 压制成型 温度 150~190℃，压力 10~30MPa。壁厚制品取上限，壁薄制品取下限；形状简单制品取下限，形状复杂制品取上限。

② 注塑 温度控制要精确，绝对防止物料在料筒内固化。进料温度 30~70℃，料筒温度 75~95℃，喷嘴温度 85~100℃，喷出料温为 120~130℃，模具温度 150~220℃（动模比定模高 10~15℃），注塑压力 100~170MPa。

(4) 酚醛模塑料的应用

PF模塑料主要用于电器绝缘件、日用品、汽车电器和仪表零件等，具体产品有电器开关、灯头、电话机外壳、瓶盖、钮扣、手柄、闸刀、电熨斗及电饭锅零件及刹车片等。

(5) 酚醛模塑料的新品种开发

高强度酚醛模塑料为在酚醛模塑料中加入热塑性弹性体，以改善其冲击性能。难燃耐热酚醛模塑料，可耐热200℃以上。浅色酚醛模塑料制品有三聚氰胺改性酚醛模塑料等。

3.2.6.4 酚醛层压制品

(1) 酚醛层压制品简介

酚醛层压制品以热固性甲阶酚醛树脂（为乳液状）为黏合剂，以牛皮纸、棉布、石棉布、玻璃布及绝缘纸等填料为基材，经过加热加压（温度155～180℃、压力5～12MPa）层压处理后固化成为层压板、管材或其他形状的制品。

酚醛层压制品的优点为相对密度小（1.3～1.4）、吸水小、力学性能如拉伸及压缩强度比模塑酚醛制品大、电绝缘性好、热导率低及摩擦系数低，可任意机械加工，布基层压板耐冲击、弯曲性强、抗扭转和可吸收振动力，可用于较大振动零件，如齿轮。

酚醛层压制品主要用于印刷线路板及机械零件等。

(2) 酚醛层压制品过程生产过程

酚醛层压制品可以是不同厚度的平板、管、棒或其他形状简单的模塑品等，现以生产平板为例，介绍层压制品的生产过程。

① 浸胶　先将纸或布在浸胶机上连续通过盛有树脂溶液的浸渍槽，吸取一定量的树脂后进入烘箱，使溶剂挥发，同时使树脂进一步进行缩聚反应。浸胶量由通过浸渍槽的速度来控制，通常控制树脂含量为40%～60%。烘后树脂的缩聚程度应控制在挥发物为3%～6%，缩聚度过低，树脂流动性较大，压制时容易被挤出而流失，同时，挥发物含量大，容易导致制品起泡，严重影响其电绝缘性；缩聚程度若过高，则流动性不足，会导致填料层之间不能被树脂坚固黏合，易剥离分层，因此必须严格控制浸胶操作。

② 热压　将浸渍过树脂并经干燥的纸或布切成略大于制品的尺寸，叠加到一定厚度，放在两块不锈钢衬板之中，送进多层液压机，在温度155～180℃及5～12MPa的压力下进行压制，压制时间根据制品厚度调节，待树脂固化后保持上述压力情况下冷却到50℃以下取出，以免起泡。经过切边修整即得到层压板材。有时还需进行热处理，以消除残留挥发物及内应力，使制品的力学性能和电绝缘性能进一步改善。

(3) 酚醛层压制品的性能、类型及用途

不同基材的酚醛层压制品具有不同的性能，具体如表3-2-16所示。

表3-2-16　不同基材酚醛层压制品的性能

性　　能	铸塑品（无填料）	层　压　制　品		
		纸	布	石棉
相对密度	1.34	1.24～1.38	1.34～1.38	1.6～1.8
拉伸强度/MPa	28～70	40～100	56～140	42～84
弯曲强度/MPa	49～84	70～210	84～210	84～140
剪切强度/MPa	42～56	35～84	35～84	28～56
压缩强度/MPa	70～175	140～280	175～280	140～280
缺口冲击强度/(kJ/m^2)	1～3.26	1.66～8.15	5.44～21.7	2.7～8.25
线膨胀系数/($\times 10^{-5}$K^{-1})	3～8	2～3	2～3	2～3
介电强度/(kV/m)	8～12	10～30	4～20	10～18
介电常数	>4	4～8	—	—
体积电阻率/($\Omega \cdot$cm)	10^{12}～10^{14}	10^{10}～10^{12}	10^{10}～10^{12}	10^{9}～10^{10}
耐热温度/℃	—	100～125	125～135	135～140

① 纸基层压板　对强酸的稳定性不高，不耐碱，但耐矿物油，绝缘耐热 E 级。可用于制造电器绝缘结构零件，如接线板和绝缘垫圈等。

② 布基层压板　与纸制层压板相比，它具有更高的机械强度和耐油性能，常用于垫圈、轴瓦、轴承、皮带轮及无声齿轮等机械零件，以及电话、无线设备和要求不高的绝缘体等。

③ 玻璃布基层压板　与其他层压板相比，它具有耐热性、机械强度、介电性能和化学稳定性好等优点，其马丁耐热温度可达 200℃ 以上，属 B 级绝缘耐热，是重要的电气工业绝缘材料，广泛用于电机、电气及无线电工程中。

④ 石棉布基层压板　优点为耐热性和耐摩擦性突出，因而主要用于刹车片及离合器等耐磨材料，以及要求较高机械强度及耐热的机械零件。

⑤ 超级纤维层压板　用聚酰胺纤维、碳纤维、石墨、晶须等为基材制成的层压制品具有优异的耐热性能，可作为耐烧蚀导弹外壳、宇宙飞船的耐热面层等。

⑥ 层压管　以卷绕的纸、棉布及玻璃布等为基材，以酚醛乳液为黏合剂，经热卷、烘焙而制成，主要用于电器绝缘结构零件。

⑦ 覆铜层压板　在纸或玻璃纤维层压基板的一面或两面覆上铜箔，以赋予其导电性，主要用于印刷电路板。

3.2.6.5　酚醛泡沫塑料

(1) 酚醛泡沫塑料简介

酚醛泡沫塑料具有价格低、耐热好（可耐 150℃、最高达 200℃，而 PS 泡沫为 70℃，PU 为 120℃）、重量轻、绝热性好、刚性大、尺寸稳定性高、难燃、燃烧无滴落、低烟等优点，具体性能见表 3-2-17。以其隔热性为例，从焊枪喷出 3000℃ 火焰对准 PF 泡沫板，2min 后背面无传热迹象。酚醛泡沫塑料缺点为脆性大。

表 3-2-17　酚醛泡沫塑料的性能

性能	数据	性能	数据
相对密度	0.2	拉伸强度/MPa	1.2
压缩强度/MPa	4	冲击强度/(kJ/m^2)	0.2
使用温度/℃	130～150	吸水率/%	0.3
线性收缩率/%	0.5	介电常数(10^{10}Hz)	1.31
热导率/[W/(m·K)]	0.06	介电损耗角正切值(10^{10}Hz)	0.01

酚醛泡沫塑料主要用于耐热和隔热的建筑材料、保存和运输鲜花的亲水性材料和救生材料等。

(2) 酚醛泡沫塑料的组成

① 酚醛树脂　可用热塑性酚醛树脂和热固性甲阶酚醛树脂，具体发泡配方不同。热塑性酚醛泡沫塑料因发泡设备大、效率低、能耗大而少用。热固性酚醛泡沫塑料的聚合为氢氧化钠为催化剂，甲醛/苯酚为 1.4～2.0/1。

② 固化剂　用六亚甲基四胺或酸类如苯磺酸或酚磺酸等。

③ 发泡剂　以物理发泡剂为主，化学发泡剂为辅。具体有二氯甲烷、正戊烷及氟利昂 113、碳酸氢钠、AC 等。以正戊烷为例，其具体配方与密度的关系如表 3-2-18 所示。

表 3-2-18　发泡剂用量与 PF 泡沫密度的关系

相对密度	0.04	0.05	0.06	0.07
甲阶 PF/kg	54	66	81	95
正戊烷/kg	9.4	3.0	1.7	1.3
盐酸-乙二醇(1:1)/kg	5.0	5.8	9.3	10.9

④ 表面活性剂　只在热固性甲阶酚醛液体发泡配方中使用，具体有聚乙烯山梨糖醇酐脂肪酸酯、硅氧烷基环氧杂环共聚物和长链烷基酚的聚环氧烷烃等，用量为2%～4%。

3.2.6.6　其他酚醛塑料制品

(1) 酚醛封装材料

传统的半导体封装材料以环氧树脂为主，但随着对绝缘性和热膨胀的要求越来越高，转而用酚醛改性环氧树脂为封装材料，它具有流动性好、热膨胀性低和吸水性高等优点。

(2) 酚醛纤维材料

选用线型酚醛树脂，纺丝后交联成热固性聚合物，纺丝方法有两种。

① 熔纺法　热塑性酚醛树脂和尼龙6（10%）→熔融混合纺丝→甲醛、盐酸交联处理→水洗→干燥。

② 湿纺法　热固性甲阶酚醛树脂和聚乙烯醇→湿法纺丝→拉伸→水洗→干燥→热固化。

酚醛纤维材料的阻燃性好，氧指数为熔融法36%、湿法28%～30%，在2500℃的火焰中，既不熔化也不燃烧；在烧蚀条件下，具有良好的绝热性能和耐摩擦性能。

酚醛纤维材料可用于如下几方面。

① 防火纤维可用于防火服装、工业防火板及隔热服装等。

② 用于高温密封圈如酚醛纤维与橡胶复合材料，可在180℃以上使用，并可用于排气温度为590～650℃的密封圈上。

③ 刹车片及离合器摩擦片。

④ 酚醛纤维与聚四氟乙烯复合后，用于导向轴承、阀垫等自润滑材料。

(3) 酚醛壳模树脂

酚醛壳模树脂用于铸造工业中的砂型，其中70%的酚醛壳模树脂用于汽车发动机的铸造。

酚醛壳模树脂的组成为树脂、砂、煤油、甲醇、六亚甲基四胺等，树脂用固态、液态都可。

3.2.7　氨基塑料

3.2.7.1　氨基树脂及塑料简介

以含有氨基或酰胺基官能团的化合物如脲、三聚氰胺及苯胺等与醛类化合物如甲醛等缩聚反应制成的一类树脂为氨基树脂，英文名称为 amino formaldehyde reisn，简称AF。氨基树脂在热固性树脂中产量最大。氨基树脂包括脲甲醛（脲醛）树脂（简称UF）、三聚氰胺甲醛（蜜胺）树脂（简称MF）、苯胺甲醛树脂、脲-三聚氰胺甲醛树脂及脲-硫脲甲醛树脂等很多品种，目前应用较多的为脲甲醛树脂和蜜胺树脂两种，其中脲甲醛树脂的产量占80%，蜜胺树脂占15%以上。氨基树脂的最大用途为刨花板和胶合板的黏合剂，其次为涂料和纤维，用于塑料制品仅占10%左右。

在氨基树脂中加入填料等助剂即可制成氨基塑料，它具有力学强度高、电绝缘性好、表面硬度高、耐刮伤、无色透明、可制成色泽鲜艳的制品等优点，广泛用于餐具、日用、建筑、电气绝缘及装饰贴面板等。

脲醛树脂最早于1926年在英国实现工业化生产，三聚氰胺甲醛树脂于1938年在德国实现工业化生产。

3.2.7.2　脲醛树脂及塑料

(1) 脲（甲）醛树脂

脲醛树脂为脲与甲醛在1：（1.5～2）的比例下缩聚反应而成的聚合物。用于制造不同脲醛塑料的树脂不同，用于脲醛泡沫塑料的脲醛树脂，要求聚合度高、水溶液的黏度高，故甲醛用量大；用于模塑粉的脲醛树脂，要求黏度低、聚合度小，故甲醛用量小；层压用脲醛树脂，聚合度和黏度要求介于两者之间。

脲醛树脂的固化一般为在加热130～160℃条件下反应而成，为加快固化速度，可以加入酸类固化剂如草酸、邻苯二甲酸及硫酸锌等。

(2) 脲醛模塑料

脲醛模塑料为重要的氨基塑料品种，日本为最大的海外生产商，我国的上海天山塑料厂、天津树脂厂、长春化工三厂及扬州化工厂等均有生产。

① 脲醛模塑料的组成　脲醛模塑料又称为电玉粉，它由脲醛树脂、固化剂、填料、增塑剂、润滑剂和着色剂等组成。

a. 树脂。起黏合剂作用，选用低聚合度、低黏度的脲醛树脂。

b. 固化剂。起加快固化作用，主要为酸类物质如草酸、邻苯二甲酸、苯甲酸、氨基磺酸胺及磷酸三甲酯等，加入量为0.2%～2%。

c. 填料。目的为改善性能和降低成本，如改善尺寸稳定性、耐热性及刚性等。常用的填料纸浆、木粉、云母、玻璃纤维、纤维素及无机填料等，用量为25%～35%；用量太少，电玉粉流动性大；用量太大，制品表面不光滑，耐水性差。

d. 润滑剂。改善流动性、易于脱模。具体品种为硬脂酸盐及无机酸酯类，如硬脂酸甘油酯、硬脂酸环己酯等，用量为0.1%～1.5%。

e. 稳定剂。其作用为消耗少量分解的固化剂，保证电玉粉的长时间储存。具体品种为六亚甲基四胺及碳酸铵等，加入量为0.2%～2%。

f. 增塑剂。只在高聚合度树脂中加入，目的为改善其流动性和冲击性。常用缩水甘油、α-甲苯基醚等，用量5%～15%。

② 脲醛模塑料的性能　不同品种填料的脲醛模塑料的性能不同，具体见表3-2-19。

表3-2-19　脲醛模塑粉的性能

性能指标	脲醛模塑料		
	加α-纤维素	加木粉	加增塑剂
相对密度	1.48～1.6	1.48～1.6	1.48～1.6
拉伸强度/MPa	52～80	52～80	48～66
断裂伸长率/%	0.6	0.6	0.7～0.8
缺口冲击强度/(kJ/m^2)	1.2～1.4	1.0～1.4	1.0～1.3
无缺口冲击强度/(kJ/m^2)	7～10	7～10	7～10
弯曲强度/MPa	76～117	76～114	93～107
压缩强度/MPa	175～245	—	—
热变形温度/℃	128～138	—	—
介电常数(10^6Hz)	6～7	6～7	6～7
介电强度/(kV/m)	12～16	6～14	8～16
体积电阻率/($\Omega\cdot$cm)	10^{13}～10^{15}	10^{13}～10^{15}	10^{14}～10^{16}

脲醛模塑料制品的色泽鲜艳，光泽如玉，耐油、弱酸及有机溶剂，表面硬度高，无臭无味。

脲醛模塑料的拉伸和冲击性能在0℃左右最好，随温度升高，性能迅速下降；压缩性能和蠕变性能在室温时最好。

脲醛模塑料的电绝缘性能优良，耐电弧性好，可用于低频绝缘；但电性能受温度及湿度的影响较大。

③ 脲醛模塑料的加工　脲醛模塑料可用压制和注塑两种方法成型。一般结构简单的制品用压制法，结构复杂制品用注塑法。

压制的工艺条件为预热温度 70~80℃，模压温度 135~140℃，模压压力 24~25MPa，时间为 1~2min，并视具体壁厚的增大而延长。

注塑工艺条件为料筒温度的后段为 45~55℃、前段为 75~100℃，喷嘴温度为 85~110℃，模具温度为 140~150℃，注塑压力 98~180MPa，保压时间 30s/mm（壁厚）。

④ 脲醛模塑料的应用　脲醛模塑料主要用于色泽鲜艳的日用品、装饰品及低频电绝缘零件，具体如纽扣、瓶盖、餐具、钟壳、发夹、旋钮、电话零件、电器插座、插头、灯座及开关等。

(3) 脲醛层压塑料

脲醛层压塑料的应用不如其他热固性树脂广泛，主要用于桌椅面板、船舱、家具、车厢、图板、音箱及建筑装饰材料。

脲醛层压塑料用树脂为脲醛水溶液，为增强耐水性，常用三聚氰胺改性；填料多为片状的棉织品和玻璃布。层压的工艺条件为温度 150℃，压力为 10~12MPa。

(4) 脲醛泡沫塑料

脲醛泡沫塑料的主要优点为质轻，相对密度仅为 0.01~0.02，不及软木的 1/10；热导率极低，仅为 0.024~0.031W/(m·K)，为软木的一半；此外还具有耐腐蚀性，加入磷酸二氢胺后具有不燃性。脲醛泡沫塑料的主要缺点为对水及水气不稳定，强度低（如压缩强度仅为 0.025~0.05MPa），冲击性差。

脲醛泡沫塑料以机械发泡法为主。

脲醛泡沫塑料的成型方法为：先将发泡液加入鼓泡设备中搅拌 2~3min，产生大量泡沫；在 1~2min 内加入树脂液，搅拌 15~20s 即可。混合液浇铸于模具中，在室温下放置 4~6h，沥去底部水分；在烘房内热处理，第一昼夜温度为 40~50℃，第二昼夜温度为 50℃。

脲醛泡沫塑料主要用于建筑隔声隔热材料，因性脆而常在现场边施工边发泡。

3.2.7.3　三聚氰胺甲醛树脂及塑料

(1) 三聚氰胺甲醛树脂

三聚氰胺甲醛树脂的用量不及脲醛树脂大，仅为其一半左右。三聚氰胺甲醛树脂又称为蜜胺树脂，它为在弱碱条件下，三聚氰胺与甲醛反应的产物。不同用途的 MF 对树脂的要求不同。模塑粉用 MF 树脂的三聚氰胺与甲醛的摩尔比为 1/(2~3)，树脂呈强碱性，以增加储存的稳定性。层压用 MF 树脂两种单体的比例相同，但碱性不如模塑粉用 MF 树脂强，储存期可较短。

三聚氰胺甲醛树脂的固化与脲醛相似，在加热到 130~150℃ 范围内，不加固化剂即可交联固化。

(2) 三聚氰胺甲醛模塑料

三聚氰胺甲醛模塑料又称为蜜胺粉，由弱碱性的蜜胺树脂、α-纤维素、木粉、二氧化硅等无机填料及棉等组成。

三聚氰胺甲醛模塑料具有比脲醛塑料更优异的性能，它吸水性较低（0.15%）、在潮湿和高温条件下绝缘性好，耐电弧性好（180s）表面硬度更高，耐刮刻性好，着色性好，耐热性好，耐果汁及耐油性能好等。

三聚氰胺甲醛模塑料可采用压制和注塑两种方法成型。压制成型的工艺条件为温度为 145~165℃，压力为 25~35MPa。注塑的工艺条件为：料筒前段温度为 90~110℃，后段温度为 60~80℃，模具温度为 170℃。

三聚氰胺甲醛模塑料的最主要用途为制造餐具，可占消费量的一半；此外还可用于日用品如钟表等壳体、餐具把手及电器绝缘材料等。

(3) 三聚氰胺甲醛层压塑料

三聚氰胺甲醛层压塑料的组成为：碱性的 MF 树脂，常用片状如牛皮纸、石棉布、玻璃布及棉布等填料。具体层压条件为：温度 135～145℃，压力 25～35MPa，时间为 1.5～3min。

三聚氰胺甲醛层压塑料的耐水性优异、机械强度高、耐热性和耐磨性都好，并可制成彩色图案的面板，广泛用于车辆、船舶的内壁面板及各种家具面板等装饰板。

3.3　工程塑料

工程塑料是指力学性能和热性能均较好，可在承受机械应力和较为苛刻的化学物理环境中使用，用于代替某些金属作为结构材料而应用的一类树脂。它们通常应用在机械、汽车、电子、电气、航空及航天等领域。工程塑料的拉伸强度一般在 50MPa 以上，弯曲模量在 2GPa 以上，冲击强度在 60J/m 以上。通常将使用量大、可长期在 100℃ 以上温度使用的工程塑料称为通用工程塑料；而将使用量较小、使用温度达 150℃ 以上、有的为 150～250℃ 甚至高达 300℃ 的一类工程塑料称为特种工程塑料。

通用工程塑料包括 ABS、聚酰胺（PA）、聚碳酸酯（PC）、聚甲醛（POM）、改性聚苯醚（MPPO）、热塑性聚酯、玻璃纤维增强聚对苯二甲酸丁二酯（PBT）和玻璃纤维增强聚对苯二甲酸乙二酯（PET）等。其中，2000 年 PA 占 35%、PC 占 25%、POM 占 20%、PBT 占 9%、PET 占 2%、MPPO 占 9%。总的发展趋势为 PC、PBT 和 PET 占有比例逐年上升，PA 相对稳定，而 POM 则萎缩。通用工程塑料的产量远远小于通用热塑性塑料，只占树脂总产量的 5% 左右。

特种工程塑料包括聚砜（PSF）、聚醚砜（PES）、聚苯硫醚（PPS）、聚芳砜（PASF）、聚酰亚胺（PI）、聚酰胺-酰亚胺（PAI）、聚醚酰亚胺（PEI）、聚芳酯（PAR）、聚苯酯、聚醚醚酮（PEEK）、聚醚酮酮（PEKK）、聚醚酮（PEK）、液晶聚合物（LCP）及聚苯并咪唑（PBI）等。

工程塑料的开发比较晚，第一个工程塑料为 PA，是 20 世纪 50 年代由 PA 纤维转化而来；特种工程塑料的开发更晚，只有 30 年的历史。目前，工程塑料的产量还比较小，但其比例正逐年上升。

3.3.1　ABS 塑料

ABS 树脂是丙烯腈（A）、丁二烯（B）、苯乙烯（S）三元共聚物，英文名称 acrylonitrile butadiene styrene，是人们在对聚苯乙烯改性中开发的一种新型塑料材料。由于具有很优异的综合物理力学性能、良好的耐化学性、容易成型加工，价格又便宜，已成为用途极广的一种工程塑料。

工业上生产 ABS 可以采用多种方法，这些方法大体可以归结为两大类：共混法和接枝共聚法。共混法制造的 ABS 质量较差，长期使用易变质起层，所以目前较少采用此法，而大量采用接枝共聚法。

3.3.1.1　结构与性能

(1) 结构

ABS 树脂是丙烯腈、丁二烯、苯乙烯三元共聚物，其结构通式为：

$$\{-(CH_2CH)_a-(CH_2-CH=CH-CH_2)_b-(CH_2-CH)_c-\}_n$$

其分子链中三种单体比例可在较大范围内调节,大致的比例范围是:$a=0.2\sim0.3$,$b=0.05\sim0.4$,$c=0.4\sim0.7$,其中丙烯腈赋予材料良好的刚性、硬度、耐油耐腐、良好的着色性和电镀性;丁二烯赋予材料良好的韧性、耐寒性;苯乙烯赋予材料刚性、硬度、光泽性和良好的加工流动性。改变三组分的比例,可以调节材料性能。

(2) 性能

① 一般性能　ABS 外观上是淡黄色非晶态树脂,不透明,密度与聚苯乙烯基本相同。ABS 具有良好的综合物理力学性能、耐热、耐腐、耐油、耐磨、尺寸稳定、加工性能优良,它具有三种单体所赋予的优点。ABS 的氧指数为 18%~20%,属易燃聚合物,火焰呈黄色,有黑烟,并发出特殊的肉桂味。

② 力学性能　ABS 有优良的力学性能,其冲击强度极好,可以在极低的温度下使用,但是它的冲击性能与树脂中所含橡胶的多少、粒子大小、使用环境等有关。ABS 的耐磨性优良,尺寸稳定性好,又具有耐油性,可用于中等载荷和转速下的轴承。ABS 的抗蠕变性比 PSF 及 PC 差,但比 PA 及 POM 好。ABS 的弯曲强度和压缩强度属塑料中较差的。ABS 的力学性能受温度的影响较大。各种品级的 ABS 的力学性能见表 3-3-1。

表 3-3-1　各种品级的 ABS 的力学性能

性能	品级					
	中冲击级	高冲击级	超高冲击级	高耐热级	电镀级	阻燃级
拉伸强度(屈服点)/MPa	42.8~46.9	35.2~42.8	31.1~34.5	41.1~49.7	40~47.6	40~50.4
拉伸模量(屈服点)/MPa	2346~2622	2070~2346	1518~2070	1794~2415	2277~2898	2208~2622
弯曲强度(屈服点)/MPa	72.5~79.4	58.7~72.5	48.3~58.7	69~86.3	69~86.3	69~84.9
弯曲模量/MPa	2484~2967	1932~2484	1725~1932	2139~2622	2346~2898	2277~2760
悬臂梁缺口冲击强度(24℃)/(kJ/m)	7.5~21.5	21.5~32	32~49	12.3~32	27.7~37.3	12.8~21.3
洛氏硬度(R)	108~118	102~113	90~100	108~111	103~111	97~102

③ 热性能　ABS 的热变形温度在 85~110℃ (1.81MPa),明显高于聚苯乙烯,与 AS 相当,但最高连续使用温度并不高。与某些聚合物(如聚碳酸酯)共混可以提高材料的最高连续使用温度,同时较大提高冲击强度。

ABS 具有良好的耐寒性,共聚型 ABS 的脆化温度可达 -60℃。

各品级的 ABS 热导率约在 0.14~0.35W/(m·K) 之间,线膨胀系数约在 $(2.9\sim13.0)\times10^{-5}K^{-1}$ 之间,比热容约在 1214~1591J/(kg·K) 之间。

ABS 具有可燃性,引燃后可缓慢燃烧。各种品级的 ABS 的热性能见表 3-3-2。

表 3-3-2　各种品级的 ABS 的热性能

性能		品级					
		中冲击级	高冲击级	超高冲击级	高耐热级	电镀级	阻燃级
热变形温度/℃	0.45MPa	93~105	96~102	91~96	102~121	97~103	96
	1.81MPa	102~107	99~107	87~91	94~110	89~98	85~88
线膨胀系数/($10^{-5}K^{-1}$)		7.9~9.9	9.5~10.6	10.4~11	6.7~9.2	6.5~8.1	—
最高连续使用温度/℃		60~75	60~75	60	60~75	60	60~80

④ 电性能　ABS 具有良好的电性能，可以作为要求不很苛刻的电绝缘材料使用，其电性能指标与不同品级中所含几种单体比例以及添加剂品种和数量有关，表 3-3-3 列出了 ABS 塑料电性能指标范围。

表 3-3-3　ABS 塑料电性能指标范围

性　能		数　值	性　能		数　值
介电常数	10^3 Hz	$2.89 \sim 3.5$	介电损耗角正切值	10^3 Hz	$(0.69 \sim 1.5) \times 10^{-2}$
	10^6 Hz	$2.87 \sim 3.2$		10^5 Hz	$(0.83 \sim 3.1) \times 10^{-2}$
体积电阻率/($\Omega \cdot$m)		$(2 \sim 4) \times 10^{13}$	耐电弧性/s		$50 \sim 85$
介电强度/(kV/mm)		$12 \sim 16$			

⑤ 耐化学试剂、耐溶剂性　ABS 具有良好的耐化学试剂性，除了浓的氧化性酸外，对其他各种酸、碱、盐类都比较稳定，与各种食品、药物、香精油长期接触也不会引起什么变化。醇类、烃类对 ABS 无溶解作用，只能在长期接触中使它缓慢溶胀，醛、酮、酯、氯代烃等极性溶剂可以使它溶解或与之形成乳浊液，冰醋酸、植物油可引起应力开裂。

⑥ 耐候性　ABS 分子链中的丁二烯部分含有双键，使它的耐候性较差，在紫外线或热的作用下易氧化降解。特别对于波长不足 350nm 的紫外线部分更敏感。老化破坏的宏观表现是使材料变脆，加入酚类抗氧剂或炭黑可在一定程度上改善老化性能。

3.3.1.2　加工性能与加工工艺

(1) 加工性能

ABS 是无定形聚合物，无明显熔点，熔融流动温度不太高，随所含三种单体比例不同，在 160～190℃ 范围具有良好的流动性，且热稳定性较好，在约高于 285℃ 时才出现分解现象，因此加工温度范围较宽。

ABS 熔体具有较明显的非牛顿性，提高成型压力可以便熔体黏度明显减小，黏度随温度升高也会明显下降。

ABS 吸湿性稍大于聚苯乙烯，吸水率约在 0.2%～0.45% 之间，但由于熔体黏度不太高，故对于要求不高的制品，可以不经干燥，但干燥可使制品具有更好的表面光泽并可改善内在质量。在 80～90℃ 下干燥 2～3h，可以满足各种成型要求。

ABS 具有较小的成型收缩率，收缩率变化最大范围约为 0.3%～0.8%，在多数情况下，其变化小于该范围。

(2) 加工工艺

ABS 可以采用注塑、挤出、真空、中空、压延、电镀等加工方法制造各种制品，其中以注塑应用最为广泛。

① 注塑　注塑可以使用柱塞式注塑机，但更常采用螺杆式注塑机，它更适于形状复杂制品、大型制品成型。表 3-3-4 列出了 ABS 的典型注塑工艺条件。注塑速度对 ABS 的熔体流动性有一定影响，注射速度快，制品表面光洁程度不佳；注塑速度慢，制品表面易出现波纹、熔接痕等现象，因而除了充模有困难的情况下，一般以中、低速为宜。在制品要求表面光泽较高时，模具温度可控制在 60～80℃；对一般制品，可控制在 50～60℃。

表 3-3-4 ABS 的注射成型工艺条件

工艺参数		通用型	高耐热型	阻燃型
料筒温度/℃	后部	180~200	190~200	170~190
	中部	210~230	220~240	200~220
	前部	200~210	200~220	190~200
喷嘴温度/℃		180~190	190~200	180~190
模具温度/℃		50~70	60~85	50~70
注射压力/MPa		70~90	85~120	60~100
螺杆转速/(r/min)		30~60	30~60	20~50

② 挤出　ABS 可以在通用型单螺杆挤出机上挤出管、棒、板等型材，螺杆长径比一般在 18~20 之间，压缩比为 2.5~3.0。表 3-3-5 是 ABS 挤出成型的工艺条件。

表 3-3-5 ABS 挤出成型的工艺条件

工艺参数		管材	棒材
料筒温度/℃	后部	160~165	160~170
	中部	170~175	170~175
	前部	175~180	175~180
口模温度/℃		175~180	150~160
模唇温度/℃		190~195	170~180
螺杆转速/(r/min)		10.5	11~14

③ 电镀　ABS 是少数几种能采用电镀工艺的塑料品种之一。用于电镀的 ABS 是电镀级 ABS。ABS 制品的表面经电镀处理成为金属（铜、铬、镍等）镀层制品，以增加美观。电镀层与 ABS 的黏结力要比其他塑料高 10~100 倍。此项技术有效地改进了塑料制品的各项物理力学性能，例如可增加制品的表面硬度，提高耐热、耐腐蚀、耐老化性能，还可增加耐磨性，减少膨胀系数，消除静电现象等。

制品电镀前应经过消除应力、除油、粗化、敏化、活化等工序，最后才能化学镀和电镀。

粗化的目的是使塑件表面形成亲水层并获得适当的粗糙度，这样才能保证最终的镀层具有良好的附着力。

敏化是使塑件表面吸附一层有还原性的金属离子，以便在随后的活化工序中可以把银离子或钯离子还原成具有催化作用的离子，可以缩短化学镀的诱导期，加快沉积速率并使镀层均匀。

活化是在已敏化的塑件表面再吸附一层金属微粒，作为化学镀的催化中心，为金属沉积播下晶种，是化学镀前的最后一道工序。活化处理是用含有催化活性的金属（Ag、Pd、Pt、Au 等）化合物溶液对敏化后的塑件表面再进行处理。

化学镀是一种使金属离子在含有还原剂的水溶液中被催化还原而连续沉积到塑件表面的过程。一般而言，化学镀得到的镀层较薄，多数情况下是为电镀层提供一个导电层并作为最后电镀层的底层。

电镀是采用直流电源，将已获得化学镀层的塑件浸入所要镀金属的盐类水溶液中，将塑件作为阴极，该金属的金属板作为阳极，通电使盐溶液中的金属离子在塑件上不断沉积，而阳极的金属又不断地溶解补充到盐类水溶液中。

3.3.1.3 ABS的改性

为了提高ABS的耐热性、阻燃性、耐腐蚀性、耐老化性及力学性能等，可以在ABS中掺入其他类聚合物，以形成新的具有卓越性能的ABS合金。在这些合金中，保留了组成合金的各材料的优点，减少了各自的缺点。主要的ABS合金有如下几种。

（1）ABS与聚碳酸酯的合金

ABS与聚碳酸酯的合金，缩写为ABS/PC，这种合金具有优异的韧性，良好的抗热变形性和良好的刚性。该合金的成型方法主要是注塑，它的熔融黏度高于ABS，比ABS加工成型要困难些。该合金可以电镀。

（2）ABS与聚氯乙烯的合金

ABS与聚氯乙烯的合金，缩写为ABS/PVC。这种合金保持了聚氯乙烯良好的阻燃性，其拉伸强度、弯曲强度、热变形温度、耐化学腐蚀性介于ABS与聚氯乙烯之间，冲击韧性可等于或优于ABS或聚氯乙烯，成型加工的稳定性优于聚氯乙烯，稍逊于ABS。这种合金主要采用挤出成型制各种型材。

（3）ABS/SMA合金

ABS/SMA是ABS与苯乙烯-顺丁烯二酐共聚物形成的共聚体，这种共聚体具有与ABS相似的优异综合性能和相似的加工性，但耐热性有较大提高。这种共聚体合金主要采用注塑和挤出成型，也可以采用电镀。

3.3.1.4 ABS塑料的应用

ABS由于具有优良的综合性能，用途十分广泛，主要包括以下各方面。

① 制备机械零件 如齿轮、轴承、水箱外壳、把手、泵叶轮等。

② 制备电机、仪器仪表零部件 例如电机外罩、仪器仪表盘、仪表箱、仪表面板等。

③ 汽车工业方面 制备车前部格栅、加热器、空调器导管、前灯聚光圈、反射镜护罩、车轮装饰罩、扶手、挡泥板等。

④ 家电方面 制备冰箱搁板、搁盘、搁盘架、蒸发器、风扇扇叶、衬里、电视机及收录机前后罩、洗衣机水轮、空调机和吸尘器外壳、电话机听筒、机座等。

⑤ 工业用品 例如蓄电池槽、储槽内衬，排液、排气、排废管道、耐腐蚀管道、集装箱包装容器、纺机及织机零部件、纱锭等。

⑥ 建筑行业 建筑行业中制各种板材、管材、门户面板。

⑦ 家用日用品 家用日用品包括可制备相机、时钟、缝纫机、自行车、轻骑以及家具等的零部件，还包括制备箱包的零件、婴幼用品等。

⑧ 其他方面 可制备计算机、办公机械零部件、娱乐用品、小帆船、体育用品、园艺及草坪修整工具、装置的零部件、喷灌设备零部件等。

3.3.2 聚酰胺

凡大分子链上含有交替出现的酰胺基—NH—CO—的聚合物，称为聚酰胺。它可由二元胺与二元酸的缩聚、由ω-氨基酸的自缩聚或由内酰胺的开环聚合而成，俗称尼龙，英文名称为polyamide或nylon，简称PA。聚酰胺的种类很多，按其主链结构的不同，可分为脂肪族聚酰胺、半芳香族聚酰胺、全芳香族聚酰胺、含杂环芳香族聚酰胺和脂环族聚酰胺等。适于塑料用的聚酰胺主要是脂肪族聚酰胺和少量芳香族聚酰胺，我国主要以PA6、PA66为主，PA1010次之。本节仅介绍脂肪族聚酰胺。

聚酰胺的突出特点为优良的耐磨性、耐摩擦和自润性，较好的力学性能，耐油性优异，气体阻隔性好，耐疲劳性较好。聚酰胺的缺点为吸湿性大、并对力学及电学性能影响大，耐酸性差，在潮湿环境中尺寸变化率大。

聚酰胺目前最大的应用在汽车行业，还可用于包装薄膜、机械、电器、日用品等。

3.3.2.1 结构与性能

(1) 类型

脂肪族聚酰胺分子链由亚甲基（—CH_2—）和酰胺基（—NH—CO—）组成。按单体类型不同，脂肪族聚酰胺又分为 p 型和 mp 型两种类型。

p 型聚酰胺是由 ω-氨基酸的自缩聚或由内酰胺的开环聚合制得的，称为聚酰胺 p，p 代表单体中所含碳原子数。p 型聚酰胺中，酰胺基沿分子链的分布规律为：

$$\sim\sim C-NH(CH_2)_{p-1}C-NH(CH_2)_{p-1}C-NH(CH_2)_{p-1}C-NH\sim\sim$$

在每两个酰胺基之间含有 $p-1$ 个连续的亚甲基。

mp 型聚酰胺是由二元胺与二元羧酸缩聚所得到的，称为聚酰胺 mp，其中 m 代表所用二元胺中所含碳原子数，p 代表所用二元羧酸的碳原子数。mp 型聚酰胺中，酰胺基沿分子链的分布规律为：

$$\sim\sim C(CH_2)_{p-2}C-NH(CH_2)_m NH-C(CH_2)_{p-2}C-NH(CH_2)_m NH\sim\sim$$

在两个亚胺基之间含有 m 个连续的亚甲基，两个酰胺基之间含有 $p-2$ 个亚甲基。

(2) 结构

所有脂肪族聚酰胺分子链都是线型结构，分子链骨架由 C—C 键及 C—N 键组成，使分子链具有良好的柔性，赋予材料良好的冲击韧性。

分子链上有规律地交替排列着极性较强的酰胺基，它使分子之间形成氢键，使分子间作用力增大，因而聚酰胺具有较强的结晶能力和较高的熔点，同时也使其吸水率增大。

由于合成聚酰胺的单体所含亚甲基数不同，使分子链之间所能形成的氢键比例数及氢键沿分子链分布的疏密程度不同，不同聚酰胺的结晶能力和熔点有明显差别。一般而言，无论 p 型还是 mp 型聚酰胺，凡单体中全部含有偶数个亚甲基者，其聚合物分子链上的酰胺基可以 100% 形成氢键；凡单体中全部或其中一种单体含有奇数个亚甲基者，聚合物的酰胺基只能 50% 形成氢键。因此，分子链上的酰胺基间形成的氢键比例愈大，材料的结晶能力就愈强，熔点愈高。

由于脂肪族聚酰胺分子链是柔性良好的分子链，再加之其分子量都不太高（一般不超过 3 万～4 万），因此其熔融状态的黏度都很低，在塑料中很突出。

聚酰胺的结晶度可达 50%～60%，其晶体有 α、β、γ 等晶型。

(3) 性能

① 一般性能　聚酰胺的外观为透明或不透明乳白或淡黄的粒料，表观角质、坚硬，制品表面有光泽。聚酰胺的吸水率比较大，酰胺基的比例越大，吸水率越高，聚酰胺属于自熄性塑料，燃烧时烧焦有羊毛或指甲味。

② 力学性能　聚酰胺在室温下的拉伸强度和冲击强度都较高，但冲击强度不如 PC 和 POM 高；随温度和湿度的升高，拉伸强度急剧下降，而冲击强度则明显提高。玻璃纤维增强 PA 的强度受温度和湿度的影响小。聚酰胺的耐疲劳性较好，仅次于 POM，进行玻璃纤维增强处理后可还提高 50% 左右。

PA 的抗蠕变性较差，不适于制造精密的受力制品，但玻璃纤维增强后可改善。

PA 的耐摩擦性和耐磨损性优良，是一种常用的耐磨性塑料品种。其中，摩擦系数不同品种相差不大，无油润滑摩擦系数仅为 0.1～0.3；耐磨性以 PA1010 最佳。聚酰胺中加入二硫化钼、石墨、PTFE 及 PE 等可进一步改进摩擦性和耐磨性。

③ **热学性能** 聚酰胺的热变形温度都不高,一般在 50~75℃,用玻璃纤维增强后可提高四倍以上,高达 200℃。PA 的热导率很小,仅为 0.16~0.4W/(m·K)。聚酰胺的线膨胀系数较大,并随结晶度增大而下降。低结晶 PA610 的线膨胀系数高达 $13 \times 10^{-5} K^{-1}$,PA11 的线膨胀系数可达 $12.5 \times 10^{-5} K^{-1}$。

④ **电学性能** 聚酰胺在低温和低湿条件下为极好的绝缘材料,但绝缘性能随温度和湿度的升高而急剧恶化;并以分子中含酰胺基比例大者最敏感,如 PA6 敏感性最大而 PA12 最小。

⑤ **环境性能** 聚酰胺耐化学稳定性优良,可耐大部分有机溶剂,如醇、芳烃、酯及酮等,尤其是耐油性突出。但聚酰胺的耐酸、碱及盐性不好,可导致溶胀,危害最大的无机盐为氯化锌;聚酰胺可溶于甲酸及酚类化合物。

聚酰胺的耐光性不好,在阳光下很快强度迅速下降并变脆;因此,不可用于户外。

3.3.2.2 加工性能与加工工艺

(1) 加工性能

PA 的吸水率比较大,加工前必须干燥,使含水量小于 0.1%;另外,聚酰胺对氧敏感,高温上易氧化降解,为此常采用真空干燥,干燥条件为温度 100~110℃,时间为 10~12h。

聚酰胺有明显的熔点,且熔点高,熔程较窄,因此加工温度较高。PA6 为 220~300℃、PA66 为 260~320℃、PA610 为 220~300℃、PA12 为 185~300℃。

聚酰胺的熔体黏度低,熔体的流动性好,其流体特性接近牛顿流体,对温度的敏感性较大;注塑中会有流延现象,需采用自锁式喷嘴防止流延。

聚酰胺高温下易氧化降解,超过 300℃就会分解。在满足成型工艺的前提下,应避免采用过高的熔体温度,亦应避免在料筒内滞留过长时间。

聚酰胺成型时有结晶产生,成型收缩较大;结晶度高低受加工条件的影响较大。

聚酰胺制品成型后需进行调湿处理,以降低吸水对性能的影响,提高尺寸稳定性。调湿处理的条件为在水、熔化石蜡、矿物油或聚乙二醇中进行,温度高于使用温度 10~20℃,时间 30~60min。

聚酰胺在加工中易产生内应力,应进行退火处理;具体条件为缓慢升温到 160~190℃,停留 15min 后,缓慢冷却即可。

(2) 加工工艺

聚酰胺可用注塑、挤出及吹塑等方法成型。

① **注射成型** 聚酰胺的黏度低、易流动,应用自锁喷嘴,模具要考虑排气。具体的注塑工艺条件为:料筒温度 160~280℃,喷嘴温度 180~260℃,模具温度 40~60℃,注塑压力 70~130MPa。

② **挤出成型** 选用排气式挤出机,L/D (18~22)/1,压缩比 3.2~4.1。挤出的工艺条件为:料筒温度 200~280℃,机头温度 210~250℃,口模温度 200~210℃,挤出压力 3.5MPa,螺杆转速 60r/min。

3.3.2.3 聚酰胺的改性

主要包括增强聚酰胺和聚酰胺合金两类。

(1) 增强聚酰胺

增强 PA 主要用玻璃纤维为增强材料,玻璃纤维含量大于 30% 后的力学性能、硬度、蠕变性、尺寸稳定性和耐热性能都有明显的提高,具体参见表 3-3-6。

表 3-3-6　30%玻璃纤维增强聚酰胺的性能

性　　能	PA6		PA66		PA610		PA12		PA11	
	未增强	增强	未增强	增强	未增强	增强	未增强	增强	未增强	增强
相对密度	1.13	1.37	1.14	1.38	1.08	1.23	1.01	1.23	1.04	1.24
拉伸强度/MPa	79	110	83	189	60	143	59	122	50	98
断裂伸长率/%	70	3	60	3	85	1.9	280	3~4	230	3~4
弯曲强度/MPa	120	210	130	262	95	161	62	159	50	140
弯曲模量/MPa	2870	6100	3000	9100	1850	5950	1100	6150	1100	5950
冲击强度/(J/m)	33	76	39	102	55	180	—	—	50	120
热变形温度/℃	66	190	60	248	54	216	50	—	55	168

（2）聚酰胺合金

聚酰胺合金的种类很多，技术成熟，常见如下几种。

① 聚酰胺/聚烯烃（PO）　此合金可提高聚酰胺在干态及低温条件下的冲击强度1.5~3倍，降低吸水率300%。相容剂用聚烯烃的不饱合酸接枝物。

② 聚酰胺/ABS　此合金可提高聚酰胺的韧性、刚性、硬度及耐电弧性。ABS的含量在15%~20%范围内时的冲击强度提高幅度最大。

③ 聚酰胺/苯乙烯-N-苯基马来酰亚胺　此合金主要提高聚酰胺的耐热温度，一般可提高到110℃。此外还可提高冲击性能、耐化学药品性等。

3.3.2.4　聚酰胺的应用

聚酰胺应用范围较广，主要应用在以下各方面。

① 机械设备　例如轴承、轴瓦、小模量齿轮、蜗轮、密封垫、活塞环、泵叶轮、螺栓、螺母、连接件、水压机的立柱导套、阀座、风扇叶片等。

② 汽车工业　主要采用玻纤增强聚酰胺，可用在皮带轮、吸附罐、散热器箱体、刮水器、油泵齿轮等。

③ 电子电气　各种线圈骨架、机罩、集成线路板、旋钮、电视机调谐零件、电气线圈。

④ 化工设备　耐腐耐油管道、输油管、储油容器、过滤器。

⑤ 其他　建筑与民用窗、门、窗帘导轨、滑轮、自动门横栏、安全帽、绳索、打字机框架。PA11和PA12的双轴拉伸薄膜还用在食品包装上。

3.3.3　聚甲醛

聚甲醛是指大分子链中含有氧化亚甲基重复结构单元的一类聚合物，学名为聚氧化亚甲基，英文名称polyacetal或polyoxymethylene，简称POM。聚甲醛为第三大通用工程塑料。

聚甲醛按结构不同可分为均聚甲醛和共聚甲醛两种。均聚甲醛、共聚甲醛由于结构不同，在具体性能上也存在一定的差异，如均聚甲醛的密度、结晶度和力学性能稍高一些，而共聚甲醛的热稳定性、化学稳定性及加工性较好，共聚甲醛的用途较均聚甲醛广泛。

聚甲醛的突出性能为：力学性能和刚性好并接近金属材料，是替代铜、铸锌、钢、铝等金属材料的理想材料；耐疲劳性和耐蠕变性极好；耐磨损、自润滑性和摩擦性好，与超高分子量聚乙烯（UHMWPE）、聚酰胺（PA）、聚四氟乙烯（PTFE）一起称为四大耐磨塑料材料；热稳定性和化学稳定性高，电绝缘性优良。

聚甲醛的缺点为密度大，耐酸及耐燃性不好，后收缩大且不稳定，尺寸稳定性差，耐候性不高。

聚甲醛广泛用于电子/电器、机械、汽车、仪器/仪表、建筑和日用品等领域。不同地区的侧重点不同，日本40%用于电子/电器、27%用于汽车、14%用于机械，美国45%用于机械、电子/电器17.5%、汽车14.2%，西欧地区39%用于汽车、16%用于电子/电器。

3.3.3.1 结构与性能

(1) 结构

均聚甲醛以甲醛或三聚甲醛为原料合成，其结构式为：$-OCH_2O(CH_2O)_nCH_2O-$；共聚 POM 以三聚甲醛和 2%～5% 的二氧五环两种原料合成，其结构式为：$(CH_2O)_x CH_2OCH_2CH_2O)_y$，由于两者的端基均不稳定，均在合成后进行了处理以提高其耐热性。

聚甲醛为线型聚合物，结构规整、对称、分子间作用力大，属高结晶度聚合物。由于共聚甲醛的分子链含有少量 C—C 键，其规整性略低于均聚甲醛，因此结晶度由均聚甲醛的 75%～85% 下降为 70%～75%，其密度、力学性能均略低于均聚甲醛。

聚甲醛的分子链上含有大量 C—O 键，由于 C—O 键较 C—C 键的键长短，且 C 与 O 原子不是平面曲折构型而是螺旋构型，所以分子链间距离小、密度大（$>1.4g/cm^3$）。

高密度和高结晶度是聚甲醛具有优良性能的主要原因。

聚甲醛端基中含有半缩醛结构，因而热稳定性差，虽然共聚甲醛在若干个 C—O 键中分布着少量的较稳定的 C—C 键，其耐热稳定性和耐化学稳定性都好于均聚甲醛，但加工和应用时应充分重视其热稳定性和热氧稳定性差的缺点。

两种聚甲醛结构上虽有差异，但是由于共聚甲醛分子链中 C—C 键所占的比例甚小（2%～5%），所以两种聚甲醛的性能及特性基本上还是相近的。

(2) 性能

① 一般性能　聚甲醛的外观为淡黄色或白色半透明或不透明的粉料或粒料，硬而质密、与象牙相似，制品表面光滑并有光泽，成型收缩率高达 3.5%。聚甲醛易燃，其氧指数仅为 14%～16%，火焰上端为黄色、下端为蓝色，熔融落滴，有刺激性甲醛味和鱼腥味。聚甲醛的透气性小，仅为聚乙烯的几分之一。

② 力学性能　聚甲醛的力学性能优异，比强度达 50.5MPa，比刚度达 2650MPa，与金属十分接近。聚甲醛的力学性能随温度变化小，共聚甲醛比均聚甲醛稍大一点。聚甲醛的冲击强度较高，但常规冲击不及 ABS 和聚碳酸酯；聚甲醛对缺口敏感，有缺口可使冲击强度下降 90% 以上。聚甲醛的耐疲劳性十分突出，疲劳强度可达 35MPa，而聚酰胺和聚碳酸酯仅为 28MPa。聚甲醛的耐蠕变性与聚酰胺相似，在 20℃、21MPa、3000h 时仅为 2.3%，而且受温度影响小。聚甲醛的摩擦系数小，耐磨性好（POM>PA66>PA6>ABS>HPVC>PS>PC），极限 PV 值很大，自润滑性好，适于受力摩擦制品如齿轮和轴承的生产。

③ 热学性能　聚甲醛的热分解温度较低（$T_d=230\sim245℃$），属热敏性塑料；但是聚甲醛的热变形温度却比较高，在 0.46MPa 载荷下均聚甲醛和共聚甲醛的热变形温度可达 170℃ 和 158℃；聚甲醛的长期耐热性不高，但短期可耐 160℃，其中均聚甲醛短期耐热比共聚甲醛高 10℃ 以上，但长期耐热共聚甲醛反而高 10℃ 左右。

④ 电学性能　聚甲醛的电绝缘性较好，几乎不受温度和湿度的影响；介电常数和介电损耗角正切值在很宽的温度、湿度和频率范围内变化很小；耐电弧性极好，并可在高温下保持。聚甲醛的介电强度与厚度有关，厚度越薄，耐电压性越强（厚度 0.127mm 时为 82.7kV/mm，厚度为 1.88mm 时为 23.6kV/mm）。

⑤ 环境性能　聚甲醛不耐强酸和氧化剂，对稀酸及弱酸有一定的稳定性。聚甲醛的耐溶剂性良好，可耐烃类、醇类、醛类、醚类、汽油、润滑油及弱碱等，并可在高温下保持相当的化学稳定性能。聚甲醛的耐候性不好，长期在紫外线作用下，力学性能下降，表面发生粉化和龟裂。

3.3.3.2 加工性能与加工工艺

(1) 加工性能

聚甲醛的吸水率不高，水分对其成型工艺影响较小，一般可不干燥；但干燥处理可提高制品的表面光泽度。干燥条件为：温度110～120℃，时间3～5h。

聚甲醛的熔融温度范围窄，热稳定性差，温度过高或时间过长，均会引起分解；特别是温度超过250℃，分解速度会加快，并逸出强烈刺激眼睛的甲醛气体，严重时制品会产生气泡或变色，甚至会引起爆炸。因此，必须严格控制温度和停留时间。

聚甲醛熔体的流变性呈非牛顿型，其熔体的黏度对温度不敏感；对注塑而言，要增加流动性能，可以从增加注塑速率、控制模具温度等方面入手。

聚甲醛的结晶度大，成型收缩大（可达3.5%）。对注塑厚制品而言，要注意保压和补料，以免造成收缩孔太大而报废。

聚甲醛的冷凝速度快，制品易产生表面缺陷，如折皱、斑纹及熔接痕等，为此应用提高注塑速率和提高模具温度等方法解决。

聚甲醛制品易产生内应力，后收缩也较大，应进行后处理。后处理的条件为：厚度6mm以下，温度100℃，时间0.25～1h；厚度6mm以上，温度120～130℃，时间4～6h。

(2) 加工工艺

聚甲醛可用注塑、挤出、吹塑及二次加工等方法成型，并以注塑为主。

① 注塑　选用突变压缩螺杆、喷嘴大口径、逆向倒锥度直通喷嘴注塑机，为防止流涎，喷嘴应单独冷却。模具采用短而粗的主流道，锥度为3°～5°。

注射成型的条件为：料筒温度190～200℃，模具温度为80℃以上，注塑压力为40～100MPa，螺杆转速50～60r/min；背压要小，一般为0.6MPa。

对于厚壁或带金属嵌件的制品，应进行后处理；对于在80℃以下使用的制品可不进行后处理。

② 挤出　聚甲醛通过挤出成型可以生产棒材、管材、片材及电线电缆的包覆层，还可以进行原料着色、增强和填充改性及制造合金。

挤出成型的条件为：温度为180～210℃，挤出压力8～15MPa。

3.3.3.3 聚甲醛的改性品种

为了进一步改善聚甲醛的物理力学性能，常对其进行增强和润滑剂填充改性。

(1) 增强聚甲醛

主要增强材料为玻璃纤维、玻璃球或碳纤维等，并以玻璃纤维最常用。增强后的力学性能可提高2～3倍，热变形温度提高50℃以上，具体见表3-3-7。聚甲醛中加入玻璃纤维后，玻璃纤维会在物料的流动方向上发生取向，造成制品的整体性能各向异性，容易产生翘曲和变形，为此可以用玻璃球增强的方法；碳纤维增强的聚甲醛不但与玻璃纤维具有同样的增强效果，而且还可弥补玻璃纤维增强导致耐磨性大幅度下降的不足，此外由于碳纤维自身具有导电性，使碳纤维增强聚甲醛的表面电阻和体积电阻大幅度下降，因此可以利用它的这一特性作防静电材料。

(2) 高润滑聚甲醛

尽管聚甲醛有很好的自润滑性能，但仍然可以利用添加润滑组分的方法制成具有更高润滑性能的聚甲醛，以进一步提高制品的耐摩擦和耐磨耗性、改善成型加过性。添加的润滑组分主要有聚四氟乙烯、石墨、二硫化钼、润滑油及低分子量聚乙烯等。例如，在聚甲醛中加入5份聚四氟乙烯，可降低摩擦系数60%，耐磨性提高1～2倍。再如，在聚甲醛中加入液体润滑油，可大幅度提高耐磨性和极限PV值。为提高润滑油的分散效果，需加入炭黑、氢氧化铝硫酸钡、乙丙橡胶等吸油载体，当聚甲醛的含油量为5%时耐磨性提高72%，极限PV值可达3.9MPa·m/s（纯POM为0.213MPa·m/s），为其他工程塑料的3～20倍。

表 3-3-7　增强共聚甲醛的性能

项　目	未增强	25%玻璃纤维增强	25%玻璃球增强	20%碳纤维增强
密度/(g/cm^3)	1.41	1.61	1.55	1.44
拉伸强度/MPa	62	130	63	76
拉伸模量/MPa	2830	8300	—	—
弯曲强度/MPa	98	182	—	—
弯曲模量/MPa	2600	7600	—	—
非缺口冲击强度/(J/m)	1140	440	770	340
缺口冲击强度/(J/m)	65	86	64	44
负荷变形温度(1.86MPa)/℃	110	163	148	161
负荷变形温度(0.46MPa)/℃	158	166	—	165
线膨胀系数(流动方向)/10^{-5}K^{-1}	8.5	2.6	—	—
线膨胀系数(垂直方向)/10^{-5}K^{-1}	8.4	2.8	—	—
表面电阻率/Ω	1.3×10^{13}	1.2×10^{13}	10^{13}	10^2
体积电阻率/(Ω·cm)	1.3×10^{14}	3.8×10^{14}	—	10^2

3.3.3.4　聚甲醛的应用

① 机械工业　利用聚甲醛强度大、耐磨、耐疲劳、耐冲击及自润滑性高等优点，可用于制造齿轮、轴承、滑轮、凸轮、皮带轮、螺栓、泵体、壳体、阀门、水龙头及管接头等。

② 汽车工业　利用其比强度高的优点，在交通工具中替代金属锌、铜及铝等，用作水箱阀门、散热器箱盖、风扇、控制杆、开关、齿轮外壳及轴承支架等。

③ 电子/电气　利用其介电强度高、介电损耗角正切值小、耐电弧性高等优点，用于电扳手外壳、电动工具外壳、开关手柄等，以及电视、录像机、计算机、传真机的配件，计时器零件，录音机磁带座等。

④ 其他　第二代拉链材料，窗框、水箱、玩具及洗漱盆等。

3.3.4　聚碳酸酯

聚碳酸酯是指大分子链由碳酸酯基重复结构单元组成的一类聚合物，英文名称 polycarbonate，简称 PC，它是第二大通用工程塑料品种。依具体组成不同，聚碳酸酯可分成脂肪族、脂环族、芳香族或脂肪-芳香族三类，但在工程上具有实际应用价值的为芳香族聚碳酸酯，并以产量最大、用途最广的双酚 A 型聚碳酸酯为主。

聚碳酸酯的突出性能是优异的冲击性和透明性，优良的力学性能和电绝缘性，使用温度范围广（-130~130℃），尺寸稳定性高，耐蠕变性高，是一种集刚、硬、韧于一体材料的典型代表塑料品种。

聚碳酸酯的主要缺点为吸湿性能大、加工易产生气泡及银丝，制品易产生残余内应力、并对缺口敏感性大，耐疲劳性低、摩擦性及耐磨性不好。

聚碳酸酯用于电子/电气占 38%、建筑采光占 20%、光盘占 12%、汽车占 10%。聚碳酸酯的透明度板又称为阳光板，在建筑采光和汽车玻璃中市场潜力巨大，聚碳酸酯用于光盘的增长速度极快，预计今后建筑、汽车和光盘为聚碳酸酯的三大市场。

3.3.4.1　结构与性能

(1) 结构

双酚 A 型聚碳酸酯的结构通式可简写为：$\mathrm{+\!\!\!-\!\!O\!\!-\!\!\!\bigcirc\!\!\!-\!\!\!C(CH_3)_2\!\!\!-\!\!\!\bigcirc\!\!\!-\!\!O\!\!-\!\!CO\!-\!\!\!]_n}$。

双酚 A 型聚碳酸酯具有对称结构，不存在空间异构现象，理论上应该是能够结晶的，但是由于聚碳酸酯分子链刚性较大，熔融温度和玻璃化温度都远高于制品成型的模温，使聚合物成型时很快就从熔融温度降低到玻璃化温度之下，来不及结晶，只能得到高度透明的无定形制品。如果将聚合物溶液缓慢蒸发或将熔体冷却到180℃时并保持在该温度下数日，就可以得到聚合物的结晶结构。

分子链上的苯环限制了分子链的内旋转，导致分子链刚性增大，减小了聚合物在某些溶剂中的溶解性和吸水性。

分子链上的酯基具有极性，使分子链之间的作用力增大，使分子链刚性增大，虽然两酯基中间隔有两个苯环和一个亚异丙基，使聚合物总体上显示较弱的极性，但对电性能有不利影响。

分子链上的醚键赋予分子链一定柔性，可以使分子链绕醚键两端的单键旋转，使聚合物可以溶解于某些溶剂。

总体而言，分子链上的苯环与酯基的影响大于醚键的影响，致使分子链属于刚性链。因此，聚合物具有较高的玻璃化温度和熔融温度，熔体黏度高，分子链在外力作用下不易滑移，抗变形性好（刚性好、蠕变小、尺寸稳定性优），力学性能也颇优。同时，又限制了分子链的取向和结晶，当受外力强迫取向后，又不易松弛，导致制品中容易产生内应力而发生应力开裂现象。

双酚A型聚碳酸酯分子链易形成较稳定的原纤维这样的聚集状结构，原纤维会成束并混乱交错排列组成疏松的网络，使聚合物内存在大量空隙（自由空间）。原纤维内的分子链间作用力较大，敛集密度较高。在快速的外加载荷作用下，聚合物以原纤维为单位可自由移动，吸收大量外载荷的能量。这种结构特性赋予聚合物很高的抗冲击性能，聚合物的无定形结构也有利于材料的韧性。因此，尽管双酚A型聚碳酸酯具有刚性分子链，但却具有优异的韧性。

(2) 性能

① 一般性能　聚碳酸酯为透明、呈微黄色或白色硬而韧的树脂，燃烧时发出花果臭味、离火自熄、火焰呈黄色、熔融起泡。

② 力学性能　聚碳酸酯的力学性能十分优良，具有刚而韧的优点。其冲击性能是热塑性塑料中最好的一种，比尼龙、聚甲醛高3倍之多，接近酚醛塑料和不饱和聚酯玻璃钢的水平。聚碳酸酯的拉伸强度和弯曲强度都好，并受温度的影响小。聚碳酸酯的耐蠕变性优于尼龙和聚甲醛，尺寸稳定性好。

聚碳酸酯的耐疲劳强度低，耐应力开裂性差，缺口敏感性高；耐磨性一般，比尼龙、聚甲醛及聚四氟乙烯等差，但比聚砜、ABS、聚甲基丙烯酸甲酯等高。

③ 热学性能　聚碳酸酯的耐高低温性好，可在−100～130℃温度范围内使用；热变形温度可达130～140℃，并受载荷的作用小；热导率和线膨胀系数都较小，阻燃性好，属于自熄性能材料。

④ 电学性能　聚碳酸酯因属弱极性聚合物，其绝缘性能一般。但可贵之处在于其电性能在很宽的温度及湿度范围内变化较小，如介电常数和介电损耗角正切值在23～125℃范围内几乎不变。但需注意的是，随聚碳酸酯制品结晶度的提高，其体积电阻率增大。

⑤ 环境性能　聚碳酸酯可耐有机酸、稀无机酸、盐、油、脂肪烃及醇类，但不耐氯烃、稀碱、溴水、浓酸、胺类、酮及酯等，可溶于二氯甲烷、二氯乙烷及甲酚等溶剂中。

聚碳酸酯不耐60℃以上的热水，长期接触会导致应力开裂并失去韧性。聚碳酸酯的耐紫外线性不好，需加入紫外线吸收剂；但聚碳酸酯的耐空气、臭氧性较好。

⑥ 光学性能　聚碳酸酯为最优异的光学塑料品种之一，其透光率可达90%之多，折射率为1.587，适于透镜材料。聚碳酸酯作为高档光学材料的不足之处一为硬度低、耐磨性差；二为双折射率高，不易用于光学仪器等高精度制品中。

3.3.4.2 加工性能与加工工艺

(1) 加工性能

聚碳酸酯在成型中对水极为敏感,高温下微量水也会引起分解。因此,加工前一定要干燥处理,使含水量在0.02%以下。具体干燥条件为:温度110~120℃,时间10~12h,料层厚度30mm以下。

聚碳酸酯属无定形聚合物,成型收缩率低。PC制品不易带金属嵌件,如必须加入,应将嵌件预热到200℃或更高。

聚碳酸酯的熔体黏度很高,可达$10^3 \sim 10^4 Pa \cdot s$;其熔体的流变性在低剪切速率下接近牛顿流体,应主要通过温度调节流动性,成型时的冷却、凝固和定型时间短。

聚碳酸酯的刚性大,在加工过程中易产生内应力,因此对成型工艺条件要严格控制。并要进行后处理,处理条件为110~120℃,处理时间视厚度而定,厚度20mm以下8h,厚度20mm以上24h。

(2) 加工工艺

聚碳酸酯的加工比较容易,可用注塑、挤出及吹塑等方法加工。

① 注塑 选用相对分子质量为2.7万~3.4万的聚碳酸酯树脂,料筒温度为前段250~300℃、中段230~270℃、后段220~250℃,喷嘴温度240~290℃,注塑压力40~100MPa,模具温度为80~120℃。

② 挤出 选用相对分子质量为3.4万以上的聚碳酸酯树脂,挤出温度为230~300℃。

③ 吹塑 型坯的成型条件与挤出成型相同。吹塑的模具温度为100~120℃,吹塑压力为0.4~0.8MPa。

3.3.4.3 聚碳酸酯的改性品种

聚碳酸酯塑料的改性品种主要有增强聚碳酸酯和聚碳酸酯合金两类。

(1) 增强聚碳酸酯

增强材料为玻璃纤维、碳纤维和硼纤维等,增强后可明显提高疲劳强度、拉伸强度、弯曲强度及压缩强度等,改善耐应力开裂性和耐热性,降低吸水性、线膨胀系数和成型收缩率。但冲击强度会有所下降。具体可参见表3-3-8。

表3-3-8 聚碳酸酯及玻璃纤维增强聚碳酸酯的性能

性　　能	PC	30%玻璃纤维PC
相对密度	1.2	1.45
吸水率/%	0.15	0.1
成型收缩率/%	0.5	0.2
拉伸强度/MPa	56~66	132
拉伸模量/MPa	2100~2400	10000
断裂伸长率/%	60~120	<5
弯曲强度/MPa	80~85	170
弯曲模量/MPa	2100~2440	—
压缩强度/MPa	75~80	120~130
剪切强度/MPa	35	
缺口冲击强度/(kJ/m^2)	17~24	8
洛氏硬度(M)	80	90
疲劳极限10^6次/MPa	10.5	—
热变形温度(1.82MPa)/℃	130~135	146
长期使用温度/℃	110	130
线膨胀系数/($\times 10^{-5} K^{-1}$)	7.2	2.7
热导率/[W/(m·K)]	0.2	0.13
体积电阻率/(Ω·cm)	2.1×10^{16}	1.5×10^{16}
介电常数(10^6Hz)	2.9	3.45
介电损耗角正切值(10^6Hz)	0.0083	0.0070
介电强度/(kV/mm)	18	19
耐电弧性/s	120	120

以疲劳强度为例，加入20％玻璃纤维可使疲劳强度从10MPa增大到40MPa，加入40％玻璃纤维会提高到50MPa。增强PC的加工性能与PC相差不大。

（2）聚碳酸酯合金

聚碳酸酯合金的种类很多，并已获得广泛应用。

① 聚碳酸酯/ABS　目的降低内应力，改善加工流动性。此合金已用于机械、电器、头盔及汽车车身等制品。

② 聚碳酸酯/高密度聚乙烯　降低熔体黏度，改善加工性能，提高冲击强度，改善耐应力开裂性。

③ 聚碳酸酯/聚甲醛　两者可以任意比例混合，在聚甲醛为25％以下时，聚碳酸酯的力学性能变化不大，但可显著提高耐溶剂性和耐应力开裂性，耐热性也有明显提高。

④ 聚碳酸酯聚四氟乙烯　可提高耐磨性5倍，如在其中加入玻璃纤维，PV值可大幅度提高。

⑤ 聚碳酸酯/聚对苯二甲酸丁（乙）二酯　合金的耐热性好，耐化学腐蚀性、耐应力开裂性、耐磨损性好，耐低温冲击性好，成型加工性好。此合金可用于汽车保险杠及车身护板等。

⑥ 聚碳酸酯/聚甲基丙烯酸甲酯　合金具有耐溶剂性好、缺口冲击性高、耐热性好、易加工、耐紫外线等优点，制品具有珍珠般光泽。可用于装饰品的生产。

⑦ 聚碳酸酯/聚酰胺　合金耐化学腐蚀性好、冲击强度高，可用于汽车、家电和光盘等。

3.3.4.4　聚碳酸酯的应用

① 光学材料　主要为照明、建筑采光板、窗玻璃、光学仪器、光盘及通信等。照明材料有大型灯罩、防护玻璃、窗玻璃、建筑采光板等。通信材料有光盘及光导纤维等近年来开发的具有潜力的用途。聚碳酸酯可用作光学透镜材料和光学仪器材料。

② 电子/电器　聚碳酸酯属E级绝缘材料，注塑件可用于接插件及线圈框架等，薄膜可用于电容器、录像带、录音带及磁带等。

③ 机械零件　聚碳酸酯可用于齿轮、齿条、蜗轮、凸轮、拉杆、曲轴及壳体等。

④ 包装材料　利用透明和耐热等性能，用于纯净水、矿泉水的周转桶，旅行用热水杯、奶瓶及餐具等。

⑤ 医疗器材　用于医疗器械如杯、瓶、筒、牙科器材、药品容器及手术器械等，医用材料如人工肾、人工肺及人工脏器等。

3.3.5　聚苯醚

聚苯醚化学名称为聚2,6-二甲基-1,4-苯醚，英文名称为polyphenylene oxide，简称PPO，又称为聚亚苯基氧化物。纯聚苯醚的加工困难，难以实际应用；直到开发出改性聚苯醚（MPPO）后，才获得迅速发展，成为继聚酰胺、聚碳酸酯、聚甲醛、聚对苯二甲酸乙二酯和聚对苯二甲酸丁二酯之后的第六大通用工程塑料。

聚苯醚改性的目的为改善加工性能，目前主要为聚苯醚和聚苯乙烯的共混或接枝，即PPO/PS改性品种，除此之外还有PPO/PST及PPO/PPS（聚苯硫醚）等改性品种，但用量很小。

聚苯醚突出性能为刚性大、耐蠕变性好、拉伸强度高、电性能在工程塑料中最好、线膨胀系数小等，不足之处为耐疲劳性和耐应力开裂性不好。

改性聚苯醚广泛用于汽车、电子/电器、办公用品及机械工业，在不同地区的应用比例不同。

3.3.5.1 结构与性能

(1) 结构

聚苯醚的结构式为 $\left[\!\!\begin{array}{c}\text{CH}_3\\ \\ \text{CH}_3\end{array}\!\!-\!\!O\right]_n$。聚苯醚的大分子结构较简单，分子主链是由芳环和醚键相互交替构成的，大量苯环的存在使分子链段内旋转的位垒增加、大分子链刚硬，分子链间作用力强，使聚苯醚在受力时的形变减小，尺寸稳定，并阻碍了大分子的结晶和取向，而当受外力强迫取向后，又不易松弛，制品中残余的内应力难以自行消除，易产生应力开裂。大量醚键的存在，使分子主链具有一定的柔性，并使聚苯醚具有优良抗冲击性和低温性能。由于苯环上的两个邻位活性点被甲基封闭，因此聚苯醚有较高的热稳定性和耐化学腐蚀性。聚苯醚分子不含极性基团，故具有优良的电绝缘性。聚苯醚本身由于结构规整且对称，故大分子链具有一定的结晶能力，只因其熔点（257℃）与玻璃化温度（210℃）相差甚小，所以在冷却时由于结晶时间很短，来不及结晶，一般生成无定形聚合物。但是如果在 T_m 附近恒温一定时间，则可得到结晶聚苯醚。

(2) 性能

① 一般性能　聚苯醚及改性聚苯醚的外观为透明琥珀色；难燃，离火即灭，火焰明亮有浓黑烟，并发出花果臭气味；吸水率低，耐水及水蒸气；收缩小，尺寸稳定性高。

② 力学性能　聚苯醚具有突出的力学性能，尤其以拉伸强度、冲击强度及耐蠕变性最好。以耐蠕变性为例，在 21MPa 负荷下 3000h，蠕变值仅为 0.75%，而同样条件下聚碳酸酯为 1%，聚甲醛为 2.3%，聚酰胺 6 为 2%，ABS 为 3%；聚苯醚的冲击强度很高，比聚碳酸酯还要高。聚苯醚的机械强度随温度及湿度变化小，在沸水中 700h，拉伸强度无明显下降。

聚苯醚的刚性和硬度都比较大，耐磨性好，摩擦系数低。但聚苯醚的耐疲劳性和耐应力开裂性不好。

③ 热性能　聚苯醚具有较高的耐热性，纯聚苯醚的热变形温度可达 173℃，可在 −127~121℃ 范围内长期使用，在无负荷条件下间歇使用温度可达 205℃。改性聚苯醚的耐热温度稍低一些，但高于聚碳酸酯、聚酰胺及 ABS，与酚醛塑料接近。聚苯醚的热膨胀系数在塑料中最低，与金属接近，适于金属嵌件的放置。

④ 电性能　聚苯醚具有优异的电性能，它的介电常数和介电损耗角正切值都比较低，在工频范围内属工程塑料中最低的，且在很宽的频率、温度、湿度范围内变化很小。其介电强度高，但耐电弧性小。

⑤ 环境性能　聚苯醚对稀酸、稀碱及盐稳定，在乙酸乙酯、丙酮及汽油等脂肪烃和芳香烃中溶胀，在氯化烃中溶解；在受力状态下，矿物油、酮类及酯类会导致应力开裂。聚苯醚的抗氧性不好，需加入磷酸酯类抗氧剂。

聚苯醚的耐水性十分突出，在沸水中经 10000h 后，它的拉伸强度、伸长率和冲击强度均没有明显的降低，因此可作为高温下耐水制品使用。

3.3.5.2 加工性能与加工工艺

(1) 加工性能

① 聚苯醚吸水性很小，微量水分在高温下对其化学结构不会产生影响，但可能会使制品表面出现银丝、气泡等缺陷，因此加工前需要干燥，干燥条件为 130℃、2~4h，料层厚度在 50mm 以下。

② 聚苯醚在熔融状态下的流变性基本接近于牛顿流体，但随熔体温度升高偏离牛顿流体

的程度越大。由于聚苯醚熔体黏度大,因此加工时应提高温度并适当增加注射压力以提高熔体充模流动能力。纯聚苯醚加工性差,可适当加入增塑剂如环氧辛酯、磷酸三苯酯等加以改善。

③ 聚苯醚的分子链刚性大、玻璃化温度高,不易结晶和取向,强迫取向后很难松弛,所以制品内残余内应力高,因此在成型后可通过后处理予以消除。后处理一般为180℃油浴4h左右。

④ 聚苯醚为无定形聚合物,成型收缩率较小,一般为0.2%~0.7%,且在不同的成型条件下基本保持不变,对成型精密制品十分有利。

⑤ 聚苯醚的边角废料可重复使用,一般重复三次其物理力学性能没有明显降低,因此回收料可再用于要求不高的制品中。

(2) 加工工艺

MPPO可用注塑、挤出、压制等热塑性塑料加工方法加工。

① 注塑 螺杆的 L/D 应大于25,压缩比应大于2.5~3.5。成型温度如下:料筒温度是前316~340℃、中316~340℃、后315℃;喷嘴温度是300~320℃;模具温度是110~150℃。注塑压力为120~140MPa。螺杆转速为28r/min。

② 挤出 最好用排气式挤出机,以 ϕ30mm 棒为例,其工艺条件如下:料筒温度为加料段245~255℃、压缩段265~275℃、均化段270~280℃;机头温度为机头一250℃、机头二220~240℃、口模200~210℃;冷却温度为70~80℃;螺杆转速为40~45r/min。

3.3.5.3 聚苯醚的改性品种

聚苯醚的主要缺点是熔体黏度高、流动性差、成型加工较一般工程塑料困难。此外内应力大,制品易开裂,耐疲劳性不好。在长期储存过程中,有转变为热固性塑料的趋势。目前常用共混、接枝、填充、合金、增强等手段进行改性。

① 聚苯醚与聚苯乙烯共混合共聚,以改善加工性能。
② 聚苯醚与ABS共混,以改善耐应力开裂性能。
③ 聚苯醚与其他工程塑料共混,以改善综合性能。
④ 玻璃纤维增强聚苯醚,以进一步增大其力学性能。

3.3.5.4 聚苯醚的应用

① 电子电器 聚苯醚约有30%用于电子电器,适用于潮湿且具有载荷的绝缘场合,并可用于超高频上。具体品种有线圈绕线管、接线柱、接线盒、电器开关、壳体、蓄电池接合器、定时器、继电器、插座、超高频调频器、电视调谐片及电子管插座高压绝缘罩等。

② 汽车工业 在美国聚苯醚的40%用于汽车工业,以大量取代铸铁、铸铝、ABS及聚酰胺等。具体产品有仪表板、保险杠、窗框、连接器、自动定位按钮、蓄电池板、防冻器格栅、减震器、吊杆、加热器支架、加热器挡板、扬声器格栅及反射器支架等。

③ 办公机器 西欧及日本40%的聚苯醚用于办公机器,具体有计算机、打字机、印刷机、传真机、复印机的壳体。

④ 机器零件 用量占聚苯醚的10%左右,主要产品有无声齿轮、凸轮、轴承及紧固件等。

3.3.6 聚砜类塑料

聚砜类塑料是指大分子主链中含有砜基及芳核的高分子化合物。英文名 polysulfone (简称PSF)。最早工业化的聚砜是1965年美国推出的由双酚A和二氯二苯基砜制成的,以后又出现了聚芳砜(英文名 polyarylsulfone,简称PAS)和聚醚砜(英文名 polyethersulfone,简称PES)。聚砜类塑料为线型热塑性工程塑料。

聚砜类塑料具有优异的耐热性、突出的抗蠕变性和尺寸稳定性、优良的电绝缘性等特点而成为综合性能很好的工程塑料，在塑料品种中占有重要的地位。

聚砜类塑料自从20世纪60年代中期问世以来，已广泛应用于汽车工业、电子电气工业、机械工业、化学工业及航空航天等领域。

3.3.6.1 结构与性能

（1）结构

① 聚砜的分子结构式为 [结构式]，是一种线型杂链大分子，由砜基 —S(=O)(=O)—、亚苯基 —C₆H₄—、亚异丙基 —C(CH₃)₂— 和醚键 —O— 组成。

亚异丙基为脂肪基，有一定的空间体积，可减少分子间的作用力，能赋予聚合物韧性和良好的熔融加工性。亚异丙基上的二个无极性的甲基，使聚合物吸湿性很小，电绝缘性能提高。但它对聚合物的耐热性有一定的不利影响，与聚芳砜和聚醚砜相比，T_g、热变形温度和最高连续使用温度较低。

醚键较亚异丙基更能增加分子链的柔顺性，醚键两端的苯基可绕其内旋转，它使聚合物的韧性增加，熔融加工性和在溶剂中的溶解性提高，同时也使聚合物的耐热性有所降低。

砜基上的氧原子对称、无极性，主链上的硫原子处于最高氧化状态，它为聚合物提供了优良的抗氧化能力。

砜基与相邻的亚苯基形成共轭的二苯砜结构，再加上亚苯基的共同作用，使大分子主链的刚性增强，结构稳定，能吸收大量的热能和辐射能使得高聚物的热稳定性高（$T_d >$ 426℃），抗辐射性优，硬度大，力学性能优异。

总体而言，二苯砜基对分子链的刚性影响，超过了醚键和亚异丙基对分子链的柔性影响，因此分子链的刚性仍然相当大，使得大分子整链的运动困难，因而熔融流动时的温度较高，熔体黏度大，熔体流动性对温度敏感。聚合物静强度很高，在受力时形变小，尺寸稳定，抗蠕变能力高。但同时又使大分子链受外力作用后残余应力在制品中难以自行消除，易造成应力开裂。

聚砜制品为无定形结构，分子链刚硬、玻璃化温度高，以及熔体冷却速率快是造成其难以结晶的主要原因。

② 聚芳砜的分子结构式为 [结构式]，与聚砜相比，分子链上不含亚异丙基而含有大量的联苯结构，且主链中的醚键的含量大大降低，使大分子链的刚性进一步增加，玻璃化温度明显提高，熔体黏度和流动温度更高，流动性及加工性更差，耐热性和耐氧化性更优异。聚芳砜一般为无定形态。

③ 聚醚砜的分子结构式为 [结构式]，分子主链由砜基、亚苯基和醚键组成，不含联苯结构与亚异丙基，使得分子链的刚性介于聚砜与聚芳砜之间，玻璃化温度和耐热性也介于两者之间。聚醚砜也为无定形态。它综合性能优于聚砜与聚芳砜，具有高热变形温度、高抗冲击强度和优良成型工艺性。

（2）性能

① 一般性能　聚砜是透明或微带琥珀色的非晶态线型高聚物，无气味，透光率90％以

上，折射率为1.663，吸水率为0.22%，密度为1.24g/cm³，成型收缩率为0.7%。

聚芳砜是一种带有琥珀色的透明坚硬固体，无气味，折射率为1.652，密度为1.36g/cm³，吸水率1.4%，收缩率0.8%。

聚醚砜是一种带有浅琥珀色的透明固体，无气味，折射率为1.65，密度为1.37 g/cm³，吸水率为0.43%，收缩率为0.6%。

② 力学性能　聚砜类塑料具有优良的力学性能，尤其是在高温下仍能很大程度保持其在室温下所具有的力学性能和突出的抗蠕变性能。三种聚砜类塑料的物理力学性能相差不大，拉伸强度和弯曲强度以聚芳砜最优，冲击强度聚砜最好。表3-3-9列出了聚砜与其他塑料的性能比较。

表3-3-9　聚砜与其他塑料的性能比较

性能	聚砜 (S-100)	聚碳酸酯 (PG-Ⅱ)	聚甲醛 (M900)	ABS (R102)	聚酰胺66	聚酰胺6
拉伸强度/MPa	75.4	65.0	55.5	47.1	58.4	60.9
拉伸弹性模量/MPa	2540	2130	2280	1910	1920	1480
断裂伸长率/%	47	100	36	37.3	249	265
弯曲强度/MPa	137.5	107.5	99.0	68.2	126.6	96.8
弯曲弹性模量/MPa	2953	2460	2350	2230	2620	2490
压缩强度/MPa	102.5	78.5	79.0	59.0	45.8	40.5
压缩弹性模量/MPa	2435	2190	2960	1330	1990	1850

③ 热性能　聚砜类塑料具有优良的耐热性，突出的耐热氧老化性。表3-3-10列出了聚砜类塑料与其他工程塑料的热性能的比较。

表3-3-10　聚砜类塑料与其他工程塑料的热性能的比较

热性能	聚甲醛	ABS	聚碳酸酯	聚砜	聚芳砜	聚醚砜
负荷变形温度(1.85MPa)/℃	98	81	131	164	275	203
最高使用温度/℃	80	80	125	145	260	180

聚砜的玻璃化温度为196℃，负荷变形温度175℃，长期使用温度为-100~150℃。聚砜在高温下的耐热老化性极好，还具有优良的耐氧老化性。

聚芳砜是耐热性工程塑料中最优良的品种之一，其耐高温性能可与热固性耐高温塑料聚酰亚胺相媲美，且成本大大低于聚酰亚胺。聚芳砜的玻璃化温度为288℃，负荷变形温度275℃，长期使用温度为260℃，并能在310℃高温下短期使用，在-240~260℃的范围内能保持其优良的力学性能和电绝缘性能。

聚醚砜的耐热性也十分优良，居于聚砜和聚芳砜之间，其玻璃化温度为225℃，负荷变形温度为203℃，长期使用温度为-100~180℃。

④ 电性能　聚砜类塑料具有优良的电绝缘性，尤其是在水中和潮湿空气中放置后仍能保持良好的电绝缘性。聚砜在190℃的高温下仍能保持良好的介电性能，高于聚碳酸酯、聚苯醚、聚甲醛。聚芳砜在-240~260℃的温度范围内均保持良好的电绝缘性，在260℃长期使用时，其介电损耗变化极小。聚醚砜在200℃的高温下仍具有良好的电绝缘性。

⑤ 环境性能　聚砜类塑料的耐化学药品性能较好，除强溶剂、浓硫酸、硝酸外，对其他化学试剂稳定。

聚砜耐无机酸、碱、盐溶液性能良好，但被某些极性有机溶剂和芳香烃（如酮类、卤代烃）作用后会出现腐蚀现象。聚砜不发生水解作用，但在高温及负荷作用下，水能促进其应力开裂。

聚芳砜的耐酸、碱、水蒸气性能优良，对燃料油、烃油、硅油、氟里昂等均很稳定，且耐各种常用的工业溶剂，但能溶于某些极性溶剂，如二甲基甲酰胺、丁内酯等。

聚醚砜能耐酸、碱、盐溶液，油、润滑脂、脂肪族烃和醇等，但耐极性有机溶剂性能不佳，如酮、酯、氯仿等能侵蚀聚醚砜，在某些高极性溶剂（如二甲基亚砜）以及这些极性溶剂与环己酮、丁酮的混合液中会发生溶解。

3.3.6.2 加工性能与加工工艺

（1）加工性能

① 聚砜类塑料吸水率虽然小，而且遇水不会水解，但为了避免产品表面不出现气泡、银丝等不良现象，故在成型加工之前须进行干燥处理，将含水量降至 0.05% 以下。

② 聚砜类塑料大分子结构中含有大量的刚性链段，如芳环、砜基等，使整个大分子呈刚性，故熔体的表观黏度对温度的敏感性大于对剪切速率的，其流变性接近于牛顿型流体。

③ 聚砜类塑料分子链刚性大，故在成型过程中分子链沿流动方向取向后不易恢复到自由状态，使制品内残留内应力，易发生应力开裂现象，因此制品须进行热处理。

④ 聚砜类塑料为无定形高聚物，成型收缩率较小（约 0.5%），对成型精密制品十分有利。

⑤ 聚砜类塑料为热塑性高聚物，可用一般成型方法进行加工，但因该类塑料黏度高，且流动温度高，故成型加工有一定的难度。

（2）加工工艺

聚砜类塑料的成型加工方法主要有注塑、挤出和吹塑等。

① 注塑　聚砜类塑料注塑最好采用螺杆式注塑机，物料温度控制在 320~395℃，料筒温度控制在 310~360℃，模具温度 120~150℃，注塑压力 100~150MPa。为减少制品残留内应力，可将制品在 150℃、5h 条件下进行后处理。

聚芳砜注塑时料筒温度控制在 320~420℃，模具温度 230~260℃，注塑压力 140~280MPa。

聚醚砜的注塑工艺条件与聚砜基本相似，只是螺杆转速控制低一些（50~60r/min），以防由于摩擦而引起物料过热发生降解。

② 挤出成型　聚砜类塑料采用挤出成型可制成各种棒、管、板、片及薄膜等。聚砜挤出成型所用挤出机的螺杆长径比一般取 20:1，压缩比 2.5~3.5，料筒温度控制在 210~310℃，为避免产生内应力，牵引温度控制在 150℃以上。聚芳砜挤出成型，料筒温度控制在 230~360℃，口模温度一般为 340~410℃。成型薄膜和电线包皮时，需将上述各项温度提高 30~50℃。聚醚砜的成型与聚砜相似，但温度控制应提高 30℃左右。

3.3.6.3 聚砜的改性品种

聚砜类塑料具有优良的耐热性，突出的抗蠕变性、抗冲击性能及良好的电绝缘性等系列优点，但聚砜类塑料也有耐有机溶剂性较差、成型温度高、制品易应力开裂、疲劳强度较低等缺点，针对其缺点，目前采用的改性方法主要包括玻璃纤维增强、填充和制备聚砜合金。

① 玻璃纤维增强聚砜　聚砜类塑料采用玻璃纤维增强后可进一步提高力学性能，如强度、模量、刚性、抗蠕变性、尺寸稳定性、抗疲劳性等。还可提高耐热性，进一步降低成型收缩率和线膨胀系数，并提高耐水性。但会使其脆性增加，断裂伸长率降低。

② 填充改性聚砜　聚砜塑料中可以加入无机填料、矿物填料、碳纤维、聚四氟乙烯粉末、阻燃剂、颜料、抗静电剂等制备具有特种要求的塑料。如在聚醚砜（PES）中加入 10% 和 20% 的聚四氟乙烯（PTFE）制备出了高耐磨的工程塑料，其摩擦系数很低（0.1~

0.2），而且耐磨性超过了耐磨性很好的聚苯硫醚（PPS）和聚甲醛（POM）。

③ 聚砜合金　聚砜合金以聚亚苯基砜（PSU）合金为主，它的特点是改善了聚砜的耐溶剂性、耐应力开裂性、抗冲击性、熔融加工性、电镀性等。目前已报道的合金品种有PSU/ABS、PSU/PBT（聚对苯二甲酸丁二酯）、PSU/PMMA（聚甲基丙烯酸甲酯）、PSU/PEI（聚醚亚胺）、PSU/PTFE（聚四氟乙烯）、PSU/PEEK（聚醚醚酮）、PSU/PI（聚酰亚胺）等类型。其中PSU/ABS和PSU/PMMA合金是两种最常见的PSU合金。

3.3.6.4　聚砜的应用

① 机械工业　聚砜类塑料具有高强度、低蠕变、优良的耐热水及水蒸气性、卫生性、突出的尺寸稳定性，因此被广泛用于制作各种机械零配件，以大量替代铜、铝、锌、铅等金属材料，用于制作钟表壳体及零件、复印机及照相机零件等；用作食品机械中的热水阀、冷冻系统器具、传动零部件等；聚芳砜中混入聚四氟乙烯粉末或石墨等耐磨、减摩填料后，可用来制造耐高温及高负荷下使用的轴承，聚醚砜也被广泛用于机械领域，如制作活塞环、轴承保持架、热水测量仪表、温水泵泵体、叶轮等。

② 电子电器行业　聚砜优良的综合性能及电绝缘性能使其在电子电器领域得以广泛应用。如制作能耐高低温、耐酸碱及具有电镀性的电视机、音响及电子计算机的积分线路板；制作各种电子电器设备的外壳、电镀槽、示波器的套管及线圈架、电容器薄膜和电线、电缆的包覆层、各种小型精密电子元件等。

③ 交通运输行业　聚砜类塑料优良的耐油、耐热及高刚度、高强度，使其在被大量用于制作汽车上的仪表盘、分速器盖、护板、滚珠轴承保持架、发动机齿轮、止推环等；飞机上热空气导管和窗框等；用玻璃纤维增强聚砜还可代替金属材料制作汽车的某些结构件，如挡泥板外罩等。

④ 医疗器械　聚砜类塑料良好的透明性与优异的耐热水、蒸汽、乙醇性及卫生性，使其在医疗器械领域得到广泛应用，如聚砜可制作成防毒面具、接触眼镜片的消毒器皿、内视镜零件、人工心脏瓣膜、人工假牙、人工呼吸器、血压检查管、齿科用反射镜支架、注射器等；聚砜和聚醚砜还被制成性能优异的超过滤膜和反渗透膜等。

4 塑料成型工艺

4.1 挤出成型

4.1.1 概述

挤出成型又称挤出模塑或挤塑、挤压。挤出在热塑性塑料加工领域中，是一种变化多、用途广、在塑料加工中占比例很大的加工方法。挤出制成的产品都是横截面一定的连续材料，如管、板、丝、薄膜、电线电缆的涂覆等。挤出在热固性塑料加工中是很有限的。挤出成型除了挤出型材外，还可以用挤出方法进行混合、塑化、造粒和着色等。

图 4-1-1 为管材挤出成型的流程。装入料斗的塑料，借助转动的螺杆进入加料筒中，由于料筒的加热及塑料本身和塑料与设备间的剪切摩擦热，使塑料熔化而呈流动状态。与此同时，塑料还受螺杆的搅拌而均匀分散，并不断前进。最后，塑料熔体经机头赋形、定型装置定型及冷却即可得到产品。要得到不同的产品，只要更换机头及相应的辅机即可。

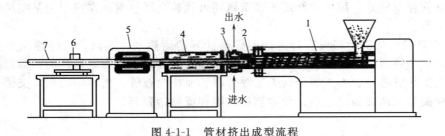

图 4-1-1 管材挤出成型流程
1—挤出机；2—机头；3—定型装置；4—冷却水槽；5—牵引装置；6—切割装置；7—管材

从表面上看挤出过程比较复杂，但理论上将挤出过程分为两个阶段：第一阶段是使固态塑料塑化（即变成黏性流体），并在加压下使其通过特殊形状的口模而成为截面与口模形状相仿的连续体；第二阶段是用适当的方法使挤出的连续体失去塑性状态而变为固体，即得所需制品。

由于塑料的塑化即可通过加热使塑料变为熔体（干法），也可以用溶剂将塑料充分软化（湿法），因此按照塑料塑化的方式不同，挤出工艺可分干法和湿法两种。干法的特点是塑化和加压可在同一个设备内进行，其产品的定型只要通过冷却即能完成，但在加热的过程中由于塑料的传热能力较差，易产生塑化不均匀或过热现象。而湿法的塑化是塑料在溶剂中进行较长时间的浸泡才能完成，虽然塑化均匀，也避免塑料过热，但塑化和加压须分为两个独立的过程，而且定型处理必须采用较麻烦的溶剂脱除，同时还得考虑溶剂的回收。基于上述缺点，它的适用范围仅限于硝酸纤维素和少数醋酸纤维素塑料的挤出。

挤出过程中，随着对塑料加压方式的不同，可将挤出工艺分为连续和间歇两种。前一种所用设备为螺杆挤出机，后一种为柱塞式挤出机。螺杆挤出机又有单螺杆挤出机和多螺杆挤出机的区别，但使用较多的是单螺杆挤出机。柱塞式挤出机的主要部件是一个料筒和一个由液压操纵的柱塞。操作时，先将一批已经塑化好的塑料放在料筒内，而后借助柱塞的压力将塑料挤出口模，料筒内塑料挤完后，即应退出柱塞以便进行下一次操作。柱塞式挤出机的最大优点是能给予塑料以较大的压力,而它的明显缺点则是操作的不连续性,而且物料还要预先塑化,因而应用也较少,它适合聚四氟乙烯、超高分子量聚乙烯等塑料的挤出。

综上所述,塑料的挤出,绝大多数是热塑性塑料,而且是采用干法塑化的连续挤出。

4.1.2 单螺杆挤出机的基本结构

单螺杆挤出机是由一根阿基米德螺杆在加热的料筒中旋转构成的。单螺杆挤出机的大小一般用螺杆的直径来表示,其基本结构主要包括传动装置、加料装置、料筒和螺杆等几个部分,如图4-1-2所示。

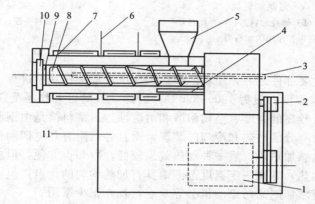

图4-1-2 单螺杆挤出机
1—电动机;2—减速装置;3—冷却水入口;4—冷却水夹套;5—料斗;
6—温度计;7—加热器;8—螺杆;9—滤网;10—粗滤器;11—机座

4.1.2.1 传动装置

传动装置是带动螺杆转动的部分,通常由电动机、减速机构和轴承等组成。为了保证产品质量,对传动装置的基本要求是:①在正常操作条件下,不管螺杆的负荷是否发生变化,螺杆的转速都应维持不变。因为在挤出过程中,螺杆转速若有变化,必会引起塑料料流的压力波动,难以保持制品质量的稳定。②同一台挤出机的螺杆转速是可以调整的,以满足挤压不同的制品或不同的塑料。为满足上述要求,挤出机的传动装置最好采用无级调速。获得无级调速的方法约有三种:a. 整流子电动机或直流电动机,它既是驱动装置,又是变速装置;b. 常速电动机驱动的机械摩擦传动,如齿轮传动的无级变速装置;c. 用电动机驱动油泵,将油送至液压马达,改变泵的排油量,从而改变挤出机螺杆转速。

传动装置应设有良好的润滑系统和迅速制动的装置。

4.1.2.2 加料装置

用来加工的塑料有粒状、粉状和带状等几种。加料装置一般都采用加料斗,料斗的容量至少应能容纳1h的用料。加料斗内应有切断料流、标定料量和卸除余料等装置。较好的料斗还设有定时、定量供料及内在干燥或预热等装置。此外,也有采用在减压下加料的,即真空加料装置,这种装置特别适用于加工易吸湿的塑料和粉状原料。随着挤出设备和工艺的改进,以粉料供料的已愈来愈多。粉料和粒料可以依靠本身的质量进入加料孔,但随着料层高度的改变,可能引起加料速度的变化,同时还可能产生"架桥"现象而使加料口缺料。在加料中设置搅拌器或螺旋输送强制加料器(见图4-1-3)可克服此缺点。加料孔的形状有矩形与圆形两种。一般多用矩形,其长边平行于轴线,长度为螺杆直径的1~1.5倍,在进料侧有7°~15°的倾斜角。加料孔周围应设有冷却夹套(见图4-1-4),以排除高温料筒向料斗传热,避免料斗中的塑料因升温而发黏,以致引起加料不均或料流受阻。

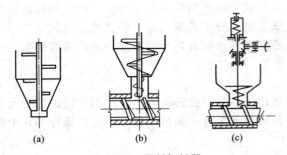

图 4-1-3 强制加料器
(a) 搅拌加料器；(b) 螺旋加料器；(c) 加料量可变并有保护作用的加料器

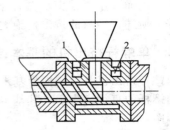

图 4-1-4 加料斗座的冷却结构
1—加料斗座；2—冷却水通道

4.1.2.3 料筒

料筒是挤出机主要部件之一，塑料的塑化和加压过程都在其中进行。挤压时料筒内的压力可达 55MPa，工作温度一般为 180～300℃，因此，料筒可看作是受压和受热的容器。制造料筒的材料须具有较高的强度、坚韧耐磨和耐腐蚀。通常料筒是由钢制外壳和合金钢内衬组成的。它的外部设有分区加热和冷却的装置，而且各自附有热电偶和自动仪表等。加热的方法有电阻加热和电感加热等，后一种加热效果较好，冷却也方便，但成本较高。挤出机虽然也可用油及蒸汽加热，并在一定温度范围内具有加热均匀的优点，但由于装置复杂，温度控制范围有限，且有增加制品污染的机会等缺点，现在很少采用。

料筒通常还设有冷却系统，其主要作用是防止塑料过热，或者是在停车时使之快速冷却，以免树脂降解或分解。料筒一般用空气或水冷却，某些挤出机的料筒或加热器上所附置的翼片就是为增加风冷的效率而设的。就冷却效率来说，用冷水通过嵌在料筒上的铜管来冷却是合算的。但用冷水冷却易造成急冷，发生结垢、生锈等不良现象。

4.1.2.4 螺杆

螺杆是挤出机的关键部件。通过它的转动，料筒内的塑料才能发生移动，得到增压和部分的热量（摩擦热）。螺杆的几何参数，如直径、长径比、各段长度比例及螺槽深度等，对螺杆的工作特性均有重大的影响，因此，将螺杆的基本参数和其作用简介如下。一般螺杆的结构如图 4-1-5 所示。

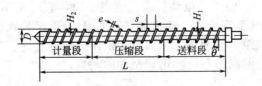

图 4-1-5 螺杆
H_1—加料段螺槽深度；H_2—计量段螺槽深度；D—螺杆直径；
θ—螺旋角；L—螺杆长度；e—螺棱宽度；s—螺距

① 螺杆的直径（D）和长径比（L/D） 螺杆直径是螺杆基本参数之一，挤出机大小的规格常用螺杆的直径来表示。使用者应根据制品的形状大小及需要的生产率来选择。另外，螺杆的其他参数如长度、螺槽深度和螺棱宽度等，其尺寸均与直径有关，而且大多用它们与直径之比来表示。

表征螺杆特性的另一重要参数是螺杆的有效长度（L）与其直径之比，即长径比（L/D）。如果把螺杆仅看成为输送物料的一种手段，则螺杆的长径比是决定螺杆体积容量的主要因素；另外，长径比也会影响热量从料筒壁传给物料的速率，从而影响由剪切所产生的热量、能量输入以及功率与挤出量之比。因此,增大长径比可使塑料在螺杆上停留的时间变长,塑化更均匀,可提高螺杆转速以增大挤出量。目前,螺杆有增大长径比的趋势,但过长会给制造与装配带来一些困难。长径比一般以在 25 左右居多。

② 螺杆各段的功能 根据塑料在螺杆上运转的情况可分为加料、压缩和计量三个段,这种通用螺杆,有时称为标准螺杆或计量型螺杆,它是螺纹角为 17.6°、螺距等于直径的螺杆。各段的功能是不同的。

加料段是自塑料入口向前延伸的一段距离,其长度为 $(4\sim 8)D$。在这段中,塑料依然是固体状态。这段螺杆的主要功能是从加料斗攫取物料传送给压缩段,同时使物料受热,由于物料的密度低,螺槽做得很深,加料段的螺槽深度 (H_1) 为 $(0.10\sim 0.15)D$。另外,为使塑料有最好的输送条件,要求减少物料与螺杆的摩擦而增大物料与料筒的切向摩擦,为此,可在料筒与塑料接触的表面开设纵向沟槽(见图 4-1-6);提高螺杆表面光洁程度,并在螺杆中心通水冷却。

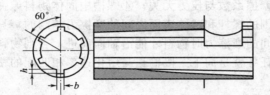

图 4-1-6 内表面开设纵向沟槽的料筒

压缩段(过渡段)是螺杆中部的一段。塑料在这段中,除受热和前移外,即由粒状固体逐渐压实并软化为连续的熔体,同时还将夹带的空气向加料段排出。为适应这一变化,通常使这一段螺槽深度逐渐减小,直至计量段的螺槽深度 (H_2)。这样,既有利于制品的质量,也有利于物料的升温和熔化。通常,将加料段一个螺槽的容积与计量段一个螺槽容积之比称为螺杆的压缩比。对于这种等螺距螺杆,压缩比可用 H_1/H_2 表示,其值为 $2\sim 4$。它取决于所加工塑料种类、进料时的聚集状态和挤出制品的形状。

计量段(均化段)是螺杆的最后一段,其长度为 $(6\sim 10)D$。这段的功能是使熔体进一步塑化均匀,并使料流定量、定压由机头和口模的流道挤出,所以这一段称为计量段。这段螺槽的深度比较浅,其深度为 $(0.02\sim 0.06)D$。

③ 螺杆上的螺旋角和螺棱宽度 (e) 螺旋角的大小与物料的形状有关。物料的形状不同,对加料段的螺旋角要求也不一样。理论和实验证明,30°的螺旋角最适合于细粉状塑料;15°左右适合于方块料;而 17°左右则适合于球、柱状料。在计量段,根据公式推导,螺旋角为 30°时产率最高。不过,从螺杆的制造考虑,通常以螺距等于直径的最易加工,这时螺旋角为 17.6°,而且对产率的影响不大,螺杆的螺旋方向一般为右旋。

螺棱的宽度一般为 $(0.08\sim 0.12)D$,但在螺槽的底部则较宽,其根部应用圆弧过渡。

④ 螺杆头部的形状 螺杆头部一般呈钝尖的锥形 [图 4-1-7 中的 (a)、(b)],以避免物料在螺杆头部停滞过久而引起分解。若螺杆为轴向变位螺杆,则在螺杆头部还可起到调整压力的作用。螺杆头部也可以是鱼雷状的 [图 4-1-7 中的 (c)],称为鱼雷头或平准头。平准头与料筒的间隙通常小于它前面螺槽的深度,其表面也可开成沟槽或滚成特殊的花纹。这种螺杆对塑料的混合和受热都会产生良好的效果,且有利于增大料流压力和消除脉动现象,常

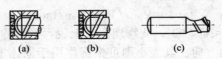

图 4-1-7 常用螺杆头部的形状

用来挤压黏度大、导热性不良或熔点较为明显的塑料。

4.1.3 单螺杆挤出原理

为了保证生产出的挤出制品的质量与产量，首先要保证在一定转速下进入挤出机的塑料能够完全熔化达到质量要求，即熔体的输送速率应等于物料的熔化速率；另外还应保证沿螺槽方向任一截面上的质量流率保持恒定且等于产量。如果不能保证这些条件，就会引起产量波动和温度波动。因此，只有先从理论上明确挤出机中固体输送、熔化和熔体输送机理，才能根据塑料的性能和螺杆的几何结构特点合理制定工艺条件。

4.1.3.1 固体输送

目前对固体输送理论推导最为简单的是以固体对固体的摩擦力静平衡为基础的。推导时假设：①物料与螺槽和料筒内壁所有边紧密接触，形成固体塞或固体床，并以恒定的速率移动；②略去螺棱与料筒的间隙、物料重力和密度变化等的影响；③螺槽深度是恒定的，压力只是螺槽长度的函数，摩擦系数与压力无关；④螺槽中固体物料像弹性固体塞一样移动。固体塞的移动是受固体周围的螺杆和料筒表面之间的摩擦力控制的，只有物料与螺杆之间的摩擦力小于物料与料筒之间的摩擦力时物料才能沿轴向前进，否则物料将与螺杆一起转动。

固体输送段的主要任务就是向下一段输送与熔化速率相匹配的塑料，因此它的研究对象为固体输送率（Q_s）。

由图 4-1-8 可知，要获得 Q_s，首先要知道固体塞在轴向的速度为 V_{pL}，然后求出通道截面积，两者的乘积即为所求，即

$$Q_s = V_{pL} \int_{R_s}^{R_b} \left(2\pi R - \frac{ie}{\sin\theta_a}\right) dR \tag{4-1-1}$$

式中，R_s 和 R_b 分别为螺槽底部和顶部的半径；e 为螺棱宽度；θ_a 为平均螺旋角；i 为螺纹头数。

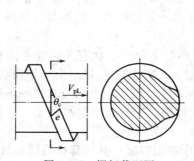
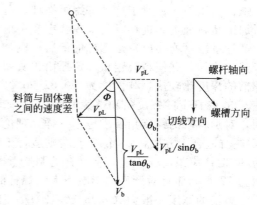

图 4-1-8　螺杆截面图　　图 4-1-9　料筒与固体塞之间速度差的速度矢量图

如果假定螺杆固定不动，料筒对螺杆作相对运动，其速度为 $V_b = \pi D_b N$。由于固体塞与螺杆之间的摩擦力小于固体塞与料筒之间的摩擦力，因此固体塞将沿螺槽方向运动，其速度为 $V_{pz} = V_{pL}/\sin\theta_b$，其切向速度为 $V_{p\theta} = V_{pL}/\tan\theta_b$。根据速率的合成，只要知道角度 Φ 即可解出 V_{pL}。从图 4-1-9 得：

$$\tan\Phi = V_{pL}/(V_b - V_{pL}/\tan\theta_b) \tag{4-1-2}$$

角度 Φ 称为移动角，$0 < \Phi < 90°$。从物理意义上说，Φ 角的方向是"位于"固体塞上的观察者所看到的料筒运动的方向。其大小则可根据作用于固体塞上的力和力矩平衡来算出，由于结果较为复杂，此处略。

将上式的 V_{pL} 代入式(4-1-1)，则得：
$$Q_s = \pi^2 D_b N H_f (D_b - H_f)(\tan\Phi\tan\theta_b)/(\tan\Phi + \tan\theta_b) \tag{4-1-3}$$

式中，N 为螺杆转速；θ_b 为料筒表面处的螺旋角；D_b 为螺杆的外径。

从式(4-1-3)知，固体输送速率不仅与 $DH_f(D-H_f)N$ 成比例，而且也与正切函数 $[\tan\Phi\tan\theta_b/(\tan\Phi+\tan\theta_b)]$ 成比例。对于后者，因为移动角与螺杆和料筒的几何参数，摩擦系数（f_s, f_b）和固体输送段的压力降均有联系，为简化计，略去输送端压力降的影响，并在 $f_s = f_b$ 的情况下将 $\tan\Phi\tan\theta_b/(\tan\Phi+\tan\theta_b)$ 对螺旋角 θ 作图（如图4-1-10所示）。从图中可见，如果 f_s 已定，则正切函数均会在特定的螺旋角处出现极大值。另一方面，最佳螺旋角是随摩擦系数的降低而增大的。从实验数据知，大多数塑料的 f_s 在 0.25~0.50 范围内，因此最佳螺旋角应为 17°~20°。

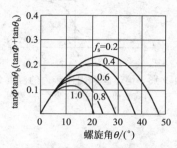
图 4-1-10　正切函数与螺旋角的关系

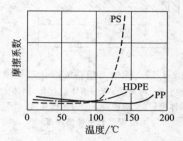
图 4-1-11　塑料对钢的摩擦系数与温度的关系

为了获得最大的固体输送速率，可从挤出机结构和挤出工艺两个方面采取措施。从挤出机结构角度来考虑，增加螺槽深度是有利的，但会受到螺杆扭矩的限制。其次，降低塑料与螺杆的摩擦系数（f_s）也是有利的，这就需要提高螺杆的表面光洁程度（降低螺杆加工的表面粗糙度），这是容易做到的。再者，增大塑料与料筒的摩擦系数，也可以提高固体输送率。基于此，料筒内表面似乎应该粗糙些，但这会引起物料停滞甚至分解，因此料筒内表面还是要尽量光洁。提高料筒摩擦系数的有效办法是：①料筒内开设纵向沟槽；②采用锥形开槽的料筒（见图4-1-6）。此外，决定螺杆螺旋角时虽应采用其最佳值，但考虑到制造上的方便，为此，一般选用的螺旋角为 17°41′。

从挤出工艺角度来考虑，关键是控制送料段料筒和螺杆的温度，因为摩擦系数是随温度而变化的，一些塑料对钢的摩擦系数与温度的关系如图4-1-11所示。在螺杆的几何参数确定之后，移动角只与摩擦系数有关。

如果物料与螺杆之间的摩擦力是如此之大，以致物料抱住螺杆，此时挤出量 Q_s 和移动速度均为零，因为 $\Phi = 0$。这时物料不能向前行进，这就是常说的"不进料"的情况。如果物料与螺杆之间的摩擦力很小，甚至可略而不计，而对料筒的摩擦力很大，这时物料即以很大的移动速度前进，即 $\Phi = 90°$。如果在料筒内开有纵向沟槽，迫使物料沿 $\Phi = 90°$ 方向前进，这是固体输送速率的理论上限。一般情况是在 $0 < \Phi < 90°$ 范围。在挤出过程中，如果不能控制物料与螺杆和料筒的摩擦力为恒定值，势必引起移动角变化，最后造成产率波动。

4.1.3.2　固体熔化

塑料在挤出机中受外热和内热（物料之间和物料与金属之间的摩擦）的作用而升温，因此原为固体的塑料就逐渐熔化而最后完全转变成熔体。那么其中必然有一个固体和熔体共存的区域，即熔化区或相变区。由于这一区域是两相共存的，给研究带来许多困难，所以直到1966年才提出较为合理的理论。理论的推导是很繁琐的，这里只给予简单的介绍。

（1）熔化过程

由输送段送入的物料，在进入熔化区后即在前进过程中同已加热的料筒表面接触，熔化即从接触部分开始,且在熔化时于料筒表面留下一层熔体膜。若熔体膜的厚度超过螺棱与料筒的间隙时,就会被旋转的螺棱刮落,并将其强制积存在螺棱的前侧,形成熔体池,而在螺棱的后侧则为固体床,如图4-1-12所示。这样,在沿螺槽向前移动的过程中,固体床的宽度就会逐渐减小,直到全部消失,即完全熔化(这个过程已被实验所证实)。从熔化开始到固体床的宽度下降到零的总长度,称为熔化区的长度。

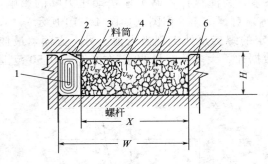 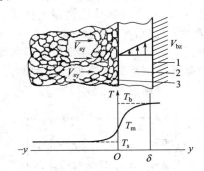

图4-1-12 螺槽内塑料的熔化过程模型
1—熔体池;2—料筒壁;3—熔体膜;4—固体-熔体界面;
5—固体床;6—螺棱;X—固体床宽度;W—螺槽宽度;H—螺槽深度

图4-1-13 熔体膜和固体床内的温度分布
1—料筒表面;2—熔体膜;3—界面

熔体膜形成后的固体熔化是在熔体膜和固体床的界面处发生的,所需的热量一部分来源于料筒的加热器;另一部分则来自螺杆和料筒对熔体膜的剪切作用。

(2) 熔化速率

研究熔化理论的主要目的是为了预测螺槽中任何一点未熔化物料的量,熔化全部物料所需螺杆的长度,以及这两个变量对物料物性、螺杆的几何形状和操作条件的依赖关系。为了简明地说明这个问题,现以 Tadmor 的熔化模型为例进行分析,为了建立熔化过程的数学模型,特作以下基本假设:①熔化过程是稳态的;②螺槽中的物料被压实成连续而均匀的固体床(塞),它以一定速度沿螺槽移动;③螺槽为矩形,螺棱与料筒的间隙略而不计;④界面边界是明显的,即塑料具有明显的熔点;⑤固体的熔化只在料筒与固体之间的固体床/熔体膜界面上进行;⑥热传导和流动是一维的,即温度和速度只是离界面距离的函数,在 X 和 Z 方向的略而不计;⑦熔体为牛顿流体。

从上面的假设可知物料在螺槽内的熔化是发生在熔体-固体界面上的,那么以界面为准,则其进出热量之差即为物料熔化耗去的热量。为此,需要知道熔体膜和固体中的温度分布以及从中进、出的热量。

如果螺杆固定不动,料筒以速度 V_b 移动,在螺槽方向的分量为 V_{bz},进入界面的速度为 V_{sy},固体床的相对速度为 V_j;熔体膜厚度为 δ;远离界面的固体床温度为 T_s,物料的熔点为 T_m,在料筒表面的温度为 T_b;熔体的黏度为 μ,根据能量方程及边界条件得出熔体膜中的温度分布为(图4-1-13):

$$\frac{T-T_m}{T_b-T_m}=\frac{\mu V_j^2}{2k_m(T_b-T_m)}\times\frac{y}{\delta}\left(1-\frac{y}{\delta}\right)+\frac{y}{\delta} \tag{4-1-4}$$

式中,y 是离界面距离;k_m 是热导率;无量纲群 $\mu V_j^2/k_m(T_b-T_m)$ 通称为勃林克曼数,它表示由剪切所生热量与温差为 T_b-T_m 时由料筒导入热量的比率。如果勃林克曼数大于2,则料筒与界面之间的某一位置的温度可出现比 T_b 更高的值,其原因在于剪切生热的数量较大。

从熔体膜进入单位界面的热量为:

$$-(q_y)_{y=0} = k_m \left(\frac{dT}{dy}\right)_{y=0} = \frac{k_m}{\delta}(T_b - T_m) + \frac{\mu V_j^2}{2\delta} \tag{4-1-5}$$

固体床内的温度分布可在边界条件 $y=0$，$T=T_m$ 和 $y \to -\infty$，$T \to T_s$ 时推得为：

$$\frac{T - T_s}{T_m - T_s} = \exp\left(\frac{V_{sy}}{\alpha_s}y\right) \tag{4-1-6}$$

式中，$\alpha_s = k_s/\rho_s C_s$ 是热扩散系数；k_s、ρ_s 和 C_s 分别为固体床的热导率、密度和比热容。式(4-1-6)说明固体床的温度是按指数规律从熔点 T_m 下降到固体床的起始温度。

在单位界面上从熔体膜传至固体的热量为：

$$-(q_y)_{y=0} = k_s \left(\frac{dT}{dy}\right)_{y=0} = \rho_s C_s V_{sy}(T_m - T_s) \tag{4-1-7}$$

从料筒到固体床的温度分布曲线见图 4-1-13。

综合式(4-1-6)和式(4-1-7)可知单位界面上进、出热量之差，也就是熔化物料耗去的热量：

$$\left[\frac{k_m}{\delta}(T_b - T_m) + \frac{\mu V_j^2}{2\delta}\right] - [\rho_s C_s V_{sy}(T_m - T_s)] = V_{sy} \rho_s \lambda \tag{4-1-8}$$

式中，λ 是塑料的熔化热。

再考虑物料平衡，由界面处进入熔体膜内的固体量应等于流出熔体量。则得：

$$\omega \equiv V_{sy}\rho_s X = \frac{V_{bx}}{2}\rho_m \delta \tag{4-1-9}$$

式中，ω 定义为单位螺槽长的熔化速率。解出式(4-1-8)的 V_{sy}，代入式(4-1-9)中，则熔体膜的厚度 δ 和熔化速率 ω 可用固体床的宽度 X 表示：

$$\delta = \left\{\frac{[2k_m(T_b - T_m) + \mu V_j^2]X}{V_{bx}\rho_m[C_s(T_m - T_s) + \lambda]}\right\}^{1/2} \tag{4-1-10}$$

$$\omega = \left\{\frac{V_{bx}\rho_m\left[k_m(T_b - T_m) + \frac{\mu}{2}V_j^2\right]X}{2[C_s(T_m - T_s) + \lambda]}\right\}^{1/2} = \phi X^{1/2} \tag{4-1-11}$$

$$\phi = \left\{\frac{V_{bx}\rho_m\left[k_m(T_b - T_m) + \frac{\mu}{2}V_j^2\right]}{2[C_s(T_m - T_s) + \lambda]}\right\}^{1/2} \tag{4-1-12}$$

由 ϕ 定义的变量群是熔化速率的量度，即 ϕ 值大则熔化速率高。因此，若想提高物料的熔化速率，可以从以下几个方面考虑：①在不影响质量的前提下提高料筒的温度，增大外界供热，但其存在最优值，因为温度升高，物料的黏度下降，摩擦热会相对减小；②对物料进行预热，提高物料温度以减小熔化所需的热量；③对某些物料来说还可通过提高螺杆转速。因为提高螺杆转速可增加物料的摩擦热，但同时也提高流量，若增加的流量的熔化所需热量大于增加的摩擦热，那么提高转速就毫无意义，若相反则可提高熔化速率。

4.1.3.3 熔体输送

计量段中熔体输送的理论是单螺杆挤出理论中研究得最早而又最充分的。开始是以两块无限的平行板之间的等温牛顿流体为对象，在极为简化的情况下来处理这一问题的，其后又扩展到非牛顿流体。随着时间的进展，理论研究也有更接近于实际的，不过它的复杂程度很大。这里只就其中最为简单的进行讨论。应该指出，由最简理论引出的公式的计算结果仍有一定的准确性，而且计算简便。

(1) 简化流动方程

为了推导方便，把螺槽展开并定位在平面，料筒被看作是螺槽上一块移动平板，并与螺槽成 θ 角以恒定速度移动（见图 4-1-14）。并假设：①熔体是不可压缩的牛顿流体，其黏度（μ）与温度无关；②流动是充分发展的稳定层流；③流体在壁面无滑动；④螺槽为矩形，

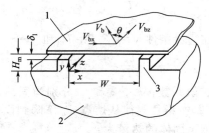

图 4-1-14 螺槽的几何形状
1—料筒；2—螺杆根部；3—螺纹

螺槽深度（H_m）比螺槽宽度（W）小得多，即 $H_m \ll W$；⑤不考虑惯性力、重力等的影响；⑥熔体的密度等物理性质不变；⑦螺槽深度恒定，压力梯度（dp/dz）为一常数。

熔体在螺杆计量段有正流（拖曳流动）、逆流（压力流动）、横流和漏（泄）流四种流动（见图 4-1-15）。正流（Q_d）是由于料筒移动在螺槽方向所产生的流动。逆流（Q_p）是料流压力梯度所产生的流动，其方向与正流相反。横流（Q_t）是物料沿 x 轴所产生的流动，为了保证横流的连续性，物料在 y 轴上也有流动，这样便形成环流，它对混合和传热有影响，但不影响流量。漏流（Q_L）也是压力梯度造成的，它是物料从螺棱与料筒之间的间隙（δ_f）沿螺杆轴向料斗方向的流量。

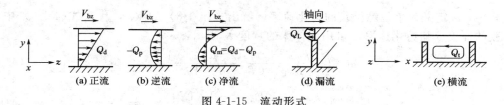

图 4-1-15 流动形式

如果物料沿螺槽的速度为 v_z，又不考虑漏流损失和横流的影响，则动量方程与牛顿黏性定律结合，可得：

$$\frac{d^2 v_z}{dy^2} = \frac{1}{\mu} \times \frac{dp}{dz} \tag{4-1-13}$$

对上式积分，并用适当的边界条件 $v_{z(y=0)} = 0$，$v_{z(y=H_m)} = V_{bz}$，则得：

$$v_z = yV_{bz}/H_m - y(H_m - y)(dp/dz)/2\mu \tag{4-1-14}$$

上式的右边第一项代表正流的速度分布，第二项代表逆流的速度分布，两者之和就是 z 向净流熔体输送速率的速度分布，如图 4-1-15 所示。

熔体输送速率（净流）可将沿螺槽的速度分布通过螺槽横截面积积分而得出：

$$Q_m = \int_b^{H_m} \int_0^W v_z dy dx = \frac{V_{bz} W H_m}{2} - \frac{W H_m^3}{12\mu}\left(\frac{dp}{dz}\right) = \frac{1}{2} V_{bz} W H_m - \frac{W H_m^3 \Delta p}{12 \mu z} \tag{4-1-15}$$

式中，z 是沿螺槽方向的长度；Δp 是其压力降。

从式(4-1-15)可以得出：①当 $\Delta p = 0$ 时，$Q_{max} = \frac{1}{2} V_{bz} W H_m$，即在挤出机中没有压力梯度（不安装口模）的最大熔体输送速率，但塑化不良；②当 $Q_m = 0$ 时，$\Delta p_{max} = 6\mu V_{bx} z / H_m^2$，即从口模没有物料挤出而产生最大压力降；③一般挤出操作是在前两个极端之间进行的。

此外，还可以看出，正流与螺槽深度（H_m）成正比，而逆流则与它的三次方成正比。因此，在压力较低时，用浅槽螺杆的挤出量会比用深槽螺杆时低，而当压力高至一定程度后，其情况正相反，这一推论说明浅槽螺杆对压力的敏感性不很显著，能在压力波动的情况下挤压比较均匀的制品。但螺槽也不能太浅，否则容易烧伤塑料。

利用螺杆的几何关系，简化流动方程可写成：

$$Q_m = \frac{\pi^2 D_b^2 N H_m \sin\theta_b \cos\theta_b}{2} - \frac{\pi D_b H_m^3 \sin^2\theta_b \Delta p}{12\mu L} \quad (4\text{-}1\text{-}16)$$

式中，N 为螺杆的转速；Δp 为计量段料流的压力降；L 为计量段的长度。

(2) 螺杆和口模的特性曲线

为简明计，式(4-1-15) 可写成下式：

$$Q_m = AN - B\frac{\Delta p}{\mu} \quad (4\text{-}1\text{-}17)$$

式中，A 和 B 都只与螺杆结构尺寸有关，对指定的挤出机在等温下生产牛顿流体时，除 Q_m 与 Δp 外，式(4-1-17) 中其他符号都是常数，这样式(4-1-17) 即为直线方程。如果将它绘在 Q_m-Δp 坐标图上，就可得到一系列具有负斜率的平行直线，这些直线常称为螺杆特性曲线（见图 4-1-16）。

同样，牛顿性塑料熔体通过口模的方程可简写成：

$$Q_m = K\frac{\Delta p}{\mu} \quad (4\text{-}1\text{-}18)$$

式中，K 为常数，与口模的几何结构有关；Δp 为塑料通过口模的压力降。

由于在计量段形成的压力目的之一是为了让塑料熔体在流经口模时克服其阻力，因在绝大多数情况下计量段的料流压力与口模处出料的压力相等，则式(4-1-18) 中的 Δp 即与式(4-1-17) 中的 Δp 相等。采用同一坐标而将式(4-1-18) 绘出，就可得到像图 4-1-16 所示的另一组直线（D_1、D_2、D_3 等，不同的直线表示用不同的口模，也就是 K 值不同），这种直线称为口模特性曲线。

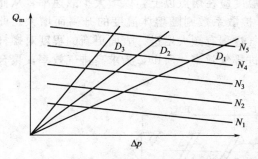

图 4-1-16　牛顿性熔体的螺杆和口模的特性曲线　　图 4-1-17　假塑性熔体的螺杆和口模的特性曲线

图 4-1-16 中两组直线的交点就是操作点。利用这种图可以求出指定挤出机配合不同口模时的挤出量，使用极为方便，因为直线只需两点就可决定。将式(4-1-17) 和式(4-1-18) 联立而消去 Δp 即得：

$$Q_m = \left(\frac{AK}{K+B}\right)N \quad (4\text{-}1\text{-}19)$$

从式(4-1-19) 知，挤出机（带有口模）的挤出量仅与螺杆转速以及螺杆、口模的结构尺寸有关，而与塑料的黏度无关。

对于假塑性熔体而言，在等温情况下，其黏度不再是常数，其螺杆与口模特性曲线不再是直线而是抛物线（见图 4-1-17），并为实测所证实。

需要指出的是，上述螺杆、口模特性曲线只反映出流率与口模压力之间的关系，而没反映出挤出物质量与其他条件的关系，因此在生产时一定要在保证产品质量的前提下，通过调整压力及其他条件（如转速、料筒温度等）来达到提高产量的目的。

4.1.4 单螺杆结构设计的改进

随着塑料的应用领域越来越广泛，对塑料制品的质量要求越来越高。因此，人们在实践过程中对常规螺杆不断地进行改进和提高，并从理论上进行深入的研究和探讨，从而出现了许多新型螺杆，并已得到广泛的应用。

4.1.4.1 排气式螺杆

挤出成型所用的各种塑料中常夹带空气，吸附的水分、剩余单体、低沸点的增塑剂、低分子挥发物等。在挤出过程中，上述成分必须排除，否则会严重影响制品的外观及其性能。

为了控制含水量，常采用预热干燥法或真空料斗干燥法等。前一种可除去表面吸附的水分，但对原料中含有的单体的某些高沸点溶剂的脱除效果不佳，后一种方法比较好一些，但均要增加设备和工序，这样既费工费时，又提高成本。实践证明，有效的方法是采用排气挤出机。

用排气式挤出机螺杆可连续从聚合物中抽出挥发物。这种挤出机在其料筒上设置一个或多个排气孔以便挥发物逸出。

图 4-1-18 是一根典型的两阶排气式挤出机螺杆，它至少有 5 个不同几何形状的功能段。头三段为加料、压缩和计量，与通用螺杆相同。在计量段之后，用排气段相接以迅速解除压缩，其后便是迅速压缩和泵出段。为了排气良好，有两个重要的功能要求：一是排气孔下聚合物的压力为零，二是排气孔的聚合物是完全熔化的。要求零压力是避免聚合物熔体从排气孔逸出。要求完全熔化聚合物有以下几个原因，如果聚合物在计量段没有完全熔化，排气孔和加料口之间的密封不好，就不能达到所要求的真空度，影响挥发物的排出。另一原因是挤出机的排气是受扩散过程控制的，而扩散系数对温度有颇大的依赖性。如果聚合物低于熔点，扩散则在极低的速率下进行。因此，聚合物温度应在熔点以上，以增大扩散速率，从而也提高了排气效率。所以聚合物应处于熔融态，扩散系数则随熔体温度的升高而增大。此外，聚合物处于熔融态，表面可以更新，这对排气过程有颇大增进。表面更新的程度对螺杆设计有重要作用，多螺纹、大螺距的排气段将增进排气效率。所以，为求高排气效率，聚合物进入计量段应在较高温度下并完全熔化。

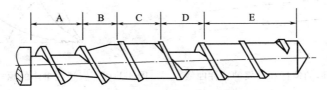

图 4-1-18 两阶排气式挤出机螺杆
A—加料段；B—压缩段；C—计量段；D—排气段；E—泵出段

零压力可用保证排气段的螺槽被聚合物部分充填来实现。当螺槽未全部充填，至少在沿螺槽方向就没有压力发生的可能。为了达到部分充填，排气段的深度必须比计量段的深度大得多，一般至少是 3 倍，而泵出段的输送能力要比计量段的输送能力为大。如果泵出段的输送量不够，聚合物熔体将在泵出段积滞并从排气孔逸出。因此，泵出段螺槽深度与计量段深度之比，一般取 1.5~2.0。

4.1.4.2 屏障型螺杆

对于常规螺杆，当熔化段的固体床减小到一定程度之后便会发生崩溃，形成固体碎片，被熔体包围，其熔融所需热量，绝大部分只能从熔体中吸收。同时由于漂浮在熔体内的碎片所受的剪切力很小,使固体碎片熔融速率缓慢或在熔化段内不能彻底熔融,致使均化段继续承担熔化物料的职能。

屏障型螺杆是在压缩段的螺纹旁再加一道辅助螺纹(称为屏障螺纹),于是将螺杆主螺纹的前缘一边分为熔体槽,而其后缘一边分为固体槽。屏障螺纹与料筒的间隙比主螺纹的间隙大5~9倍,这只能允许固体槽中由固体床生成的熔体进入熔体槽,而未熔化的塑料则被阻隔,从而避免了固体床崩溃于熔体之中。由于用作屏障螺杆螺纹结构的不同,屏障型螺杆也有多种。典型的屏障型螺杆如图4-1-19所示。这根屏障螺纹具有将固体与熔体分离之功能(故又称为离型螺杆),在固体床崩溃时可避免固体粒子与熔体混合在一起。另外,屏障螺纹的螺距比主螺纹的大,这种几何结构使固体槽截面积减小,起到减小固体槽深度和宽度的作用,而熔体槽的截面积则增大,起到增大槽深和槽宽的作用。屏障螺纹跨越螺槽而在固体槽宽度为零处终止,熔体槽宽度则增大到主螺槽的宽度。屏障螺纹不仅能促进熔化,同时也有助于内压的升高。这种屏障螺杆是由Mailefer首先研制成的,因此,也称Mailefer螺杆。

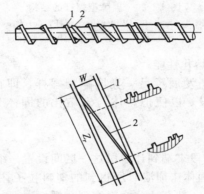

图4-1-19 Mailefer螺杆
1—主螺纹;2—屏障螺纹

另一种形式的屏障型螺杆称为Barr螺杆,它的起始部分是与Mailefer螺杆相同的。当熔体槽足够宽时,屏障螺纹开始与主螺纹平行[图4-1-20(a)]。因此,固体槽和熔体槽两者的宽度保持恒定。但当物料沿着螺杆前进方向移动时,固体槽逐渐变浅,从而将固体床推压在料筒表面上并使其熔化。另一方面,熔体槽的深度却逐渐增加以适应塑料熔体不断增加的需要。这种螺杆有两个主要优点:一是不需要固体床有任何的变形;二是固体床对料筒表面的接触面积显著增加,因此就增加了塑料在螺杆中的熔化量。这种形式螺杆的产率比常用型式的多20%~30%。但是,这种屏障螺纹是从主螺纹前缘一边开始的,会使主螺纹的宽度突然在前缘一边增加到大约为送料段原螺槽宽度的三分之一。螺槽宽度的急剧增加将明显地影响螺槽的横截面积,并使体积流动速率大为降低。如果主螺纹宽度在后缘增加,如图4-1-20(b)所示,原来的主螺纹变为屏障螺纹而加宽的后缘一边则为主螺纹。这种更换的几何形状被认为能降低对熔体的干扰。然而,突然增加螺纹宽度也要减小螺槽的横截面积和妨碍熔体的流动。

Dray/Lawrence螺杆[图4-1-20(c)]的几何形状与Barr螺杆很相似,其主要差别是主螺纹的螺旋角在引入屏障螺纹处突然改变。这就使固体槽的宽度仍保持加料段螺槽宽度,但也引起固体床方向突然改变而造成不稳定。为了改进这一缺点,将主螺纹和屏障螺纹的螺旋角逐渐改变,以得到从加料段平滑地转变到屏障段,但固体槽的宽度仍保持Dray/Lawrence螺杆的宽度,这种螺杆称Kim螺杆[图4-1-20(d)]。另外Ingen/Housz螺杆[图4-1-20(e)]则是将屏障

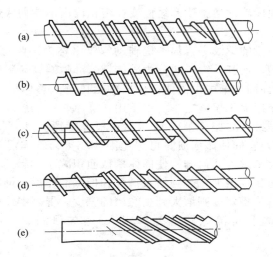

图 4-1-20　屏障型螺杆的结构
(a) Barr 螺杆；(b) Lacher/Hsu/Willer/Barr 螺杆；(c) Dray/Lawrence 螺杆；
(d) Kim 螺杆；(e) Ingen/Housz 螺杆

与多螺纹结合在一起，以改进熔化性能。

除上述屏障型螺杆外，还发展了另一类屏障型螺杆，即在螺杆的中部或端部设置相当短而具有屏障功能的混合段，以便把熔体与未熔化的固体分离，并使熔体只能向端部输送。

4.1.4.3　销钉型螺杆

这种螺杆是因在靠近熔化段末端到计量段这一区间设置一组或几组起混合作用的销钉而得名的（见图 4-1-21）。由于固体床崩溃时所得到的塑料粒子往往会与熔体混在一起，由于得到热量的机会少，不易熔化，甚至这些物料在到达螺杆端部时也不能完全熔化。如果在这一区域设置销钉，就必然会使料流发生搅动，并从而产生局部的高剪切以增进固体粒子的熔化。此外，设置的销钉还将有助于内压力的提高，借此还可保证螺槽被充满和压实。从实践的情况知，设有销钉的螺杆的确能达到上述目的。

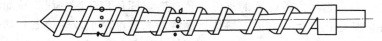

图 4-1-21　销钉型螺杆

销钉的设置位置和排布方式以及大小和数量对物料的混合都有影响。设置位置一般以螺杆轴向上未熔化的固体料尚有 20%～30% 的部分（即靠近压缩段的末端）为好。排布方式一般是使成排的销钉垂直于螺槽。设置面积有为螺槽一圈或几圈的。为了加强混合效果，也有在离计量段末 3D 范围内密布销钉的。销钉的大小和数量一般随螺杆直径而定。例如 $\phi 50mm$ 的螺杆设置 $\phi 3mm$ 销钉 30 个，$\phi 90mm$ 的螺杆设置 $\phi 4mm$ 的销钉 36 个，$\phi 115mm$ 的螺杆设置 $\phi 5mm$ 的销钉 36 个，$\phi 150mm$ 的螺杆设置 $\phi 5.5mm$ 的销钉 42 个，$\phi 200mm$ 的螺杆则设置 $\phi 6.4mm$ 的销钉 48 个。

销钉螺杆的不利之处是它会使螺杆每一转的产率减少 5%～15%，同时还使熔体温度相应地增加。为了抵消这种影响，设计时应该适当地加深计量段螺槽的深度。

由于销钉型螺杆的设计较为简单，而且销钉在螺杆上的安装也较容易，即使在塑料加工厂也能做到，所以应用较广。

4.1.4.4 波型螺杆

这种螺杆的螺槽根部是偏心的,偏心部位沿轴向按螺旋形移动,如图 4-1-22(a) 所示。由于螺槽深度前后各点不一样,螺槽彼此的连接就呈现波浪的形式,所以称为波型螺杆。在塑料压缩阶段,固体床的宽度会随其前进而逐渐缩小;熔体池则逐渐增大。当熔体池达到 40%~70% 时,固体床的崩溃就会发生。如果固体床的崩溃在此时是加速的,则未熔化的物料将产生细小的颗粒,增加表面积,从而促进物料的熔化。

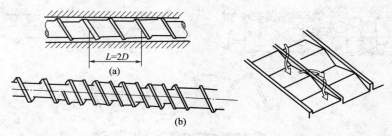

图 4-1-22 波型螺杆

在波型螺杆转动的同时,螺槽根部会产生周期性的一起一伏运动。因此,随静止料筒和转动螺槽之间的速率来运动的固体床就会受到重复的压缩和膨胀作用。基于这种理由,固体床的崩溃将加速,对物料混合十分有效。

另一种波型螺杆是轴向波型螺杆,在主螺纹之间套有一根间隙扩大一倍的辅助螺纹,而且由辅助螺纹隔开的两种螺槽波度都沿轴发生变化[见图 4-1-22(b)]。在这种情况下,当同一个节距中的一种螺槽深度增加时,另一螺槽深度的变浅是按这一种方法来进行的,即在几个节距的一段距离内,螺槽深度的关系是变换进行的。利用这种设计,一个节距中由辅助螺纹所分开的两个螺槽横截面积的比值就具有周期性的变化。因此,当物料在螺槽内向前移动时,在跨越辅助螺纹的同时有流进的也有流出的,因而促进了物料的混合。

与屏障型螺杆相比,波型螺杆没有一点可以使物料的流动受到阻止。所以,挤出量是大的,但是物料温度的提高却有所减少。基于这种理由,这种螺杆是适合于高速挤压操作的。关于熔体在流动方向上的均匀性,波型螺杆所产生的结果与用屏障型螺杆的不相上下。

4.1.4.5 混合螺杆

所谓混合是指降低组分非均匀性的过程。或者将混合定义为:改变组分在空间的有序或堆集状态的原始分布,从而增加在任一特定点上任一组分的一粒子或体积元的概率,以便达到合适的空间概率分布。单螺杆挤出机虽有这种混合功能,但混合效果有一定限制。为此,对单螺杆挤出机的螺杆结构作了许多改进,研制出了各种混合元件,根据混合功能的不同可分为分配混合元件和分散混合元件,从而产生了各式的混合螺杆。

为了改进通用螺杆的分配混合程度,一般在计量段设置分配混合元件,使螺槽中的速度分布扰乱,以产生分配混合。所谓分配混合是指所混合的组分都是流体,而无屈服点存在,它既有层状变形也有在成束的线形料流之间产生相对位置的变化。常用的分配混合元件(或段)如图 4-1-23 所示,所用分流元件是密集的销钉、钩槽和凹穴等。图中的静态混合器是不属于螺杆主体的,而与螺杆分离并设置于螺杆的端部。

在实际挤出操作中,聚合物往往要添加着色剂、填充剂和改性剂等,或者挤薄型薄膜,这时良好的分散混合往往比分配混合更为严格。这就要求在螺杆上设置分散混合元件,产生强大的局部作用,以克服附聚粒子的内聚力。另一方面,剪切力的作用时间也很重要。图 4-1-24 是常用的分散混合元件。可见,所有屏障型螺杆均能产生不同程度的分散混合作用,

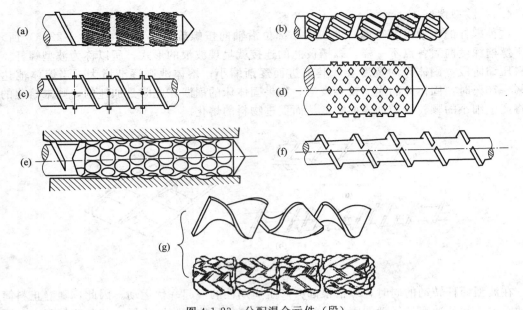

图 4-1-23　分配混合元件（段）
(a) Dalmage 混合段；(b) Saxton 混合段；(c) 销钉混合段；(d) 波罗型混合段；
(e) 凹穴传递式混合段；(f) 切口螺线；(g) 两种静态混合器

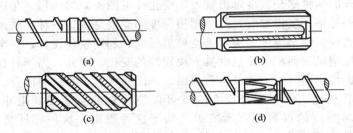

图 4-1-24　分散混合元件
(a) 凸环；(b) VC 混合段；(c) Egan 混合段；(d) Drav 混合段

因为物料屏障间隙中经受很高的剪切，这种剪切力是很大的，足以使熔体中的粒子或附聚物粉碎。这种元件有时也称为剪切元件。

以上两类混合元件，可根据需要单独设置在螺杆上，或者两者结合，或者加上排气功能，以构成多阶混合螺杆（图 4-1-25）。

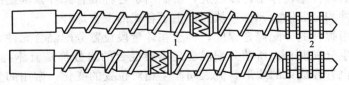

图 4-1-25　带剪切和混合元件的多阶螺杆
1—剪切元件；2—混合元件

4.1.5　双螺杆挤出机的结构及挤出原理

双螺杆挤出机是在单螺杆挤出机的基础上发展起来的，在料筒中并排安放两根螺杆，故称双螺杆挤出机。第一台双螺杆挤出机自 20 世纪 30 年代问世以来，随着塑料工艺的发展，已显示出特有的加工优越性，后来相继出现在混炼、排气、造粒、粉料直接挤出成型，用以填充玻璃纤维和其他填料等专门功能的双螺杆挤出机。目前，在国内外双螺杆挤出机都获得越来越广泛的应用。

4.1.5.1 结构

双螺杆挤出机是指在一根两相连孔道组成"∞"截面的料筒内由两根相互啮合或相切的螺杆所组成的挤出装置。双螺杆挤出机由传动装置、加料装置、料筒和螺杆等几部分组成，如图 4-1-26 所示。各部件的功能与单螺杆挤出机相似，但在众多双螺杆挤出机中，最重要的差别是螺杆结构的设计。首先，两根螺杆是啮合的还是非啮合的；其次，在啮合型双螺杆中，螺杆是同向转动，还是反向转动；第三，螺杆是圆柱形（平行双螺杆）还是锥形；第四，实现压缩比的途径：①变动螺纹的高度或导程，②螺杆根径由小变大或外径由大变小，③螺纹的头数由单头变成二头或三头；第五，螺杆是整体的还是组合的。所有这些表明，双螺杆挤出机的螺杆结构要比单螺杆挤出机的复杂得多。

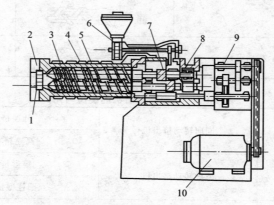

图 4-1-26 双螺杆挤出机
1—连接器；2—过滤器；3—料筒；4—螺杆；5—加热器；6—加料器；
7—支座；8—上推轴承；9—减速器；10—电动机

4.1.5.2 类型

R. Erdmerger 从理论上把双螺杆分为 12 类（见表 4-1-1），这样，就把复杂众多的双螺杆挤出机作了科学的概括，对于制造和使用双螺杆都有重要意义。表中所谓纵向开口是指自加料口到口模有一通道，物料从一根螺杆流往另一根螺杆；横向开口是指垂直螺棱方向，物料能越过螺棱，在一根螺杆的各个螺槽之间进行物料交换。螺杆的纵向开口，或横向开口，或有一封闭的几何形状，对螺杆的输送条件、混合及积蓄压力的能力都有直接影响。

螺杆的类型不同、配合情况不同，形成的系统就不同，其作用也就不同（见表 4-1-2）。非啮合双螺杆在纵、横向都是开口的。只有全啮合、反向转动的双螺杆在纵、横向都是闭合的，不考虑机械间隙，它能形成封闭室。全啮合、同向转动双螺杆是纵向开口、横向封闭的，而捏合盘在纵、横向都是开口的。对于部分啮合的双螺杆，要区分纵向开口和横向封闭系统与纵、横向开口的系统。

非啮合型的双螺杆挤出机相当于两台并列的单螺杆挤出机，其基本原理与单螺杆挤出机相似。而啮合型双螺杆挤出机的结构虽然和单螺杆挤出机相似，但在工作原理上存在着很大的差异，不同类型的双螺杆挤出机其工作原理也不尽相同，各自表现出特异的加工性能。

表 4-1-1 双螺杆挤出机的类型

啮合情况		系　　　统	反向转动螺杆	同向转动螺杆	
啮合	全部	纵、横向封闭	1.	2. 理论上不可能	
		纵向开口、横向封闭	3. 理论上不可能	螺杆	4.
		纵、横向开口	5. 理论上可能,但实际上不行	捏合盘	6.
	部分	纵向开口、横向封闭	7.	8. 理论上可能	
		纵、横向开口	9a.	10a.	
			9b.	10b.	
非啮合		纵、横向开口	11.	12.	

表 4-1-2 双螺杆挤出机的类型与用途

啮合型挤出机	同向转动挤出机	低速挤出机(型材挤出)
		高速挤出机(配料、脱气)
	反向转动挤出机	锥形挤出机(型材挤出)
		圆柱型挤出机(型材挤出)
非啮合型挤出机	反向转动挤出机(配料)	
	同轴挤出机(挤出)	

4.1.5.3　反向啮合型双螺杆挤出机

典型的封闭式反向（转动）啮合（CICT）型双螺杆挤出机的螺杆几何形状，如图 4-1-27 所示。在啮合处，一根螺杆的螺纹插入另一根螺杆螺纹的螺槽中，使连续的螺槽被分为相互隔离的 C 形室，螺杆旋转时，随着啮合部分的轴向移动，C 形室就向前移动，C 形室中的物料受到另一螺杆螺齿的挤压沿 C 形室前移。由于啮合区截面（图 4-1-28）较小，两根螺杆螺槽之间的开口是很小的。因此，CICT 挤出机可达到相当的正位移输送特性。

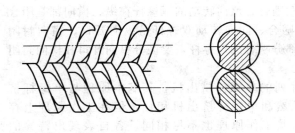

图 4-1-27　CICT 挤出机的螺杆几何形状

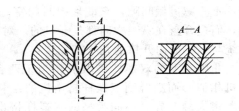

图 4-1-28　CICT 挤出机啮合区的截面

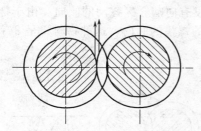
图 4-1-29 反向挤出机的滚压式啮合

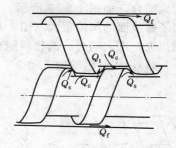
图 4-1-30 挤出机中的漏流

反向啮合型双螺杆挤出机具有滚压式啮合,如图 4-1-29 所示。啮合区的螺杆速度都在同一方向。进入啮合区的物料则有强制通过啮合区的倾向。如果两根螺杆之间的间隙是相当小的,则通过啮合区的流动是很小的。这将在啮合区的入口处产生储存物料的料垄,进入辊隙的物料将对两根螺杆产生很大的压力,致使螺杆挠曲。所以,CICT 挤出机一般适合在低速下运行,以免在啮合区发生过大的压力。若使用大间隙设计螺杆时,螺杆速度可以提高;但是,正位移输送特性则会受到损失。于是,CICT 挤出机的最大允许螺杆速度,常常是机器正位移输送特性的良好指标。低的最大螺杆速度(约 20~40r/min)表明,机器具有正位移输送特性,大多用于型材挤出。高的最大螺杆速度(约 100~200r/min)表明,机器具有较小的正位移输送特性,大多用于配料、连续的化学反应,以及其他特定的聚合物加工作业。

CICT 挤出机的理论最大产量为:

$$Q_{\max} = 2iNv \tag{4-1-20}$$

式中,i 为平行螺纹数;v 为 C 形室的体积;N 为螺杆的转速。

在式(4-1-20)中,假设螺槽被物料完全充满而且无漏流。此方程首先是由 Schenkel 提出的。实践表明,CICT 挤出机的实际产量大大低于理论量($Q_{\max}$)。所以有人对该式引入经验性修正系数。Janson 对反向转动挤出机中的漏流作了详细分析,他将漏流分为四种(图 4-1-30)。

① 通过螺棱与料筒之间的间隙(螺棱间隙,δ_f)的漏流(螺棱漏流,Q_f);② 一根螺杆的螺槽底部和另一根螺杆的顶部之间的间隙(径向间隙,δ_c)的漏流(压延漏流,Q_c);③ 在切向通过两根螺纹侧面之间的间隙(侧面间隙,δ_s)的漏流(侧面漏流,Q_s);④ 通过两根螺杆螺纹侧面之间的四面体间隙(δ_t)的漏流(四面体漏流,Q_t)。这样,挤出机的总产量(Q)可按下式确定:

$$Q = 2iNv - 2iQ_{cs} - 2Q_f - Q_t \tag{4-1-21}$$

式中,Q_{cs} 是压延漏流与侧向漏流之和。

4.1.5.4 同向、啮合型双螺杆挤出机

这种挤出机有低速和高速两种。它们在设计、操作特性和应用方面都是不同的。低速同向(转动)双螺杆挤出机主要用于型材挤出,而高速挤出机则用于特定的聚合物加工作业。

(1) 封闭式啮合型挤出机

低速挤出机具有封闭式啮合螺杆几何形状,其中一根螺杆的螺纹插入另一根螺杆的螺槽而密切配合,即共轭螺杆轮廓。封闭式同向啮合(CICO)型双螺杆挤出机的典型几何形状,如图 4-1-31 所示。

图 4-1-31 所示的共轭螺杆轮廓显示出在两根螺杆之间形成良好的密封。可是,啮合区的截面(图 4-1-32)显示出,在两根螺杆的螺槽之间存在着相当大的开口。因此,CICO 挤出机的输送特性不如 CICT 挤出机(见图 4-1-27,图 4-1-28)的正位移。同向双螺杆挤出机

具有滑动式啮合,如图 4-1-33 所示。在啮合区螺杆的速度是相反的,因此,进入啮合区的物料,除了螺纹面的间隙很大(图 4-1-34)外,几乎没有向啮合区移动的倾向。由于螺槽间的开口相当大,进入啮合区的物料则有流进相邻螺杆的螺槽的倾向。这种物料将呈 8 字形运动(图 4-1-35),同时沿轴向运动。

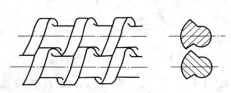

图 4-1-31　CICO 挤出机的螺杆几何形状

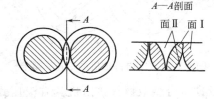

图 4-1-32　CICO 挤出机中啮合区的截面

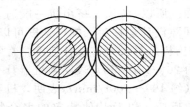

图 4-1-33　CICO 挤出机中啮合区的截面

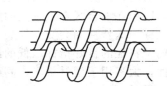

图 4-1-34　具有大的螺纹面间隙的啮合区

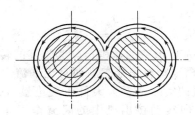

图 4-1-35　物料呈 8 字形运动

靠近无源螺纹面的物料,由于受到相邻螺杆螺棱的阻碍,而不能进入相邻螺杆的螺槽。因此,这些物料将产生回流,如图 4-1-36 所示,这种物料的一部分将贡献于螺杆的正位移输送特性。如果受阻面(图 4-1-32 中的 I 面)相对大于开口面(图 4-1-32 中的 II 面),输送特性将是正比于正位移的。如果开口面相对大于受阻面,正位移输送特性则会大大地降低,致使停留时间(RTD)加宽和产量对压力的依赖性。CICO 挤出机相对地具有正位移输送特性,因为它的螺杆几何形状是使开口面相对小于受阻面的。

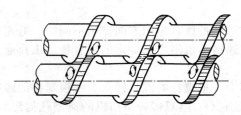

图 4-1-36　无源螺纹面处的回流

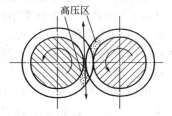

图 4-1-37　啮合区入口处的高压区

滑动型啮合区将在物料进入啮合区处产生高的压力区,如图 4-1-37 所示。压力的上升主要是因物料进入啮合区流动方向变化所引起。显然,对于 CICO 双螺杆挤出机,开口面比受阻面小,压力上升将是最严重的。这些高压区将对螺杆产生横向力,试图将螺杆推开。这些分离力将随螺杆转速上升而增大。很显然，这种分离力不应大到使螺杆与料筒接触，因为它将导致严重磨损。所以，CICO 挤出机必须在低速下运转，以免在啮合区出现大的压力峰。

(2) 自洁式挤出机

高速同向挤出机具有封闭式匹配的螺纹轮廓，如图 4-1-38 所示。从一个螺槽到相邻螺槽有颇大的开口。这种情况从螺杆的顶视图（图 4-1-38）和啮合区的截面（图 4-1-39）看是很明显的。于是，开口面 Ⅱ 相对大于受阻面 Ⅰ，因此，啮合区形成大的压力峰的倾向是相当小的。故可将这种螺杆设计成具有相当小的螺杆间隙；这些螺杆，都具有封闭式自洁作用。这种设计的双螺杆挤出机，一般称作封闭式自洁同向挤出机（CSCO）。

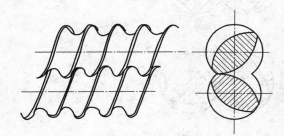

图 4-1-38　CSCO 挤出机的螺杆的顶视图

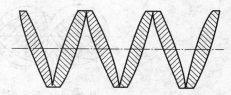

图 4-1-39　CSCO 挤出机啮合区的截面

采用 CSCO 挤出机时，在啮合区产生大的压力峰的倾向很小，可以在高速下运转（高达 600r/min）。这种情况利用啮合区相对大的开口面是可能的。可是，这种几何特性也产生相当的非正位移输送特性，使 RTD 加宽和产量对压力的敏感性。所以，这些机器不适于直接挤出型材。物料的大部分将按 8 字型流动。CSCO 挤出机中的这部分将比 CICO 挤出机大得多。

对于三头螺纹 CSCO 挤出机，进入一根螺杆螺槽的啮合区的大部分物料，将传送到另一根螺杆的相邻螺槽，如图 4-1-40 所示。对于流道（截）面积，在啮合区前，它是由螺杆与料筒之间的面积决定的，即螺槽面积 A（图 4-1-40）。在啮合区本身，流道面积则由两根螺杆与料筒之间的面积决定（如 A_2）。在开始，流道面积增加到最大，但在啮合区的最后，它又降低到 A_1。在 CSCO 挤出机中，螺棱的宽度相对小于螺槽的宽度，这种流道面积的变化有利于物料从一根螺杆传递到另一根螺杆，使物料受到剪切和混合。

4.1.5.5　非啮合型双螺杆挤出机

非啮合型双螺杆挤出机中有实用价值的是反向转动的非啮合型双螺杆（NOCT）挤出机，它的输送与单螺杆挤出机类似，主要差别是物料从一根螺杆到另一根螺杆的交换。同单螺杆挤出机相比，NOCT 挤出机的正位移输送特性更少，而逆流混合特性则较好，因此，NOCT 挤出机主要用于共混、排气和化学反应作业等。

4.1.5.6　啮合型双螺杆挤出机性能特点

由于啮合型双螺杆挤出机的上述工作原理，形成了单螺杆挤出机所不具备的优点。①啮合型双螺杆挤出机是靠正位移原理输送物料，没有压力回流（逆流），挤出量与机头压力几乎没有关系。在单螺杆挤出机中难以加入具有很高或很低黏度及与金属表面摩擦系数范围很宽的物料，如带状料、糊状料、粉料及玻璃纤维等在双螺杆挤出机中均可加入。②双螺杆挤出机特别适合加工聚氯乙烯粉料。物料在双螺杆中停留时间短，由于表面更新作用，排气性能优异。③具有良好的剪切、混合性能，使物料得到的热量及时均化，加速物料的塑化速度，减少料温波动，可提高挤出物的质量。

另外值得注意的是，双螺杆挤出机工作时，螺纹段内并不完全充满物料，通过控制物料

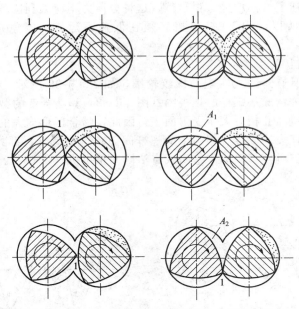

图 4-1-40 三头螺纹 CSCO 挤出机中的物料传送

在螺槽中的充满状态来确定剪切速率、树脂温度和压力分布。挤出量的大小是用加料量来计算的。而且是以强制正位移泵的原理输送物料，瞬时的挤出量应严格地与加料速率相一致，否则会影响制品的精度。

4.1.6 挤出制品举例

完成一种塑料制品的生产，仅仅有挤出机是不够的，还需有机头或口模赋形，以及定型、冷却、切断等各种辅机。

4.1.6.1 口模（机头）及类型

口模是安装在挤出机末端的有孔部件，它使挤出物形成规定的横截面形状。口模连接件是位于口模和料筒之间的那部分，这种组合装置的某些部分有时称作机头或口模。由于许多口模的特性是相当复杂的，口模和口模体（机头）实际上是一回事。因此，习惯上把安装在料筒末端的整个组合装置称为口模，但也有称作机头的。

筛板也是口模组合装置的组成部分，它是由多孔圆板组成，并安装在料筒和口模体之间。筛板的主要作用是使物料由旋转运动变为直线运动，增加反压、支撑过滤网等。过滤网是由不同数目和粗细的金属丝组成，其作用是过滤熔融料流和增加料流阻力，以滤去机械杂质和提高混合或塑化效果。

口模一般由口模分配腔、引流道和口模成型段（"模唇"）这三个功能各异的几何区组成（图 4-1-41）。口模分配腔是把流入口模的聚合物熔体流分配在整个横截面上，并承接由熔体输送设备出口送来的料流；引流道是使聚合物熔体呈流线型地流入最终的口模出口；口模成型段是赋予挤出物以适当的横截面形状，并消除在前两区所产生的不均匀流动。影响口模设计的主要因素有：口模内部流道的设计、结构材料和温度控制均匀性。口模设计工程目的是在给定尺寸均匀性限度内在最高的可能产率下得到所需的制品形状。目前，口模设计是根据加工经验和理论分析相结合进行的。从流变学角度考虑，在设计前应计算：流量分布、压力降和停留时间，以及有无不稳流动现象，以便决定流道尺寸。其次，根据制品的形状和尺寸、聚合物的热稳定性以及挤出生产线与口模的相对位置，选择口模的形式和结构。在这些

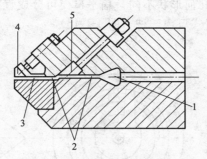

图 4-1-41 挤片口模的结构
1—分配腔；2—引流道；3—模唇；4—模唇调节器；5—扼流棒

工作的基础上就可进行口模设计。应当指出，前面所作计算是以黏性流动为基础的。实际上，聚合物熔体是黏弹性流体，它的离模膨胀对口模形状设计和制品形状都有重要的作用，但目前对此问题还研究得不够，特别是异形口模的设计仍需借助实践经验。

(1) 圆孔口模

在挤出塑料圆棒、单丝和造粒所用口模，均具有圆形出口的横截面，这就是圆孔口模。

这种口模中的流动是典型的一维流动，虽然沿半径方向流速有很大变化，但在同心圆上的轴向流速则是相同的。另外，如果圆孔平直部越短，则熔体的离模膨胀越大。口模平直部长度（L）与直径（D）之比一般低于 10。

挤出棒材口模的结构比较简单，进口处的收缩角为 30°～60°左右，平直部分为 $(4\sim 6)D$，出口处可做成喇叭形，以适应不同直径棒材的需要，其扩张角在 40°以下（见图 4-1-42）。

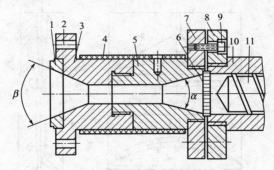

图 4-1-42 无分流器的棒材挤出成型机头
1—锥形环；2—螺栓孔；3—口模体；4—加热圈；5—连接器；6—多孔板；
7—连接法兰；8—机筒法兰；9—连接螺钉；10—机筒；11—螺杆

对于单丝口模，喷丝孔应布置在等速线上以使丝条在拉伸时受力均匀，长径比一般为 6～10，而孔径的大小则取决于单丝的直径和拉伸比，孔数一般为 20～60（图 4-1-43）。另外，喷丝孔的精度应高，以免平丝粗细不均，因为孔径误差 10%，则大致可使体积流率误差到 47%。

造粒口模的长径比也低于 10，圆孔的排布多排在同心圆上使料流速度基本相同，以获得均匀的粒料，图 4-1-44 为造粒口模的一例。

(2) 扁平口模

用挤出法生产平膜（厚度小于 0.25mm）和片材（厚度大于 0.25mm）的口模，在其出口都具有狭缝形的横截面，这就是扁平口模。从挤出机送来的熔体一般为圆柱体，要把它转变成扁平的矩形截面而且有相等流速的流体，就需要在口模内构成具有分配流体作用的空腔（分配腔）。根据分配腔的几何形状不同，扁平口模可分成直支管式口模（T形口模）、鱼尾形口模（扇形口模）和衣架式口模三种（图4-1-45）。

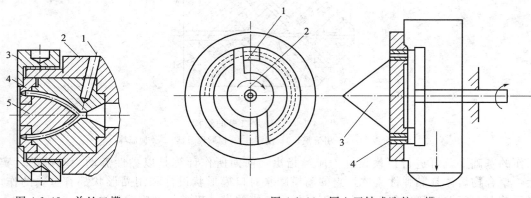

图 4-1-43 单丝口模
1—温度计插孔；2—模体；3—锁紧螺帽；4—喷丝板；5—分流器

图 4-1-44 同心刀轴式造粒口模
1—切刀；2—刀架；3—分流梭；4—圆孔

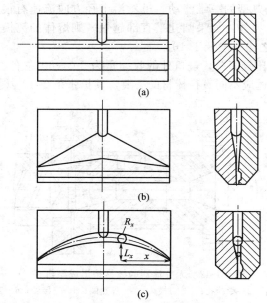

图 4-1-45 扁平口模
(a) 直支管式口模；(b) 鱼尾形口模；(c) 衣架式口模

支管式口模是用一根带缝的直圆管与矩形流道组成。聚合物熔体从中间部分进入，经过圆管分配腔而从狭缝流出片状流体。如果熔体从中心到支管末端的压力降比较大，通过安缝（模唇）挤出的片材则会出现中间较厚、两边较薄的情况。如果增大支管半径，这种厚薄不均的现象将会减小。通过口模内的流动分析，可以得到合理的支管半径。另外，在流道内设置扼流棒和对模唇间隙加以调节（见图4-1-41），即可得到厚度均匀的产品。但是，熔体在这种口模内的停留时间在中部和两侧相差很大，因而它不宜挤聚氯乙烯，而常用于聚烯烃和聚酯的挤出。

鱼尾形口模如图4-1-45(b)所示。聚合物熔体从中部进入并沿扇形扩展开来，再经模唇的调节作用而挤出。与直支管式口模相比，这种口模的流道没有死角，流道内的容积小而减小了熔体的停留时间。因此，这种口模对于熔体黏度高而热稳定差的聚合物（如聚氯乙烯）有较好的效果。但扇形的扩张角不能太大，片材宽度受到一定的限制。为使速率更均匀，在模唇前加上弧形阻力块和扼流棒，熔体再经模唇挤出。

为了改进聚合物熔体在上述口模内的流动分布均匀性，将直支管式口模与鱼尾形口模的优点结合在一起而构成了衣架式口模。这种口模的分配腔是由两根直径递减的圆管（即支管）与两块三角形平板间的狭缝构成像衣架的流通，如图 4-1-45(c) 所示。从挤出机送来的柱塞状流体，通过两根支管的分流和三角形的"中高效应"而分布成片状熔体流，再经过扼流棒和模唇的调节作用，挤出物的流速更加均匀。最后经冷却即得片材。熔体在这种口模内的停留时间分布较一致，特别适于硬聚氯乙烯的挤出。

(3) 环形口模

用于挤出管子、管状薄膜、吹塑用型坯和涂布电线的口模，在其出口都具有环形截面，这类口模称为环形口模。这种环形流道是由口模套和芯模组成的。根据口模套与芯模间的连接形式不同，可分为支架式口模、直角式口模、螺旋芯模式口模和储料缸式口模等，如图 4-1-46 所示。

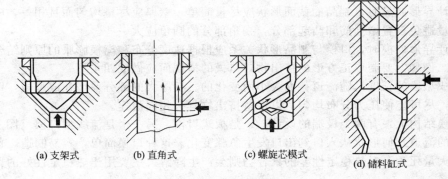

图 4-1-46　环形口模

支架式口模是将芯模用支架柱支撑在模体上构成环形空间的。从挤出机送来的聚合物熔体经分流梭再绕过支架后汇合成管状物从环形流道挤出。这样，汇合处的熔接痕就会影响到制品质量，如力学强度、光学性能和壁厚不均等。改进方法是将支架设计成筛孔管式，用来挤聚烯烃管。也有将分配腔设计成莲花瓣状或补偿心脏式，用来吹制管模。

直角式口模是将从挤出机送来的熔体流向转变成与挤出机螺杆轴线一般成 90°的装置。从图 4-1-46(b) 可见，聚合物熔体从进口到出口的流程是不等的，因此，在模唇部分的压力降和流率也有不同，进而影响厚度分布。为了改进口模内流率不均的缺陷，可将口模的分配腔改成衣架式或支管式。属于直角式口模的还有电线涂覆用的口模等。

螺旋芯模式口模是为了克服支架式和直角式口模在挤管和吹制管膜中所出现的熔接痕而研制的。如图 4-1-46(c) 所示，聚合物熔体从中心进入，通过径向分配系统分成几股进入芯模上的几根螺旋槽，这些螺旋槽的深度在流动方向上逐渐减小，而芯模与模套的间隙在轴向则逐渐增大。因此，聚合物熔体一方面沿螺旋槽流动（螺旋流），另一方面通过模芯与模套的间隙而沿轴向流动（漏流）。结果使螺旋流逐渐减小，漏流再与其螺旋槽中的料流汇合使轴向流量增大。当螺旋槽深度降至零时，则口模中只有由漏流组成的轴向流动。

储料缸式口模是将经挤出机塑化的物料储存在圆筒形缸内，此时柱状活塞由于物料量增加而上升，当物料达到一定量时，活塞迅速下降将物料经支架由模唇排出，即得管状型坯。如将芯模固定在口模的顶部，由环形空间和管状活塞组成环形储料缸。这样，消除了流痕，降低了口模阻力。再加上用型坯调节器来调节模口的间隙，因而能制得壁厚分布较为均匀的制品。

(4) 异形口模

这里所谓异形制品（或称型材）是指从任一口模（异形口模）挤出而得到具有不规则截面的半成品。它包括中空和开放的两大类（见图4-1-47）。由于聚合物熔体具有黏弹性，加之壁厚不一定均匀和边界条件的复杂，要分析异形口模中的流变行为，并用以指导口模设计是很困难的。因此，异形口模设计目前主要还是靠经验，反复修模，以达到所需制品的形状。

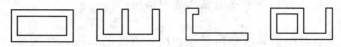

图 4-1-47　异形口模举例

在考虑口模流道的几何形状时，首先从口模挤出的熔体流速在整个横截面应是相同的，其次，挤出熔体的轮廓应与制品形状基本一致，经过定型达到制品的形状。当然，这是一个总的原则。为达到此目的，要从制品设计和口模设计两个方面考虑。

在设计异形制品时，制品的截面形状应尽量简单，壁厚应尽量均匀而且相等，中空型材内部应尽量避免设置增强筋和凸起部分，拐角部分的圆角应大一些。

在设计异形口模时，口模与制品形状关系应根据速度分布和离模膨胀的原则结合实践经验来确定。例如，要制取正方形的挤出物，口模的横截面应做成四角形。

口模成型段的长度是随流道截面大小而变化的。壁厚大的部分要增长成型段，壁薄的成型段要短，尽可能使压力分布均匀，以保持挤出物具有相同流速。

在口模结构上，有两个极端的设计，一是板式口模，另一个是流线型口模（图4-1-48）。板式口模的流道几何形状从入口到出口发生急骤变化。这种口模简单，容易制造，也容易改进。但有大量死角，对热稳定性差的聚合物则会产生降解。主要用于热稳定性好的聚合物。

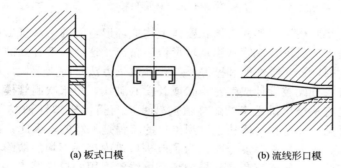

(a) 板式口模　　　　　　　　(b) 流线形口模

图 4-1-48　异形口模

流线型口模的流道几何形状从入口到出口是逐渐改变的。显然，这种口模是较复杂的，较难制造和改进，适用于热稳定性差的聚合物。

4.1.6.2　挤出机的辅助设备

挤出机的辅助设备大致可分为以下三类。

① 挤压前处理物料的设备（如预热、干燥等），一般用于吸湿性塑料。进行干燥的设备可以是烘箱或沸腾干燥器，也可以用真空加料斗。

② 处理挤出物的设备，如用作冷却、牵引、卷取、切断和检验等的设备。

③ 控制生产条件的设备，也就是各种控制仪表，如温度控制器、电动机启动装置、电

流表、螺杆转速表和测定机头压力的装置等。

以上三类设备不仅随制品的种类、对制品质量的要求以及自动化程度等的不同而有差别，而且每一种设备的类型也有不同的形式。

4.1.6.3 管材的挤出

管材挤出成型流程如图 4-1-1 所示，其所用设备有挤出机、机头、定型装置、冷却水槽、牵引装置、切割装置以及在使用中为方便管材间或与其他管件间的联结，在切断后的管材两端进行扩管（使管材两端口径略为扩大而便于联结）的设备等。选择挤出机的大小，作为一般通则，在挤压圆柱形聚乙烯制品（管、棒等）时，口模通道的截面积应不超过挤出机料筒截面积的40%。挤压其他塑料时，则应采用比此更小的值。

（1）机头和口模

用于挤出各种热塑性塑料管材的机头，大体上可以分为直角式和直通式两类（如图 4-1-49 所示）。前者只用于对内径尺寸要求准确的生产，一般很少采用，用得最多的是后者。挤出机挤出的熔融塑料进入机头由芯棒及口模外套所构成的环隙通道流出后即成为管状物。芯棒与口模外套均按制品尺寸的大小而给出其相应尺寸。口模外套在一定范围内可通过调节螺栓作径向移动，从而调整挤出管状物的壁厚。需要指出的是这种调节方式的适用范围是有限的，在下列几种情况下效果并不明显：①机头在长时间的工作中由于不正确的温度控制而使塑料局部过热分解；②由于壁厚调节不当而使流道出现死角，结果会造成塑料在机头内表面上结垢；③由于其他一些原因而使塑料熔体在流道内出现不均匀流动，使芯棒受到不均匀的应力，并在垂直于挤出方向上受到推动，从而使制品的壁厚不均。所以对于多脚架的强度以及它和芯棒的联结方式，都必须给予考虑。调节螺栓的数量取决于口模的直径，可以是 3、4 或 6 个。

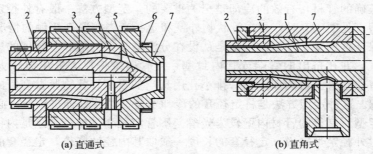

图 4-1-49 直通式挤管机头
1—芯棒；2—口模；3—调节螺钉；4—分流器支架；5—分流器；6—加热器；7—机头体

为求得机头内流道的通畅，流道必须呈流线型而且应十分光滑，有时还要求镀铬（对聚氯乙烯尤其需要，以防止化学腐蚀），以提高管材表面质量。

所有的直通式机头部需要用分流器支架来支承芯棒。但是，分流器支架的筋会使通过的料流引起如图 4-1-50 所示的合流痕迹，降低制品质量。造成合流痕的原因可从图 4-1-50 所示流动情况得到说明。料流通过分流器支架时，靠近支架筋的料所受的剪切量高，通道中心处的料则相反，因受应力而发生弹性变形部分，如果在以后得不到回复的机会，在产品中就显露出一条可见的料线或纵向裂纹。为了防止这种现象，在机头结构设计上所能采取的方法有多种。通常是减少分流器支架筋的数目、长度或（和）厚度，但这是有限的。最有效的方法是延长口模平直部分的长度和增大支架与出料口的距离，以便由支架分成股的料流能在出模前得到应有的松弛而良好的熔接。

机头中口模平直部分是使熔态塑料形成产品形状的部分。表面上看来，挤离口模的管状

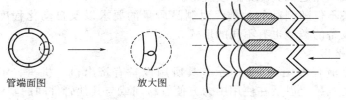

图 4-1-50　合流痕及支架处的速度分布

物的壁厚应该等于平直部分通道的厚度，实际却不然，离开口模的管状物，一方面由于牵引和收缩的关系，其截面积常会缩小；而另一方面则由于应力的解除会使其出现弹性回复，从而发生膨胀，这种膨胀与收缩均与塑料的性质和采用的工艺条件有关。显然，这种情况在挤出其他制品时同样也会发生。对膨胀和收缩的问题，虽在等温等压下可以计算，但实际情况远不是等温等压的，因此在设计口模时，一般都凭经验解决。通常都将芯棒和通道的直径放大，以便用牵引的快慢使制品达到规定的尺寸。不过牵引也不能过快，否则会在制品中引起分子定向，削弱制品的爆破强度。挤压聚氯乙烯管材时，通道和芯棒的直径分别应比所制管材规定尺寸大 5% 左右，挤压高密度聚乙烯管材时则应放大 10%。为了使机头具有足够的压力，而使塑料得到压实并消除分流器支架所造成的合流痕，平直部分还必须有一合适的长度。常用的方法是使平直部分的长度和口模缝隙保持一定的比例。按挤出机和塑料的种类及产品规格的不同，平直部分的长度也不一样。就挤管的机头来说，通常所取平直部分的长度为壁厚的 10~30 倍。熔体黏度偏大时取值偏小，反之则偏大。

(2) 定型

挤出的管状物首先应通过定型装置，使之冷却变硬而定型。为了获得粗糙度低、尺寸准确和几何形状正确的管材，有效的冷却是至关重要的。定型方法一般有外径定型和内径定型两种。外径定型（见图 4-1-51）是在管状物外壁和定径套内壁紧密接触的情况下进行冷却而得到实现的。保证这种紧密接触的措施是从设在分流器支架的筋和芯棒内的连通孔向管状物内通入压缩空气，并在挤出的管端或管内封塞，使管内维持比大气压力较大而又恒定的压力。此外，也有在套管上沿圆面上钻一排小孔用真空抽吸使管状物紧贴套管的。内径定型的方法见图 4-1-52。这种定型方法是将定径套的冷却水管从芯棒处伸进，所以必须使用直角式机头。用内径定型所制得的管材内壁较为光滑。不管定径套是外径套还是内径套，其尺寸多凭经验确定。对外径定型来说，定径套的长度一般取其内径的三倍，定径套的内径应略大于管材外径的名义尺寸，一般不大于 2mm。

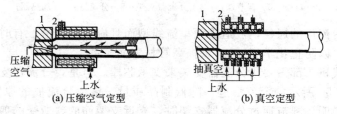

图 4-1-51　外径定型

比较起来，外径定型结构较为简单、操作方便，我国目前普遍采用。

(3) 冷却

常用的装置有冷却槽和喷淋冷却两种。冷却槽通常分为 2~4 段，借以调节冷却强度，冷却水的流向一般与管材的运动方向相反，是从最后一段通入冷却槽，再逐次前行，这样使管材冷却比较缓和，内应力也较小。冷却槽长度一般为 1.5~6m。由于冷却水槽中上下层水

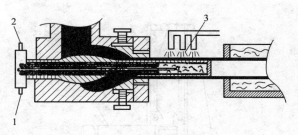

图 4-1-52　内径定型
1—冷却水入口；2—冷却水出口；3—冷却水

温不同，管材在冷却过程中有可能发生弯曲。此外管材在冷却水槽中受到浮力也有使之弯曲的可能，特别是大型管材表现较明显。采用沿管材圆周上均匀布置的喷水头对挤出管材进行喷淋冷却，常能减少管子的变形。

（4）牵引

常用牵引挤出管材的装置有滚轮式和履带式两种（见图 4-1-53）。对这类装置均要求具有较大的夹持力，并能均匀地分布于管材圆周上。此外，牵引速度必须十分均匀，而且应能无级调速。这些要求，无非是保证管材的尺寸均匀和提高其力学强度。牵引速度一般在 2～6m/min，也有高达 10m/min 的。显然，牵引速度是依赖于挤出速度的。挤出速度过快时常会造成塑料混合不均和料流出现脉动现象。

(a) 滚轮式　　(b) 履带式

图 4-1-53　牵引方式

（5）操作时的注意事项

挤管所用的料，尤其是聚乙烯，大多呈灰色或黑色，这因为其中加有炭黑，以提高所制管材的耐候性能。炭黑是容易吸湿的，因此所用的物料必须在加工前进行干燥，否则制品表面就比较粗糙。挤压管材所取的料温比挤压其他制品（除吹塑薄膜外）均低。原因是：①挤离口模时的塑料黏度大，有助于准确定型，减轻冷却系统的负荷以便提高产量。对聚氯乙烯来说，还可减少降解的可能。挤出硬聚氯乙烯的料温约为 175℃；聚烯烃约为 200℃。

挤出管材时出现的问题，所产生的原因和解决的方法见附录 1。

4.1.6.4　吹塑薄膜

图 4-1-54 为生产吹塑薄膜的一种装置。塑料熔体由环隙形口模挤成管状物后即被牵引装置牵引上升并同时进行吹胀，至一定距离后通过导向板而被牵引辊夹拢。吹胀是在所挤管状物离开口模和被夹拢的一段距离内由芯棒中心孔引进的压缩空气将它吹胀成膜管的，同时压缩空气的压力还用来控制膜管的壁厚。膜管一般是由空气来冷却的，冷却后的膜管由一组夹持辊引出并展平。根据所制薄膜的要求，生产中还须相应的加设破缝、折叠、表面处理、卷取等装置。

根据挤出机挤出膜管引出方向的不同，挤出吹塑薄膜的工艺流程可分为上吹法、下吹法和平吹法三种。上吹法由于整个膜管挂在已冷却而坚韧的膜管上所以牵引较稳定，能生产厚度范围大和宽幅薄膜，操作和维修方便，是吹塑常采用的方法。缺点是冷却不利，不适用于熔融黏度较低的塑料。

吹塑法广泛用于生产聚乙烯和聚氯乙烯等塑料薄膜，这是因为它比其他方法具有如下的

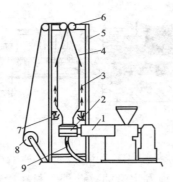

图 4-1-54　吹塑薄膜装置
1—挤出机；2—机头；3—模管；4—导向板；5—牵引架；
6—牵引辊；7—风环；8—卷取辊；9—进气管

优点：①设备紧凑，单位产率所需的投资少；②通过控制泡状物中的空气容量和挤出机螺杆的转速即能较容易地在一定范围内调整薄膜的宽度或（和）厚度；③没有平口模挤出薄膜的边缘影响，免去整边的装置和减少废料损失；④薄膜在吹塑过程中得到了双轴定向，因此强度较高。

这种方法的缺点是：①由于冷却速率一般偏小，薄膜的透明度较差；②薄膜的厚度偏差较大。

(1) 挤出机

通常都采用单螺杆挤出机，其大小随所制薄膜的宽度和厚度而定。挤出机的产率一般是受冷却和牵引两种速率控制。薄而窄的膜，如用大机生产，则在快速牵引下的冷却是不很容易的。相反，厚而宽的膜，如用小机生产，势必使塑料处于高温的时间过长，对质量的损害就大，同时在产率上也不利，所以一种挤出机只适于生产少数几种规格的制品。

(2) 机头和口模

吹塑薄膜的机头类型主要有转向式的直角型和水平向的直通型两大类。两大类的结构与挤管用的相仿，也都备有芯棒和口模外套。由于直角型机头易于保证口模唇部各点的均匀流动而使薄膜厚度波动减少，所以工业上用这类机头居多。直通型适用于熔体黏度较大和热敏性的塑料。直角型机头由于有料流转向的问题，因此在设计中应该设法不使近于挤出机一侧的料流的速度大于另一侧。在这方面，用底部进料的机头应当比用侧面进料的好。不过当模口尺寸大于 20cm 时，塑料熔体对模芯底部的推力就很可观，此时需改用侧面进料的直角型机头。此外，为使薄膜的厚度波动在卷取薄膜辊上得到均匀分布，常采用所谓旋转机头的。此种机头事实上仍然是直角型机头，不过它的芯棒或模套是可以旋转的，旋转速度大致为 1～2r/5min。也有的模套以至整个机架只是作一定角度（如 120°）的来回旋转。由于芯棒或模套的旋转，薄膜厚薄不均处就不会集中在一点，这就会改善薄膜卷取和印花等工序。使用带螺旋芯棒的机头（如图 4-1-55 所示）具有出料均匀、膜厚易于控制、可消除熔接痕的特点。但由于流道结构复杂，仅适用于加工聚乙烯、聚丙烯这类熔融黏度较小又不易分解的塑料。

口模缝隙的宽度和平直部分的长度与薄膜厚度有一定的关系。通常吹塑 0.03～0.05mm 厚的薄膜所用模缝宽度为 0.4～0.8mm，平直部分长度为 7～14mm。

(3) 冷却

为了减轻冷却的负担和提高产率，在吹塑工艺上，控制较低的料温是重要的。通用的冷

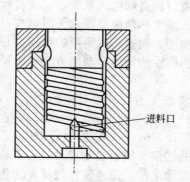

图 4-1-55 带螺旋芯棒的底部进料机头

却方法是利用压缩空气通过风环向模管各点直接吹送。为了提高冷却速率,也有使用冷冻空气、二次风环、芯棒内冷、真空室风环、内外双面冷却装置等技术的。图 4-1-56 为吹塑薄膜的几种冷却装置。其中快速冷却装置适用于下吹法。

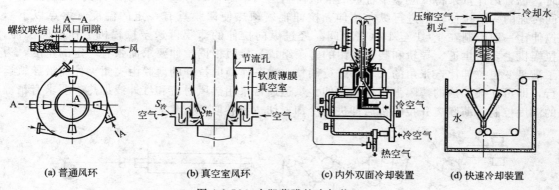

图 4-1-56 吹塑薄膜的冷却装置

（4）牵引

吹胀的模管在机头的顶部,进入导向板并由牵引辊（一个为橡皮的,另一个为钢制的）将它夹封、牵引而导至卷取装置。不用导向板而改用多对金属小辊也是可以的。模口至牵引辊的距离决定着模管的冷却时间。这一时间与塑料的热性能有关,例如用于聚乙烯的就比用于聚氯乙烯的长。

（5）操作时的注意事项

在吹胀过程中,模管的横直两向都有伸长,因此,两向都会发生分子定向。为求得性能良好的薄膜,两向上的定向最好取得平衡,也就是使直向上的牵伸比与横向上的吹胀比（即泡管的直径与口模直径的比）相等。实验证明,吹胀比越大,薄膜的透明度和光泽度也越大,但吹胀比过大时会造成模管的不稳定和扩大口模原有的缺陷,其中尤以不稳定影响最严重,它会使薄膜发皱和厚度不均。通用的吹胀比为 2~3。由于吹胀比不便随意增加,为使制品厚度符合要求,就不得不从牵伸比上来调整,这样,牵伸比和吹胀比就难以相等。如仍须维持薄膜横直两向性能一致,就必须靠冷却速率和口模温度的控制来平衡,因为增加挤出物在高温的停留时间,可以减少薄膜在直向上的分子定向程度。

在采用风环冷却工艺的吹塑薄膜中,刚挤离口模的管状物是透明的,当冷却到适当温度而产生晶体时（指聚烯烃等结晶性塑料）,即失去透明性而变得浑浊,浑浊与透明区的交界线被称为冷冻线。决定冷冻线离口模高低的因素很多，大抵吹胀比和冷却速率越大时，冷冻线离口模越近；牵引速率、挤压温度和薄膜厚度越大时则离口模越远。距离远时会降低薄膜的横向撕裂强度和增高薄膜的浊度，同时，对薄膜的强度也是有影响的。

吹塑薄膜中出现的问题，所产生的原因和消除方法见附录2。

4.1.6.5 平挤双向拉伸薄膜

利用挤出成型制造塑料薄膜也可不用环形口模的机头而用扁平机头。由扁平机头挤出（通称平挤）的挤出物经过冷却、轧光等所取得的薄膜不仅在厚薄公差上比吹塑薄膜小，生产率也高，而且在应用上也较广泛。但强度和透明度却较差，这是因为吹塑薄膜中的聚合物分子已在制造中获得纵横定向的结果。如果使用扁平机头再辅以适当的装置使所得薄膜中聚合物分子在纵横两向上发生恰当的定向，则薄膜性能就较为优越。

应该指出，虽然由平挤拉伸和吹塑所制出的薄膜都是双轴定向的，而且用前一种方法能使薄膜厚薄公差的控制容易和产率提高。但吹塑设备较简单，制品也较便宜，所以就生产方法和制品的应用来说，仍有其特定的地位。

图 4-1-57 所示为平挤拉伸法的一种装置。塑料熔体由扁平机头挤成厚片后（使用聚酯时，也有用计量泵将反应釜中合成的液状树脂送入窄缝形口模直接作成厚片的），被送至不同转速的一组拉伸辊上进行纵向拉伸。拉伸辊须预热使薄膜具有一定的温度（熔点以下），拉伸比一般控制在 4∶1 至 10∶1 之间。经过纵向拉伸的薄膜再送至拉幅机上作横向拉伸。拉幅机主要由烘道、导轨和装置夹钳的链条组成。导轨根据拉伸要求而张有一定的角度，为了满足变更拉伸比，张角的大小可进行调整。准备作横向拉伸的薄膜由夹钳夹住而沿导轨运行，即可使被加热的薄膜强制横向拉伸。烘道通常采用热风对流和红外线加热，要求有精确的温度控制。薄膜离开拉幅机后即进行冷却、切边和卷取。

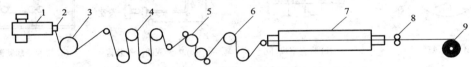

图 4-1-57 平挤拉伸法流程
1—挤出机；2—口模；3—冷却辊；4—预热辊；5—纵向拉伸；
6—冷却辊；7—横向拉伸；8—切边；9—卷取

（1）挤出机

挤出机除大小应符合规定要求外，还应保证挤出的物料塑化和温度均匀及料流无脉动现象，否则会给制品带来瑕疵或（和）厚薄不均。

（2）机头和口模

机头为中心进料的窄缝形机头，如图 4-1-58 所示。这种机头的结构特点是，模唇部分十分坚实或加有特殊装置，以克服塑料熔体形成的内压、防止模唇变形，以免引起制品厚度不均。口模的平直部分应较长，通常不小于 16mm。较长的理由在于增大料流的压力以提高薄膜质量，去除料流中的拉伸弹性，有利于制品厚度的控制。

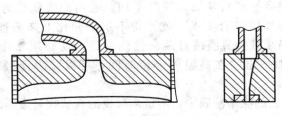

图 4-1-58 中心进料的窄缝形机头

(3) 厚片的冷却

如 2.4.5 节所述，用于双向拉伸的厚片应该是无定形的。工艺上为达到这一目的对结晶性聚合物（如聚酯、聚丙烯等）所采取的措施是在厚片挤出后立即实行急冷。急冷是用冷却转鼓进行的。冷却转鼓通常用钢制镀铬的，表面应十分光洁，其中有通道通入定温的水来控制温度，聚酯为 60~70℃。挤出的厚片在离开口模一短段距离（<15mm）后，引上稳速旋转和冷却的转鼓，并在一定的方位撤离转鼓。

口模与冷却转鼓最好是顺向排列。冷却转鼓的线速度与机头的出料速度大致同步而略有拉伸。若挤离口模的厚片贴于冷却转鼓后出现发皱现象，应仔细调整冷却转鼓与口模间的位置和挤出速率。

厚片厚度大致为拉伸薄膜的 12~16 倍。将结晶性聚合物制成完全不结晶的厚片是困难的。因此在工艺上允许有少量的结晶，使结晶度应控制在 5% 以下。厚片的横向厚度必须严格保持一致。

(4) 纵向拉伸

图 4-1-59 为聚酯厚片纵向拉伸的示意。厚片经预热辊筒 1、2、3、4、5 预热后，温度达到 80℃ 左右，接着在 6、7 两辊之间被拉伸。拉伸倍数等于两拉伸辊的线速比。拉伸辊温度为 80~100℃。温度过高会出现粘辊痕迹，影响制品表面质量，严重时还会引起包辊；温度过低则会出现冷拉现象，厚度公差增大，横向收缩不稳定，在纵横拉伸的接头处易发生脱夹和破膜现象。纵拉后薄膜结晶度增至 10%~14%。

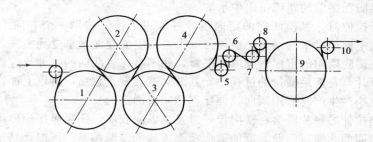

图 4-1-59 聚酯薄膜纵向拉伸

纵拉后的薄膜进入冷却辊 7、8、9 冷却。冷却的作用一是使结晶迅速停止，并固定分子的取向结构；二是张紧厚片，避免发生回缩。由于冷却后须立即进入横向拉伸的预热段，所以冷却辊的温度不宜过低，一般控制在塑料的玻璃化温度左右。

(5) 横向拉伸

纵拉后，厚片即送至拉幅机进行横向拉伸。拉幅机分预热段和拉伸段两个部分，如图 4-1-60 所示。

预热段的作用是将纵拉后的厚片重新加热到玻璃化温度以上。进入拉伸段后，导轨有 10° 左右的张角，使厚片在前进中得到横向拉伸。横拉倍数为拉幅机出口处宽度与纵拉后薄

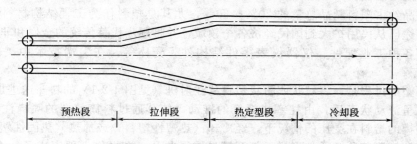

图 4-1-60 横向拉伸、热定型及冷却段

膜宽度之比。拉伸倍数一般较纵拉时小,约在 2.5~4 之间。拉伸倍数超过一定限度后,对薄膜性能的提高即不显著,反而易引起破损。横向拉伸后,聚合物的结晶度增至 20%~25%。

(6) 热定型和冷却

热定型的目的和理论根据见 2.4.5 节。所采用的温度至少应比聚合物最大结晶速率温度高 10℃。在进入热定型段之前拉伸的薄膜须先经过缓冲段。缓冲段宽度与拉伸段末端相同,温度只稍高于拉伸段。缓冲段的作用是防止热定型段温度直接影响拉伸段,以便拉伸段温度能够得到严格控制。为了防止破膜,热定型段宽度应稍有减小,因为薄膜宽度在热定型过程中升温时会有收缩,但又不能任其收缩,因此必须在规定限度内使拉伸薄膜在张紧状态下进行高温处理,即热定型。经过热定型的制品,其内应力得到消除,收缩率大为降低,机械强度和弹性也都得到改善。

热定型后的薄膜温度较高,必须冷却至室温,以免成卷后热量难以散失,引起薄膜的进一步结晶、解除定向与老化。最后所得制品的结晶度约 40%~42%。

(7) 切边和卷取

冷却后的薄膜,经切边后即可由卷绕装置进行卷取。切边是必要的,由于薄膜是靠夹钳钳住边缘进行拉幅的,因此边缘总比其余部分厚。

(8) 操作时的注意事项

用于双向拉伸的聚酯,在向挤出机投料之前,原料必须充分干燥,含水量控制在 0.02% 以下,以防在高温的塑炼挤出中水解。

对厚片进行拉伸时,纵横两向的定向度最好取得平衡。如果一个方向大于另一个方向时,则一个方向上性能水平的增加必会使另一个方向上的性能水平受到损失。在先纵拉后横拉的工艺中,使薄膜两向的定向程度取得平衡,并不意味着两向的拉伸比应该相等。因为先经纵向拉伸的厚片,在随后横拉的过程中,其纵向就会发生收缩,所以上面说横向拉伸比应该较纵向拉伸比小。生产时所用两向拉伸比都是实验确定的。

此外,纵向拉伸的厚片既会在横向拉伸时发生纵向收缩,则很难指望薄膜的中心与边缘两部分会取得相同的收缩。因此,就能造成薄膜成品的厚薄偏差。所以,挤出机所采用的厚片的中心厚度最好比它的边缘大 15% 左右,使最终薄膜的厚度偏差较小。

4.2 注射成型

4.2.1 概述

注射模塑(又称注射成型或简称注塑)是成型塑料制品的一种重要方法。几乎所有的热塑性塑料及多种热固性塑料都可用此法成型。用注射模塑可成型各种形状、尺寸、精度、满足各种要求的模制品。

注塑制品约占塑料制品总量的 20%~30%,尤其是塑料作为工程结构材料的出现,注塑制品的用途已从民用扩大到国民经济各个领域,并将逐步代替传统的金属和非金属材料的制品,包括各种工业配件、仪器仪表零件结构件、壳体等。在尖端技术中,也是不可缺少的。

注射模塑的过程是,将粒状或粉状塑料从注射机(见图 4-2-1)的料斗送进加热的料筒,经加热熔化呈流动状态后,由柱塞或螺杆的推动,使其通过料筒前端的喷嘴注入闭合塑模中。充满塑模的熔料在受压的情况下,经冷却(热塑性塑料)或加热(热固性塑料)固化后即可保持注塑模型腔所赋予的形样。打开模具取得制品,在操作上即完成了一个模塑周期,

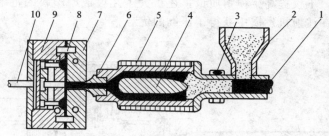

图 4-2-1 注射机和塑模的剖面
1—柱塞；2—料斗；3—冷却套；4—分流梭；5—加热器；6—喷嘴；
7—固定模板；8—制品；9—活动模板；10—顶出杆

以后是不断重复上述周期的生产过程。

注射成型的一个模塑周期从几秒至几分钟不等，时间的长短取决于制品的大小、形状和厚度，注射机的类型以及塑料品种和工艺条件等因素。每个制品的重量可自1g以下至几十千克不等，视注射机的规格及制品的需要而异。

注塑具有成型周期短，能一次成型外形复杂、尺寸精确、带有嵌件的制品，对成型各种塑料的适应性强，生产效率高，易于实现全自动化生产等一系列优点，是一种比较经济而先进的成型技术，发展迅速。并将朝着高速化和自动化的方向发展。

注塑是通过注射机来实现的。注射机的类型很多，无论哪种注射机，其基本作用均为：①加热塑料，使其达到熔化状态；②对熔融塑料施加高压，使其射出而充满模具型腔。为了更好地完成上述两个基本作用，注射机的结构已经历了不断改进和发展。最早出现的柱塞式注射机（见图4-2-1）结构简单，是通过一料筒和活塞来实现塑化与注射两个基本作用的，但是温度控制和压力控制比较困难。后来出现的单螺杆定位预塑注射机（见图4-2-2），由预塑料筒和注射料筒相衔接而组成。塑料首先在预塑料筒内加热塑化并挤入注射料筒，然后通过柱塞高压注入模具型腔。这种注射机加料量大，塑化效果得到显著改善，注射压力和速度较稳定，但是操作麻烦和结构比较复杂，所以应用不广。在后出现的移动螺杆式注射机，它是由一根螺杆和一个料筒组成的（见图4-2-3）。加入的塑料依靠螺杆在料筒内的转动而加热塑化，并不断被推向料筒前端靠近喷嘴处，因此螺杆在转动的同时就缓慢地向后退移，退到预定位置时，螺杆即停止转动。此时，螺杆接受液压油缸柱塞传递的高压而进行轴向位移，将积存在料筒端部的熔化塑料推出喷嘴而以高速注射入模具。移动螺杆式注射机的效果几乎与预塑注射机相当，但结构简化，制造方便，与柱塞式注射机相比，可使塑料在料筒内得到

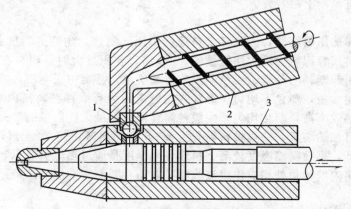

图 4-2-2 单螺杆定位预塑注射机结构
1—单向阀；2—单螺杆定位预塑料筒；3—注射料筒

良好的混合和塑化，不仅提高了模塑质量，还扩大了注射成型塑料的范围和注射量。因此，移动螺杆式注射机在注射机发展中获得了压倒的优势。

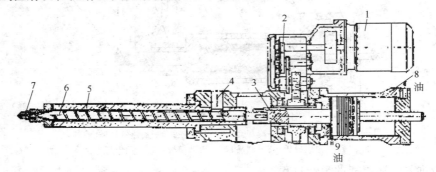

图 4-2-3　移动螺杆式注射机结构

1—电动机；2—传动齿轮；3—滑动键；4—进料口；5—料筒；6—螺杆；7—喷嘴；8—油缸

目前工厂中，广泛使用的是移动螺杆式注射机，但还有少量柱塞式注射机。一般用于生产60g以下的小型制件，对模塑热敏性塑料、流动性差的各种塑料，中型及大型注射机则多用移动螺杆式。因此本节内容也将以这两种设备和其成型热塑性塑料的工艺为限。

4.2.2　注射模塑设备

移动螺杆式和柱塞式两种注射机都是由注射系统、锁模系统和塑模三大部分组成的，现分述如下。

4.2.2.1　注射系统

它是注射机最主要的部分，其作用是使塑料均化和塑化，并在很高的压力和较快的速度下，通过螺杆或柱塞的推挤将均化和塑化好的塑料注射入模具。注射系统包括加料装置、料筒、螺杆（柱塞式注射机则为柱塞和分流梭）及喷嘴等部件。

（1）加料装置

小型注射机的加料装置，通常用于与料筒相连的锥形料斗。料斗容量约为生产1～2h的用料量，容量过大，塑料会从空气中重新吸湿，对制品的质量不利，只有配置加热装置的料斗，容量方可适当增大。使用锥形料斗时，如塑料颗粒不均，则设备运转产生的振动会引起料斗中小颗粒或粉料的沉析，从而影响料的松密度，造成前后加料不均匀。这种料斗用于柱塞式注射机时，一般应配置定量或定容的加料装置。大型注射机上用的料斗基本上也是锥形的，只是另外配有自动上料装置。

（2）料筒

为塑料加热和加压的容器，因此要求料筒能耐压、耐热、耐疲劳、抗腐蚀、传热性好，柱塞式注射机的料筒容积约为最大注射量的4～8倍。容积过大时，塑料在高温料筒内受热时间较长，可能引起塑料的分解、变色，影响产品质量，甚至中断生产；容积过小时，塑料在料筒内受热时间太短，塑化不均匀。螺杆式注射机因为有螺杆在料筒内对塑料进行搅拌，料层比较薄，传热效率高，塑化均匀，一般料筒容积只需最大注射量的2～3倍。

料筒外部配有加热装置，一般将料筒分为2～6个加热区，使之能分段加热和控制。近料斗一端温度较低，靠喷嘴端温度较高。料筒各段温度是通过热电偶显示和恒温控制仪表来精确控制的。料筒内壁转角处均应作成流线型，以防存料而影响制品质量。料筒各部分的机械配合要精密。

（3）柱塞与分流梭

柱塞与分流梭都是柱塞式注射机料筒内的重要部件。柱塞的作用是将注射油缸的压力传给塑料并使熔料注射入模具。柱塞是一根坚实、表面硬度很高的金属柱，直径通常为20～100mm。注射油缸与柱塞截面积的比例范围在10～20之间。注射机每次注射的最大注射容量是柱塞的冲程与柱塞截面积的乘积。柱塞和料筒的间隙应以柱塞能自由地往复运动又不漏塑料为原则。

分流梭是装在料筒前端内腔中形状颇似鱼雷体的一种金属部件。它的作用是使料筒内的塑料分散为薄层并均匀地处于或流过料筒和分流梭组成的通道，从而缩短传热导程，加快热传递和提高塑化质量。塑料在柱塞式注射机内升温所需的热量，主要是靠料筒外部加热器所供给。但塑料在料筒内的流动，通常都是层流流动，所受剪切速率不高，而且黏度偏大，再加上塑料的热导率很低，这样，如果想通过提高料筒温度梯度来增加传热量，以达到塑化均匀，不仅会延长塑化时间，而且使靠近料筒部分的塑料容易发生热分解。装上分流梭后，可使料层变薄，这将有利于加热。再者，分流梭还可通过紧贴料筒壁起定位作用的筋条将料筒的热量迅速导入，使分流梭起到从内部对塑料加热的作用，从而使分布在通道内的薄层塑料内外两面受热，能够较快和均匀地升高温度。此外，在通道内，由于料层的截面积减小，熔料所受的剪切速率和摩擦热都会增加，使黏度得到双重下降，这对注射和传热都有利。有些注射机的分流梭内还装有加热器，这更有利于对塑料的加热。

（4）螺杆

螺杆是移动螺杆式注射机的重要部件。它的作用是对塑料进行输送、压实、塑化和施压。螺杆在料筒内旋转时，首先将料斗内的塑料卷入料筒，并逐步将其向前推送、压实、排气和塑化，随后熔融的塑料就不断地被推到螺杆顶部与喷嘴之间，而螺杆本身则因受熔料的压力而缓慢后移。当积存的熔料达到一次注射量时，螺杆停止转动。注射时，螺杆传递液压或机械力使熔料注入模具。螺杆的结构与挤出机所用螺杆基本相同，但各有其特点。①注射螺杆在旋转时有轴向位移，因此螺杆的有效长度是变化的。②注射螺杆的长径比和压缩比较小。一般$L/D=16～20$，压缩比 $2～2.5$。注射螺杆在转动时只需要它能对塑料进行塑化，不需要它提供稳定的压力，塑化中塑料承受的压力是调整背压来实现的。③注射螺杆的螺槽较深以提高生产率。④注射螺杆因有轴向位移，因此加料段应较长，约为螺杆长度的一半，而压缩段和计量段则各为螺杆长度的四分之一。典型的注射螺杆如图4-2-4所示。⑤为使注射时不致出现熔料积存或沿螺槽回流的现象，对螺杆头部的结构应该考虑。熔融黏度大的塑料，常用锥形尖头的注射螺杆，如图4-2-5所示。采用这种螺杆，还可减少塑料降解。对黏度较低的塑料，需在螺杆头部装一止逆环（如图4-2-6所示），当其旋转时，熔料即沿螺槽前进而将止逆环推向前方，同时沿着止逆环与螺杆头的间隙进入料筒的前端。注射时，由于料筒前端熔料的压力升高，止逆环被压向后退而与螺杆端面密合，从而防止物料回流。

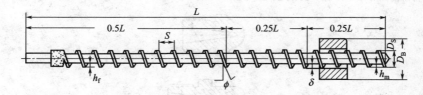

图 4-2-4　注射用螺杆

D_B—料筒外径；h_m—计量段螺槽深度；D_S—螺杆公称直径；L—螺杆总长度；ϕ—螺纹角；
δ—径向间隙；S—螺距；L/D—长径比；h_f—进料段螺槽深度；h_f/h_m—压缩比

（5）喷嘴

喷嘴是联结料筒和模具的过渡部分。注射时，料筒内的熔料在螺杆或柱塞的作用下，以高压和快速流经喷嘴注入模具。因此喷嘴的结构形式、喷孔大小以及制造精度将影响熔料的

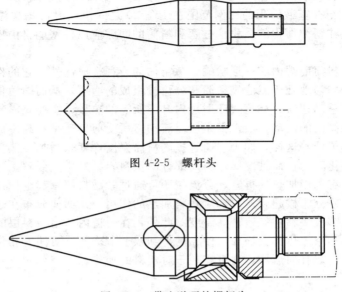

图 4-2-5 螺杆头

图 4-2-6 带止逆环的螺杆头

压力和温度损失,射程远近、补缩作用的优劣以及是否产生"流延"现象等。目前使用的喷嘴种类繁多,且都有其适用范围,这里只讨论用得最多的三种。

① 直通式喷嘴 这种喷嘴呈短管状,如图 4-2-7 所示,熔料流经这种喷嘴时压力和热量损失都很小,而且不易产生滞料和分解,所以其外部一般都不附设加热装置。但是由于喷嘴体较短,伸进定模板孔中的长度受到限制,因此所用模具的主流道应较长。为弥补这种缺陷而加大喷嘴的长度,成为直通式喷嘴的一种改进形式,又称为延伸式喷嘴。这种喷嘴必须添设加热装置。为了滤掉熔料中的固体杂质,喷嘴中也可加设过滤网。以上两种喷嘴适用于加工高黏度的塑料,加工低黏度塑料时,会产生流延现象。

② 自锁式喷嘴 注射过程中,为了防止熔料的流延或回缩,需要对喷嘴通道实行暂时封锁而采用自锁式喷嘴。自锁式喷嘴中以弹簧式和针阀式最广泛,见图 4-2-8,这种喷嘴是依靠弹簧压合喷嘴体内的阀芯实现自锁的。注射时,阀芯受熔料的高压而被顶开,熔料遂向模具射出。注射结束时,阀芯在弹簧作用下复位而自锁。其优点是能有效地杜绝注射低黏度塑料时的"流延"现象,使用方便,自锁效果显著。但是结构比较复杂,注射压力损失大,射程较短,补缩作用小,对弹簧的要求高。

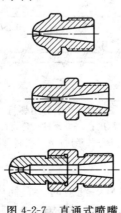

图 4-2-7 直通式喷嘴

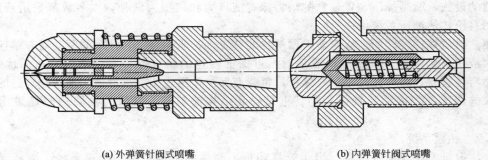

(a) 外弹簧针阀式喷嘴　　　　　　　　(b) 内弹簧针阀式喷嘴

图 4-2-8　弹簧针阀式喷嘴

③ 杠杆针阀式喷嘴　这种喷嘴与自锁式喷嘴一样，也是在注射过程中对喷嘴通道实行暂时启闭的一种，其结构和工作原理见图 4-2-9，它是用外在液压系统通过杠杆来控制联动机构启闭阀芯的。使用时可根据需要使操纵的液压系统准确及时地开启阀芯，具有使用方便、自锁可靠、压力损失小、计量准确等优点。此外，它不使用弹簧，所以没有更换弹簧之虑，主要缺点是结构较复杂。

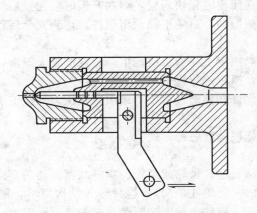

图 4-2-9　液控杠杆针阀式喷嘴

选择喷嘴应根据塑料的性能和制品的特点来考虑。对熔融黏度高、热稳定性差的塑料，如聚氯乙烯，宜选用流道阻力小、剪切作用较小的大口径直通式喷嘴；对熔融黏度低的塑料，如聚酰胺，为防止"流延"现象，则宜选用带有加热装置的自锁式或杠杆针阀式的喷嘴。形状复杂的薄壁制品宜选用小孔径、射程远的喷嘴；而厚壁制品则最好选用大孔径、补缩作用大的喷嘴。

除上述几种喷嘴外，还有供特殊用途的喷嘴。例如混色喷嘴，是为了提高柱塞式注射机使用颜料和粉料混合均匀性用的。该喷嘴内装有筛板，以增加剪切混合作用而达到混匀的目的。成型薄壁制品可使用点注式喷嘴，这种喷嘴的浇道短，与模腔直接接触，压力损失小，适于流动性较好的聚乙烯、聚丙烯等。喷嘴结构设计均应尽量简单和易于装卸。喷嘴孔的直径应根据注射机的最大注射量、塑料的性质和制品特点而定。喷嘴头部一般为半球形，要求能与模具主流道衬套的凹球面保持良好接触。喷孔的直径应比主流道直径小 0.5～1mm，以防止漏料和避免死角，也便于将两次注射之间积存在喷孔处的冷料随同主流道赘物一同拉出。

(6) 加压和驱动装置

供给柱塞或螺杆对塑料施加的压力，使柱塞或螺杆在注射周期中发生必要的往复运动进行注射的设施,就是加压装置,它的动力源有液压力和机械力两种,大多数都采用液压力,且多用自给式的油压系统供压。

使注射机螺杆转动而完成对塑料预塑化的装置,是驱动装置。常用的驱动器有单速交流电机和液压马达两种。采用电机驱动时,可保证转速的稳定性。采用液压马达的优点有:①传动特性较软,启动惯性小,对螺杆过负载有保护作用;②易平滑地实现螺杆转速的无级及较大的调速;③传动装置体积小、重量轻和结构简单等。当前的发展趋向是采用液压马达。

4.2.2.2 锁模系统

在注射机上实现锁合模具、启闭模具和顶出制件的机构总称为锁模系统。熔料通常以 40～150MPa 的高压注入模具,为保持模具的严密闭合而不向外溢料,要有足够的锁模力。锁模力 F 的大小取决于注射压力 p 和与施压方向成垂直的制品投影面积 (A) 的乘积,即 $F \geqslant pA$。事实上,注射压力在模塑过程中有很大的损失,为达到锁模要求,锁模力只需保证大于模腔压力 p 和投影面积(A,其中包括分流道投影面积)的乘积,即 $F \geqslant pA$。模腔压力通常是注射压力的 40%～70%。

锁模结构应保证模具启闭灵活、准确、迅速而安全。工艺上要求,启闭模具时要有缓冲作用,模板的运行速度应在闭模时先快后慢,而在开模时应先慢后快再慢,以防止损坏模具及制件,避免机器受到强烈振动,适应平稳顶出制件,达到安全运行,延长机器和模具的使用寿命。

启闭模板的最大行程,决定了注射机所能生产制件的最大厚度,而在最大行程以内,为适应不同尺寸模具的需要,模板的行程是可调的。

模板应有足够强度,保证在模塑过程中不致因频受压力的撞击引起变形,影响制品尺寸的稳定。

常用的启闭模具和锁模机构有三种形式。

(1) 机械式

这种装置一般是以电动机通过齿轮或蜗轮、蜗杆减速传动曲臂或以杠杆作动曲臂的机构来实现启闭模和锁模作用的(见图 4-2-10)。这种形式结构简单,制造容易,使用和维修方便,但因传动电机启动频繁,启动负荷大,频受冲击振动,噪声大,零部件易磨损,模板行程短等原因,所以只适用于小型注射机。

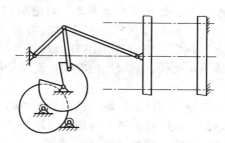

图 4-2-10 机械锁模装置

(2) 液压式

液压式是采用油缸和柱塞并依靠液压力推动柱塞作往复运动来实现启闭和锁模的,如图 4-2-11 所示,其优点是:①与其他结构相比,移动模板和固定模板之间的开挡较大;②移动模板可在行程范围内的任意位置停留,从而易于安装和调整模具以及易于实现调压和调速;③工作平稳、可靠,易实现紧急刹车等。但较大功率的液压系统投资较大。

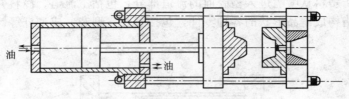

图 4-2-11 液压式锁模装置

(3) 液压-机械组合式

这种形式是由液压操纵连杆或曲肘撑杆机构来达到启闭和锁合模具的，如图 4-2-12 所示。

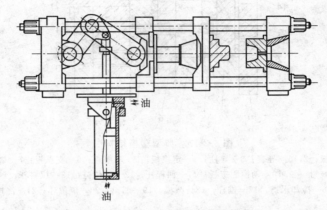

图 4-2-12 液压-机械组合式锁模装置

这种机构的优点有以下几点。①连杆式曲肘自身均有增力作用。当伸直时，又有自锁作用，即使撤除液压，锁模力亦不会消失。所以设置的液压系统只在操纵连杆或曲肘的运动，所需要的负荷并不大，从而节省了投资。②机构的运动特性能满足工艺要求，即肘杆推动模板闭合时，速度可以先快后慢，而在开模时又相反。③锁模比较可靠。其缺点是机构容易磨损且调模比较麻烦。但当前中小型注射机中所用的仍以这种机构占优势，关键在于成本较低。

上述各种锁模装置中都设有顶出装置，以便在开模时顶出模内制品。顶出装置主要有机械式和液压式两大类。

① 机械式顶出装置　它是利用设在机架上可以调动的顶出柱，在开模过程中，推动模具中所设的脱模装置而顶出制件的。这种装置简单，使用较广。但是，顶出必须在开模临终时进行，而脱模装置的复位要在闭模后才能实现。顶出柱和脱模装置均根据锁模机构特点而定，可放置在模板的中心或两侧。顶出距离则按制品不同可进行调节。

② 液压式顶出装置　它是依靠油缸的液压力实现顶出的。顶出力和速度都是可调的，但是顶出点受到局限，结构比较复杂。在大型注射机上常是两种顶出装置并用，通常在动模板中间放置顶出油缸，而在模板两侧设置机械式的顶出装置。

4.2.2.3 注塑模具

注塑模具是在成型中赋予塑料以形状和尺寸的部件。模具的结构虽然由于塑料品种和性能、塑料制品的形状和结构以及注射机的类型等不同而可能千变万化，但是基本结构是一致的。模具主要由浇注系统、成型零件和结构零件三部分组成。其中浇注系统和成型零件是与塑料直接接触部分，并随塑料和制品而变化，是塑模中最复杂、变化最大、要求加工光洁程度和精度最高的部分。

浇注系统是指塑料从喷嘴进入型腔前的流道部分，包括主流道、冷料井、分流道和浇口等。成型零件是指构成制品形状的各种零件，包括型腔、型芯、成型杆等。典型塑模结构如图 4-2-13 所示。

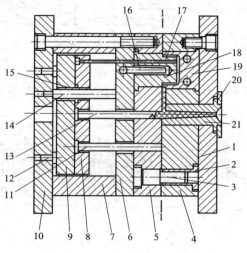

图 4-2-13 典型塑模结构

1—定模固定板；2,15—导套；3—导柱；4—定模板；5—动模板；6—支承板；7—垫块；8—推杆固定板；9—推板；10—动模固定板；11—回程杆；12—限位钉；13—拉料杆；14—推板导柱；16—冷却水道；17—推杆；18—凸模；19—凹模；20—定位环；21—浇口套

(1) 主流道

它是模具中连接注射机喷嘴至分流道或型腔的一段通道。主流道顶部呈凹形，以便与喷嘴衔接。主流道进口直径应略大于喷嘴直径（0.8mm）以避免溢料，并防止两者因衔接不准而发生的堵截。进口直径根据制品大小而定，一般为 4~8mm。主流道直径应向内扩大，呈 3°~5°的角度，以便流道赘物的脱模。

(2) 冷料井

它是设在主流道末端的一个空穴，用以捕集喷嘴端部两次注射之间所产生的冷料，从而防止分流道或浇口的堵塞。如果冷料一旦混入型腔，则所制制品中就容易产生内应力。冷料井的直径约 8~10mm，深度约 6mm。为了便于脱模，其底部常由推杆承担。推杆的顶部宜设计成曲折钩形或设下陷沟槽，以便脱模时能顺利拉出主流道赘物。

(3) 分流道

它是多槽模中连接主流道和各个型腔的通道。为使熔料以等速度充满各型腔，分流道在塑模上的排列应成对称和等距离分布。分流道截面的形状和尺寸对塑料熔体的流动、制品脱模和模具制造的难易都有影响。如果按相等料量的流动来说，则以圆形截面的流道阻力最小。但因圆柱形流道必须开设在两半模上，为加工方便经常采用的是梯形或半 U 形截面的分流道，且开设在带有脱模装置的一半模具上。流道表面必须抛光以减少流动阻力提供较快的充模速度。

流道的尺寸决定于塑料品种、制品的尺寸和厚度。对大多数热塑性塑料来说，分流道截面宽度均不超过 8mm，特大的可达 10~12mm，特小的 2~3mm。在满足需要的前提下应尽量减小截面积，以免增加分流道赘物和延长冷却时间。

(4) 浇口

它是接通主流道（或分流道）与型腔的通道。通道的截面积可以与主流道（或分流道）

相等，但通常都是缩小的。所以它是整个流道系统中截面积最小的部分。浇口的形状和尺寸对制品质量影响很大。浇口的作用是：①控制料流速度；②在注射中可因存于这部分的熔料早凝而防止倒流；③使通过的熔料受到较强的剪切而升高温度，从而降低表观黏度以提高流动性；④便于制品与浇注系统分离。浇口形状、尺寸和位置的设计取决于塑料的性质、制品的大小和结构。一般浇口的截面形状为矩形或圆形，截面积宜小而长度宜短，这不仅基于上述作用，还因为小浇口变大较容易，而大浇口缩小则很困难。浇口位置一般应选在制品最厚而又不影响外观的地方。浇口尺寸的设计应考虑到塑料熔体的性质。

(5) 型腔

它是模具中成型塑料制品的空间。用作构成型腔的组件统称为成型零件。各个成型零件常有专用名称。构成制品外形的成型零件称为凹模（又称阴模），构成制品内部形状（如孔、槽等）的称为型芯或凸模（又称阳模）。设计成型零件时首先要根据塑料的性能、制品的几何形状、尺寸公差和使用要求来确定型腔的总体结构。其次是根据确定的结构选择分型面、浇口和排气孔的位置以及脱模方式。最后则按制品尺寸进行各零件的设计及确定各零件之间的组合方式。塑料熔体进入型腔时具有很高的压力，故成型零件要进行合理地选材及强度和刚度的校核。为保证塑料制品表面的光洁美观和容易脱模，凡与塑料接触的表面，其粗糙度 $R_a < 0.32 \sim 0.63 \mu m$，而且要耐腐蚀。成型零件一般都通过热处理来提高硬度，并选用耐腐蚀的钢材制造。

(6) 排气槽

它是在模具中开设的一种槽形出气口，用以排出原有的及熔料带入的气体。熔料注入型腔时，原存于型腔内的空气以及由熔体带入的气体必须在料流的尽头通过排气槽向模外排出，否则将会使制品带有气孔、熔接不良、充模不满，甚至积存空气因受压缩产生高温而将制品烧伤。一般情况下，排气槽既可设在型腔内熔料流动的尽头，也可设在塑模的分型面上。后者是在凹模一侧开设深 0.03～0.2mm，宽 1.5～6mm 的浅槽。注射中，排气槽不会有很多熔料渗出，因为熔料会在该处冷却固化将通道堵死。排气口的开设位置切勿对着操作人员，以防熔料意外喷出伤人。此外，亦可利用推杆与推杆孔的配合间隙、推件板与型芯的配合间隙等来排气。

(7) 结构零件

它是指构成模具结构的各种零件，包括导向、脱模、抽芯以及分型的各种零件。诸如定模固定板、动模固定板、支承板、导柱、推板、推杆及回程杆等。

(8) 加热或冷却装置

这是使熔料在模具内固化定型的装置，对热塑性塑料，一般是凸凹模内设有冷却介质的通道，借冷却介质的循环流动来达到冷却目的。通入的冷却介质随塑料种类和制品结构等而异，有冷水、热水、热油和蒸汽等。关键是高效率的均匀冷却，冷却不均匀会直接影响制品的质量和尺寸。应根据熔料的热性能（包括结晶）、制品的形状和模具结构，考虑冷却通道的排布和冷却介质的选择。

4.2.3 注射模塑工艺过程及控制因素

注射模塑工艺过程包括成型前的准备、注射过程、制件的后处理。现分述如下。

4.2.3.1 成型前的准备

为使注射过程顺利进行和保证产品质量，应对所用的设备和塑料作好以下准备工作。

(1) 成型前对原料的预处理

根据各种塑料的特性及供料状况，一般在成型前应对原料进行外观（指色泽、粒子大小及均匀性等）和工艺性能（熔体流动速率、流动性、热性能及收缩率等）的检验。

有些塑料，如聚碳酸酯、聚酰胺、聚砜和聚甲基丙烯酸甲酯等，其大分子上含有亲水基团，容易吸湿，致使含有不同程度的水分。这种水分高过规定量时，轻则使产品表面出现银丝、斑纹和气泡等缺陷；重则引起原料在注射时产生降解，严重地影响制品的外观和内在质量，使各项性能指标显著降低。因此，模塑前对这类塑料应进行充分的干燥。不吸湿的塑料，如聚苯乙烯、聚乙烯、聚丙烯和聚甲醛塑料等，如果储存运输良好，包装严密，一般可不预干燥。

对各种塑料的干燥方法，应根据其性能和具体条件进行选择。小批量生产用的塑料，大多采用热风循环烘箱或红外线加热烘箱进行干燥；高温下受热时间长时容易氧化变色的塑料，如聚酰胺，宜采用真空烘箱干燥；大批量生产用的塑料，宜采用沸腾干燥或气流干燥，其干燥效率较高又能连续化。干燥所采用的温度，在常压时应选在100℃以上，如果塑料的玻璃化温度不及100℃，则干燥温度就应控制在玻璃化温度以下。一般延长干燥时间有利于提高干燥效果，但是对每种塑料在干燥温度下都有一最佳干燥时间，过多延长干燥时间效果不大。值得提出的是，应当重视已干燥塑料的防潮。

有些制品带有颜色，在成型前还需添加色料或色母料并混合均匀，若原料是粉料还需造粒。

（2）料筒的清洗

在初用某种塑料或某一注射机之前，或者在生产中需要改变产品、更换原料、调换颜色或发现塑料中有分解现象时，都需要对注射机（主要是料筒）进行清洗或拆换。

柱塞式注射机料筒的清洗常比螺杆式注射机困难，因为柱塞式料筒内的存料量较大而又不易对其转动，清洗时必须拆卸清洗或者采用专用料筒。

螺杆式注射机通常是直接换料清洗。为节省时间和原料，换料清洗应采取正确的操作步骤，掌握塑料的热稳定性、成型温度范围和各种塑料之间的相容性等技术资料。例如欲换塑料的成型温度远比料筒内存留塑料的温度高，而料筒内存留塑料的热稳定性较好时，应先将料筒和喷嘴温度升高到欲换塑料的最低加工温度，然后加入欲换料（也可以是欲换料的回料）并连续进行对空注射，直至全部存料清洗完毕时才调整温度进行正常生产。如欲换塑料的成型温度远比料筒内塑料的温度低，则应将料筒和喷嘴温度升高到料筒内塑料的最好流动温度后，切断电源，用欲换料在降温下进行清洗，如欲换料的成型温度高，熔融黏度大，而料筒内的存留料又是热敏性的，如聚氯乙烯、聚甲醛或聚三氟氯乙烯等，则为预防塑料分解，应选用流动性好、热稳定性高的聚苯乙烯或低密度聚乙烯塑料作过渡换料。

（3）嵌件的预热

为了装配和使用等要求，塑料制件内常需要嵌入金属制的嵌件。注射前，金属嵌件应先放进模具内的预定位置，成型后使其与塑料成为一个整体件。有嵌件的塑料制品，在嵌件的周围容易出现裂纹或导致制品强度下降，这是由于金属嵌件与塑料的热性能和收缩率差别较大的缘故。因此除在设计制件时加大嵌件周围的壁厚以克服这种困难外，成型中对金属嵌件进行预热是一项有效措施。预热后可减少熔料与嵌件的温度差，成型中可使嵌件周围的熔料冷却较慢，收缩比较均匀，发生一定的热料补缩作用，以防止嵌件周围产生过大的内应力。

嵌件的预热须视加工塑料的性质和金属嵌件的大小而定。对具有刚性分子链的塑料，如聚碳酸酯、聚砜和聚苯醚等，其制件在成型中容易产生应力开裂，因此金属嵌件一般都应进行预热。容易成为塑料熔体并在模内加热的小型嵌件，则可不必预热。预热的温度以不损伤金属嵌件表面所镀的锌层或铬层为限，一般为110～130℃。对于表面无镀层的铝合金或铜嵌件，预热温度可提高到150℃左右。

（4）脱模剂的选用

脱模剂是使塑料制件容易从模具中脱出而敷在模具表面上的一种助剂。一般注射制件的脱模，主要依赖于合理的工艺条件与正确的模具设计。但是在生产上为了顺利脱模，采用脱模剂的也不少。常用的脱模剂有：硬脂酸锌，除聚酰胺塑料外，一般塑料均可使用；液体石蜡（又称白油），作为聚酰胺类塑料的脱模剂效果较好，除润滑作用外，还有防止制件内部产生空隙的作用；硅油，润滑效果良好，但价格昂贵，使用较麻烦（需要配制成甲苯溶液，涂抹在模腔表面，经加热干燥后方能显示优良的效果），使用上受到限制。无论使用哪种脱模剂都应适量，过少起不到应有的效果；过多或涂抹不匀则会影响制件外观及强度，对透明制件更为明显，用量多时会出现毛斑或浑浊现象。

4.2.3.2 注射过程

完整的注射过程表面上包括加料、塑化、注射入模、稳压冷却和脱模等几个步骤，但是实质上将其分为塑化、流动与冷却两个过程。

(1) 塑化

塑化是指塑料在料筒内经加热达到流动状态并具有良好的可塑性的全过程。因此可以说塑化是注射成型的准备过程。生产工艺对这一过程的总要求是：在进入模腔之前应达到规定的成型温度并能在规定时间内提供足够数量的、温度均匀一致的熔融塑料，不发生或极少发生热分解以保证生产的连续进行。上述要求与塑料的特性、工艺条件的控制以及注射机的塑化结构均密切相关，而且直接决定着制件的质和量。有关用螺杆与料筒对塑料塑化的问题已在前一章内讨论过，这里只就柱塞式注射机内的塑化略作论述。

① 热均匀性　由于塑料的导热性差，而且它在柱塞式注射机中的移动只能靠柱塞的推动，几乎没有混合作用。这些都是对热传递不利的，以致靠近料筒壁的塑料温度偏高，而在料筒中心的则偏低，形成温度分布的不均。此外，熔料在圆管内流动时，料筒中心处的料流速度必然快于筒壁处的，这一径向上速度分布的不同，将进一步导致注射机射出熔料各点温度的不均，甚至每次射出料的平均温度也不等。用这种热均匀性差的熔料成型的制品，其物理力学性能也差。

现引入加热效率（E_h）的概念来分析柱塞式注射机内熔料的热均匀性。设料筒的温度为 T_w，塑料进入料筒的温度为 T_1。如果塑料在料筒内停留的时间足够长，则全部塑料的温度将上升到接近 T_w，并以 T_w 为温度上限，塑料温度上升的最大距程即为 $T_w - T_1$，这一距程将直接与塑料所获得的最大热量成比例。但是通常由喷嘴射出的塑料平均温度 T_2 总是低于 T_w 的，所以塑料实际温度上升的平均距程为 $T_2 - T_1$，而实际获得的热量也正比于这一距程。两距程的比率即为加热效率 E_h。

$$E_h = \frac{T_2 - T_1}{T_w - T_1} \tag{4-2-1}$$

必须指出，如果塑料在料筒内停留的时间足够长而且还获得摩擦热，则 T_2 是会大于 T_w 的，这时 E_h 就大于 1。但是用柱塞式注射机注射熔融黏度不大的塑料时，这种现象是少有的。

如前所述，由喷嘴射出的塑料各点温度是不均的，它的最高温度极限为 T_w。现假定它的最低温度为 T_3（$T_3 \geqslant T_m$ 或 T_f），则 T_3 必然是高于 T_1 而低于 T_2 的。所以实际塑料温度分布范围应为 $T_3 \sim T_w$。在 T_w 固定的情况下，如果塑料温度分布范围越小，T_2 就越高，E_h 就越大，如图 4-2-14 所示。所以 E_h 不仅间接表示 T_2 的大小，同时还表示塑料的热均匀性。生产中，射出塑料的温度既不能低于它的软化点，又不能高于分解温度，因此 T_2 的大小有一个范围。实践证明，E_h 值在 0.8 以上时，制品质量已可以接受。据此，当 T_2 已定，则 T_w 就不难确定。

显然，E_h 的大小依赖于料筒的结构、塑料在料筒内的停留时间和塑料的导热性能等，这种关系可用函数表示如下：

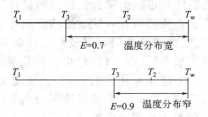

图 4-2-14 加热效率与温度均匀性的关系
T_1—塑料进入料筒的温度；T_3—熔料的最低温度；
T_2—熔料的平均温度；T_w—料筒温度

$$E_h = f\left[\frac{\alpha t}{(2a)^2}\right] \tag{4-2-2}$$

式中，α 为热扩散速率；t 为塑料在料筒内停留的时间；a 为受热的料层厚度。如果分流梭也作加热器用，则式(4-2-2)可变为：

$$E_h = f\left[\frac{\alpha t}{a^2}\right] \tag{4-2-3}$$

② 塑化量 塑化量是指单位时间内注射机熔化塑料的质量。柱塞式注射机的塑化量 q_m 可用式(4-2-4)表示：

$$q_m = K\frac{A^2}{V} \tag{4-2-4}$$

式中，A 为塑料的受热面积；V 为塑料受热的体积；K 为常数（以固定注射机、塑料、射出塑料的平均温度和 E_h 值为前提）。

就上式分析，如要提高塑化量 q_m，则增大 A 和减小 V 都有利，但在柱塞式注射机中，由于料筒的结构所限，增大 A 就必然加大 V。解决这一矛盾的方法是采用分流梭，兼用分流梭作加热器和改变分流梭的形状等。用相同的塑料而用不同的注射机注射时，如果将熔料射出的平均温度和加热效率都固定，则 K 值就可作为评定料筒设计优劣的标准。

图 4-2-15 表示出塑料在料筒内从加料口至喷嘴的温升曲线。由图可见，柱塞式注射机内，靠近料筒壁处塑料的温升较快，而料筒中心的塑料温升较慢，直到流经分流梭附近料温才迅速上升，并且逐渐减小塑料各点间的温差，但是最终料温仍低于料筒温度。在螺杆式注射机内，塑料升温速率开始较柱塞式机内靠近料筒壁的物料还慢（这是由于塑料在螺杆的作用下轴向位移较柱塞式注射机快），可是由于螺杆的混合和剪切作用，不仅可以提供大量的

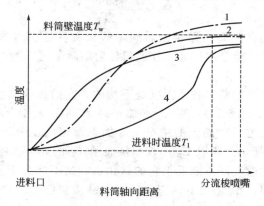

图 4-2-15 注射机料筒内塑料升温曲线
1—螺杆式注射机（剪切作用强烈时）；2—螺杆式注射机（剪切作用较平缓）；
3—柱塞式注射机（靠近料筒的物料）；4—柱塞式注射机（中心部分物料）

摩擦热，还能加速外加热的传递，再加上塑料的料层厚度薄从而使物料温升很快。如果剪切作用强烈时，在到达喷嘴前，料温就可能升至料筒温度，甚至超过料筒温度。

(2) 流动与冷却

这一过程是指用柱塞或螺杆的推动将具有流动性和温度均匀的塑料熔体注入模具开始，经型腔注满，熔体在控制条件下冷固定型，到制品从模腔中脱出为止的过程。这一过程经历的时间虽短，但熔体在其间所发生的变化却不少，而且这种变化对制品的质量有重要的影响。

熔料自料筒注入模腔需要克服一系列的流动阻力（包括熔料与料筒、喷嘴、浇注系统和型腔的外摩擦和熔体内部的摩擦），与此同时，还需要对熔料进行压实，因此，所用的注射压力应很高。

塑料在柱塞式注射机中受压和受热时，首先由压力将粒状物压成柱状固体，而后在受热中，逐渐变成半固体甚至熔体。所以料筒内的塑料自前至后共有三种状态或三个区段。这三个区段在注射时的流动阻力是不同的。柱状固体在流动中的阻力可用所发生的压力降 Δp_s 表示。

$$\Delta p_s = (1-e^{-\mu L/D})p_M \tag{4-2-5}$$

式中，e 为自然对数底数；μ 为粒状固体与管壁间的摩擦系数；L 为粒状固体在管内的长度；D 为管的直径；p_M 为推动粒状固体的压力，即注射压力。注射时，这段压力的损失最大，可高达料筒内压力总损失的 80%。半固体和熔体的压力损失可采用式 (4-2-6) 计算：

$$\Delta p = \frac{2L}{R}\left[\frac{(m+3)q}{\pi k R^3}\right]^{\frac{1}{m}} \tag{4-2-6}$$

式中，R 为管的半径；q 为容积速率；k 为流动常数；m 为与牛顿流体的差别程度的函数。

从式 (4-2-5) 和式 (4-2-6) 两式可以看出：三种状态的压力损失都是随料筒直径加大而减小的。增大直径对塑化量是不利的，所以柱塞式注射机中塑料的流动和加热过程之间存在着矛盾。

注射时，塑料在移动螺杆式注射机中，所遇的阻力共有两种：第一种是螺杆顶部与喷嘴之间的流体流动阻力。但是必须注意，由于这段塑料的温度已达到模塑温度，料筒外加热器的作用仅为保温而不是加热，塑料流动与受热之间不存在矛盾，料筒直径可以偏大。其次，这一区域的长度不会很大，因为总料量仅略大于一次注射量，而且平均料温已达最佳值，黏度也较低。综上所述，此段阻力将远比柱塞式注射机中熔体段阻力小。第二种是螺杆区塑料与料筒内壁之间的阻力。无论塑料是固体、半固体还是熔体，其流动阻力均可用式 (4-2-7) 计算：

$$F_f = \mu p A \tag{4-2-7}$$

式中，F_f 为摩擦阻力；μ 为塑料与料筒之间的摩擦系数；p 为塑料所受的压力；A 为塑料与筒壁接触的面积。

在螺杆式注射机内，因为塑料熔化较快，固体区不会很长（即 A 不会很大），同时压力 (p) 也不大，所以在固体区的阻力较小。而在流体和半固体区域中，接近筒壁处的塑料已熔化，使 μ 值显著降低，同时 A 值也不大，所以阻力仍然是较小的。

由以上分析可见，移动螺杆式注射机注射时的阻力要比柱塞式注射机小得多。

不管是何种形式的注射机，塑料熔体进入模腔内的流动情况均可分为充模、压实、倒流和浇口冻结后的冷却四个阶段。在连续的四个阶段中，塑料熔体的温度将不断下降，而压力的变化则如图 4-2-16 所示。

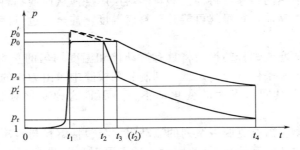

图 4-2-16 模塑周期中塑料压力变化
p_0—模塑最大压力;p_s—浇口冻结时的压力;p_r—脱模时残余压力;t_1、t_2、t_3、t_4—各代表一定时间

① 充模阶段 这一阶段从柱塞或螺杆开始向前移动起,直至模腔被塑料熔体充满(从零至 t_1)为止。充模开始一段时间内模腔中只有一个大气压力,待模腔充满时,料流压力迅速上升而达到最大值 p_0。充模的时间与模塑压力有关。充模时间长,先进入模内的塑料,受到较多的冷却,黏度增高,后面的塑料就需要在较高的压力下才能进入塑模。反之,所需的压力则较小。在前一情况下,由于塑料受到较高的剪切应力,分子定向程度比较大。这种现象如果保留到料温降低至软化点以下,则制品中冻结的定向分子将使制品具有各向异性。这种制品在温度变化较大的使用过程中会出现裂纹,裂纹的方向与分子定向方向是一致的。而且,制品的热稳定性也较差,这是因为塑料的软化点随着分子定向程度增高而降低。高速充模时,塑料熔体通过喷嘴、主流道、分流道和浇口时将产生较多的摩擦热而使料温升高,这样当压力达到最大值的时间 t_1 时,塑料熔体的温度就能保持较高的值,分子定向程度可减少,制品熔接强度也可提高。但是,如果模腔内有分割料流的型芯或嵌件时,若充模过快,则在型芯或嵌件的后部产生熔接强度较低的熔接痕,致使制品强度变劣。

② 压实阶段 这是指自熔体充满模腔时起至柱塞或螺杆撤回时(从 t_1 到 t_2)为止的一段时间。这段时间内,塑料熔体会因受到冷却而发生收缩,但因塑料仍然处于柱塞或螺杆的稳压下,料筒内的熔料会向塑模内继续流入以补充因收缩而留出的空隙。如果柱塞或螺杆停在原位不动,压力曲线略有衰减;由 p_0' 降至 p_0,如果柱塞或螺杆保持压力不变,也就是随着熔料入模的同时向前作少许移动,则在此段中模内压力维持不变,此时压力曲线即与时间轴平行。压实阶段对于提高制品的密度、降低收缩和克服制品表面缺陷都有影响。此外,由于塑料还在流动,而且温度又在不断下降,定向分子容易被冻结,所以这一阶段是大分子定向形成的主要阶段。这一阶段拖延愈长时,分子定向程度也将愈大。

③ 倒流阶段 这一阶段是从柱塞或螺杆后退时开始(从 t_2 到 t_3)的,这时模腔内的压力比流道内高,因此就会发生塑料熔体的倒流,从而使模腔内压力迅速下降,由 p_0 降至 p_s,倒流将一直进行到浇口处熔料冻结时为止。如果柱塞或螺杆后撤时浇口处的熔料已冻结,或者在喷嘴中装有止逆阀,则倒流阶段就不存在,也就不会出现 $t_2 \sim t_3$ 段压力下降的曲线。因此倒流的多少与有无是由压实阶段的时间所决定的。但是不管浇口处熔料的冻结是在柱塞或螺杆后撤以前或以后,冻结时的压力和温度总是决定制品平均收缩率的重要因素,而影响这些因素的则是压实阶段的时间。

倒流阶段有塑料的流动,因此就会增多分子的定向,但是,这种定向比较少,而且波及的区域也不大。相反,由于这一阶段内塑料温度还较高,某些已定向的分子还可能因布朗运动而解除定向。

④ 冻结后的冷却阶段 这一阶段是指浇口的塑料完全冻结时起到制品从模腔中顶出时($t_3 \sim t_4$)为止。模腔内压力迅速下降,由 p_s 或 p_0 降至 p_r,模内塑料在这一阶段内主要是

继续进行冷却，以便制品在脱模时具有足够的刚度而不致发生扭曲变形。在这一阶段内，虽无塑料从浇口流出或流进，但模内还可能有少量的流动，因此，依然能产生少量的分子定向。由于模内塑料的温度、压力和体积在这一阶段中均有变化，到制品脱模时，模内压力不一定等于外界压力，模内压力与外界压力的差值称为残余压力。残余压力的大小与压实阶段的时间长短有密切关系。残余压力为正值时，脱模比较困难，制品容易被刮伤或破裂；残余压力为负值时，制品表面容易有陷痕或内部有真空泡。所以，只有在残余压力接近零时，脱模方较顺利，并能获得满意的制品。

应该指出，塑料自进入塑模后即被冷却，直至脱模时为止。如果冷却过急或塑模与塑料接触的各部分温度不同，则由于冷却不均就会导致收缩不均匀，所得制品将会产生内应力。即使冷却均匀，塑料在冷却过程中通过玻璃化温度的速率还可能快于分子构象转变的速率，这样，制品中也可能出现因分子构象不均衡所引起的内应力。

4.2.3.3 制件的后处理

注射制件经脱模或机械加工后，常需要进行适当的后处理，以改善和提高制件的性能及尺寸稳定性。制件的后处理主要指退火和调湿处理。

(1) 退火处理

由于塑料在料筒内塑化不均匀或在模腔内冷却速率不同，常会产生不均的结晶、定向和收缩，使制品存有内应力，这在生产厚壁或带有金属嵌件的制品时更为突出。存在内应力的制件在储存和使用中常会导致力学性能下降，光学性能变坏，表面有银纹，甚至变形开裂。生产中解决这些问题的方法是对制件进行退火处理。

退火处理的方法是使制品在定温的加热液体介质（如热水、热的矿物油、甘油、乙二醇和液体石蜡等）或热空气循环烘箱中静置一段时间。处理的时间决定于塑料品种、加热介质的温度、制品的形状和模塑条件。凡所用塑料的分子链刚性较大、壁厚较大、带有金属嵌件、使用温度范围较宽、尺寸精度要求较高和内应力较大又不易自消的制件均须进行退火处理。但是，对于聚甲醛和氯化聚醚塑料的制件，虽然它们存有内应力，可是由于分子链本身柔性较大和玻璃化温度较低，内应力能缓慢自消，如制品使用要求不严时，可不必进行退火处理。退火温度应控制在制品使用温度以上 10～20℃，或低于塑料的热变形温度 10～20℃ 为宜。温度过高会使制品发生翘曲或变形；温度过低又达不到消除内应力的目的。退火时间视制品厚度而定，以达到能消除内应力为宜。退火处理时间到达后，制品应缓慢冷却至室温。冷却太快，有可能重新引起内应力而前功尽弃。退火的实质是：①使强迫冻结的分子链得到松弛，凝固的大分子链段转向无规位置，从而消除这一部分的内应力；②提高结晶度，稳定结晶结构，从而提高结晶塑料制品的弹性模量和硬度，降低断裂伸长率。

(2) 调湿处理

聚酰胺类塑料制件在高温下与空气接触时常会氧化变色。此外，在空气中使用或存放时又易吸收水分而膨胀，需要经过长时间后才能得到稳定的尺寸。因此，如果将刚脱模的制品放在热水中进行处理，不仅可隔绝空气进行防止氧化的退火，同时还可加快达到吸湿平衡，故称为调湿处理。适量的水分还能对聚酰胺起着类似增塑的作用，从而改善制件的柔曲性和韧性，使冲击强度和拉伸强度均有所提高。调湿处理的时间随聚酰胺塑料的品种、制件形状、厚度及结晶度大小而异。

4.2.4 注射模塑工艺条件的分析讨论

生产优质注射制品所牵涉的因素很多。一般说来，当提出一件新制品的使用性能和其他有关要求后，首先应在经济合理和技术可行的原则下，选择最适合的原材料、生产方式、生产设备及模具结构。在这些条件确定后，工艺条件的选择和控制就是主要考虑的因素。注塑最重要的工艺条件是影响塑化流动和冷却的温度、压力和相应的各个作用时间。

4.2.4.1 温度

注塑过程需要控制的温度有料筒温度、喷嘴温度和模具温度等。前两种温度主要是影响塑料的塑化和流动，而后一种温度主要是影响塑料的流动和冷却。

(1) 料筒温度

在设置料筒温度时应保证塑料塑化良好，能顺利实现注射又不引起塑料分解。由于塑料的传热能力较差，当塑料从料斗进入料筒时，不应给塑料过大的加热温差，否则会引起塑料的热降解，因此一般是从料斗一侧（后端）起，至喷嘴（前端）止，其温度是逐步升高，使塑料温度平稳上升达到均匀塑化的目的。由于螺杆式注射机料筒的前段主要是容纳已塑化好的熔料，因此前段的温度不妨略低于中段，以便防止塑料的过热分解。在明确料筒温度分布后，料筒温度的设置还应考虑以下几个方面。

① 物料的性质　每种塑料都具有不同的流动温度 T_f（对结晶型塑料则为熔点 T_m），因此，对无定形塑料，料筒中（末）段最高温度应高于流动温度 T_f，对结晶型塑料应高于熔点 T_m，但必须低于塑料的分解温度 T_d，故料筒最合适的温度范围应在 T_f 或 $T_m \sim T_d$ 之间。对于 $T_f \sim T_d$ 区间狭窄的塑料，控制料筒温度应偏低（比 T_f 稍高）；而对 $T_f \sim T_d$ 区间较宽的塑料可适当高一些（比 T_f 高得多一些）。

同一种塑料，由于来源或牌号不同，其流动温度及分解温度是有差别的，这是由于平均分子量和分子量分布（分散度）不同所致。凡是平均分子量高、分子量分布较窄的塑料熔融黏度都偏高；而平均分子量低、分子量分布较宽的塑料熔融黏度则偏低。为了获得适宜的流动性，前者较后者应适当提高料筒温度。

玻璃纤维增强的热塑性塑料，随着玻璃纤维含量的增加，熔料流动性即降低，因此要相应地提高料筒温度。

其次还应考虑塑料的稳定性。由于塑料热降解机理十分复杂，而且随着外界条件的变化可以出现不同的形式。大抵温度愈高，时间愈长（即使是温度不十分高的情况下）时，降解的量就愈大。因此对热敏性塑料，如聚甲醛、聚三氟氯乙烯、聚氯乙烯等，在保证流动性的情况下尽量采用较低的料筒温度，同时还应控制塑料在加热料筒中停留的时间；而对稳定性较好的物料则可采用较高的料筒温度。

② 注射机类型　塑料在不同类型的注射机（柱塞式或螺杆式）内的塑化过程是不同的，因而选择料筒温度也不相同。柱塞式注射机中的塑料仅靠料筒壁及分流梭表面往里传热，传热速率小，因此需要较高的料筒温度。在螺杆式注射机中，由于有了螺杆转动的搅动，同时还能获得较多的摩擦热，使传热加快，因此选择的料筒温度可低一些。但在实际生产中，为了提高效率，利用塑料在移动螺杆式注射机中停留时间短的特点，可采用在较高料筒温度下操作；而在柱塞式注射机中，因物料停留时间长，易出现局部过热分解，宜采用较低的料筒温度。

③ 制件或模具结构　选择料筒温度还应结合制品及模具的结构特点。由于薄壁制件的模腔比较狭窄，熔体注入的阻力大，冷却快，为了顺利充模，料筒温度应高一些。相反，注射厚壁制件时，料筒温度却可低一些。对于形状复杂或带有嵌件的制件，或者熔体充模流程曲折较多或较长的，料筒温度也应高一些。

④ 塑件的使用性能　不同的塑件其使用性能就不同。如果对塑件的表面光洁程度要求较高的，料筒温度就应提高；如果要求塑件各向性质接近（同性），就应降低塑件中的分子定向，采用较高的料筒温度；对有结晶倾向的塑料，料筒温度不同及熔料在这一温度下停留的时间不同，其结晶行为就不同，从而性能就有所差别。表 4-2-1 列出聚甲醛熔体在不同温度和停留时间下所保有的晶胚数量。

表 4-2-1 聚甲醛熔体晶胚数量与保持温度和时间的关系

熔体温度/℃	在熔融态停留的时间/s	1cm³ 中的晶胚数/个
190	10	181×10^5
190	60	115×10^5
200	10	150×10^5
200	60	14×10^6
210	10	119×10^6
210	60	25×10^5
220	10	5×10^6

⑤ 其他工艺条件 料筒温度与其他工艺条件是密切相关的。比如提高料筒（熔体）温度，有利于注射压力向模腔内的传递，注射系统的压力降减小，熔料在模具中的流动性增加，从而增大注射速率，减少熔化、充模时间，缩短注射周期。相反，当注射压力或塑化压力增大时，可适当降低料筒温度而获得相同的充模效果。

(2) 喷嘴温度

喷嘴温度通常略低于料筒最高温度，这是为了防止熔料在直通式喷嘴可能发生的"流延现象"。喷嘴低温的影响可从塑料注射时所产生的摩擦热得到一定的补偿。当然，喷嘴温度也不能过低，否则会造成熔料的早凝而将喷嘴堵死，或由于早凝料注入模腔，影响制品的性能。

料筒和喷嘴温度的选择不是孤立的，与其他工艺条件间有一定关系。例如选用较低的注射压力时，为保证塑料的流动，应适当提高料筒温度。反之，料筒温度偏低就需要较高的注射压力。由于影响因素很多，一般都在成型前通过"对空注射法"或"制品的直观分析法"来进行调整，以便从中确定最佳的料筒温度和喷嘴温度。

(3) 模具温度

模具温度对制品的内在性能和表观质量影响很大。模具温度的高低决定于塑料的结晶性、制品的尺寸与结构、性能要求、以及其他工艺条件（熔料温度、注射速度及注射压力、模塑周期等）。通常模温增高，使制品的定向程度降低（相应的顺着流线方向的冲击强度降低、垂直方向则相反）、结晶度升高，有利于提高制品的表面光洁程度。但料流方向及与其垂直方向的收缩率均有上升，所需保压时间延长。

模具温度通常是凭通入定温的冷却介质来控制的，也有靠熔料注入模具自然升温和自然散热达到平衡而保持一定模温的。在特殊情况下，也有用电加热使模具保持定温的。不管采用什么方法使模具保持定温，对热塑性塑料熔体来说都是冷却，因为保持的定温都低于塑料的玻璃化温度或工业上常用的热变形温度，这样才能使塑料成型和脱模。

无定形塑料熔体注入模腔后，随着温度不断降低而固化，并不发生相的转变。模温主要影响熔料的黏度，也就是充模速率。如果充模顺利，采用低模温是可取的，因为可以缩短冷却时间，提高生产效率。所以，对于熔融黏度较低或中等的无定形塑料（如聚苯乙烯、醋酸纤维素等），模具的温度常偏低，反之，对于熔融黏度高的（如聚碳酸酯、聚苯醚、聚砜等），则必须采取较高的模温（聚碳酸酯 90～120℃，聚苯醚 110～130℃，聚砜 130～150℃）。应该说明，将模温提高还有另一种用意，由于这些塑料的软化点都较高，提高模温可以调整制品的冷却速率使之均匀一致，以防制品因温差过大而产生凹痕、内应力和裂纹等缺陷。

结晶型塑料注入模腔后，当温度降低到熔点以下时即开始结晶。结晶速率受冷却速率的控制，而冷却速率是由模具温度控制的，因此模具温度直接影响制品的结晶度和结晶构型。模温高，冷却速率小，结晶速率可能大，因为一般塑料最大结晶速率都在熔点以下的高温一边。其次，模具温度高时还有利于分子的松弛过程，分子取向效应小。这种条件仅适于结晶速率很小的塑料，如聚对苯二甲酸乙二酯等，实际注塑中很少采用。因为模温高会延长成型周期和使制品发脆；模具温度中等时，冷却速率适宜，塑料分子的结晶和定向也适中，这是用得最多的条件。不过所谓模具温度中等，事实上不是一点而是一个区域，具体的温度仍然须由实验决定；模具温度低时，冷却速率大，熔体的流动与结晶同时进行，但熔体在结晶温度区间停留的时间缩短，不利于晶体或球晶的生长，使制品中分子结晶程度较低。如果所用塑料的玻璃化温度又低，如聚烯烃等，就会出现后期结晶过程，引起制品的后收缩和性能变化。此外，模具的结构和注塑条件也会影响冷却速率。例如提高料筒温度和增加制品厚度都会使冷却速率发生变化。由于冷却速率不同引起结晶程度的变化，对低密度聚乙烯可达2%～3%，高密度聚乙烯可达10%，聚酰胺可达40%。即使是同一制件，其中各部分的密度也可能是不相同的。这说明各部分的结晶度不一样。造成这种现象的原因很多，但是主要是熔料各部分在模内的冷却速率差别太大。

4.2.4.2 压力

注塑过程中的压力包括塑化压力和注射压力，并直接影响塑料的塑化和制品质量。

(1) 塑化压力（背压）

采用螺杆式注射机时，螺杆顶部熔料在螺杆转动后退时所受到的压力称为塑化压力，亦称背压，这种压力的大小可以通过液压系统中的溢流阀来调整。塑化压力（背压）的大小是随螺杆的设计、制品质量的要求以及塑料的种类等的不同而异。如果这些情况和螺杆的转速都不变，则增加塑化压力将加强剪切作用会提高熔体的温度，但会减小塑化的速率。增大逆流和漏流、增加驱动功率。此外，增加塑化压力常能使熔体的温度均匀、色料混合均匀和排出熔体中的气体。除非可以用较高的螺杆转速以补偿所减少的塑化速率外，增加塑化压力就会延长模塑周期，因此也就导致塑料降解的可能性提高，尤其是所用的螺杆属于浅槽型的。操作中，塑化压力的决定应在保证制品质量的前提下越低越好，随所用塑料的品种而异，通常很少超过2.0MPa。

注射聚甲醛时，较高的塑化压力（也就是较高的熔体温度）会使制品的表面质量提高，但有可能使制品变色、塑化速率降低和流动性下降。

对聚酰胺来说，塑化压力必须较低，否则塑化速率将很快降低，这是因为螺杆中逆流和漏流增加的缘故。如须增加料温，应采用提高料筒温度的办法。

聚乙烯的热稳定性高，提高塑化压力不会有降解危险，这在混料和混色时尤为有利。不过塑化速率仍然是要下降的。

(2) 注射压力

注射压力是以柱塞或螺杆顶部对塑料所施的压力（由油路压力换算来的）为准的。其作用是：克服塑料从料筒流向型腔的流动阻力、给予熔料充模的速率以及对熔料进行压实。这与制品的质和量有紧密联系，且受很多因素（如塑料品种、注射机类型、制件和模具结构以及工艺条件等）的影响，十分复杂，至今还未找到相互间的定量关系。从克服塑料流动阻力来说，流道结构的几何因素是首要的，在前面已讨论过。应该引起注意的是，在其他条件相同的情况下，柱塞式注射机所用的注射压力应比螺杆式的大。其原因是塑料在柱塞式注射机料筒内的压力损耗比螺杆式的多。

塑料流动阻力另一决定因素是塑料的摩擦系数和熔融黏度，两者越大时，注射压力应越高。同一种塑料的摩擦系数和熔融黏度是随料筒温度和模具温度而变动的。此外，还与是否加有润滑剂有关。

为了保证制品质量，对注射速率常有一定的要求，而对注射速率较为直接的影响因素是注射压力。就制品的力学强度和收缩率来说，每一种制品都有自己的最优注射速率，而且经常是一个范围的数值。这种数值与很多因素有关，常由实验确定。但是影响因素中最为主要的是制品壁厚。仅从定性的角度来说，厚壁的制件需要用低的注射速率，反之则与之相反。一般说来，随注射压力的提高，制品的定向程度、质量、熔接缝强度、料流长度、冷却时间等均有增加，而料流方向的收缩率和热变形温度则有下降。型腔充满后，注射压力的作用在于对模内熔料的压实。压实时的压力在生产中有等于注射时所用注射压力的，也有适当降低的。注射和压实的压力相等，往往可使制品的收缩率减少，并使批量制品间的尺寸波动较小。缺点是可造成脱模时的残余压力较大和成型周期较长。对结晶性塑料来说，成型周期也不一定增长，因为压实压力大可以提高塑料的熔点（例如聚甲醛，如果压力加大 50MPa，其熔点可提高 9℃），脱模可以提前。

4.2.4.3 时间（成型周期）

完成一次注塑过程所需的时间称成型周期，也称模塑周期。具体如表 4-2-2 所示。

表 4-2-2　成型周期的构成

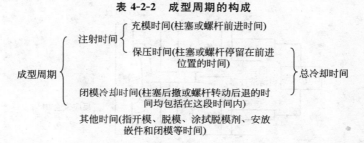

成型周期直接影响劳动生产率和设备利用率。因此，生产中应在保证质量的前提下，尽量缩短成型周期中各个有关时间。

整个成型周期中，以注射和冷却时间最重要，对制品质量有决定性的影响。注射时间中的充模时间直接反比于充模速率，已在前面讨论过。生产中，充模时间一般约 3~5s。

注射时间中的保压时间就是对型腔内塑料的压实时间，在整个注射时间内所占的比例较大，一般约 20~120s（特厚制件可达 5~10min）。在浇口处熔料封冻之前，保压时间，对制品尺寸准确性有影响（保压时间不足，熔料会从膜腔中倒流，使模内压力下降，以致制品出现凹陷、缩孔）；若在之后，则无影响，前面已有说明。保压时间也有最优值，它依赖于料温、模温以及主流道和浇口的大小。如果主流道和浇口的尺寸以及工艺条件都正常，通常即以制品收缩率波动范围最小的压力值为准。

冷却时间主要决定于制品的厚度、塑料的热性能和结晶性能以及模具温度等。冷却时间的终点，应以保证制品脱模时不引起变形为原则。冷却时间一般约 30~120s。冷却时间过长没有必要，不仅降低生产效率，对复杂制件还将造成脱模困难，强行脱模时甚至会产生脱模应力。成型周期中的其他时间则与生产过程是否连续化和自动化等有关。

4.2.5　注射模塑的发展

随着塑料工业的发展，注射技术、注射设备、注射制品的质和量都日益革新和增长。注射成型机日益向着精密、自动、大型和微型方向发展。目前大型注射机的锁模力已达到 120000kN，最大注射量达到 96kg，注射速率达到 3700cm³/s。注射技术则在塑化、节约原料和复合制品的注射等方面发展。现仅从工艺方面作一简略的介绍。

4.2.5.1 反应注射模塑

反应注射模塑（reaction injection molding，RIM）。此工艺是将两种具有高化学活性的低分子量液体原料，在高压（14～20MPa）下经撞击混合，然后注入密闭的模具内，完成聚合、交联、固化等化学反应并形成制品的工艺过程。这种将聚合反应与注射模塑结合为一体的新工艺，具有物料混合效率高，节能、产品性能好，成本低等优点。

反应注射模塑的工艺流程如图 4-2-17 所示。

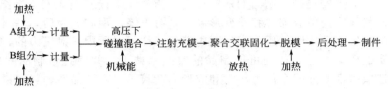

图 4-2-17 反应注射模塑的工艺流程

其设备的工作原理如图 4-2-18 所示，利用计量泵或活塞位移来计量反应物，通过活塞的位移来产生高压来强迫反应液体通过喷嘴孔进入一个小的混合室，并使高速进入的两组分在混合室强烈撞击得以充分混合，最后在混合头的作用下进行注模。

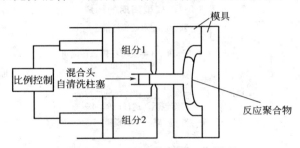

图 4-2-18 RIM 设备的工作原理

由于液体原料黏度低，流动性好，易于输送，混合均匀，原料配方灵活，充模压力低，仅为普通注塑的 1/5～1/10，锁模力不大，调整化学组分可模塑性能不同的产品，反应速率快，生产周期短，需要模具数量及夹具量少，可节约设备投资；生产过程简化，不需要造粒、熔化，耗能少，适宜生产大型及形状复杂的制品。因此，RIM 工艺受到世界各国的重视。

RIM 工艺于 1972 年正式投入生产。此后，随着原料、机械设备的改进，20 世纪 80 年代发展很快，应用领域已十分广泛。目前 RIM 制品大多为聚氨酯体系的产物，并已发展了在聚氨酯体系单体中掺入苯乙烯、甲基丙烯酸制取聚合物共混物的共混改性工作。RIM 适用的树脂有：聚氨酯、环氧树脂、聚酯、尼龙、甲基丙烯酸系共聚物、有机硅等树脂。它与普通热塑性塑料注射模塑的差别见表 4-2-3。

表 4-2-3 反应注射模塑与热塑性塑料注射模塑的比较

比较项目	RIM	热塑性塑料注射模塑
反应物的温度/℃	30～60	200～320 或更高
模具温度/℃	70～140	视品种而异
注射压力/MPa	<14	70～220
锁模压力	低	高
材料黏度/(Pa·s)	0.001～0.1	$10 \sim 10^4$
模塑周期	较慢	快
模具价格、运行成本	低	高
制品后加工与修饰	要	不要
次品率/%	大	小
制品的再利用	不可	可
模塑技术	较高	一般

4.2.5.2 排气式注塑

为解决易吸湿材料注射制品的质量问题,从1959年就开始对有机玻璃进行排气注塑试验。1972年后,排气式注塑机不断扩大其应用范围,如今已形成合模力1.25~30MN排气式注射机的系列。排气式注射机可直接成型具有亲水性或含有单体、溶剂及挥发物的热塑性塑料。例如用聚碳酸酯、尼龙、有机玻璃、纤维素等易吸湿的塑料成型时,可不必经过预干燥就能保证质量。

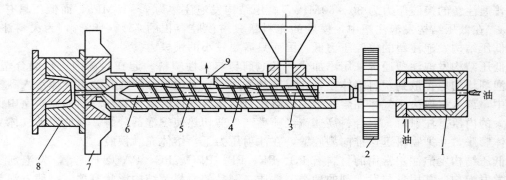

图 4-2-19 排气式注射机螺杆
1—油缸;2—传动齿轮;3—加料段;4—熔化段;5—排气段;
6—计量段;7—模架;8—模具;9—排气口

排气式注塑机有以下几个特点。①在注塑机料筒中部开设有排气口,并与真空系统相连接。当塑料塑化时,由塑料排出的水汽、单体、挥发性物质及原料带入的空气等,均可由真空泵从排气口抽走,从而增大塑化效率,有利于提高制品质量和生产率。由于排气式注射机塑化质量均匀,因此,注射压力和保压压力均可适当降低,而无损于制品的质量。②排气式注塑机所用螺杆的排气段较排气式挤出机的排气段长,因注射螺杆除旋转运动外,还要作轴向移动。因此,排气段的长度应在螺杆作轴向移动时始终对准排气口。通常排气段的螺槽较深,其中并不会完全为熔料充满,从而防止螺杆转动时物料从排气口溢出。③典型的排气式注射机是采用一种双阶四段的排气螺杆,如图4-2-19所示。第一阶段是加料区和压缩区;第二阶段为减压区和均化区。塑料从料斗进入料筒后,由加料区经压缩输送到压缩区并受热熔融。进入减压区时,因螺槽深度突然变大而减压,熔料中的水分及挥发性物质气化,并由真空泵通过排气口抽走。塑料在均化区经过进一步均匀塑化后被送到螺杆的前端以备注射入模。为了防止螺杆前端熔料返流而由排气口向外推出,螺杆的顶端都应设有阻流阀。

最近新出现的一种螺杆,一端直径大,另一端直径较小。它是利用小直径端进行塑化,大直径顶端完成混炼及注射的。注射时,螺杆前进,大直径加热料筒的内壁和小直径螺杆外围形成一定的间隙,能有效地进行排气。注射时,如有塑料沿螺杆轴向反流,可被此间隙所吸收,因此,消除了从排气口流出塑料的危险。

4.2.5.3 结构发泡注塑

结构发泡材料是指密度在 $10\sim60kg/m^3$ 之间的发泡材料。这种制品表面呈封闭的致密表层,而芯部却呈微孔泡沫结构。这种技术自20世纪60年代初出现以来,已经发展为多种结构发泡的注塑。

此法适用于成型壁厚5mm以上,具有较大重量和尺寸的塑料制品。制品不仅抗弯曲、刚性好、可减少加强筋,而且制品的内应力小,使用过程中不易产生大的变形。结构发泡制品还可进行表面处理,具有机械加工性能好等特点。结构发泡制品与木材近似,可用作木材的替代物,很有发展前途。

结构发泡注塑分类如下:

(1) 低压结构发泡注塑

低压结构发泡注塑与普通注塑的区别在于模腔压力低。

普通注塑的模腔压力为 30~60MPa,高压结构发泡注塑为 7~15MPa,而低压只有 2~7MPa。在低压结构发泡注塑中,模腔的充料量只占模腔容积的 75%~85%,为欠料注塑。由于低压结构发泡注塑的模腔压力低,因而只需要较小的锁模力。

低压结构发泡注塑通常采用添加化学发泡剂与热塑性塑料一起在料筒内进行混合塑化,使发泡剂均匀地扩散到塑料熔体中,在温度的作用下,发泡剂分解并释放出气体渗入到塑料熔体中,渗入量取决于气体在熔体中的溶解度。熔体与气体的混合物在料筒的储料室中保持着较大的内压。注射时,混合料高速流经喷嘴产生剪切热使发泡剂分解,释放出的气体立即使熔体膨胀,并把物料迅速推向型腔壁,在注射压力下,熔体充满模腔。

低压结构发泡注塑常用的材料有 PS、PE、PP、PPO、PC、PA 及 PU 等。发泡剂多选用化学发泡剂。其用量与发泡剂的种类、性质、制品的原料及结构形状有关。一般发泡剂为加料总重量的 0.3%~0.7%。

低压结构发泡注塑的缺点是只能生产较小的制品。由于普通注塑机的注射量和模腔尺寸较小,而注射速度慢致使结构泡沫制品的密度大。拟生产较大制品时,必须选用大型低发泡注塑机。低压结构发泡注塑也可采用多模具回转注塑机或多喷嘴注塑机。

(2) 高压结构发泡注塑

高压结构发泡注塑的注塑机与普通注塑机比较,增加有二次锁模保压装置。当熔体注入模腔后延长一段时间,合模机构的动模板要稍许后移,使模具的动、定模之间有少量分离,使模具的型腔扩大,利于模内塑料熔体发泡膨胀。

高压结构发泡注塑的缺点是,模具费用高,对注塑机提出二次锁模保压的要求,普通注塑机不能适用。同时,在二次移动模具时,制品容易留下条纹、折痕等,因此,模具制造精度要求更高。

近年来,除为提高结构发泡注塑制品的表面性能做了大量研究工作外,在结构发泡注塑设备及工艺方面也取得许多新的进展。

(3) 夹心注塑

夹心注塑是随着结构发泡制品的生产和发展而出现的。由于塑料在汽车制造业、电气和生活用品领域内的广泛应用,对厚壁(大于 5mm)刚性较高的塑料制品的需求增加。普通的注塑制品,因收缩率大,制品表面易出现塌坑,影响外观和平整度。结构发泡注塑虽解决了这一问题,但是采用低压结构发泡注塑,因塑料中含有发泡剂,制品表面常有旋痕和气体痕迹。采用高压结构发泡注塑,模具结构复杂,费用昂贵,从而出现了夹心注射成型工艺。

夹心注塑是 20 世纪 70 年代投入工业化生产的。至 20 世纪 70 年代中期又制造出双流道喷嘴和三流道喷嘴,这种夹心注射模塑如图 4-2-20 所示。设置有两个独立的料筒和塑化装置,采用特殊的喷嘴。两个料筒的注射顺序可以任意调节。

夹心注射模塑用于生产夹心发泡制品时,先注射表层材料(即不含发泡剂的 A 材料),随后将内层材料(含发泡剂的 B 材料)经同一浇口的另一流道与还在注射的 A 材料同时注入模具,最后再次注入 A 材料使浇口封闭,去掉浇口后的制品就具有闭合的、连续不发泡的表皮和发泡结构的芯层。

夹心注射成型除用于成型内层发泡、外层不发泡和外层发泡、内层不发泡的结构泡沫制品外，还可成型以下制品。

① 外层采用增强塑料，内层为非增强塑料。主要用于承受弯曲应力和负载作用在表面的制品，可大大降低成本。

② 内层为增强塑料，外层为高光洁程度材料，以达到制品外观美和强度高的统一。

③ 内层为高强度材料，外层为耐磨材料。用于成型表面耐磨、具有低的摩擦系数，同时整体又具有较高强度的制品，如轴套、齿轮等零件。

④ 内层为导电、导磁材料，外层为绝缘材料的制品。内层采用导电、导磁材料，成型内层具有导电、导磁的能力，能进行电磁屏蔽，而外层为普通塑料，具有绝缘作用，可防止电气元件壳体发生短路现象。上述制品大量用于仪表电气、办公设备、计算机壳体等。

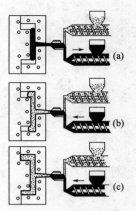

图 4-2-20 夹心注射模塑

夹心注塑制品，由于具有特殊的夹心结构，还可以根据不同的需要选择内、外层材料，将不同塑料各自的优良特性"组合"在一起，得到一般塑料加工无法得到的特殊制品，因而应用较为广泛。但是，当内外层材料不同时，要考虑到两种材料之间的黏合性和材料收缩率的差别，否则内外层材料会发生剥离现象。

4.2.5.4 流动注射模塑

通常注射模塑制件的重量都不能超过注射机的最大注射量。为了保证塑化均匀和制品质量良好，制件及流道凝料总重量之和应不超过最大注射量的80%。因此，生产大型注射制品将受到设备的限制。流动模塑是在原有注塑机上对设备和工艺略加改进，以适应成型大质量厚壁制品要求的一种新工艺。此法是用普通移动螺杆式注射机，螺杆的快速转动将塑料不断塑化并挤入模具型腔，待模具充满后，停止螺杆的转动，并用螺杆原有轴向推力使模内熔料在压力下保持适当时间。通过冷却定型即可取出制品。流动模塑的特点是塑化的熔料不是储存在料筒内，而是不断挤入模具中，因此，流动模塑是挤出和注射相结合的一种方法。

流动注塑的过程如图 4-2-21 所示。流动注塑的优点是：制件重量可超过注塑机的最大注射量；熔料停留在料筒内的量较少，时间短，比注塑更适合于加工热敏性塑料；制件内应力小。但是，由于塑料的充模是依靠螺杆的挤出，流动速率较慢，这对厚壁制件影响不大，对薄壁长流程制件则容易造成缺料。同时为避免制件过早凝固或产生表面缺陷，模具必须加热，控制在适宜的温度。几种塑料流动注射模塑工艺条件列于表 4-2-4。

表 4-2-4　几种塑料流动模塑工艺条件

工艺条件	丙烯腈-丁二烯-苯乙烯共聚物	乙丙烯共聚物	聚苯乙烯	聚碳酸酯	聚丙烯	硬质聚氯乙烯	聚乙烯
制件质量/g	465	435	450	450	345	570	460
螺杆转速/(r/min)	73	145	107	73	200	52	200
充模时间/s	60	42	54	43	125	105	30
保压时间/s	90	78	106	137	55	70	165
总周期/s	150	120	160	180	180	175	195
料筒温度/℃　后	162	190	180	230	190	128	176
中	190	200	204	242	215	160	220
前	204	208	215	260	232	155	223
螺杆背压/MPa	1.9	0.9	2.1	3.2	1.0	3.5	1.4
注射压力/MPa	1.9	1.4	2.1	3.2	1.0	3.5	0.85
模具温度/℃	60	27	72	120	35	50	63

注：设备为235g移动式单螺杆注射机在双腔模具上进行的。

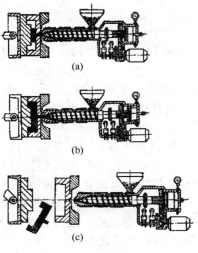

图 4-2-21 流动模塑过程
(a) 第一阶段；(b) 第二阶段；(c) 第三阶段

4.2.5.5 无分流道赘物的注射成型

通常注射成型制品都带有浇口和流道等赘物，事后需要除去。这不仅浪费注射机的能量和原料，而且增加回料处理工序，使成本上升。采用无分流道赘物的注射成型法即可避免以上缺点。其特点是在注射机的喷嘴到模具之间有一个歧管部分，而分流道即分布在内（参见图 4-2-22）。注射过程中，流道内的塑料是一直保持在熔融流动状态的，而且在脱模时不与制品一同脱出，所以没有分流道赘物。根据塑料的类型不同，保持分流道内塑料为熔融流动状态的措施也不同。对热塑性塑料是加热，故亦称为热流道，而对热固性塑料则是冷却，故亦称为冷流道。

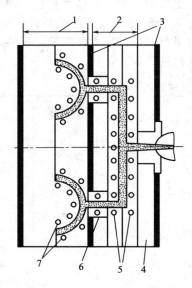

图 4-2-22 无分流道赘物注射模的歧管排列
1—热模部分；2—歧管部分；3—绝热层；4—夹板；
5—冷却水孔；6—喷头；7—电热筒

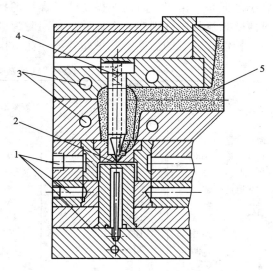

图 4-2-23 带加热探针的绝热流道模具
1—冷却系统；2—制品；3—温控系统；
4—加热探针；5—热流道

热塑性塑料无分流道赘物的注射成型，其流道形式很多，目前主要有下列三种。

① 热流道模具　流道封闭加热，使塑料在进入模腔以前一直保持熔融状态。

② 绝热流道模具　流道无外加热，流道系统的热量主要靠料筒来的熔融料所提供。流道中熔料的外表层虽会凝固，但中心始终保持熔融态。

③ 带加热探针的绝热流道　其原理和绝热流道相同，只是在浇口处设有加热探针，以便物料顺利通过浇口。

上述三种热流道，以第3种用得较多，其结构如图4-2-23所示。图中上部是包括绝热流道系统的模具，使塑料保持熔融不凝固；下部是制品模腔部分，温度较前者低，有利于制品的冷却凝固。

对热固性塑料无分流道赘物的注射成型是采用冷流道模具。冷流道注射模的歧管及流道部分，周围均用水冷却，以保持较低的温度，而模套和模芯则采用电加热，具有较高的温度。在这两部分之间必须要有良好的绝热。控制歧管部分流道的温度很重要，温度过低，物料不能畅流；温度过高，物料在流道内易发生硬化。

4.2.5.6　共注射成型

共注射成型是指用两个或两个以上注射单元的注射成型机，将不同的品种或不同色泽的塑料，同时或先后注入模具内的成型方法。此法可生产多种色彩或多种塑料的复合制品。共注射成型的典型代表有：双色注射和双层注射，亦可包括夹层泡沫塑料注射，不过后者通常是列入低发泡塑料注射成型中。已如前述，因此这里只简单介绍双色注射成型。

双色注射成型这一成型方法有用两个料筒和一个公用的喷嘴所组成的注射机，通过液压系统调整两个推料柱塞注射熔料进入模具的先后次序，来取得所要求的不同混色情况的双色塑料制品的。也有用两个注射装置、一个公用合模装置和两副模具制得明显分色的混合塑料制品的。注射机的结构如图4-2-24所示。此外，还有生产三色、四色和五色的多色注射机。

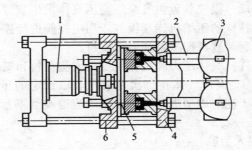

图 4-2-24　双色注射机
1—合模油缸；2—注射装置；3—料斗；4—固定模板；5—模具回转板；6—动模板

近几年来，随着汽车部件和台式计算机部件对多色花纹制品需要量的增加，又出现了新型的双色花纹注射成型机，其结构特点如图4-2-25所示。该机具有两个沿轴向平行设置的注射单元，喷嘴通路中还装有启闭机构。调整启闭阀的换向时间，就能制得各种花纹的制品。不用上述装置而用花纹成型喷嘴（图4-2-26）也是可以的，此时旋转喷嘴的通路，即可得到从中心向四周辐射形式的不同颜色和花纹的制品。

4.2.5.7　气辅注塑

(1) 概述

气辅注（射模）塑又称气体注（射模）塑，是一种新的注射成型工艺。它是自往复式螺杆注射机问世以来，注射成型工业最重要的发展之一。气辅注塑是注射成型的延伸，它是在注射成型技术和结构泡沫注射成型的基础上发展起来的；也可认为是注射成型与中空成型的某种复合，从这个意义上，也可称为"中空注射成型"。其原理是在原来的注射成型的保压

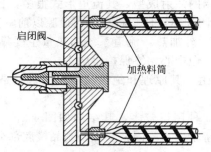

图 4-2-25 双色花纹注射成型机结构

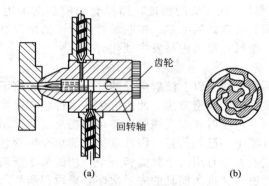

图 4-2-26 成型花纹用的喷嘴和花纹

阶段，利用压力相对低的气体代替型腔内的树脂保压。气辅注塑只要在现有的注射成型机上增设一个供气装置即可实现。供气装置由气泵、高压气体发生装置、气体控制装置和气体喷嘴构成。气体控制装置用特殊的压缩机连续供气，用电控阀进行控制使压力保持恒定。压力通常有3级。一套气体控制装置可配多台注射成型机。

一般使用的气体为氮气。气体压力和气体纯度由成型材料和制品形状决定。压力一般在 5~32MPa，最高为 40MPa。高压气体在每次注射中，以设定的压力定时从气体喷嘴注入。气体喷嘴一个或多个，设于注射成型机喷嘴、模具的流道或型腔上。

气辅注塑过程如下：
① 将熔融树脂定量注入型腔；
② 由气体喷嘴注入高压气体，并推展型腔内的熔融树脂至型腔壁；
③ 边控制保压，边冷却固化；
④ 排气并回收气体；
⑤ 取出制品。

气辅注塑过程如图 4-2-27 所示。首先把部分熔融的塑料注射到模中，称为"欠料注射"(short shot)，接着再注入一定体积和一定压力的惰性气体到熔融塑料流中。由于靠近模具表面部分的塑料温度低，表面张力高，而制件较厚部分中心处塑料熔体的温度高、黏度低、气体易在制件较厚的部位（如加强筋）形成空腔。而被气体所取代的熔融塑料被推向模具的末端，形成所要成型的制件。

在气辅注塑中，由于气体的压力始终使塑料紧贴着模具表面，制件较厚部分的外表面不会形成"凹陷"，从而提高了制件质量，且简化了模具设计，降低了模具成本，增加了制件设计的灵活性。在合理的设计下，可使制件的质量比传统注塑减少 10%~50%，且使制件得到较高的强度与质量比。另外，用来充满制件的气体压力与传统注塑所需的压力相比要小

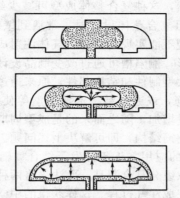

图 4-2-27　气辅注射模塑的工作原理

得多,因此所需的锁模力也较小。

在气体通道中,各处压力相等,无保压损失,与靠型腔内熔融树脂保压不同。在注射成型中,浇口处的压力与型腔内的压力相差很大。

料温的控制很重要,因为它影响壁的厚薄。在气体压力一定的条件下,料温高、壁厚薄。气体压力对壁厚的影响相对较小。一般不采用改变压力的方法来控制壁厚。气体注入时间也可作为控制壁厚的工艺条件之一,一般延迟注入时间,可提高壁厚,但此法不经济。另外,为获得高质量制品,控制注射量及排气时间也很重要。

注射成型在制品设计上要求壁厚均匀,壁厚不匀会造成制品缩孔、缩痕或变形。对厚壁制品,即使壁厚均匀也难以避免出现缩孔或表面缩痕,因为在注射充模后的冷却过程中物料必定要发生收缩。为克服这些缺点,一般采用保压和补料的方法。但是,在离浇口较远处,即使过量充模,压力也难以达到。而且,如浇口冻结后,就无法补料了。而浇口附近的过量充模,常给制品带来残余应力,造成制品翘曲和开裂等。

结构泡沫成型因能均匀收缩和生成均匀的气泡,而达到防止制品内部缩孔和表面缩痕的目的,而且制品质量轻、成型周期短,能改进注射成型的某些缺点。但是,结构泡沫成型制品外观不良,而且要保证发泡均匀,一般制品厚度需要在 5~6mm 以上。另外,结构泡沫成型不适于壁厚不均匀的制品。

气体注射成型克服了上述两种成型方法的不足,具有如下特点。

① 能成型壁厚不均匀的制品,提高了制品设计的自由度。

② 制品上可设置中空的筋和凸台结构,提高制品的刚性和强度。

③ 与结构泡沫厚壁成型相比,因气体不是微细分散,而是夹在熔体中形成空间,所以既能保持结构泡沫质轻的优点,又改进了外观质量。

④ 成型周期短。

⑤ 气体压力从浇口(或气体喷嘴)至流动末端形成连续通道,无压力损失,从而能低压成型,残留应力低,制品翘曲小、尺寸稳定性好、电镀性能提高。

⑥ 气体通道能起到支撑流动的作用,提高了成型性,从而可降低平均壁厚、减少大型制品的浇口数。

⑦ 成型压力低,可在较小的注射机上成型较大的制品,同时,模具可小型化。

⑧ 节能。

⑨ 可完成中空成型和注射成型不能加工的三维中空制品的成型。

(2) 气辅注塑的进展

① 在复杂形状制品整体成型中的应用　整体成型是指将原来需要分别成型的零件一次

成型为一个复合件的方法。显然，这种复合整体成型可减少组装工序（粘接或焊接）、减少模具数等，经济上是合理的。但复合整体设计时，常遇到壁厚要求不一或带侧陷槽等的结构。这些结构用通常的注射成型不能实现，而采用气体注射成型则可解决这一问题：制品厚壁处通入气体，避免缩孔或变形；侧陷槽可通过改变制品设计来解决。

因强度不足和刚性不够的大型制件和结构部件，原来通过另外准备的部件，在后加工过程中组合加强，或多设置加强筋，或通过结构泡沫成型等使整个制件加厚的方法解决，这样，模具结构变复杂或制品质量增加，随之而来的是成型周期变长。这从经济的角度看是不利的。采用气辅注塑并设置中空筋结构，即可解决上述问题。

② 在夹芯结构材料成型中的应用　近年开发了结合气辅注塑和夹芯结构材料成型两者优点的新方法，生产中空厚壁双组分复合制品。此法先将两种材料分别注入模具，在即将完成充模的前一刻，注入气体，完成注气过程。这样获得的中空厚壁双组分复合制品质轻，常采用外层软、内层硬的材料，用于手柄、把手、承载部件和需要局部增强的制品。

③ 气辅注塑在结构发泡成型中的应用　它保持了气辅注塑法的优点，但制品中空部分用发泡芯材替代。具体方法是在材料充模，注入气体后，控制气体压力，使其以一定速率降压，这样，内层熔体向中心膨胀发泡，形成双组分结构泡沫体，用于轻质、刚性制品。

4.3　压缩模塑及热固性塑料的其他成型方法

4.3.1　压缩模塑概述

压缩模塑又称模压成型或压制成型。这种成型方法是先将粉状、粒状或纤维状的塑料放入成型温度下的模具型腔中，然后闭模加压而使其成型并固化的作业。压缩模塑可兼用于热固性塑料和热塑性塑料。模压热固性塑料时，塑料一直是处于高温的，置于型腔中的热固性塑料在压力作用下，先由固体变为半液体，并在这种状态下流满型腔而取得型腔所赋予的形状，随着交联反应的深化，半液体的黏度逐渐增加以至变为固体，最后脱模成为制品。热塑性塑料的模压，在前一阶段的情况与热固性塑料相同，但是由于没有交联反应，所以在流满型腔后，须将塑模冷却使其固化才能脱模成为制品。由于热塑性塑料模压时模具需要交替地加热与冷却，生产周期长，因此热塑性塑料制品的成型以注射模塑法等更为经济，只有在模压较大平面的塑料制品时才采用模压成型。本节只着重讨论热固性塑料的模压成型。但是，这里必须指出，压缩模塑并不是热固性塑料的唯一成型方法，还可用传递和注射法成型等，由于聚四氟乙烯塑料成型的冷压烧结法，其中冷压型坯工序与压缩模塑有很多相同之处，故在此也将作一简要叙述。

压缩模塑的主要优点是可模压较大平面的制品和利用多槽模进行大量生产，其缺点是生产周期长、效率低，不能模压要求尺寸准确性较高的制品，这一情况尤以一模多腔较为突出，主要原因是在每次成型时制品毛边厚度不易求得一致。

常用于压缩模塑的热固性塑料有：酚醛塑料、氨基塑料、不饱和聚酯塑料、聚酰亚胺等，其中以酚醛塑料、氨基塑料的使用最为广泛。模压制品主要用于机械零部件、电器绝缘件、交通运输和日常生活等方面。

4.3.2　压缩模塑的设备

4.3.2.1　预压设备

预压的主要设备是压模和预压机。预压用的预压机，其类型很多，但用得最广的是偏心式和旋转式两种，其工作原理如图 4-3-1 所示。近来已有采用生产效率比偏心式压片机高，而压片质量比旋转式压片机更精确的液压式压片机，其工作原理如图4-3-2所示。

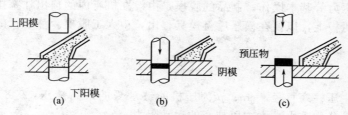

图 4-3-1　偏心式与旋转式预压机压片原理

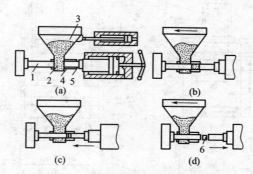

图 4-3-2　液压式预压机压片原理
1—固定阳模；2—原料；3—料斗；4—阴模；5—活动阳模；6—预压物

偏心式压机的吨位一般为100～600kN，按预压物的大小和塑料种类的不同，每分钟可压8～60次，每次所压预压物的个数为1～6个。这种预压机宜于压制尺寸较大的预压物，但生产效率较低。

旋转式预压机每分钟所制预压物的数目自250～1200个不等。常用旋转式预压机的吨位为25～35kN。它的生产率虽然很高，但只宜于压制较小的预压物。

液压式压片机结构简单紧凑，压力大，计量比较准确，操作方便。它特别适用于松散性较大的塑料的预压。此外操作时无空载运行，生产效率高，较为经济。

压模共分上、下阳模（固定、移动阳模）和阴模三个部分。由于多数塑料的摩擦系数都很大，因此压模最好用含铬较高的工具钢来制造。上、下阳模与阴模之间应留有一定的间隙，开设间隙不仅可以排除余气而使预压物紧密结实，并且还能使阴阳模容易分开和少受磨损。阴模的边壁应开设一定的锥度，否则阴模中段即会因常受塑料的磨损而成为桶形，从而使预压成为不可能。斜度大约为0.001cm/cm。压模与塑料接触的表面应很光滑，借以便利脱模而提高预压物的质量和产量。

4.3.2.2　压机

压机的作用在于通过塑模对塑料施加压力、开闭模具和顶出制品，压机的重要参数包括公称重量、压板尺寸、工作行程和柱塞直径。这些指标决定着压机所能模压制品的面积、厚度以及能够达到的最大模压压力。

模压成型所用压机的种类很多，但用得最多的是自给式液压机，重量自几千牛顿至几万牛顿不等。

液压机按其结构的不同又可分为很多类型，其中比较主要的是以下两种。

(1) 上动式液压机

这种压机如图4-3-3所示。压机的主压筒处于压机的上部，其中的主压柱塞是与上压板直接或间接相连的。上压板靠主压柱塞受液压的下推而下行，上行则靠液压的差动。下压板是固定的。模具的阳模和阴模分别固定在上下压板上，依靠上压板的升降即能完成模具的启闭和对塑料施加压力等基本操作。制品的脱模是由设在机座内的顶出柱塞担任的，否则阴阳模就不能固定在压板上，以便在模压后将模具移出，由人工脱模。液压机的公称重力按下式计算：

$$G = \frac{\pi D^2}{4} \times \frac{p}{1000} \tag{4-3-1}$$

式中，D 为主压柱塞直径，cm；p 为压机能够承受的最高液压，9.8×10 kPa。液压机的有效重力应该是公称重力减去主压柱塞的运动阻力。

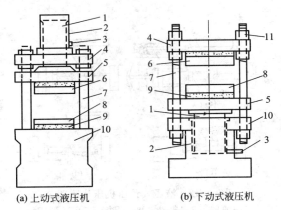

图 4-3-3　液压机

1—柱塞；2—压筒；3—液压管线；4—固定垫板；5—活动垫板；6—上模板；
7—拉杆；8—下模板；9—绝热层；10—机座；11—行程调节套

（2）下动式液压机

这种压机如图 4-3-3 所示。压机的主压筒设在压机的下部，其装置恰好与上动式压机相反。制品在这种压机上的脱模一般都靠安装在活动板上的机械装置来完成。

4.3.2.3　塑模

压缩模塑用的塑模，按其结构的特征，可分为溢式、不溢式和半溢式三类，其中以半溢式用得最多。

（1）溢式塑模

这种塑模如图 4-3-4 所示，其主要结构是阴阳模两个部分。阴阳模的正确位置由导柱保证。脱模推杆是在模压完毕后使制品脱模的一种装置。导柱和推杆在小型塑模中不一定具备。溢式塑模的制造成本低廉，操作也较容易，宜用于模压扁平或近于碟状的制品，对所用压塑料的形状无严格要求，只需其压缩率较小而已。模压时每次用料量不求十分准确，但必须稍有过量。多余的料在阴阳模闭合时，即会从溢料缝溢出。积留在溢料缝而与内部塑料仍有连接的，脱模后就附在制品上成为毛边，事后必须除去。为避免溢料过多而造成浪费，过量的料应以不超过制品质量的 5% 为度。

由于有溢料的关系以及每次用料量的可能差别，因此成批生产的制品，在厚度与强度上，就很难求得一致。

（2）不溢式塑模

这种塑模如图 4-3-5 所示，它的主要特点是不让塑料从型腔中外溢和所加压力完全施加在塑料上。用这种塑模不但可以采用流动性较差或压缩率较大的塑料，而且还可以制造牵引度较长的制品。此外，还可以使制品的质量均匀密实而又不带显著的溢料痕迹。

由于不溢式塑模在模压时几乎无溢料损失，故加料不应超过规定，否则制品的厚度就不符合要求。但加料不足时制品的强度又会有所削弱，甚至变为废品。因此，模压时必须用称量的加料方法。其次不溢式塑模不利于排除型腔中的气体，这就需要延长固化时间。

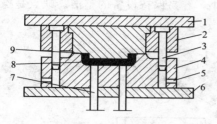

图 4-3-4　溢式塑模
1—上模板；2—组合式阳模；3—导柱；
4—阴模；5—气口；6—下模板；7—推
杆；8—制品；9—溢料缝

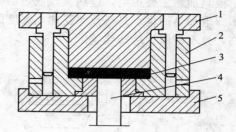

图 4-3-5　不溢式塑模
1—阳模；2—阴模；3—制品；
4—脱模杆；5—定位下模板

（3）半溢式塑模

这类塑模是兼具以上两类结构特征的一类塑模，按其结合方式的不同，又可分为无支承面与有支承面的两种。

① 无支承面的　见图 4-3-6，这种塑模与不溢式塑模很相似，唯一的不同是阴模在 A 段以上略向外倾斜（锥度约为 3°），因而在阴阳模之间形成了一个溢料槽。A 段的长度一般为 1.5～3.0mm。模压时，当阳模伸入阴模而未达至 A 段以前，塑料仍可从溢料槽外溢，但受到一定限制。阳模到达 A 段以后，其情况就完全与不溢式塑模相同。所以模压时的用料量只求略有过量而不必十分准确，给加料带来了方便，但是所得制品的尺寸却较准确，而且它的质量也很均匀密实。

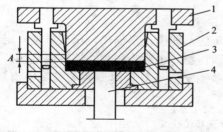

图 4-3-6　无支承面半溢式塑模
1—阳模；2—溢料槽；3—制品；
4—阴模；A—平直段

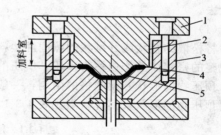

图 4-3-7　有支承面半溢式塑模
1—阳模；2—制品；3—阴模；
4—溢料刻槽；5—支承面

② 有支承面的　见图 4-3-7，这种塑模除设有装料室外，与溢式塑模很相似。由于有了装料室，因此可以采用压缩率较大的塑料，而且模压带有小嵌件的制品比用溢料式塑模好，因为后一种塑模需用预压物模压，这对小嵌件是不利的。

塑料的外溢在这种塑模中是受到限制的，因为当阳模伸入阴模时，溢料只能从阳模上开设的刻槽（其数量视需要而定）中溢出。不用这种设计而在阴模进口处开设向外的斜面亦可。基于这样一些措施，所以在每次用料的准确度和制品的均匀密实等方面，都与用无支承面的半溢式塑模相仿。这种塑模不宜于模压抗冲性较大的塑料，因为这种塑料容易积留在支承面上，从而使型腔内的塑料受不到足够的压力，其次是形成的较厚毛边也难于除尽。

以上所述，仅为压缩模塑塑模的基本类型。为了降低制模成本，改进操作条件，或便于模压更为复杂的制品，在基本结构特征不变的情况下，可以而且也必须进行某些改进，例如多槽模和瓣合模就是常见的实例。

模具加热主要用电、过热蒸气或热油等，其中最普遍的是电加热，加热方式如图 4-3-8 所示。电加热的优点是热效率受加热温度的限制性小，容易保持设备的整洁。缺点是操作费用高，且不易添设冷却装置。

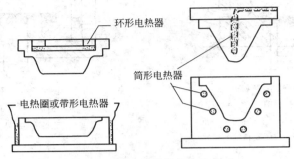

图 4-3-8　深浅槽模具的电热方式

4.3.3　压缩模塑的工艺过程

完备的压缩模塑工艺是由物料的准备、模压过程和压后处理组成的。

4.3.3.1　物料的准备

物料的准备又分为预压和预热两个部分。预压一般只用于热固性塑料，而预热则可用于热固性和热塑性塑料。模压热固性塑料时，预压和预热两个部分可以全用，也可以只用预热一种。单进行预压而不进行预热是很少见的。预压和预热不但可以提高模压效率，而且对制品的质量也起到积极的作用。如果制品不大，同时对它的质量要求又不很高，则准备过程也可免去。

（1）预压

将松散的粉状或纤维状的热固性塑料预先用冷压法（即模具不加热）压成质量一定、形状规整的密实体的作业称为预压，所压的物体称为顶压物。也称为压片、锭料或型坯。

预压物的形状并无严格的限制，一般以能用整数而又能十分紧凑地装入模具中为最好。常用预压物的形状及其优缺点见表 4-3-1。

表 4-3-1　预压物的形状及其优缺点

预压物形状	优缺点	应用情况
圆片	压模简单，易于操作，运转中破损少，可以用各种预热方法预热	广泛采用
圆角或腰鼓形长条	适用于质量要求较重的预压物，顺序排列时可获得较为紧密的堆积，便于用高频电流加热，如果尺寸取得恰当，则模压时可使型腔受压均匀。缺点是运转中破损较大	较少采用
扁球	运转中磨损较少，模压装料容易。缺点是难以规整排列，表观密度低，不宜用高频电流预热	较少采用
与制品形状相仿	便于采用流动性较低的压塑粉，制品的溢料痕迹不十分明显，模压时可以使型腔受压均匀。缺点是制品表面易染上机械杂质，有时不符合高频电流预热的要求	用于较大的制品
空心体（两瓣合成）和双合体	模压时可保证型腔受压均匀，不使嵌件移位或歪曲，不易使嵌件周围的塑料出现熔接不紧的痕迹。缺点是制品表面易染上机械杂质，有时不符合高频电流预热的要求	用于带精细嵌件的制品

模压时用预压物比用松散的粉状料有以下优点。

① 加料快而准确。避免加料过多或不足时造成的废次品。

② 降低塑料的压塑率（例如酚醛塑料粉的压缩率为 1.8～3.0，经预压后可降到 1.25～1.40）。减小了模具的加料室，简化了模具结构。

③ 预压物中的空气含量少，传热快，缩短预热和固化时间，减少制品出现气泡，有利于提高制品质量。

④ 可提高预压物的预热温度，可缩短预热时间和固化时间。例如酚醛塑料的粉料只能在 100～120℃下预热，而预压物可高至 170～190℃下预热。

⑤ 采用与制品相似的预压物有利于模压较大的制品。

预压物虽有以上的优点，其缺点是要增加相应的设备和人力，松散度大的长纤维物料预压比较困难，需要大型复杂的设备。

需要指出的是并不是所有的压塑粉在预压时都会获得良好的预压效果，为此在预压前需从以下几方面对压塑粉进行考查。

① 水分　如果压塑粉中水分含量很少，流动性较差，不利于预压；但含量过大时，则导致制品质量的劣化。

② 颗粒均匀性　颗粒最好是大小相间的，具有一定的均匀性。大颗粒过多时，制成的预压物有较多的空隙；小颗粒过多时，易使加料装置发生阻塞，易将空气封入预压物中。

③ 倾倒性　倾倒性是以 120g 压塑粉通过标准漏斗（圆锥角为 60°，管径为 10mm）的时间来表示的。这是保证靠重力作用将料斗中压塑粉准确地送到预压模中的先决条件。用作预压的压塑粉，其倾倒性应为 25～30s。

④ 压缩率　粉料的压缩率要适当，要将压缩率很大的压塑粉进行预压是困难的，但太小又失去预压的意义，压缩率应在 3.0 左右。

⑤ 润滑剂含量　润滑剂的存在对预压物的脱模是有利的，而且还能使预压物的外形完美，但润滑剂的含量不能太多，否则会降低制品的力学强度。

⑥ 预压条件　一般预压是在室温下进行，但是当所用粉料在室温下不易预压时，也可将温度提高到 50～90℃，在此温度下制成的预压物，其表面常有一层较为坚硬的熔结塑料，使流动性有所下降。预压时所施加压力，应掌握在使预压物的密度达到制品最大密度的 80% 为好，因为具有这种密度的预压物有利于预热，并具有足够的强度。一般预压时的施压范围为 40～200MPa，应根据粉料的性质及预压物的形状和尺寸而定。

(2) 预热与干燥

为了提高制品质量和便于模压的进行，有时须在模压前将塑料进行加热。如果加热的目的只在去除水分和其他挥发物，则这种加热应为干燥。如果目的是在提供热料以便于模压，则应称为预热。在很多情况下，加热的目的常是两种兼有的。

热塑性塑料成型前的加热主要是起到干燥的作用，其温度应以不使塑料熔成团状或饼状为原则。同时还应考虑塑料在加热过程中是否会发生降解和氧化。如有，则应改在较低温度和真空下进行。

热固性塑料在模压前的加热通常都兼具预热和干燥双重意义，但主要是预热。采用预热的热固性塑料进行模压有以下优点。

① 缩短闭模时间和加快固化速率，也就缩短了模塑周期。

② 增加制品固化的均匀性，从而提高制品的物理力学性能。

③ 提高塑料的流动性，从而降低塑模损耗和制品的废品率，同时还可减小制品的收缩率和内应力，提高制品的稳定性和表面光洁程度。

④ 可以用较低的压力进行模压，因而可用较小吨位的压机模压较大的制品，或在固定

吨位的压机上增加模槽的数目。

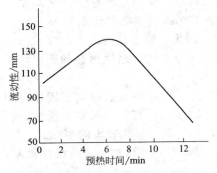

图 4-3-9　流动性与预热时间的关系

不同类型和不同牌号的塑料均有不同的预热规程,最好的预热规程通常都是获得最大流动性的规程。确定预热规程的方法是,在既定的预热温度下找出预热时间与流动性的关系曲线,然后可根据曲线定出预热规程。如图 4-3-9 为某一酚醛塑料预压物在预热温度为 (180 ± 10)℃下用拉西格法所测得的流动曲线,由图可知,在 0~4min 期间,由于塑料受热流动性增加,曲线上升;在 4~8min 期间,曲线变化不大,表征水分与挥发物的去除过程;而 8min 以后,由于交联反应加深,其黏度增大,流动性降低,曲线急趋下降。所以这种塑料的最大流动性的时间为 5~7min,其预热规程可定为 (180 ± 10)℃和 5~7min。常用热固性塑料的预热温度范围列于表 4-3-2 中。

表 4-3-2　常用热固性塑料的预热温度范围

塑料类型	酚醛塑料	脲甲醛塑料	脲-三聚氰胺甲醛	三聚氰胺甲醛	增强聚酯塑料
预热温度范围	80~120℃ 160~200℃	<85℃	80~100℃	105~120℃	55~60℃

预热和干燥的方法常用的有:热板加热、烘箱加热、红外线加热、高频电热等。

① 热板加热　所用设备是一个用电、煤气或蒸气加热到规定温度而又能作水平转动的金属板,它经常是放在压机旁边。使用时,将各次所用的预压物分成小堆,连续而又分次地放在热板上,并盖上一层布片。预压物必须按次序翻动,以期双面受热。

② 烘箱加热　烘箱一般用电阻加热,内部设有强制空气循环和温度控制装置,温度可在 40~230℃内可调。这种设备既可用作干燥也可用作预热。

欲处理的塑料通常铺在盘中送到烘箱内加热。料层厚度如不超过 2.5cm 可不翻动。盘中塑料的装卸应定时定序,使塑料有固定的受热时间。干燥热塑性塑料时,烘箱温度约为 95~110℃,时间可在 1~3h 或更长,有些品种需在真空较低温度下干燥。烘后的塑料如不立即模压,应放在严密的容器内冷却。预热热固性塑料的温度一般为 50~120℃,少数也有高达 200℃的,如酚醛塑料。准确的预热温度最好结合具体情况由实验来决定。

③ 红外线加热　由于多数塑料都无透过红外线的能力(尤其是粉料与粒料),因此,可用红外线加热。加热时,先是塑料表面得到辐射热量,温度随之增高,而后再通过热传导将热传入内部。由于热量是靠辐射传递的,所以,红外线的加热效率要比用对流传热的热气循环法高,但加热时应防止塑料表面过热而造成分解或烧伤,需通过调整加热器的功率和数量、塑料表面与加热器的距离以及照射的时间等因素来避免过热。

红外线预热的优点是设备简单、使用方便、成本低、温度控制比较灵活等。缺点是受热不均和易于烧伤表面。

近来远红外线已逐渐用于塑料的预热,效果良好,可克服红外线预热的缺点。

④ 高频电热　任何极性物质,在高频电场作用下,分子的取向就会不断改变,因而使分子间发生强烈的摩擦以致生热而造成温度上升。所以,凡属极性分子的塑料都可用高频电流加热。高频电流加热只用于预热而不用于干燥,因为在水分未驱尽之前,塑料就有局部被烧伤的可能。

用高频电流预热时,热量是在全部塑料的各点上自行产生的。因此,塑料各部分的温度是同时上升的,这是用高频电流预热的最大优点。

由于各种塑料的结构不同,极性不同,粉料所含水分及表观密度不同,因而用高频电流预热的时间也是不同的。在一定条件下,需要很长的预热时间才能达到温度的原料是不适宜用此法预热的。

高频预热的优点是:塑料受热均匀,预热速度快,所用时间仅为其他预热方法的1/2～1/10,特别是模压厚制品时更为有利。缺点是,高频振荡器本身要消耗50%的电能,故总的电热效率不高;由于升温较快,塑件的水分不易赶尽,会影响制品的性能。

4.3.3.2　模压过程

模压工序可分为加料、闭模、排气、固化、脱模与模具清理等。如制品有嵌件需要在模压时封入的,则在加料前应将嵌件安放好。

(1) 嵌件的安放

嵌件通常是作为制品中导电部分或使制品与其他物体结合用的。常用的嵌件有轴套、轴帽、螺钉和接线柱等。为使嵌件与塑料制品结合得更加牢靠,其埋入塑料部分的外形通常都采用滚花、钻孔或设有突出的棱角、型槽等措施。一般嵌件只需用手(模具温度很高,操作时应戴上手套)按固定位置安放,特殊的需用专门工具安放。安放时要求正确和平稳,以免造成废品或损伤模具。模压成型时,防止嵌件周围的塑料出现裂纹,常采用浸胶布做成垫圈进行增强。

(2) 加料

在模具内加入模压制品所需分量的塑料为加料。如型腔数少于六个,且加入的又是预压物,则一般就用手加;如所用的塑料为粉料或粒料,则可用勺加。型腔数多于六个的通常用加料器,如图4-3-10所示。加料的定量方法有质量法、体积法和计数法三种。质量法准确,但较麻烦。容量法虽不及重量法准确,但操作方便。计数法只用作加预压物,实质上仍然是容量法,因为预压物的定量是用容量法定量的。

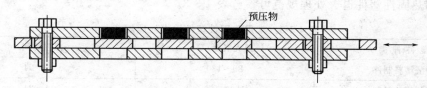

图 4-3-10　加料器结构

加入模具中的塑料宜按塑料在型腔内的流动情况和各个部位需用量的大致情况作合理的堆放。不然,容易造成制品局部疏松的现象,这在采用流动性差的塑料时尤为突出。采用粉料或粒料时,宜堆成中间稍高的形式,以便于空气的排出。

(3) 闭模

加完料后就进行闭模,当阳模尚未触及塑料前,应尽量使速度加快,以缩短模塑周期和避免塑料过早的固化或过多的降解,当阳模触及塑料后,速度即行放慢。不然,很可能提早在流动性不好的温度较低的塑料上形成高压,从而使模具中的嵌件、成型杆件或型腔遭到损坏。此外,放慢速度还可以使模内的气体得到充分的排除。显然速度也不应过慢。总的原则是不使阴阳模在闭合中途形成不正当的高压。闭模所需的时间自几秒至数十秒不等。

(4) 排气

模压热固性塑料时，在模具闭合后，有时须再将塑模松动少许时间，以便排出其中的气体，这道工序即为排气。排气不但可以缩短固化时间，而且还有利于制品性能和表观质量的提高。排气的次数和时间应按需要而定，通常排气的次数为1~2次，每次时间几秒至20s。

(5) 固化

热塑性塑料的固化只需将模具冷却，以使所制制品获得相当强度而不致在脱模时变形即可。热固性塑料的固化是在模塑温度下保持一段时间，以待其性能达到最佳为度，固化速率不高的塑料，有时也不必将整个固化过程放在塑模内完成，而只需制品能够完整地脱模即可结束固化，因为拖长固化时间会降低生产率。提前结束固化时间的制品须用后处理的办法来完成固化。通常酚醛模塑制品的后处理温度范围为90~150℃；时间自几小时至几十小时不等，两者均视制件的厚薄而定。模内的固化时间一般由20s至数分钟。固化时间决定于塑料的类型、制品的厚度、物料的形式以及预热和模塑的温度，一般须由实验方法确定。过长或过短的固化时间，对制品的性能都是不利的。

(6) 脱模

固化完毕后使制品与塑模分开的工序为脱模。脱模主要是靠推杆来执行的。模压小型制品时，如模具不是固定在压板上的，则须通过塑模与脱模板来脱模。有嵌件的制品，应先用特种工具将成型杆件拧脱，而后再行脱模。热固性塑料制品，为避免因冷却而发生翘曲，则可放在与模具型腔形状相仿的型面在加压的情况下冷却。如恐冷却不均而引起制品内部产生内应力，则可将制品放在烘箱中进行缓慢冷却。热塑性塑料制品是在成型用的塑模内冷却的，所以不存在上述的问题。最多是对冷却速率严加控制。

(7) 塑模的清理

脱模后，须用铜签（或铜刷）刮出留在模具内的塑料，然后再用压缩空气吹净阴阳模和台面。如果塑料有污模或粘模的现象而不易用上述方法清理时，则宜用抛光剂拭刷。

4.3.3.3 压后处理

塑件脱模以后的后处理主要是指退火处理，其主要作用是消除应力，提高稳定性，减少塑件的变形与开裂；进一步交联固化，可以提高塑件电性能和力学性能。退火规范应根据塑件材料、形状、嵌件等情况确定。厚壁和壁厚相差悬殊以及易变形的塑件以采用较低温度和较长时间为宜；形状复杂、薄壁、面积大的塑件，为防止变形，退火处理时最好在夹具上进行。常用的热固性塑件退火处理规范可参考表4-3-3。

表4-3-3 常用热固性塑件退火处理规范

塑料种类	退火温度/℃	保温时间/h
酚醛塑料制件	80~130	4~24
酚醛纤维塑料制件	130~160	4~24
氨基塑料制件	70~80	10~12

4.3.4 压缩模塑的控制因素

模压过程的控制因素主要是模压力、模压温度和模压时间。由于模压时间与模压温度有着密切的关系，因此将两者放在一起讨论。现将模压压力和模压温度分述如下。

4.3.4.1 模压压力

模压压力是指模压时迫使塑料充满型腔和进行固化而由压机对塑料所加的压力。它可以用下式计算：

$$p_m = p_L \times \pi R^2 / A \tag{4-3-2}$$

式中，P_L 为压机实际使用的液压压力；R 为主压柱活塞的半径；p_m 为模压压力；A 为阳模与塑料接触部分的投影面积。

塑料在整个模塑周期内所受的压力与塑模的类型有关，并不一定都等于 p_m。图 4-3-11 的曲线系用不溢式塑模模压热固性塑料时压力、体积随时间变化的简明关系。按塑料在模内所发生的物理与化学变化将整个模塑周期共分五个阶段：施压、塑料受热、固化、压力解除及制品冷却。第 1 阶段内，当阳模触及塑料后，塑料所受压力即在短期急剧上升至规定的数值。而在第 2 和第 3 两个阶段则均保持规定的压力不变（指用液压机），并且等于计算的压力，所以塑料是在等压下固化的。第 4 阶段为压力解除阶段，塑料（此时已为制品）又恢复到常压，并延续到第 5 阶段的终了。五个阶段中塑料体积的相应变化：第 1 阶段中体积缩小是由于受压时从松散变为密实的结果；第 2 阶段中体积回升是塑料受热后的膨胀造成的；在第 3 阶段中塑料发生交联反应，体积又随之下降；第 4 阶段中由于压力的解除，塑料的体积又因弹性回复而得到增加；第 5 阶段，塑料制品的体积因冷却而下降，并在室温下趋于稳定。

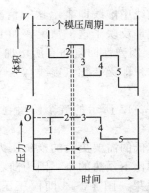

图 4-3-11 不溢式塑模成型压力与体积随时间的变化
O—计算的模型压力；A—排气阶段

在实际模压中，虽然各部分的塑料都有五个阶段的变化，但有些阶段是同时进行的，例如，当某一部分正在进行第 1 阶段时，另一部分可能已在进行热膨胀，而与塑模紧贴的塑料又可能正在进行固化。压力解除后，弹性回复也不一定立即发生，可能在冷却时继续发生。所以一般的制品，在冷至室温后，还会发生后收缩。后收缩的时间很长，有时可达几个月，后收缩的比率通常约在 1%。

如用带有支承面的半溢式塑模，则模压时压力与体积随时间的变化关系，见图 4-3-12。该图曲线代表的意义与图 4-3-11 相同。两图的主要不同点在于图 4-3-11 所示的固化阶段是在等压下进行的；而图 4-3-12 所示的则不然，现将图 4-3-12 中五个阶段进行的情况分述如下。

① 阳模触及塑料后，塑料所受压力即逐渐上升，而当溢料发生后，压力又行回落（如虚线所示），直待阳模闭至支承面时，压力的回落停止。必须注意，压机所施总力是由型腔中的塑料和支承面共同承担的，所以塑料所受压力就可能低于计算的模压压力。在这一阶段内，松散的塑料逐渐变为密实，体积因此缩小。

② 在第 2 阶段塑料受热膨胀，凸模有上升趋势，由于压机所施加的压力大于塑料所承受的压力，造成压力重新分配，使得塑料承受的压力增加，支承面上的压力减小，从而保证型腔体积不变。

③ 在这一阶段中，由于塑料发生了化学收缩，压力重又回落。回落的大小依赖于收缩

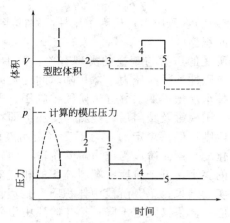

图 4-3-12 带有支承面的半溢式塑模成型压力与体积随时间的变化

的程度,甚至压力完全失去,下曲线中虚线即表示这一情况。它将继续到模塑周期的终了。同样,在塑料体积的变化上也相应地反映了这一情况,如上曲线中的虚线。

④ 压力解除后,制品的体积会因弹性回复而有所增加(上曲线实线部分)。如果化学收缩过大,则在这一阶段中的制品体积即无变化(虚线)。

⑤ 制品体积因冷却而下降。

正如前面所指出的一样,图 4-3-12 所示的五个阶段在实际中有些也是同时进行的。划分的目的旨在帮助认识。

压缩率高的塑料通常比压缩率低的需要更大的模压压力。

预热的塑料所需的模压压力均比不预热的小,因为前者流动性较大。但应以正确的预热温度为前提,否则不易取得好的效果。图 4-3-13 即模压压力与预热温度的典型关系。从图中可以看出,当预热温度升高时,模压压力(此处指使塑料流满型腔所需的最小压力)先是下降,降至最低点后又行回升。回升的原因是预热对塑料的软化已不能抵消因升温而发生固化反应的后果。

在一定范围内提高模具温度有利于模压压力降低。但模具温度过高时,靠近模壁的塑料会过早固化而失去降低模压压力的可能性,同时还会因制品局部出现过热而使性能劣化。如模具温度正常,则塑料与模具边壁靠得越紧,塑料的流动性就越好,这是由于传热较快的缘故。但是靠紧的程度与施加的压力有关,因此模压压力的增大有利于提高塑料的流动性。

如果其他条件不变,则制品深度越大,所需的模压压力也应越大。预热与不预热的酚醛塑料,模压时模压压力随制品深度变化的关系如图 4-3-14 所示。其中 A 曲线为不预热的情况;B 与 C 所划出的区域为高频预热的情况。模压时,制品深度如果是定值,其面积较小的宜用偏向 C 的数据,否则宜用偏向 B 的数据。

制品的密度是随模压压力的增加而增加的,但增至一定程度后,密度的增加即属有限。密度大的制品,其力学强度一般偏高。从实验知,单独增大模压压力并不能保证制品内部不带气孔。使制品不带气孔的有效措施就是合理设计制品,模压时放慢闭模速度、预热和排气等。但降低模压压力会增加制品带有气孔的机会。

仅从以上的论述,已可看出模压压力所涉及的因素是十分复杂的,表 4-3-4 虽列出各种热固性塑料的模压压力范围,但只能作为参考数据,在每一具体情况下,模压压力必须用试差法求得。

模压压力对热塑性塑料的关系,基本上与上述情况相同,只是没有固化反应及有关的化学收缩。

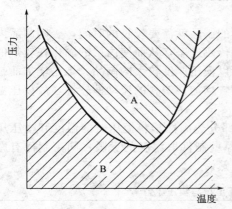

图 4-3-13　模压压力与预热温度的关系
A—塑料可以充满塑模的区域；B—塑料不能充满的区域

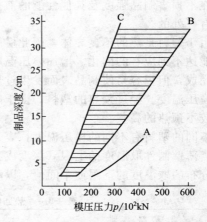

图 4-3-14　制品深度与模压压力的关系
A—不预热；B、C—高频预热

4.3.4.2　模压温度

模压温度是指模压时所规定的模具温度,显然,模压温度并不等于模具型腔内塑料的温度。热塑性塑料在模压中的温度是以模压温度为上限的。热固性塑料在模压中温度的变化情况见图 4-3-15（系以某一试样中心温度为依据）。图中试样的温度高于模压温度是由于塑料固化时放热而引起的。温度最高点在固化开始后一段时间才出现,这是因为所测的是试样的中心温度。中心和边缘的温差起初比较大,所以,其固化反应不是同时开始的。通常制品表面带有残余压应力而内层带有残余张应力的原因就在于这种不均匀的固化。模压热塑性塑料时,同样也有这种现象发生,但造成的原因是在于冷却的不均匀。

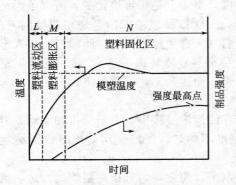

图 4-3-15　塑料温度和制品强度随时间的变化关系
L 代表塑料流动区域（根据体积变化确定,下同）；
M 代表塑料热膨胀区域；N 代表塑料固化区域

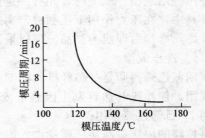

图 4-3-16　模压温度和模压周期的关系

图 4-3-15 中的下曲线（点划线）表示制品强度随模压时间的变化关系。在不同的模压温度下（模压压力不变）所得强度曲线的形样是相同的,不同的只是最大数值的量。过大或过小的模压温度均会促使最大值的降低,且在温度过低时还会徒然增长固化时间。所以要使制品强度取得极大值,模压温度和模压时间也是决定的因素。强度曲线出现下降现象是由于塑料制件"过熟"的缘故。

模压温度越高,模压周期越短。图 4-3-16 表示以木粉为填料的酚醛塑粉模压时模压温度与模压周期的关系。总的来说，任何热固性塑料的模压都有与图 4-3-16 相似的关系，从该图可以看出，该种塑料的模压温度最好在 170℃ 左右。不论模压的塑料是热固性或热塑性的，在不损害制品强度及其他性能的前提下，提高模压温度对缩短模压周期和提高制品质量都是有好处的。

由于塑料是热的不良导体，因此模压厚度较大的制品就需要较长的时间，否则制品内层很可能达不到应有的固化。增加模压温度虽可加快传热速率，从而使内层的固化在较短的时间内完成，但很容易使制品表面发生过热现象。所以模压厚度较大的制品，不是增加而是要降低模压温度。经过预热的塑料，由于内外层温度较均匀，塑料的流动性较好，故模压温度可以较不预热的高些。

不同的塑料有不同的模压温度，表 4-3-4 列有部分热固性塑料模压时的温度和模压压力范围。薄壁制件取温度的上限（深度成型除外）；厚壁制件取温度的下限；同一制件有厚薄断面分布的取温度的下限或中间值，以防薄壁处过熟。

表 4-3-4　热固性塑料的模压温度与模压压力

塑料类型	模压温度/℃	模压压力/MPa
苯酚甲醛塑料	145～180	7～42
三聚氰胺甲醛塑料	140～180	14～56
脲甲醛塑料	135～155	14～56
聚酯	85～150	0.35～3.5
邻苯二甲酸二丙烯酯	120～160	3.5～14
环氧树脂	145～200	0.7～14
有机硅	150～190	7～56

有关热固性塑料模压成型中产生废次品的主要类型和原因以及处理方法参见附录 3。

4.3.5　冷压烧结成型

大多数氟塑料熔体在成型温度下具有很高的黏度，事实上是很难熔化的，所以虽说是热塑性塑料，但却不能用一般热塑性塑料的方法成型，只能以类似粉末冶金烧结成型的方法，通称冷压烧结成型。成型时，先将一定量的含氟塑料（大都为悬浮聚合树脂粉料）放入常温下的模具中，在压力作用下压制成密实的型坯（又称锭料、冷坯或毛坯），然后送至烘室内进行烧结，冷却后即成为制品。现以聚四氟乙烯为例，简述其工艺过程如下。

4.3.5.1　冷压成型

聚四氟乙烯树脂是一种纤维状的细粉末，在储存或运输过程中，由于受压和震动，容易结块成团，使冷压时加料发生困难，或所制型坯密度不均匀，所以使用前须将成团结块捣碎，用 20 目筛过筛备用。

将过筛的树脂按制品所需量加入模内，用刮刀刮平，使之均匀分布在型腔里。这里值得注意的是：一个型坯应一次完成加料量，否则制品就可能在各次加料的界面上开裂。加料完毕后应立即加压，加压宜缓慢进行，严防冲击。升压速度（指阳模压入速度）视制品的高度和形状而定。直径大而长的型坯升压速度应慢，反之则快。慢速为 5～10mm/min，快速为 10～20mm/min。

通常模压压力为 30～50MPa。压力过高时，树脂颗粒在模内容易相互滑动，以致制品内部出现裂纹；压力过低时，制品内部结构不紧密，致使制品的物理力学性能显著下降。为使型坯的压实程度尽可能一致，高度较高的制品应从型腔上下同时加压。当施加的压力达规定值后，尚需保压一段时间，保压时间也视制品的情况而定。直径大而长的制品保压时间为 10～15min，一般的则为 3～5min。然后缓慢卸压，以免型坯强烈回弹产生裂纹。

如果型坯的面积较大，则由树脂粉末裹入的空气不易排出，所以模压时需要排气，排气的次数和时间应由实验确定。

冷压所制的型坯，强度较低，如稍有碰撞就可能损坏，故脱模时必须留心。

4.3.5.2 烧结

烧结是将型坯加热到树脂熔点（327℃）以上，并在该温度下保持一段时间，以使单颗粒的树脂互相扩张，最后黏结熔合成一个密实的整体。聚四氟乙烯的烧结过程是一个相变过程。当烧结温度超过熔点时，大分子结构中的晶体部分全部转变为无定形结构，这时，物体外观由白色不透明体转变为胶状的弹性透明体。待这一转变过程充分完成（即烧结好了的型坯）后，方可进行冷却。合理的控制烧结过程——升温、保温和冷却以及烧结程度是确保制品质量的重要因素。

按操作方式的不同，烧结方法有连续烧结和间歇烧结两种，连续烧结用于生产小型管材，而间歇烧结则常用于模压制品。按照加热载体的不同又可分为固体载热体烧结、液体载热体烧结和气体载热体烧结三种。气体载热体烧结包括普通烘箱和带有转盘的热风循环的烧结。由于带有转盘的热风循环烧结具有坯料受热均匀、随时可以观察坯料的烧结情况、制品洁白、操作方便以及易于控制等优点，因此这种方法目前已广为国内采用。下面即以这种方法生产聚四氟乙烯制品的情况简述如下。

（1）升温

将型坯由室温加热至烧结温度的过程就叫升温。由于聚四氟乙烯的传热性能差，所以加热应按一定的升温速度进行。升温太快，型坯各部分膨胀不均，易使制品产生内应力，甚至出现裂纹，再者，型坯外层温度已达要求，而内层温度还很低，如果就此冷却，则会造成"内生外熟"的现象。当然，升温速度太慢也不好，这会使生产周期增长。在实际生产中，升温速度应视型坯的大小、厚薄等因素而定。大型制品的升温速度通常为 30～40℃/h，直到 380～390℃为止。为了确保烧结物内外温度的均匀性，应在线膨胀系数较大的温度（300℃，340℃）下各保温一段时间以使其内外膨胀一致。小型制品可采用 80～120℃/h 的升温速度。用分散树脂制薄板时的升温速度应慢些，以 30～40℃/h 为宜。

聚四氟乙烯的烧结温度主要是根据树脂的热稳定性来确定的，热稳定性高的，烧结温度一般规定为 380～400℃；热稳定性差的，烧结温度可低些，通常为 365～375℃。烧结温度的高低对制品性能影响很大。例如在烧结温度范围内提高温度，制品结晶度高，密度大，但收缩率却增大了。如果将烧结温度不恰当地继续提高或降低均会使制品的性能变坏。

（2）保温

保温就是将到达烧结温度的型坯在该温度下保持一段时间使其完全"烧透"的过程。保温时间主要决定于烧结温度、树脂的热稳定性以及制品的厚度等因素。在保证烧结质量的前提下，烧结温度高时，保温时间应该短，热稳定性差的树脂，保温时也应该短些，否则都会造成树脂的分解，致使制品表面不光、起泡以及出现裂纹等。为使大型厚壁制品中心区烧透，保温时间就应长些。在生产中，大型制品通常都是选用热稳定性好的树脂，保温时间为 5～10h，小型制品的保温时间为 1h 左右。

聚四氟乙烯在加热到 250℃以上时，便开始轻度分解。当温度高于 415℃时，分解速度急剧增加。聚四氟乙烯的分解产物是一些具有毒性的不饱和化合物，如全氟异丁烯、四氟乙烯以及全氟丙烯等。因此，烧结时必须采取有效的通风措施和相应的劳动保护。

（3）冷却

冷却是将已经烧结好的成型物从烧结温度降到室温的过程。与烧结一样，聚四氟乙烯的冷却也是一个相变过程，不过冷却是烧结的逆过程，即由非晶相变为晶相的过程。

冷却有"淬火"与"不淬火"两种。淬火为快速冷却，不淬火指慢速冷却。淬火是将处于烧结温度下的成型物以最快的冷却速度通过最大结晶速度的温度范围。由于冷却介质不同，淬火又有"空气淬火"和"液体淬火"之分。显然，液体比空气冷却快些，所以液体淬火所得制品的结晶度比空气淬火的小。所谓不淬火就是将处于烧结温度下的成型物缓慢冷却至室温的过程，由于降温缓慢，利于分子规整排列，所以制品的结晶度通常都比淬火的大。冷却速度对制品的物理力学性能和结晶度的影响见表4-3-5。

不同制品对冷却速度的要求也不尽相同。大型制品，如果冷却太快，内外层温差就大，以致收缩不均而具有内应力，甚至出现裂纹，故厚度或高度大于4mm时，一般都不淬火，通常以15～24℃/h的速度缓慢冷却，并应在结晶速度最快的温度范围内保温一段时间，以使其结晶度增加，冷至150℃后取出再放于石棉箱内冷至室温。厚度大于25mm的制品应在烧结炉内缓慢冷至室温后方可取出。对板材或尺寸要求精确的制品，从烧结炉中取出后应放在定型模内在受压下冷至室温。小型制品则以60～70℃/h的降温速度冷却到250℃时取出。这种制品是否淬火应根据用途决定。

表 4-3-5 冷却速度与制品性能和结晶度的关系

性能＼冷却速度	慢速冷却（不淬火）	快速冷却（淬火）
结晶度/%	80	65
相对密度	2.245	2.195
收缩率/%	3～7	0.5～1
断裂伸长率/%	345～395	355～365
拉伸强度/MPa	35～36	30～31

4.3.6 热固性塑料的传递模塑和注射模塑

热固性塑料的传统成型方法是压缩模塑，这种方法有以下缺点：①不能模塑结构复杂、薄壁或壁厚变化大的制件；②不宜制造带有精细嵌件的制品；③制件的尺寸准确性较差；④模塑周期较长等。为了改进上述缺点，在吸收热塑性塑料注射模塑经验的基础上，出现了热固性塑料的传递模塑法和直接注射模塑法。

4.3.6.1 传递模塑

传递模塑是将热固性塑料锭（可以先预热）放在一加料室内加热，在加压下使其通过浇口、分流道等而进入加热的闭合模内，待塑料硬化后，即可脱模取得制品。

传递模塑按所用设备不同，有以下形式。

(1) 活板式传递模塑

这种方式最为简单，通常采用手工操作，模塑的制品较小，所带嵌件大多是两端都伸出制品表面的。采用的就是压缩模塑用的压机，仅塑模结构略有不同，如图4-3-17所示，包括阴模、阳模和活板三个部分。活板是横架于阴模中的，活板上部的空间为装料室，下部为型腔。

操作时，先将塑模在压机上加热到规定的温度，而后将嵌件装在活板上，并连同活板放入阴模中。此时应保证嵌件的另一端要安在阴模的应有孔眼上。再将预热过的塑料放进装料室，随即开动压机使阳模下行并对塑料施压。于是塑料在受压情况下，通过活板四周的铸口而流满型腔。塑料固化后，打开塑模，借助顶出杆的作用顶出制件、活板和残留在活板上部的硬化塑料。随后在工作台上进行制品的脱离。为了提高生产效率，每副塑模常配用两块活板，以便更替进行模制。

(2) 罐式传递模塑

这种方式与上述方式极为相似，只是所用塑模结构不同，图4-3-18说明了这种塑模的典型结构和操作程序。这种塑模结构与热塑性塑料注射塑模结构的主要差别是在引料接头的方向相反，目的是便于脱出残留在装料室中硬化的塑料。

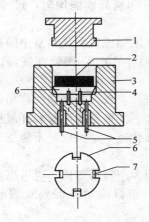
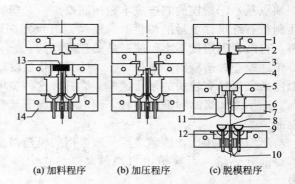

图 4-3-17　活板传递模塑用的塑模
1—阳模；2—塑料预压物；3—阴模；4—嵌件；
5—顶出杆；6—活板；7—浇口

图 4-3-18　罐式传递模塑用的塑模和操作程序
1—传递柱塞夹持板；2—传递柱塞；3—主流道赘物；4—加料室；
5—加料室夹持板；6—引料接头；7—阳模夹持板；8—分流道
赘物；9—制品；10—顶出杆；11—阳模；12—阴模；
13—塑料；14—阴模夹持板

塑模结构要求传递柱塞的截面积应比阴阳模分界面上制品、分流道和主流道等截面积的总和大 10%，以保证塑模在压制中能完全合拢。

这种方式的传递模塑，可以采用多槽模或模塑较大的制品，并可进行半自动化操作。

(3) 柱塞式传递模塑

这种方式与罐式传递模塑有两点不同：①主流道呈圆柱状且不带任何斜度；②压机有两个液压操纵的柱塞，分别称为主柱塞和辅柱塞。前者用作夹持塑模，而后者则用作压挤塑料。模塑时，主柱塞夹持塑模的力至少应比分离塑模的力（等于阴阳模分界面上制品、分流道和主流道等截面积的总和与塑料承受压力的乘积）大 10%。

柱塞式传递模塑所用塑模结构和操作程序如图 4-3-19 所示。由图 4-3-19(c) 可见，制品、分流道赘物以及残留在装料室中的硬化塑料是作为一个整体而从塑模中脱出的。因此，塑模周期比罐式传递模塑要短。

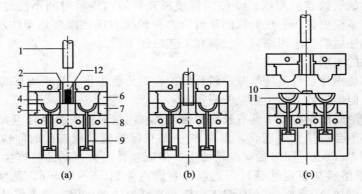

图 4-3-19　柱塞式传递模塑用的塑模和操作程序
1—柱塞；2—加料室；3—上夹模板；4—阳模；5—阴模；6—阳模夹持板；7—阴模
夹持板；8—下夹模板；9—顶出杆；10—分流道赘物；11—制品；12—塑料

上述三种方式，虽然使用设备不同，但塑料都是在塑性状态下用较低压力流满闭合型腔的。因此，传递模塑具有以下优点：①制品废边少，可减少后加工量；②能模塑带有精细或易碎嵌件和穿孔的制品，并且能保持嵌件和孔眼位置的正确；③制品性能均匀，尺寸准确，质量提高；④塑模的磨损较小。

缺点是：①塑模的制造成本较压制模高；②塑料损耗增多（如流道和装料室中的损耗）；③压制带有纤维性填料的塑料时，制品因纤维定向而产生各向异性；④围绕在嵌件四周的塑料，有时会因熔接不牢而使制品的强度降低。

传递模塑对塑料的要求是，在未达到硬化温度以前塑料应具有较大的流动性，而达到硬化温度后又须具有较快的硬化速率。能符合这种要求的有酚醛、三聚氰胺甲醛和环氧树脂等塑料。而不饱和聚酯和脲醛塑料，则因在低温下具有较大的硬化速率，所以，不能压制较大的制品。

与压缩模塑相比，传递模塑一般采用的模塑温度偏低，因为塑料通过铸口时可以从摩擦中取得部分热量；而模塑压力则偏高，约 13.0~80.0MPa，塑料流动时需要克服较大的阻力。

4.3.6.2 热固性塑料注射模塑

热固性塑料的注射模塑是 20 世纪 60 年代初出现的一种新的成型方法，所用的设备和工艺流程初看似与热塑性塑料的注射模塑相仿，但在细节上却有很大的差别，这是由于两种塑料在受热时的行为不同而形成的。

热固性塑料在受热过程中不仅有物理状态的变化，还有化学变化，并且是不可逆的。注射时，最初加到注射机中的热固性塑料是线型或稍带支链，分子链上还有反应基团（如羟甲基或反应活点）和分子量不十分高的物质。在注射机料筒内加热后先变成黏度不大的塑性体，但可能因化学变化而使黏度变高，甚至硬化成为固体，这须以温度和经历的时间为转移。不管怎样，如果要求注射成功，通过喷嘴的物料必须达到最好的流动性。进入模具型腔后应继续加热，此时物料就通过自身反应基团或反应活点与加入的硬化剂（如六亚甲基四胺）的作用而发生交联反应，使线型树脂逐渐变成体型结构，并由低分子变成大分子。反应时常会放出低分子物（如氨、水等），必须及时排出，以便反应顺利进行。交联反应进而使模内物料的物理力学性能达到最佳的境界，即可作为制品从模中脱出。从上述可见，热固性塑料在注塑时：①成型温度必须严格控制（温度低时物料的塑化不足流动性很差，温度稍高又会使流动性变小甚至发生硬化），通常都是采用恒温控制的水加热系统，温度可准确地控制在±1℃范围内；②热固性塑料在模具内发生交联反应时有低分子物析出，故注射机的合模部分应能满足放气操作的要求；③热固性塑料在料筒内停留时间不能过长，严防发生硬化，通常是采用多模更替；④注射机的注射压力和锁模力应比模塑热塑性塑料的注射机大。现将热固性塑料注射模塑所用原料、设备和工艺略述于后。

（1）对原料的要求

用于注塑的热固性塑料是从酚醛塑料开始的。到目前为止，几乎所有的热固性塑料都可采用注射模塑，但用量最多的仍然是酚醛塑料。

用于注塑的酚醛压塑粉要求具有较高的流动性（用拉西格法测定时应大于 200mm），在料筒温度下加热不会过早发生硬化，即在 80~95℃保持流动状态的时间应大于 10min；在 75~85℃则应在 1h 以上，同时黏度应较稳定。但流动性过大，制品易产生"飞边"或"粘模"。此外还要求熔料热稳定性良好，熔料在料筒内停留 15~20min，黏度仍无大的变化。在原料配方中可添加稳定剂，可在低温下起阻止交联反应的作用，进入模具中的高温状态即失去这种作用。熔料充满模腔后应能迅速固化，以缩短生产周期。

（2）注射机的特征

热固性塑料注射机是在热塑性塑料注射机的基础上发展起来的，在结构上有很多相同之处，其基本形式有螺杆式和柱塞式两种。热固性塑料注射成型多采用螺杆式注射机，而柱塞式注射机仅用于不饱和聚酯树脂增强塑料。以下主要介绍螺杆式热固性注射机的特点，并以酚醛塑料的注塑为例来讨论。

① 通常螺杆上无供料段、压缩段和计量段的区别，是等距离、等深度的无压缩比螺杆。这种螺杆对塑化物料不起压缩作用，只起输送作用，可防止因摩擦热太大引起物料固化。螺杆的长径比为12~16，便于物料迅速更换，减少物料在料筒中的停留时间。当注射成型硬质无机物填充的塑料时，要求螺杆具有更高的硬度和耐磨性。

② 喷嘴通用敞开式，一般孔口直径较小（约2~2.5mm），喷嘴要便于拆卸，以便发现硬化物时能及时打开进行清理。喷嘴内表面应精加工，防止阻滞料引起硬化。

③ 料筒加热系统是为了保证物料的稳定加热和均匀温度用的，目前多采用水或油加热循环系统。其优点是温度均匀稳定，能实现自动控制。其他的料筒加热方式有电加热水冷却方式和工频感应加热方式。

④ 注射螺杆的传动宜采用液压马达，防止物料因固化而扭断螺杆。

⑤ 注射机的锁模结构应能满足排气操作的要求，也就是需具有能迅速降低锁模力的执行机构。一般是采用增压油缸对快速开模和合模的动作进行控制来实现的。当增压油缸卸油，可使压力突然减小而打开模具，瞬间又对增压油缸充油而闭合模具，从而达到开小缝放气的目的。

⑥ 模具要有加热装置和温度控制系统。模具表面淬火后的硬度应达到HRC50。型腔应进行薄层镀铬和设置排气口。

(3) 成型工艺

注塑要靠合理的工艺条件保证。塑化过程包括料筒温度、螺杆转速和螺杆背压；注射充模过程包括注射压力、充模速度和保压时间；固化过程包括模具温度和固化时间。下面分别讨论。

① 料筒温度、螺杆转速和螺杆背压　注塑热固性塑料时，温度控制是关键。因为它对塑料流动性、硬化速率均有影响，而这些又对成型工艺和制品质量有密切关系。料筒温度太低，塑料在螺杆与料筒壁之间产生较大的剪切力，靠近螺槽表面的一层塑料因剧烈摩擦发热固化，而内部却是"生料"，造成注射困难。料筒温度过高，线型分子过早交联，失去流动性，使注射不能顺利进行。

塑料从料斗进入料筒后，一定要逐步受热塑化，温度分布宜逐步变化。因为温度突变，会引起熔料黏度变化，发生充填不良现象。如图4-3-20所示是料筒温度的分布状况及注射成型中黏度的变化。注射时，塑料在喷嘴处流速很高，所以因摩擦而使塑料温升很快。对射出熔融塑料的温度最好控制在120~130℃，因为这时熔料呈现出最好的流动性能，并接近于硬化的"临界塑性"状态。为此，在工艺和机械设计中均应根据上述情况作出相应措施。目前一般采用的温度是进料端30~70℃，料筒75~95℃，喷嘴85~100℃，通过喷嘴的料温可达到100~130℃。

螺杆转速应根据物料的黏度变换。黏度小的材料摩擦力小，螺杆后退时间长，转速可提高一些。黏度大的塑料预塑时摩擦力大，物料很快到达螺杆前端，混炼不充分，应降低转速，使物料充分混炼塑化。料筒内螺杆旋转的预塑工序是与模具内的固化反应同时进行的。热压时间总是大于预塑时间，因此螺杆的转速不必很高。转速过高，螺杆与料筒之间的剪切热易导致部分塑料过热，成型条件难控制。螺杆转速通常在40~60r/min范围内。

在注射顺利的情况下，背压对于成型制件的物理性能影响较小。但背压高时，物料在料筒内停留时间长，发生固化程度加大，黏度增高，不利于充填。为减少摩擦热，避免早期固

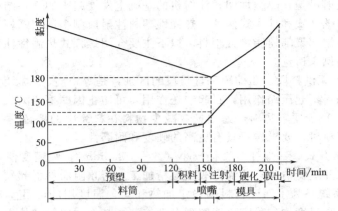

图 4-3-20　热固性塑料在注塑过程中温度和黏度的变化

化，通常选用较低的背压。一般情况下，放松背压阀，仅用螺杆后退时的摩擦阻力作背压。

② 注射压力、注射速度和保压时间　注射压力的作用是将料筒内的熔料注入型腔内，还对充填在型腔内的塑料起保压作用。注射压力在流道内的损失很大，型腔压力仅为注射压力的 50%。为保证生产出合格的制品，注射压力宜高一些。注射压力越高，制品的密度越大，力学强度和电性能都较好。但是，注射压力高会引起制品内应力的增加，飞边增多和脱模困难。通常注射压力在 100～170MPa 的范围。由于注射压力高，锁模力也需要相应加大。

注射速度随注射压力变化。注射速度快，预塑物料通过喷嘴、浇口处获得摩擦热，使熔料温度提高，可缩短固化时间。但是注射速度太快，模具内的低分子气体来不及排出，将在制件的深凹槽、凸筋、四角等部位出现缺料、气痕、接痕等现象。

注射速度还直接影响到充模的熔体流态，从而影响制品的质量。注射速度过低，制品表面易产生波纹等缺陷，而过高则会出现裂纹等。通常，注射速度以 3～5cm/s 为宜。

注射结束，模具内的塑料逐步固化收缩，这时应继续保压，向模具内补充因收缩而减少的塑料。通常保压压力比注射压力低一些。保压时间长，浇口处的塑料在加压的状态下固化封口，塑料密度大，收缩率也下降。

③ 模具温度和固化时间　模具温度的选择很重要，它直接影响制件的性能和成型周期，提高模具温度对缩短成型周期有利。模温低时，硬化时间长，生产效率低，制品的物理力学性能亦下降；模温高时，硬化快，其情况正相反。不过模温也不能过高，否则硬化太快，低分子物不易排除，会造成制品质地疏松、起泡和颜色发暗等缺陷。模具温度一般控制在 150～220℃，且动模温度应较定模高 10～15℃。表 4-3-6 列出不同热固性塑料注塑时的模具温度供参考。随塑料品种和制品的不同，模具温度要相应调整。控制模温应保持在 ±3℃ 以内。

表 4-3-6　几种热固性塑料注塑时的模具温度

材料名称	模具温度/℃	材料名称	模具温度/℃
酚醛树脂	177～199	苯二甲酸二烯丙酯	166～177
环氧树脂	177～188	三聚氰胺	154～171
含填料的聚酯	177～185	脲醛树脂	146～154

固化时间与制件的壁厚成正比例，形状复杂和厚壁制件需适当延长固化时间。固化时间对制品的质量也有影响，随固化时间的增加，冲击强度、弯曲强度增加，成型收缩率下降。但过度增长固化时间，对制品质量的改善已不显著，反而使生产周期延长，故一般制品的固

化时间常在 3～6s 的范围。

综上所述，热固性塑料采用注射模塑比压缩模塑具有以下优点：成型周期显著缩短，生产过程简化（省去预压和预热工序），生产效率可提高 10～20 倍，制品的后加工量减少，劳动条件改善，生产自动化程度提高，产品质量稳定，并适合大批量生产等。因此近年来获得迅速发展。

近年来在模具上不断有新的发展，开始采用无浇口注射、冷流道模具、注射压缩模塑等。采用无浇口注射后，单腔模具的废品大大降低，在一模多腔中可节约原料 17%～76%。冷流道模具可减少废品率 60%，不仅节约原料，还可缩短成型周期，但是成本约提高 10%～15%。

注射压缩模塑是将注射模塑与压缩模塑相结合的一种新工艺。其模塑原理是将物料注入半开启状态的模腔里，然后夹紧模具压缩成型。优点是：由于模具是在半开启状态下进行注射，注射压力低，摩擦热显著减少，排气容易；锁模力低，能成型投影面积比较大的制件，浇口附近注射压力低，几乎无残余应力，浇口处开裂现象少；消除了注射成型中纤维填料的定向作用，从而减少制件的翘曲变形，提高了制品的精度。

热固性塑料的注射模塑，现正向着不断提高质量、增加品种、减少废料，并继续向自动化、高速化、制件加工合理化等方向发展。

4.4 中空吹塑

4.4.1 概述

中空吹塑（blow molding，又称为吹塑模塑）是制造空心塑料制品的成型方法。它借鉴于历史悠久的玻璃容器吹制工艺，至 20 世纪 30 年代发展成为塑料吹塑技术。迄今已成为塑料的主要成型方法之一，并在吹塑模塑方法和成型机械的种类方面也有了很大的发展。

中空吹塑是借助气体压力使闭合在模具中的热熔塑料型坯吹胀形成空心制品的工艺。根据型坯的生产特征分为两种：①挤出型坯，先挤出管状型坯进入开启的两瓣模具之间，当型坯达到预定的长度后，闭合模具，切断型坯，封闭型坯的上端及底部，同时向管坯中心或插入型坯壁的针头通入压缩空气，吹胀型坯使其紧贴模腔壁，经冷却后开模脱出制品；②注射型坯，是以注塑法在模具内注塑成有底的型坯，然后开模将型坯移至吹塑模内进行吹胀成型，冷却后开模脱出制品。

吹塑制品包括塑料瓶、容器及各种形状的中空制品。现已广泛应用于化工、交通运输、农业、食品、饮料、化妆品、药品、洗涤制品、儿童玩具等领域中。对于形状复杂、功能独特的办公用品、家用电器、家具、文化娱乐用品及汽车工业用零部件，如保险杠、汽油箱、燃料油管等，具有更高的技术含量和功能性，因此，又称为"工程吹塑"。

吹塑制品具有优良的耐环境应力开裂性、气密性（能阻止氧气、二氧化碳、氮气和水蒸气向容器内外透散），耐冲击性，能保护容器内装物品；还有耐药品性、抗静电性、韧性和耐挤压性等。中空吹塑常用塑料有聚乙烯、聚氯乙烯、聚丙烯、聚苯乙烯、乙烯-醋酸乙烯共聚物、聚对苯二甲酸乙二酯（PET）、聚碳酸酯、聚酰胺等，其中以聚乙烯用量最大，使用广泛。凡熔体指数在 0.04～1.12 的范围内都是较优的吹塑材料，用于制造包装药品的各种容器。低密度聚乙烯用作食品包装容器，高低密度聚乙烯混合料用于制造各种商品容器。超高分子量聚乙烯用于制造大型容器及燃料罐。聚氯乙烯塑料因透明度和气密性优良，多用于制造矿泉水和洗涤剂瓶；聚丙烯因其气密性、耐冲击强度都较聚氯乙烯和聚乙烯差，吹塑用量有限，自从采用双向拉伸吹塑工艺后，聚丙烯的透明度和冲击强度均有较大提高，宜于制作薄壁瓶子，多用于洗涤剂、药品和化妆品的包装容器，而聚对苯二甲酸乙二酯因透明性好、韧性高、无毒，已大量用于饮料瓶等。"工程吹塑"所用的塑料已扩展到超高分子量高密度聚乙烯、聚酰胺塑料及其合金、聚甲醛、聚碳酸酯等。

中空吹塑包括挤出吹塑、注射吹塑和拉伸吹塑，拉伸吹塑又包括挤出-拉伸-吹塑和注射-拉伸-吹塑，其生产过程都是由型坯的制造和型坯的吹胀组成。挤出吹塑和注射吹塑的不同点是：前者是挤塑制造型坯，后者是注塑制造型坯。拉伸吹塑则增加一纵向拉伸棒，使制品在吹塑时除横向被吹胀（拉伸）外，在纵向也受到拉伸以提高其性能。吹塑过程基本上是相同的。由于挤出和注射成型都已讨论过，本节将侧重介绍型坯和吹胀设备的特征与要求以及对工艺的影响。

4.4.2 挤出吹塑

4.4.2.1 挤出吹塑工艺过程

挤出吹塑工艺过程包括：①挤出型坯；②型坯达到预定长度时，夹住型坯定位后合模；③型坯的头部成型或定径；④压缩空气导入型坯进行吹胀，使之紧贴模具型腔形成制品；⑤制品在模具内冷却定型；⑥开模脱出制品，对制品进行修边、整饰。实现上述工艺过程有多种方式和类型，并可实现全自动化运行。挤出吹塑的方式及类型如表4-4-1所示。

表4-4-1 挤出吹塑的方式及类型

挤出型坯方式	吹胀模具形式
间歇挤出型坯	一副模具或多副模具移至型坯处
连续挤出轮换出料	两副模具——单一型腔
	多副模具——多型腔
连续挤出——递送型坯	水平递送，垂直递送
连续挤出——带储料器	大型模具
连续挤出——使用螺杆或柱塞推料	—
连续挤出——移动模具	垂直移动，水平移动，转盘移动
连续挤出——制冷型坯	

挤出型坯有间断挤出和连续挤出两种方式。间断挤出是型坯达规定长度后，挤出机螺杆停止转动和出料，待型坯吹胀冷却定型完成一生产周期后（间歇挤出型坯、合模、吹胀、冷却、脱模都是在机头下方进行），再启动挤出机挤出下一个型坯。由于间歇挤出物料流动中断，易发生过热分解，而挤出机的能力不能充分发挥。多用于聚烯烃及非热敏性塑料的吹塑。连续挤出，是挤出机连续生产预定长度的型坯，由移动模具接纳，并在机头处切断，送至吹塑工位或由传送机械装置夹住型坯送往后续工序（型坯的成型和前一型坯的吹胀、冷却、脱模都是同步进行的）。连续挤出型坯有往复式、轮换出料式和转盘式三种，适用于多种热塑性树脂的吹塑，熔融塑料的热降解可能性较小，并能适用于PVC等热敏性塑料的吹塑。由于连续挤出法能充分发挥挤出机的能力，提高生产效率，因此被大量采用。

4.4.2.2 挤出吹塑设备

（1）挤出机

挤出机应具有可连续调速的驱动装置，在稳定的速度下挤出型坯。型坯的挤出速率与最佳吹塑周期协调一致。挤出机螺杆的长径比应适宜。长径比太小，物料塑化不均匀，供料能力差，型坯的温度不均匀；长径比大些，分段向物料进行热和能的传递较充分，料温波动小，料筒加热温度较低，使型坯温度均匀，可提高产品的精度及均匀性，并适用于热敏性塑料的生产。对于给定的储料温度，料筒温度较低，可防止物料的过热分解。型坯在较低的温度下挤出，由于熔体黏度较高，可减少型坯下垂保证型坯厚度均匀，有利于缩短生产周期，提高生产效率。但是在挤出机内会产生较高的剪切和背压,要求挤出机的传动和止推轴承应坚固耐用。

（2）机头

机头包括多孔板、滤网连接管与型芯组件等。对机头的设计要求是：流道应呈流线型,流道内表面要有较高的光洁程度,没有阻滞部位,防止熔料在机头内流动不畅而产生过热分解。

吹塑机头一般分为：转角机头、直通式机头和带储料缸式机头三种类型。

① 转角机头　是由连接管和与之呈直角配置的管式机头组成。结构如图 4-4-1 所示。这种机头内流道有较大的压缩比,口模部分有较长的定型段,适合于挤出聚乙烯、聚丙烯、聚碳酸酯、ABS 等塑料。针对其产生的缺陷,又有改进形式,如图 4-4-2、图 4-4-3 所示。

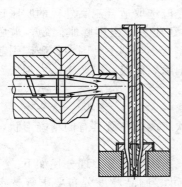

图 4-4-1　与型坯挤出方向成直角的管式机头

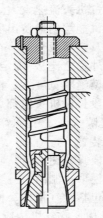

图 4-4-2　使用螺旋状沟槽心轴的机头

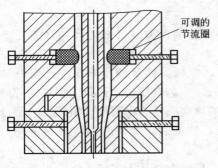

图 4-4-3　可调的移位节流阀式机头

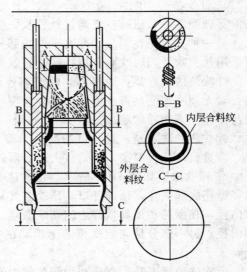

图 4-4-4　典型的储料缸机头

② 直通式机头　直通式机头与挤出机呈一字形配置,从而避免塑料熔体流动方向的改变,可防止塑料熔体过热而分解。直通式机头的结构能适应热敏性塑料的吹塑成型,常用于硬聚氯乙烯透明瓶的制造。

③ 带储料缸的机头　生产大型吹塑制品，如啤酒桶及垃圾箱等，由于制品的容积较大，需要一定的壁厚以获得必要的刚度，因此需要挤出大的型坯，而大型坯的下坠与缩径严重，制品冷却时间长，要求挤出机的输出量大。对大型制品，一方面要求快速提供大量熔体，减少型坯下坠和缩径；另一方面，大型制品冷却期长，挤出机不能连续运行，从而发展了带有储料缸的机头。其结构如图4-4-4所示。

由挤出机向储料缸提供塑化均匀的熔体，按照一定的周期所需熔体数量储存于储料缸内。在储料缸系统中由柱塞（或螺杆）定时，间歇地将所储物料（熔体）全部迅速推出，形成大型的型坯。高速推出物料可减轻大型型坯的下坠和缩径，克服型坯由于自重产生下垂变形而造成制品壁厚的不一致。同时挤出机可保持连续运转，为下一个型坯备料。该机头既能发挥挤出机的能力，又能提高型坯的挤出速度，缩短成型周期。但应注意，当柱塞推动速度过快，熔体通过机头流速太大，可能产生熔体破碎现象。

为使挤出机能均匀地挤出所需要直径、壁厚和黏度的型坯，应合理确定口模的直径、口模缝隙的宽度及定型段长度。在确定口模直径时，首先应选取适合制品外径的吹胀比（制品的外径与型坯外径之比），确定型坯的最大外径，同时还应考虑出模膨胀问题，最后确定口模的直径。口模缝隙宽度大，树脂熔体受到的剪切速率变小，则不易因熔体破碎引起型坯表面粗糙。定型段长，机头内部熔体压力上升，有利于消除熔接线，但产生压力损失。定型段长度（l）与缝隙（t）之比（l/t）一般取10左右为宜。

(3) 吹胀装置

型坯进入模具并闭合后，吹胀装置即将管状型坯吹胀成模腔所具有的精确形状，进而冷却、定型、脱模取出制品。

吹胀装置包括吹气机构、模具及其冷却系统、排气系统等部分。现分述如下。

① 吹气机构　吹气机构应根据设备条件、制品尺寸、制品厚度分布要求等选定。空气压力应以吹胀型坯得到轮廓图案清晰的制品为原则。一般有针管吹气、型芯顶吹、型芯底吹等三种方式。

a. 针吹法　如图4-4-5所示，吹气针管安装在模具型腔的半高处，当模具闭合时，针管向前穿破型坯壁，压缩空气通过针管吹胀型坯，然后吹针缩回，熔融物料封闭吹针遗留的针孔。另一种方式是在制品颈部有一伸长部分，以便吹针插入，又不损伤瓶颈。在同一型坯中可采用几支吹针同时吹胀，以提高吹胀效果。

针吹法的优点是：适于不切断型坯连续生产的旋转吹塑成型，吹制颈尾相连的小型容器，对无颈吹塑制品可在模具内部装入型坯切割器，更适合吹制有手柄的容器，手柄本身封闭与本体互不相通的制品。

针吹法的缺点是：对开口制品由于型坯两端是夹住的，为获得合格的瓶，需要整饰加工，模具设计比较复杂，不适宜大型容器的吹胀。

b. 顶吹法　如图4-4-6所示，顶吹法是通过型芯吹气。模具的颈部向上，当模具闭合时，型坯底部夹住，顶部开口，压缩空气从型芯通入，型芯直接进入开口的型坯内并确定颈部内径，在型芯和模具顶部之间切断型坯。较先进的顶吹法型芯由两部分组成。一部分定瓶颈内径，另一部分是在吹气型芯上滑动的旋转刀具，吹气后，滑动的旋转刀具下降，切除余料。

顶吹法的优点是：直接利用型芯作为吹气芯轴，压缩空气从十字机头上方引进，经芯轴进入型坯，简化了吹气机构。

顶吹法的缺点是：不能确定内径和长度，需要附加修饰工序。压缩空气从机头型芯通过，影响机头温度。为此，应设计独立的与机头型芯无关的顶吹芯轴。

c. 底吹法　如图4-4-7所示。挤出的型坯落到模具底部的型芯上，通过型芯对型坯吹胀。型芯的外径和模具瓶颈配合以固定瓶颈的内外尺寸。为保证瓶颈尺寸的准确，在此区域内必须提供过量的物料，这就导致开模后所得制品在瓶颈分型面上形成两个耳状飞边，需要后加工修饰。

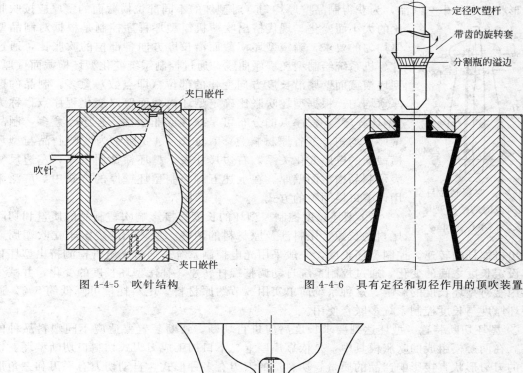

图 4-4-5 吹针结构　　图 4-4-6 具有定径和切径作用的顶吹装置

图 4-4-7 底吹结构

底吹法适用于吹塑颈部开口偏离制品中心线的大型容器，有异形开口或有多个开口。底吹法的缺点：进气口选在型坯温度最低的部位，也是型坯自重下垂厚度最薄的部位。当制品形状较复杂时，常造成制品吹胀不充分。另外，瓶颈耳状飞边修剪后留下明显的痕迹。

② 吹塑模具　吹塑模具通常是由两瓣合成，并设有冷却剂通道和排气系统。吹塑模具结构较简单，生产过程中所承受压力不大，对模具的强度要求不高。常选用铝、锌合金、铍铜和钢材等。模具的冷却系统直接影响制品性能和生产效率，因此模具可分为上、中、下三段分段冷却，按制品形状和实际需要来调节各段冷却水流量，以保证制品质量。模具的排气系统是用以在型坯吹胀时，排除型坯和模腔壁之间的空气，如排气不畅，吹胀时型腔内的气体会被强制压缩滞留在型坯和模腔壁之间，使型坯不能紧贴型腔壁，导致制品表面产生凹陷和皱纹，图案和字迹不清晰，不仅影响制品外观，甚至会降低制品强度。因此，模具应设置排气孔或排气槽。

（4）辅助装置

① 型坯厚度控制装置　型坯从机头口模挤出时，会产生膨胀现象，使型坯直径和壁厚大于口模间隙，悬挂在口模上的型坯由于自重会产生下垂，引起伸长使纵向厚度不均和壁厚

变薄（指挤出端壁厚变薄）而影响型坯的尺寸、乃至制品的质量。控制型坯尺寸的方式有：调节口模间隙、改变挤出速度、预吹塑法、改变型坯牵引速度、型坯厚度的程序控制。

吹塑制品的壁厚取决于型坯各部位的吹胀比。对同一型坯吹胀比愈大，该部位壁愈薄。吹胀比愈小，壁愈厚。

形状复杂的中空制品，为获得制品壁厚均匀，对型坯的不同部位横截面的壁厚应按吹胀比的大小而变化。现代挤出吹塑机组型坯程序控制是根据对制品壁厚均匀的要求，确定型坯横截面沿长度方向各部位的吹胀比，通过计算机系统绘制型坯程序曲线，通过控制系统变化型坯横截面壁厚。型坯横截面壁厚沿长度方向变化的部位（即点数）愈多，制品的壁厚愈均匀。根据型坯吹胀比确定型坯横截面壁厚变化程序点，称为"型坯程序"。程序点的分布可呈线性或非线性。程序点愈多，制品壁厚愈均匀，节省原材料愈多。如图 4-4-8 所示为吹塑制品与型坯横截面的壁厚变化关系。右边尺寸表示型坯横截面壁厚，左边尺寸表示制品横截面壁厚。在上述五种控制型坯壁厚的方式中，广泛采用调节口模间隙的方式。

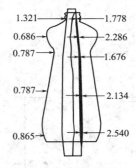

图 4-4-8 吹塑制品与型坯横截面的壁厚变化关系（单位：mm）

② 型坯长度控制　型坯的长度直接影响吹塑制品的质量和切除尾料的长短，尾料涉及原材料的消耗。型坯长度决定于在吹塑周期内挤出机螺杆的转速。控制型坯长度，一般采用光电控制系统。通过光电管检测挤出型坯长度与设定长度之间的变化，通过控制系统自动调整螺杆转速，补偿型坯长度的变化，并减少外界因素对型坯长度的影响。这种系统简单实用、节约原材料，尾料耗量可降低约 5%。通常型坯厚度与长度控制系统多联合使用。

③ 型坯切断装置　型坯达到要求长度后应进行切断。切断装置要适应不同塑料品种的性能。在两瓣模组成的吹胀模具中，是依靠模腔上、下口加工成刀刃式切料口切断型坯。切料口的刀刃形状直接影响产品的质量。切料口的刀刃有多种形式，自动切刀有平刃和三角形刀刃。对硬聚氯乙烯透明瓶型坯，一般采用平刃刀，而且切切刀应进行加热。

4.4.2.3 挤出吹塑控制因素

影响挤出吹塑工艺和中空制品质量的因素主要有：型坯温度和挤出速度、吹气压力和鼓气速率、吹胀比、模温和冷却时间等。

(1) 型坯温度和挤出速度

型坯温度直接影响中空制品的表观质量、纵向壁厚的均匀性和生产效率。挤出型坯时，熔体温度应均匀，并适宜地偏低以提高熔体强度，从而减小因型坯自重所引起的垂伸，并缩短制品的冷却时间，有利于提高生产效率。

型坯温度过高，挤出速度慢，型坯易产生下垂，引起型坯纵向厚度不均，延长冷却时间，甚至丧失熔体热强度，难以成型。型坯温度过低，离模膨胀突出，会出现长度收缩、壁厚增大现象，降低型坯的表面质量，出现流痕，同时增加不均匀性。另外，还会导致制品的强度差，表面粗糙无光。

挤出吹塑过程中，常发生型坯上卷现象，这是由于型坯径向厚度不均匀所致，卷曲的方向总是偏于厚度较小的一边。型坯温度不均匀也会造成型坯厚度的不均匀，因此要仔细地控制型坯温度。一般遵守的生产原则是：在挤出机不超负荷的前提下，控制稍低而稳定的温度，提高螺杆转速，可挤出表面光滑、均匀、不易下垂的型坯。

(2) 吹气压力和鼓气速率

吹胀是用压缩空气对型坯施加空气压力而吹胀并紧贴模腔壁，同时压缩空气也起到冷却作用。由于塑料种类和型坯温度不同，型坯的模量值各异，为使之形变，所需的气压也不同，一般空气压力在 0.2~1MPa。对黏度大模量高的聚碳酸酯塑料取较高值；对黏度低易变形的聚酰胺塑料取较低值，其余取中间值。吹气压力的大小还与型坯的壁厚、制品的容积大小有关；对厚壁小容积制品可采用较低的吹气压力，由于型坯厚度大，降温慢，熔体黏度不会很快增大以致妨碍吹胀；对薄壁大容积制品，需要采用较高的吹气压力来保证制品的完整。

鼓气速率是指充入空气的容积速率。鼓气速率大，可缩短型坯的吹胀时间，使制品厚度均匀，表面质量好。但是鼓气速率过大，会在空气进口处产生局部真空，造成这部分型坯内陷，甚至将型坯从口模处拉断，以致无法吹胀。为此，需要加大空气的吹管口径。当吹制细颈瓶不能加大吹管口径时，只能降低容积速率。

（3）吹胀比

吹胀比是指型坯吹胀的倍数。型坯的尺寸和质量一定时，型坯的吹胀比愈大则制品的尺寸就愈大。加大吹胀比，制品的壁厚变薄，虽可以节约原料，但是吹胀变得困难，制品的强度和刚度降低；吹胀比过小，原料消耗增加，制品壁厚，有效容积减小，制品冷却时间延长，成本升高。一般吹胀比为 2~4；应根据塑料的品种、特性、制品的形状尺寸和型坯的尺寸等酌定。通常大型薄壁制品吹胀比较小，取 1.2~1.5；小型厚壁制品吹胀比较大，取 2~4。吹胀细口瓶时，也有高达 5~7 倍的。

（4）模具温度

模具温度直接影响制品的质量。模具温度应保持均匀分布，以保证制品的均匀冷却。模温过低，型坯冷却快，形变困难，夹口处塑料的延伸性降低，不易吹胀，造成制品该部分加厚，通过加大吹气压力和鼓气速率，虽有所克服，但仍会影响制品厚度的均匀性，制品的轮廓和花纹不清楚，制品表面甚至出现斑点和橘皮状。模温过高时，冷却时间延长，生产周期增加，当冷却不够时，制品脱模后易变形，收缩率大。

通常对小型厚壁制品模温控制偏低，对大型薄壁制品模温控制偏高。确定模温的高低，应根据塑料的品种来定。对于工程塑料，由于玻璃化温度较高，故可在较高模温下脱模而不影响制品质量，高模温有助于提高制品的表面光洁程度。一般吹塑模温控制在低于塑料软化温度 40℃左右为宜。

（5）冷却时间

型坯吹胀后应进行冷却定型，冷却时间控制着制品的外观质量、性能和生产效率。增加冷却时间，可防止塑料因弹性回复而引起的形变，制品外形规整，表面图纹清晰，质量优良。但是，因制品的结晶度增大而降低韧性和透明度，延长生产周期，降低生产效率。冷却时间太短，制品会产生应力而出现孔隙。

通常在保证制品充分冷却定型的前提下加快冷却速率，来提高生产效率。加快冷却速率的方法有：加大模具的冷却面积，采用冷冻水或冷冻气体在模具内进行冷却，利用液态氮或二氧化碳进行型坯的吹胀和内冷却。

模具的冷却速率决定于冷却方式、冷却介质的选择和冷却时间，此外还与型坯的温度和厚度有关。随制品壁厚增加，冷却时间延长。不同的塑料品种，由于热导率不同，冷却时间也有差异；在相同厚度下，高密度聚乙烯比聚丙烯冷却时间长。

对于大型、厚壁和特殊构形的制品可采用平衡冷却，对其颈部和切料部位选用冷却效能高的冷却介质，对制品主体较薄部位选用一般冷却介质。对特殊制品还需要进行第二次冷却，即在制品脱模后采用风冷或水冷，使其充分冷却定型防止收缩和变形。

综上所述，挤出吹塑的优点是：①适用于多种塑料；②生产效率较高；③型坯温度比较均匀，制品破裂减少；④能生产大型容器；⑤设备投资较少等。因此挤出吹塑在当前中空制品生产中仍占绝对优势。

4.4.3 注射吹塑

4.4.3.1 注射吹塑生产工序

注射吹塑是生产中空塑料容器的两步成型方法，其生产工序如图 4-4-9 所示。由注射机在高压下将熔融塑料注入型坯模具内形成管状型坯，开模后型坯留在芯模（又称芯棒）上，通过机械装置将热型坯置于吹塑模具内，合模后由芯模通道引入 0.2~0.7MPa 的压缩空气，使型坯吹胀达到吹塑模腔的形状，并在空气压力下进行冷却定型，脱模后得到制品。

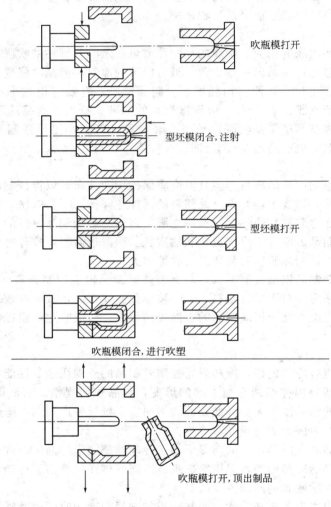

图 4-4-9 注射吹塑成型过程

注射吹塑适宜生产批量大的小型精制容器和广口容器。一般能生产的最大容积量不超过 4L。注射吹塑的中空容器，主要用于化妆品、日用品、医药和食品的包装。常用的树脂有 PP、PE、PS、SAN、PVC、PC 等。

与挤出吹塑法相比，注射吹塑法的优点是：制品壁厚均匀一致，不需要进行后修饰加工；制品无合缝线，废边废料少。缺点是：每件制品必须使用两副模具（注射型坯模和吹胀成型模）；注射型坯模要能承受高压，两副模具的定位公差等级较高，模具成本费用加大，生产容器的形状和尺寸受限，不宜生产带把手的容器。由于上述各点，此法仍处于发展中。

4.4.3.2 注射吹塑设备特点

注射吹塑的基本特征：型坯是在注射模具中完成，制品是在吹塑模具中完成。注射吹塑设备具有二工位、三工位和四工位之分。基于上述原理设计而成的称为二位机（相距180°）。脱除制品是采用机械液压式的顶出机构来完成。二位机具有较大的灵活性。三位机相距120°，即增加脱除制品的专用工位。四位机相距90°，是在三位机的基础上，为特殊用途的工艺要求（预成型即预吹或预拉伸）而增设的工位。最常用的是三位机，约占90%以上。

(1) 对注射型坯模中型腔和芯棒的设计要求

注射型坯模常由两半模具、芯棒、底板和颈圈四部分组成。根据制品的形状、壁厚、大小和塑料的收缩性、吹胀性设计整体型坯的形状。除容器颈部外，要求型坯的径向壁厚大于1.5mm，不超过5mm，壁厚太薄使吹胀性能下降，太厚使型坯无法吹胀成型。

型坯形状确定后，再设计芯棒的形状。由于芯棒要从容器中脱出，因此应满足：①芯棒直径应小于吹塑容器颈部的最小直径，以便芯棒脱出；②容器的最小直径尽可能大些，使吹胀比不致过小，以保证制品质量。芯棒的结构如图4-4-10所示。

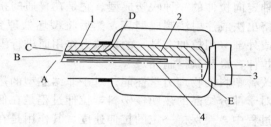

图 4-4-10　芯棒结构简图
1—型芯座；2—型芯；3—底塞；4—加热油导管
A—热油入口；B—热油出口；C—气道；D—吹气口；E—L/D 大时，瓶底吹气口位置

芯棒具有三种功能：在注射模具中以芯棒为中心充当阳模，成型型坯；作为运载工具将型坯由注射模内输送到吹塑模具中去；芯棒内有加热保温通道，常用油作加热介质，控制其温度，芯棒内有吹气通道，供压缩空气进入型坯进行吹胀，吹气口设于容器的肩部，以保证压缩空气能达到容器的底部并利于吹胀。在芯棒的通气道上装有控制开关装置，使芯棒吹气时打开，注塑时闭合，由于芯棒具有上述功能，又是形成容器的内表面，因此，芯棒表面加工精度要求较高，选七级以上。芯棒应具有足够的刚度，韧性好，表面硬度高，耐腐蚀，材质要求高于模具的其他部件，宜选用油淬火工具钢、含铬的合金钢制作。

当型坯和芯棒确定后，注射模型腔的形状即已确定。为保证加工精度，其结构常采用嵌套式，包括注射型腔套、型腔座、吹塑模的芯棒定位板及螺纹口套。为满足型腔座分区加热或冷却的传热要求，型腔套与型腔座的配合宜选 H7/h7 以上。合模宜用四周楔面定位，不宜用导柱定位。由于模具要求的强度、硬度较普通注射模高，因此，常选用高碳钢或碳素工具钢制作型腔座。型腔套的材质与芯棒相同。

(2) 吹塑模具的设计要求

吹塑模具是容器成型的关键装置，直接呈现容器的形状、表面粗糙度及外观质量。因此，模具应保证在吹胀后能充分冷却至定型，各配合面选用公差的上限值，以防制品表面出现合缝线，为使吹胀过程中模具夹带的气体顺利排除，在合模面上应开设几处排气槽，根据容器的形状，排气槽的深度 15～20μm，宽度 10mm 为宜。容器的底部应设计呈凹状以便脱模。一般对软塑料容器底部凹进 3～4mm，硬塑料容器底部凹进 0.5～0.8mm 已足够。特殊要求可设计为具有伸缩性的成型底座。模体材质一般选用耐腐蚀的碳素工具钢及普通合金钢制造。

4.4.3.3 注射吹塑工艺要点

(1) 管坯温度与吹塑温度

注射型坯时,管坯温度是关键。湿度太高,熔料黏度低易变形,使管坯在转移中出现厚度不均,影响吹塑制品质量;温度太低,制品内常带有较多的内应力,使用中易发生变形及应力破裂。

为能按要求选择模温,常配置模具油温调节器,由精度较高的数字温控仪控制(温度范围 0~199℃),温差<+2℃。一般还配置有较大制冷量(23kW)的水冷机,有利于缩短生产周期,节约费用。

(2) 注射吹模的树脂

适合注射吹模的树脂应具有较高的分子量和熔融黏度,而且熔体黏度受剪切速率及加工温度的影响较小,制品具有较好的冲击韧性,有合适的熔体延伸性能,以保证制品所有棱角都能均匀地呈现吹塑模腔的轮廓,不会出现壁厚明显偏薄或薄厚不均。

4.4.4 拉伸吹塑

拉伸吹塑是指经双轴定向拉伸的一种吹塑成型。它是在普通的挤出吹塑和注射吹塑基础上发展起来的。先通过挤出法或注射法制成型坯,然后将型坯处理到塑料适宜的拉伸温度,经内部(用拉伸芯棒)或外部(用拉伸夹具)的机械力作用而进行纵向拉伸,同时或稍后经压缩空气吹胀进行横向拉伸,最后获得制品。

拉伸的目的是为了改善塑料的物理力学性能。对于非结晶型的热塑性塑料,拉伸是在热弹性范围内进行的。而对于部分结晶的热塑性塑料,拉伸过程是在低于结晶熔点较窄的温度范围内进行的。在拉伸过程中,要保持一定的拉伸速度,其作用是在进行吹塑之前,使塑料的大分子链拉伸定向而不致于松弛。

同时,还需要考虑到晶体的晶核生成速率及结晶的成长速率,当晶体尚未形成时,即使达到了适宜的拉伸温度,对型坯拉伸也是毫无意义的,因此,在某种情况下,可加入成核剂来提高成核速度。

经轴向和径向的定向作用,容器显示优良的性能,制品的透明性、冲击强度、硬度和刚性、表面光泽度及阻隔性都有明显提高,见表 4-4-2。

表 4-4-2 注射型坯定向拉伸吹塑瓶的物性

成型方法	注坯吹塑	注坯定向拉伸吹塑		
原料聚丙烯				
密度/(g/cm³)	0.9	0.9	0.9	0.9
熔体指数/(g/10min)	7	8	7	7
制品物性				
体积/cm³	500	180	450	1350
质量/g	38	8	12	12
拉伸强度/MPa				
纵向	45	75	70	125
横向	45	86	65	115
伸长率/%				
纵向	750	56	50	50
横向	750	60	100	50
杨氏模量/MPa				
纵向	950	1280	1290	1370
横向	950	1690	1140	1470
雾度/%	50~60	5.2	13.3	10.5

4.4.4.1 拉伸吹塑工艺

拉伸吹塑工艺分为一步法和两步法。

一步法是指制备型坯、拉伸、吹塑三道主要工序在一台机中连续依次完成的,又称为热型坯法。型坯是处于生产过程中的半成品。设备的组合方式有:①由挤出机和吹塑机组成;②由注射机和吹塑机组成。

两步法生产,第一步制备型坯,型坯经冷却后成为一种待加工的半成品,具有专门化生产的特性。第二步将冷型坯提供另一企业或另一车间进行再加热、拉伸和吹塑,又称为冷型坯法。两步法的产量、工艺条件控制是一步加工法无可比拟的,适宜大批量生产,但能耗较多。

目前拉伸吹塑有四种组合方式:①一步法挤出拉伸吹塑,用于加工 PVC;②两步法挤出拉伸吹塑,用于加工 PVC 和 PP;③一步法注射拉伸吹塑,用于加工 PET 和 RPVC;④两步法注射拉伸吹塑,用于加工 PET。

拉伸吹塑工艺过程包括:注射型坯定向拉伸吹塑、挤出型坯定向拉伸吹塑、多层定向拉伸吹塑、压缩定向拉伸吹塑等。其特点都是将型坯温度控制在低于熔点温度下用双向拉伸来提高制品的强度。下面介绍两种主要的拉伸吹塑工艺过程。

(1) 注射型坯定向拉伸吹塑

先注射成型有底型坯,并连续地由运送带(或回转带)送至加热炉(红外线或电加热),经加热至拉伸温度,然后纳入吹塑模内借助拉伸棒进行轴向拉伸,最后再经吹胀成型。注射拉伸吹塑成型如图 4-4-11 所示。此法的工艺特点是在通常吹塑机上增加拉伸棒将型坯进行轴向拉伸 1~2 倍。为此需要控制适宜的拉伸温度。此法可用多腔模(2~8 个)进行,生产能力可达 250~2400 只/h(容量为 340~1800g 饮料瓶)。

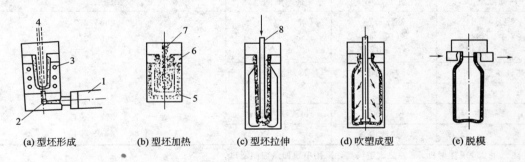

图 4-4-11 注射拉伸吹塑成型
1—注射机;2—热流道;3—冷却水孔;4—冷却水;5—加热水;
6—口部模具;7—模芯加热;8—延伸棒

(2) 挤出型坯定向拉伸吹塑

先将塑料挤成管材,并切断成一定长度而作为冷坯。放进加热炉内加热到拉伸温度,然后通过运送装置将加热的型坯从炉中取出送至成型台上,使型坯的一端形成瓶颈和螺牙,并使之沿轴向拉伸 100%~200% 后,闭合吹塑模具进行吹胀。另一种方法是从炉中取出加热的型坯,一边在拉伸装置中沿管坯轴向进行拉伸,一边送往吹塑模具,模具夹住经拉伸的型坯后吹胀成型,修整废边。此法生产能力可达到 3000 只/h,容量为 1L 的瓶子。为了满足不同工艺的要求,迄今已发展了多种工业用成型设备,并已开发出多层定向拉伸吹塑。

4.4.4.2 拉伸吹塑工艺控制要点

(1) 原材料的选择

一般而言,热塑性塑料都能拉伸吹塑。通过双向拉伸,能明显地提高拉伸强度、冲击韧性、刚性、透明度和光泽，提高对氧气、二氧化碳和水蒸气的阻隔性。从目前技术水平而论，能满足上述要求的塑料主要有：聚丙烯腈（PAN）、聚对苯二甲酸乙二酯（PET）、聚氯乙烯（PVC）、聚丙烯（PP）。其中聚对苯二甲酸乙二酯的用量最大，聚丙烯腈的用量最小。聚丙烯对水蒸气的阻隔性较好，经双向拉伸后，其低温（5~20℃）脆性有较大改进。

(2) 注射型坯工艺控制

温度、压力、时间是注射型坯的三大工艺因素。料筒温度控制树脂的塑化温度，注射压力影响产品形状和精度，成型周期决定生产效率。三因素互相制约又互相影响。以 PET 树脂瓶为例：由于 PET 树脂为结晶型聚合物，结晶度 50%~55%，有明显的熔点为 260℃，分解温度大于 290℃，因此料筒喷嘴温度应控制在 260~290℃ 之间。熔体呈黏度较低的黏流态，采用适中的注射压力和注射速度。注射模具温度关系到型坯的性能，并直接影响下一步的拉伸吹塑工艺，注入模腔的 PET 熔体必须在 T_g（70~78℃）以下迅速冷却，快速通过 PET 结晶速率最快的温度（140~180℃）区域以获得透明的无定形的型坯。为此，型坯模具必须使用冷冻水冷却。水温一般为 5~10℃，将使模温下降到 20~50℃。此时 PET 型坯的结晶度不到 3%。成型周期与冷冻水的控温有关，运行良好，不仅能缩短成型周期，并能提高产品质量，型坯迅速冷至 T_g 以下，可减少发雾和结晶。同时，树脂在高温下滞留时间缩短，因热降解产生的乙醛含量较低。

冷却时间随型坯壁厚的平方而变化。型坯壁厚，冷却时间长，生产周期加大。型坯在冷却过程中是靠冷却水带走模具中的热量，当冷却水在通道内呈湍流状态时，传热增大。因此，应配备高压及大流量的水泵。PET 型坯的注射成型工艺参数见表 4-4-3。

表 4-4-3 注射成型工艺参数

料筒温度/℃	注射压力/MPa	注射时间/s	模腔温度/℃	
后 288	高压 76		1#	266~277
中 282	低压 41		2#	266~277
前 282	背压 0~35		3#	277~304
螺杆预塑时间/s	冷却时间/s	冷却温度/℃	4#	277~304
8.5	9	4.4~10	5#	277~304
			6#	277~304
模腔数	模具特征	每腔注射量/g	7#	277~304
8	热流道	68	8#	277~304

注：用 2500g 注射机、8 腔热流道模具，采用单独加热控制浇口。

(3) 拉伸吹塑工艺控制特点

拉伸吹塑主要受到型坯加热温度、吹塑压力、吹塑时间和吹塑模具温度等工艺因素的影响。现简介如下。

① 型坯的再加热 它是两步法生产的特征。当型坯从注射模取出冷却至室温后，要经过 24h 的存放以达到热平衡。型坯再加热的目的是增加侧壁温度到达热塑范围，以进行拉伸吹塑。使之获得充分的双轴定向，使 PET 瓶达到所需的物理性能，使制品透明、富有光泽、无瑕疵和表面凹凸不平。再加热一般用有远红外或石英加热器的恒温箱。恒温箱呈线型的，型坯沿轨道输送，固定轴使型坯转动，保持平缓加热。型坯取出时温度为 195~230℃，应进行 10~20s 的保温，以达到温度分布的平衡。

② 拉伸吹塑和双轴定向 型坯经再加热后的温度应达到玻璃化温度以上 10~40℃，然后送到拉伸吹塑区合模，拉伸杆启动并沿轴向进行纵向拉伸时，通入压缩空气，在圆周方向使型坯横向膨胀，当拉伸杆达到模具底部，型坯吹胀冷却后，拉伸杆退回，压缩空气停止通入时，即得产品。

拉伸比（包括拉伸速率、拉伸长度、吹塑空气压力和吹气速率）是影响制品质量的关键。纵向拉伸比（制品长度与型坯长度之比）是通过拉伸杆实现的，横向拉伸比（制品直径与型坯直径之比）是通过吹塑空气实现的。实践证明：横向拉伸5倍，纵向拉伸2.5倍时，PET瓶的质量较满意，超过上述纵、横向拉伸比时，制品会泛白，强度下降。

吹塑空气压力对有底托的PET瓶仅需要20Pa，对无底托的PET瓶则需要30Pa，此时吹塑制品质量较佳。吹塑空气严禁带入水分和油污，否则热膨胀时会产生蒸汽，附在制品内壁形成麻面，使瓶子失去透明性，影响外观和卫生性。

另外还有多层吹塑、大型中空吹塑等，在此不一一赘述。

4.5　层压塑料和增强塑料的成型

4.5.1　概述

层压塑料系指用成叠的、浸有或涂有树脂的片状底材（附胶片材），在加热和加压下，制成的坚实而又近于均匀的板状、管状、棒状或其他简单形状的制品。常用的底材有纸张、棉布、木材薄片、玻璃布或玻璃毡、石棉毡或石棉纸以及合成纤维的织物等。

增强塑料是指用加有纤维性增强物的塑料所制得的制品，其强度远比不加增强物的高。常用的增强物有玻璃、石棉、金属、剑麻、棉花或合成纤维所制成的纤丝（或称纤维）、粗纱和织物等，在对性能要求很高的尖端技术等领域，也用到碳纤维、硼纤维，乃至金属晶须等。其中以玻璃纤维和织物用得最多，所以狭义的增强塑料有时就是指用玻璃纤维或其织物增强的塑料制品。这里的讨论也将以此为主。

就上面所说的而论，层压塑料只是增强塑料的一个部分。但是必须指出，广义的层压塑料还包括由挤出或涂层方法所制造的塑料薄膜与纸张、棉布、金属箔等相互贴合的复合材料，这些在一般情况下是不作为增强塑料看待的。本节将不采用层压塑料的广义说法，仍将它归在增强塑料内一起讨论。

增强塑料中增强物的作用是增强制品的强度，而所用树脂则是使这种复合材料能够成型，对增强物进行黏结与固定，并借以抵抗制品受外力的增强物之间所承受的剪切，此外，还赋予制品抵抗外遇介质的侵蚀。用于成型的树脂很多，早期常用热固性树脂，如酚醛树脂、氨基树脂、环氧树脂、不饱和聚酯、有机硅等。自20世纪60年代以来，热塑性树脂已成功地用于增强塑料，如聚酰胺、聚碳酸酯、聚苯醚、氯化聚醚、聚氯乙烯、聚苯乙烯、聚烯烃等树脂。由于热塑性增强塑料的出现，大大扩展了热塑性塑料作为结构材料应用于工程领域的深度和广度。

除树脂与增强物外，增强塑料中有时还加有粉状填料，这是为了降低成本或改善制品吸湿性和收缩率等用的。粉状填料的常用品种有碳酸钙、滑石粉、石英粉、硅藻土、氧化铝、氧化锌等。加有填料的制品，其强度有所下降。

热塑性增强塑料与一般热塑性塑料一样，可采用注射成型、挤压成型、压制成型、层压成型等加工方法，不需要增加特殊的成型设备。而热固性增强塑料的成型方法，根据成型时所用压力的大小分为高压法（压力高于7MPa）和低压法（压力低于7MPa）。前者又可分为层压法和模压法，而后者则可分为接触法、袋压法、缠绕法等。

增强塑料，除强度超过不增强的塑料外，尚具备许多其他优越的性能，甚至在某些方面成为独特的材料而不能为其他材料取代，因此，获得了各方面的重视，下面简单地列出它的优越性能和应用，同时也指出它的不足之处。

① 密度偏低和比强度高　增强塑料的密度通常都小于2，只及钢材的20%～25%，但

力学强度竟能达到甚至超过普通钢。按比强度（强度与密度的比值）计算时，不仅超过普通钢，甚至达到或超过合金钢。这对航空和交通运输等是特别有意义的。

② 绝热性强　增强塑料的热导率一般只有金属的 0.196%～1%。在瞬时超高温的作用下，能自行烧蚀而放出大量气体，同时还能吸收大量的热量。从而能够作为良好的热防护材料，有效地应用于宇航和国防工业等方面。

③ 耐化学腐蚀性强　随着采用的树脂和增强物的不同，可以分别制出抵抗一种或几种特定化学腐蚀的增强塑料。这种材料在制造各种化工设备方面获得了良好的应用。

④ 介电性能优良　增强塑料一般都具有较好的电绝缘性，有的在高频电作用下仍能保持良好的介电性能不变，因此，被广泛用于制造各种电气仪表和电气设备。

当然，增强塑料也存在着不足之处，诸如，弹性模量较低（只及钢的 5%～10%）、受力时有较大的变形、表面硬度较低、耐温性能差（使用温度一般不超过 200℃）、容易老化等。因此，使用时应结合材料的性能作合理的考虑。毫无疑问，这些不足之处也正是这方面亟待研究的课题。

4.5.2　增强材料及偶联剂

4.5.2.1　增强材料

增强塑料的性能除树脂外，还直接受到增强材料的影响，因此，有必要对以玻璃纤维为主的几种增强材料加以介绍。

（1）玻璃纤维

将玻璃加热熔融拉成丝，即为玻璃纤维。玻璃纤维的拉丝过程是：首先将原料粉碎成一定细度的粉料，在 1500℃ 左右的高温下熔化一定直径（1.5～2cm）的玻璃球，将其电加热熔化，凭自重从坩埚底部漏板上的孔（孔径 1～1.5mm）中流出，经卷筒的快速牵伸拉成单丝。再经集束轮将丝束涂上浸润剂（起黏合、润滑、除静电等作用），其浸润剂配方有纺织型和强化型两种：前者用于有捻玻璃纤维制品，后者用于无捻玻璃纤维制品，绕在高速旋转的绕丝筒上，形成原丝（或丝股）。

玻璃纤维按其直径大小可分为四类：单丝直径在 20μm 以上者为初级玻璃纤维，在 10～20μm 之间为中级玻璃纤维，在 3～9μm 之间为高级玻璃纤维，在 3μm 以下为超级玻璃纤维。按纤维长短可分为连续玻璃纤维、定长玻璃纤维（300～500mm）和玻璃棉（150mm 以下）。

玻璃纤维的主要成分是铝硼硅酸盐和钙钠硅酸盐两种。前者称为无碱或低碱玻璃纤维，又称为 E-玻璃纤维；后者称为中碱或高碱玻璃纤维（又称为 A-玻璃纤维）。无碱玻璃纤维，其碱性氧化物含量小于 1%，它具有优良的化学稳定性、电绝缘性和力学性能，主要用于增强塑料、电器绝缘材料、橡胶增强材料等。碱性氧化物含量为 2%～7% 的称为低碱玻璃纤维。中碱玻璃纤维的碱金属氧化物含量为 8%～12% 左右，其耐水性差，不宜作电绝缘材料，但其化学稳定性较好，材料来源丰富而价格便宜，可用作力学强度要求不高的一般增强塑料结构件。高碱玻璃纤维，碱金属含量在 13%～15% 左右，它的力学强度、化学稳定性、电绝缘性都较差，主要用作保温、防水、防潮材料。若在配方中加入特种氧化物，可赋予玻璃纤维特殊性能，如由纯镁铝硅三元组成的高强度玻璃（S-玻璃）纤维；由镁铝硅系组成的高弹性模量玻璃（M-玻璃）纤维；此外还有耐高温玻璃纤维、低介电常数玻璃纤维、抗红外线玻璃纤维、光学玻璃纤维、导电玻璃纤维等。

玻璃纤维的密度为 2.5～2.7g/cm^3，小于金属。这对增强塑料应用于飞机、卫星等作宇航、空载工业的零部件创造了条件。

玻璃纤维具有很高的拉伸强度，其数值与纤维的直径及长度、化学成分、杂质含量、制造方法及条件、表面处理等因素有关。粗而长的玻璃纤维中因存在着许多细微裂纹和缺陷,受力时产生应力集中,导致强度下降。这就是玻璃强度大大低于玻璃纤维强度的原因。

玻璃纤维属于弹性材料,有优良的尺寸稳定性,但其断裂伸长率不高,一般为3%,弹性模量比其他有机纤维高而比金属低,这就影响了增强塑料的刚性,同时,玻璃纤维易脆不耐磨,对人皮肤有刺激性。

玻璃纤维的耐热性较好,当升温至300℃以上则强度下降;在370℃时,强度下降50%;在高温下会软化和硫化,但不会燃烧和冒烟。

一般玻璃纤维不吸湿,即使在潮湿条件下也不会膨胀、伸长、分解或发生化学变化,也不会腐烂和发霉,除氢氟酸、强碱和热的浓磷酸外,能耐所有的有机溶剂及很多酸碱,但玻璃纤维的抗碱性差。

玻璃纤维有良好的电绝缘性能,其介电损耗角正切值较小,介电常数低,被广泛用于机电工业。

(2) 碳纤维

碳纤维具有高强度、高弹性模量。碳纤维是由黏胶纤维、聚丙烯醇、特种沥青等原材料经200～300℃的低温氧化、800～1600℃3000℃的石墨化过程、经分子定向而制成的。根据烧制温度

4.5.2.2 偶联剂

为使增强物能在复合材料中实现增强的作用,则它与树脂之间必须具有良好的胶接,最好的胶接是使两者在界面处产生化学键的结合,这在工艺上是用一种既能与增强物又能与树脂发生化学反应的偶联剂来完成的。偶联剂可以涂在增强物的表面上或加在树脂中,但也可以是两者的兼用。下面简要介绍两类典型的偶联剂。

(1) 有机络合物类

这类偶联剂常用的是甲基丙烯酸二氯化铬络合物(沃兰)。它与玻璃纤维的胶接机理是:在水溶液中,沃兰先行水解而生成氢氧化铬络合物,再与玻璃纤维表面的硅醇反应;而沃兰的另一端的丙烯酸基团则与树脂反应。

(2) 有机硅烷类

这类偶联剂品种多、效果好,在玻璃纤维上的应用效果比前一类在干湿度强度方面均有提高,应用也极为广泛。它的化学通式是 $R_n SiX_{4-n}$,式中 R 代表能与树脂作用的有机基团,通常为单价的脂肪基、脂环基、芳基、脂基芳基混合基、杂环基、氨基、硫基等;X 代表卤根、烷氧基等容易水解的基团;n 可为 1、2 或 3。这类物质一端可通过卤根……牢固地键结于玻璃纤维表面的硅酸盐结构中,而另一端的有机基团……的保护膜(如防水、耐磨等)和树脂发生亲和力等。

腈、木质素、聚乙烯……℃的高温碳化以及2500～……℃的石墨化处理……温度不同，碳纤维可分为火质纤维、碳素纤维、石墨纤维三种。碳纤维单丝可制作粗纱、短切纤维带及其织物，进一步与树脂胶接可成型增强塑料制品。由于碳纤维比一般纤维的弹性模量高，在低温条件下力学性能保持率良好，热导率大，有导电性，蠕变性小，耐磨性好，因而广泛用于航空工业。

(3) 硼纤维

硼纤维是由钨丝作为芯线，通过硼的热气炉（将氯化硼和氢加热到1160℃，$2BCl_3 + 3H_2 \rightarrow 2B\downarrow + 6HCl$）使硼沉淀于钨丝表面而成的；纤维直径为$43\sim120\mu m$，成本昂贵。硼纤维的弹性模量比玻璃纤维大五倍，硬度与金刚石相当。其缺点是直径较粗，可变性差，延伸率不好。由硼纤维所制得的增强塑料可用于航空工业的发动机叶片、飞机的机翼以及宇航的烧蚀材料及其他结构材料。

(4) 碳化硼纤维

碳化硼纤维与碳化硅纤维也类似于硼纤维采用化学沉积法制得。前者密度小、强度高、弹性模量大、耐热性好，用于尖端技术；后者热稳定性优于硼纤维，也用于航空飞行等尖端技术部门中。

(5) 晶须

晶须为单晶类纤维增强材料，其纤维极细，直径在$1\sim30\mu m$。这类纤维除强度高外，还具有玻璃纤维的延伸率和硼纤维的弹性模量。目前已生产的有氧化铝、碳化硅、氧化硅等晶须。

(6) 石棉纤维

石棉纤维是一种天然结晶质无机纤维的总称，它耐热、耐磨、耐酸、吸湿性小、稳定性好、摩擦系数小，但不易被树脂浸渍。其中，温石棉（纤蛇纹石棉）有优良的可纺性和较大的拉伸强度，可用于热塑性塑料。因其含结晶水较多（约14%），所以由它制成的增强塑料，在外界升温很快时内层温度却不会发生陡变，这一特性在国防和航空上均有重要的使用价值和意义。蓝石棉（斜方角闪石棉）具有耐酸碱性好、电绝缘性能优越等优点而被用作耐化学腐蚀用器及电气绝缘器材。而青石棉则因其强度和化学稳定性较好而被广泛用作化工设备。

此外，尚有来源广、价格便宜、便于加工的木材，有较好力学强度和匀整性的棉布，有成本低、易成型、密度小的麻纤维以及纸张、合成纤维等也被用来作为增强材料。

基、烷氧基、氨基、酰⋯⋯
或烷氧基的水解使硅原子⋯⋯
可呈单体或交联而形成不同性质的⋯⋯

除上述两类外,近年来又发展了新型偶联剂,如含磷化合物类、钛酸酯类、氯苯羧酸类等。表 4-5-1 列出了常用的偶联剂及其适用范围。

4.5.2.3 玻璃纤维的表面处理

由于在玻璃纤维的拉制过程中,为了对纤维起黏合集束、润滑、消除静电等效应而加入浸润剂,但对树脂与纤维的润湿、胶接有妨碍作用。因此,表面处理要去掉浸润剂,加入偶联剂,目的在于增加纤维与树脂的胶接能力。下面介绍几种常用的表面处理方法。

(1) 洗涤法

洗涤法是用各种有机溶剂洗除玻璃纤维或其织品表面上的浆料。常用的溶剂有三氯乙烯、汽油、丙酮、甲苯等。洗涤后,残留的浆料约 0.4%。采用此法溶剂回收麻烦,不安全,国内少用。

(2) 热处理法

利用高温除去玻璃纤维或其织物表面上的浆料。处理后的玻璃纤维或其织物呈金黄色或深棕色,浆料的残留量约 0.1%,强度损失约 20%~40%。随加热时间延长和温度升高,强度将越来越小,残留的浆料也越少。

虽然玻璃纤维的强度在热处理中有所损失,但增强塑料制品的强度却有所提高。因为未处理的玻璃纤维强度虽高,但在制品中由于与树脂胶接不好,纤维的强度不能充分发挥作用。

(3) 化学处理法

化学处理法分三种,即后处理法、前处理法和迁移法。

① 后处理法　先将玻璃纤维或其织物经过热处理,使其浆料残留量小于 1%。再经偶联剂溶液处理、水洗和烘干,使玻璃纤维表面覆上一层偶联剂。此法效果好,质量较稳定,也比较成熟。但需热处理、浸渍、水洗、烘焙等多种设备,成本较高。

② 前处理法　将偶联剂加在浆料中,以便偶联剂在拉丝过程中就附在玻璃纤维的表面上。在这一方法中与偶联剂伴用的浆料不同于石蜡乳剂,含油质成分少,称为增强型浆料,常用聚醋酸乙烯酯型的。与后处理法比较,它可以省去复杂的工艺和设备,使用方便,不需热处理,强度损失小,是一种较理想的方法。但是很难找到一种偶联剂能同时满足纺织和制造增强塑料两方面所有工序的要求,还有待进一步研究。

表 4-5-1 常用的偶联剂及其适用范围

国内外牌号	名 称	化学结构式	适用范围 热固性树脂	适用范围 热塑性树脂
VN 沃兰（Volan114）	甲基丙烯酸氯化铬络合物	$\begin{array}{c}CH_3\quad O-CrCl_2\\ \quad\diagdown\quad\diagup\\ C-C\\ \diagup\quad\diagdown OH\\ CH_2\quad O\rightarrow CrCl_2\end{array}$	聚酯、环氧、酚醛	聚乙烯、聚苯乙烯、有机玻璃
A151(加兰) KEE1003	乙烯基三乙氧基硅烷	$CH_2=CH-Si(OCH_2-CH_3)_3$	聚酯	聚乙烯、聚丙烯
A172 KBC1003	乙烯基三甲氧乙氧基硅烷	$CH_2=CH-Si(OCH_2CH_2-OCH_3)_3$	聚酯	聚苯乙烯、聚丙烯
KH-550 A1100	γ-氨基丙基三乙氧基硅烷	$H_2N-CH_2-CH_2-CH_2-Si(OC_2H_5)_3$	环氧、酚醛、蜜胺	聚氯乙烯、聚碳酸酯、聚乙烯、聚丙烯、尼龙、有机玻璃
KH-560 A-187 Y-4087 Z-6040	γ-缩水甘油醚丙基三甲氧基硅烷	$\begin{array}{c}CH_2-CH-CH_2-O-CH_2-CH_2-\\ \diagdown\;\diagup\\ O\qquad\qquad CH_2-Si(OCH_3)_3\end{array}$	聚酯、酚醛、环氧、蜜胺	聚氯乙烯、聚碳酸酯、聚乙烯、聚苯乙烯、尼龙、有机玻璃、ABS
KH-570 A174 Z6030 KBM503	α-甲基丙烯酸三甲氧基硅烷	$\begin{array}{c}CH_2=C-CO-O-CH_2-CH_2-CH_2\\ \quad\;\;\vert\qquad\qquad\qquad\qquad\vert\\ CH_3\qquad\qquad\qquad Si(OCH_3)_3\end{array}$	聚酯、环氧	聚苯乙烯、聚乙烯、聚丙烯、有机玻璃、ABS、AS
奎龙(QuiLon)CR	硬脂酸氯化铬	$\begin{array}{c}\quad O-CrCl_2\\ \quad\diagup\\ H_{35}C_{17}-C\quad\quad OH\\ \quad\diagdown\\ \quad O\rightarrow CrCl_2\end{array}$		聚氯乙烯
A150 VTCSK A1003	乙烯基三氯硅烷	$\begin{array}{c}\qquad\qquad Cl\\ \qquad\qquad\vert\\ CH_2=CH-Si-Cl\\ \qquad\qquad\vert\\ \qquad\qquad Cl\end{array}$	聚酯、环氧	
A186 Y4086 KBM303	β-(3,4-环氧环己基)乙基三甲氧基硅烷	$\begin{array}{c}\quad\;\; CH_2\\ \;\diagup\;\;\diagdown\\ CH\quad CH-CH_2CH_2-Si(OCH_3)_3\\ \vert\quad\;\;\vert\\ O\quad CH_2\\ \;\diagdown\;\diagup\\ \quad CH_2\end{array}$	聚酯、环氧、酚醛、蜜胺	聚氯乙烯、ABS、聚碳酸酯、尼龙、聚苯乙烯、聚乙烯、聚丙烯、AS
A1111 Y2967	N,N-(β-羟基乙基)-α-氨基丙基三乙氧基硅烷	$\begin{array}{c}CH_2-CH_2-CH_2-Si(OC_2H_5)_3\\ \vert\\ N(CH_2-CH_2OH)_2\end{array}$	环氧	聚氯乙烯、聚碳酸酯、尼龙、聚丙烯

③ 迁移法 将偶联剂按一定比例直接加入到树脂中，再经过浸胶涂覆使其与玻璃纤维或其织物发生作用。这种方法工艺简便，不需庞大的设备，但效果较前两种稍差，适用于缠绕成型和模压成型。

4.5.3 热固性增强塑料的成型

4.5.3.1 高压成型

高压成型可分为层压成型、管材和棒材的成型以及模压成型。

(1) 层压成型

将多层附胶片材叠合并送入热压机内,在一定温度和压力下,压制成层压塑料的成型方法称为层压成型。所制制品的质量高,也比较稳定。但只能生产板材,而且板材的规格受到设备大小的限制。

层压成型采用的增强物主要是棉布、玻璃布、纸张、石棉布等片状材料。选用的树脂大多是酚醛树脂和环氧酚醛树脂。其工艺过程如下。

① 浸渍 浸渍过程如图4-5-1所示,片状基材由卷绕辊1放出,通过导向辊2和涂胶辊3浸于装有树脂溶液的浸槽7内进行浸渍。浸过树脂的片状基材在通过挤液辊4时使其所含树脂得到控制,随后进入烘炉5内干燥,再由卷取辊6收取。

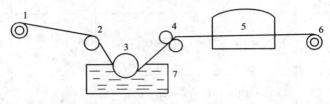

图4-5-1 浸胶机
1—卷绕辊;2—导向辊;3—涂胶辊;4—挤液辊;5—烘炉;6—卷取辊;7—浸槽

浸渍时基材必须为树脂浸透,要浸胶均匀、无杂质,达到规定数量(25%~46%),避免夹入空气。

② 叠料 合格的附胶片材经剪裁后进行层叠。板材的最终厚度由所叠附胶片材的张数和质量相结合的方法来确定。层叠时,片材可按其同一纤维方向排列(制品各向异性),也可相互垂直排列(各向同性)。为改善制品表观质量,增强防潮性,可在板坯两表面加含胶量大且含有脱模剂的专用附胶材料。层压用的模板为镀铬钢板或不锈钢板,要求其表面平整而光滑,放置板坯前要加润滑剂,板坯与双面模板交替叠放,其顺序是:金属板→衬纸→单面钢板→板坯→双面钢板→板坯→单面钢板→衬纸→金属板。

③ 进模 将多层压机(见图4-5-2)的下压板放在最低位置,而后将装好的压制单元分层推入多层压机的热板中,再检查板料在热板中的位置是否合适,然后闭合压机,开始升温升压。

④ 热压 压制时,温度和压力是根据树脂的特性,用实验方法确定的。压制时温度控制一般分为五个阶段。

第一阶段是预热阶段。从室温升到硬化反应开始的温度。预热阶段中,树脂发生熔化,并进一步浸透玻璃布,同时树脂还排除一些挥发分。施加的压力约为全压的1/3~1/2。

第二阶段为保温阶段。树脂在较低的反应速率下进行硬化反应,直至板坯边缘流出的树脂不能拉成丝时为止。

第三阶段为升温阶段。这一阶段是自硬化开始的温度升至压制时规定的最高温度。升温不宜太快,否则会使硬化反应速率加快而引起成品分层或产生裂纹。

第四阶段是当温度达到规定的最高值后保持恒温的阶段。它的作用是保证树脂充分硬化,使成品的性能达到最佳值。保温时间取决于树脂的类型、品种和制品的厚度。

第五阶段为冷却阶段。当板坯中树脂已充分硬化后进行降温,准备脱模的阶段。冷却时应保持规定的压力直到冷却完毕。

⑤ 脱模 当压制好的板材温度已降至60℃时,即可依次推出压制单元进行脱模。

⑥ 加工 加工是指去除压制好的板材的毛边。

⑦ 热处理 热处理是使树脂充分硬化的补加措施,目的是使制品的力学强度、耐热性

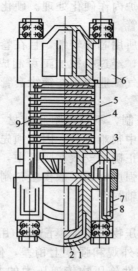

图 4-5-2 多层压机

1—工作压筒；2—工作柱塞；3—下压板；4—工作垫板；5—支柱；
6—上压板；7—辅助压筒；8—辅助柱塞；9—条板

和电性能都达到最佳值。热处理的温度应根据所用树脂而定。

层压成型工艺虽然简单方便，但制品质量的控制却很复杂，必须严格遵守工艺操作规程，否则常会出现裂缝、厚度不均、板材变形等问题。

层压制品用途广泛，如玻璃布层压板多用于结构材料，布基和木基层压板多用于机器零件，纸基层压板材多用于绝缘材料，石棉基层压板材多用于耐热部件和化工设备，木基塑料用于制造机器零件，合成纤维基板材多用于耐热、耐磨、耐腐材料。

(2) 管材和棒材的制造

制造管材和棒材是以干燥的附胶片材为原料，采用卷绕方法成型的。卷绕装置的简图见图 4-5-3。

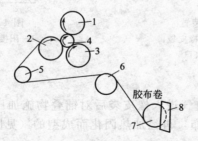

图 4-5-3 卷绕装置简图

1—大压辊；2—前支承辊；3—后支承辊；4—管芯；5—导向辊；
6—张力辊；7—胶布卷；8—加压板

卷绕辊压成型时，应先在涂有脱模剂的管芯上包上一段附胶片材作为底片，将其置于前、后支承辊与大压辊之间压紧。然后将绕在卷绕机的附胶片材拉直使其与底片一端搭接，随后慢速卷绕，正常后可加快速度。卷绕中，附胶材料通过张力辊和导向辊进入已加热的前支承辊上，受热变黏后再卷绕到包好底片的管芯上。前支承辊的温度必须严格控制，温度过高易使树脂流失；过低不能保证良好的黏结。卷绕到规定厚度时，割断胶布，将卷好的管坯连同管芯一起从卷管机上取下，送炉内作硬化处理。硬化后从炉内取出，在室温下进行自然冷却，最后从管芯上脱下增强塑料管。

制棒的工艺和制管相同，只是所用芯棒较细，且在卷绕后不久就将芯棒抽出而已。

由上述方法成型的管材或棒材，经过机械加工可制成各种机械零件，如轴环、垫圈等，也可直接用于各种工业，例如在电气工业中用作绝缘套管，在化学工业中用作输液管道等。

(3) 模压成型

这里的模压成型本质上就是压制，不过以附胶片材（基材以用织物为主）作为原料而已。由于附胶片材中的基材在压制中很难流动，因此须先将附胶片材用剪裁、缝制或制坯等方法制成与制品形状相仿的型坯并正确地安放在阴模中，再进行压制。制品的结构只能是扁平或形状较为简单的，但它的机械强度比用一般模塑料制成的高几倍。压制制品的种类有滑轮、齿轮、阀件、纱管芯、轴瓦和轴衬等。

4.5.3.2 低压成型

低压成型是用橡皮袋等弹性施压物与刚性模配合作用的成型方法，因其加工压力较低，故称为低压成型。这种成型制品在外观和强度上稍差，但对设备要求不高，可制造大型制品，对增强材料的损伤小。根据弹性施压物传递压力的方式，低压成型又可分为下列几种方法。

(1) 真空法

在图 4-5-4 真空袋压装置中，选用夹具将铺叠物密封在橡皮袋与刚性模之间，再通过抽气嘴用真空泵将橡皮袋内的空气抽出，这时铺叠物因受到大气压的作用而被压紧。为防止橡皮袋与制品粘在一起，可加入一层玻璃纸间隔开来。然后在加热室中固化，固化后即可进行冷却脱模。这种成型方法只适于加工不饱和聚酯的玻璃纤维制品。

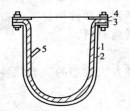

图 4-5-4 真空袋压装置
1—阴模；2—铺叠物；3—橡皮袋；
4—盖板夹具；5—抽气口

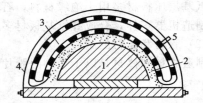

图 4-5-5 气压橡皮袋装置
1—阳模；2—铺叠物；3—橡皮袋；
4—扣罩；5—进气口

(2) 气压法

气压法成型是利用压缩空气进入橡皮袋后对铺叠物施加压力，压力比真空法高（约为 0.4~0.5MPa），压力均匀分布，再经加热固化而成型的（见图 4-5-5），制品的物理力学性能较高。

(3) 热压器法

热压器法成型（见图 4-5-6）类似于真空法。不同处是热压器法的施压是借助热蒸气（而不是大气压的作用），所施压力较高，约为 1.5~2.5MPa。成型时，将铺叠物放在刚性模上，再包上橡皮袋。用小车推进热压器内，在热压机封闭的情况下将橡皮袋中的空气抽出，然后将蒸气通入热压器中而使铺叠物加热和受压，以完成固化过程。此法成型，由于压力较高，不仅提高制品的物理力学性能，而且扩大了材料的应用范围。

如图 4-5-7 所示的成型方法是利用柔性柱塞代替橡皮袋来施压的。将树脂倒入预先铺放在刚性阴模的玻璃布上，再铺一层玻璃纸，即可将橡皮柱塞缓慢压入阴模铺叠物上施压（压力范围在0.35~0.7MPa），接着蒸气进入阴模夹套进行加热，使树脂固化成型。此法所得制品的物理力学性能较高，但制品仅有一面光滑，品种限于凹型制品。

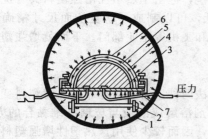
图4-5-6 热压器装置
1—热压器；2—小车；3—进气口；4—阳模；
5—橡皮袋；6—铺叠物；7—抽气口

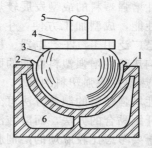
图4-5-7 柔性柱塞法
1—阴模；2—制品；3—柔性柱塞；4—压机压板；5—压机柱塞；6—蒸汽通道

4.5.3.3 接触成型

低压成型所施压力虽不如高压成型大，但还是要通过橡皮袋等弹性体对铺叠物进行施压。下面介绍的成型方法仅借助于增强材料、树脂与模具之间的接触而成型，故称为接触成型，又称为涂覆法。

(1) 手工涂覆法

手工涂覆成型是在图4-5-8所示的模具上进行。模具预先要涂一层脱模剂，将剪裁好的附胶片材用树脂连铺带涂、铺涂交替、一层层地贴上，每贴一层，均要求无褶皱，排出空气。为了避免因放热量过大而造成内应力集中，一定要分几次糊制，每次不超过10mm，直至达到所需厚度，即可进行硬化处理，硬化完毕后脱模后，对大型制品需要用千斤顶、吊车等机械进行，最后通过机加工修整即得到所需制品。

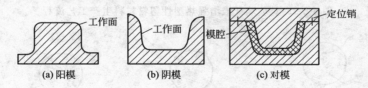
图4-5-8 涂覆法用模具结构

涂覆成型所用的树脂主要是不饱和聚酯和环氧树脂；增强材料多用玻璃布、玻璃毡、无捻粗纱方格布等。这种成型方法对设备要求不高，根据产量不同、制件形样复杂程度以及制件尺寸大小等略有差异，模具材料可选用水泥、玻璃钢、木材、石膏及金属等。模具结构可分为阳模、阴模、对模三种，视制品表面平整光滑的要求及形样而灵活选用。生产的制品有汽车外壳、船体等大型制件以及仪器盒、机械罩等。

(2) 缠绕成型

用浸有树脂的增强纤维或织物在一定形状的芯模上作规律性的缠绕，然后经加热固化脱模制得成品的方法称为缠绕成型。这种成型方法的机械化、自动化程度较高，玻璃纤维折损少，制品强度高、质量稳定、成本较低。该法适用于制造外形为圆柱形和球形的回转体耐压容器、化工管道及大型储罐等制品的生产，亦可制造航空、火箭等尖端技术的零部件。

缠绕成型常用的树脂有环氧树脂、不饱和聚酯树脂等，所用的纤维主要是玻璃纤维。若增强物在缠绕时采用不同的缠绕规律，产品的使用性能是不同的。

此外，热固性增强塑料还有蜂窝塑料的模压成型和牵伸成型、大型制件的吸注成型、用短切纤维锥形物的成型法及板材的连续成型法等成型方法。

4.5.4 热塑性增强塑料的成型

热塑性增强塑料的成型发展较热固性增强塑料晚些,但由于热塑性增强塑料具有优良的物理力学性能,成型加工方便,生产周期短,成本低,可以制成形状复杂而尺寸精确的制品,所以已广泛用于汽车、电器、机械、建筑、船舶和飞机等工业部门。下面就增强塑料的制备及影响热塑性增强塑料性能的因素作一简要介绍。

4.5.4.1 热塑性增强塑料的制备

热塑性增强塑料的制备方法可分为熔融法和溶液法两种。熔融法是靠加热将塑料变成熔体与玻璃纤维黏合的方法,而溶液法则是将塑料用溶剂溶解成溶液与玻璃纤维黏合的方法。溶液法由于要考虑比较麻烦的溶剂脱出和溶剂回收等,因而较少使用。热塑性增强塑料普遍采用熔融法,因此,在此也仅限于介绍熔融法制备热塑性增强塑料。根据采用玻璃纤维长短的不同,热塑性增强塑料的粒料可以用长玻璃纤维和短玻璃纤维的方式进行生产。不论采用何种方式,都要求所生产的粒料应确保玻璃纤维均匀地分散在树脂中,并被树脂牢固包覆,要尽可能避免玻璃纤维的损伤和树脂的降解。

(1) 长玻璃纤维增强热塑性塑料

长玻璃纤维增强热塑性塑料粒料常采用类似电线包覆方法生产,该法所用设备简单,生产连续进行,效率高。其工艺流程如图 4-5-9 所示。该流程中关键是熔融树脂对玻璃纤维的包覆,根据包覆情况可以分为如图 4-5-10 所示的三种形式。

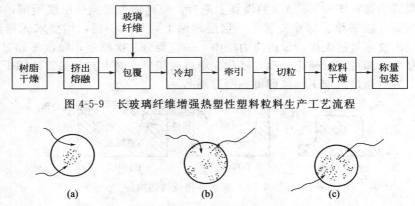

图 4-5-9 长玻璃纤维增强热塑性塑料粒料生产工艺流程

图 4-5-10 长玻璃纤维增强热塑性塑料粒料断面结构形式

从图中不难看出,图 4-5-10(a) 中的玻璃纤维呈大束状分布于树脂中,中间的玻璃纤维相互接触,周围是树脂,玻璃纤维分散不均,与树脂结合不牢固,切粒时容易起毛,玻璃纤维也容易飞扬。图 4-5-10(b) 中的玻璃纤维呈小束状分散在树脂中,但是由于有部分玻璃纤维过多地分散在树脂的周边上,因此,树脂的包覆力不够,切粒时也容易起毛,玻璃纤维也容易飞扬。图 4-5-10(c) 中的玻璃纤维呈小束状分布于树脂中,分散较均匀,且又不在树脂的周边上,树脂包覆力大,结合牢固,所以切粒时玻璃纤维不起毛也不会飞扬,是较好的增强形式。

(2) 短玻璃纤维增强热塑性塑料

短玻璃纤维增强热塑性塑料粒料的生产可采用单螺杆挤出机或双螺杆挤出机,配上特制的模头,生产时,玻璃纤维由料斗或料筒近中段导入挤出机,与已熔融好的树脂混合,同时玻璃纤维在强大剪力作用下破碎成一定的长度,并良好的分散于树脂中,从而制成短纤维增强热塑性塑料。用排气式双螺杆挤出机生产短纤维增强热塑性塑料粒料的工艺流程如图 4-5-11所示。排气式双螺杆挤出机能使水分及挥发分从排气孔排出,啮合的双螺杆能清理螺杆上残留的物料,物料停留时间短,同时能减少纤维过分损伤,保证玻璃纤维均匀分散。

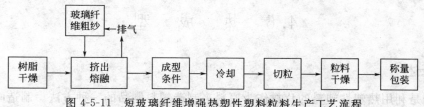

图 4-5-11　短玻璃纤维增强热塑性塑料粒料生产工艺流程

4.5.4.2　影响热塑性增强塑料性能的因素

影响热塑性增强塑料性能的主要因素有：①树脂与玻璃纤维的黏结强度；②树脂的种类；③玻璃纤维的含量和长度；④成型方法及工艺条件等。现简要讨论如下。

（1）树脂与玻璃纤维的黏结强度

要制得性能良好的热塑性增强塑料，首先应解决树脂与玻璃纤维的黏结问题，玻璃纤维增强材料须用偶联剂进行表面处理。偶联剂的作用已如 4.5.2.2 节所述。热塑性增强塑料常用的硅烷偶联剂见表 4-5-1。但是热塑性塑料与热固性塑料不同，特别是聚烯烃塑料，与一般硅烷偶联剂缺乏足够的反应活性，所以使用普通硅烷偶联剂处理玻璃纤维对其增强性能虽有改善，但还不理想。因此，寻求更有效的偶联剂很有必要，如叠氮硅烷偶联剂既能与增强材料作用又能与树脂作用，是热塑性增强材料较为有效的偶联剂。此外，用改性聚丙烯偶联，即把含有少量活性基团的单体与丙烯共聚生成改性聚丙烯，再与含有能与酸反应的氨基类硅烷并用；用含有双键置换基团的某些过氧化硅烷如乙烯基三（叔丁基过氧化）硅烷；硅烷偶联剂与氯化二甲苯等高氯化合物并用对玻璃纤维进行表面处理；在聚丙烯中加入少量 N,N'-4,4′-二苯甲烷双马来酰亚胺，再与用硅烷偶联剂处理的玻璃纤维复合等，也都能增加偶联作用的效果。经上述处理后的玻璃纤维尤其适用于非极性的聚烯烃树脂。

（2）树脂的种类

几乎所有的热塑性塑料都能用玻璃纤维增强制得热塑性增强塑料，但塑料种类不同增强后所提供的性能各异。塑料增强后的主要性能与未增强的相比均能使拉伸强度、弯曲强度、弯曲弹性模量、压缩强度和热变形温度有所提高，而成型收缩率则有所降低。选择树脂时，要考虑有一定的分子量，保证有足够的强度。同时要注意某些树脂水分含量对分子量的降解和产品性能的影响。

（3）玻璃纤维的含量和长度

玻璃纤维含量和长度对增强塑料的性能影响很大，在一定范围内，增强塑料的力学性能随着增强材料含量的增加而增加，但含量超过 40％后，则呈下降的趋势，同时流动性变差，造成加工困难，所以热塑性增强塑料中的玻璃纤维含量通常都控制在 40％以下。

热塑性增强塑料中的玻璃纤维长度在 3mm 以下。一般说来，增强塑料的力学性能随着纤维长度的增加而增加，并且增加幅度较大，超过 3mm，增加效果则不显著了。玻璃纤维长度低于 0.3mm，增强作用就较差了，甚至无增强效果，而只起填充作用。所以，热塑性增强塑料中的玻璃纤维长度最好能保持在 0.3～4mm 的范围内。

近年来，碳纤维和硼纤维增强材料在热塑性增强塑料中得到了应用，但纤维的含量和长度均比玻璃纤维少而短。

（4）成型方法及工艺条件

热塑性增强塑料可以采用挤出、注塑和压制等成型方法生产制品。不过与一般（未增强）热塑性塑料相比，在成型时应注意热塑性增强塑料流动性差、纤维长度的折断、制品性能具有方向性、制品表面光洁性差以及纤维对设备的磨损等问题。其成型工艺条件应在借鉴同类未增强塑料的成型工艺条件的基础上结合增强塑料的特点来制定。

4.6 热 成 型

4.6.1 概述

热成型是利用热塑性塑料的片材作为原料来制造塑料制品的一种方法。制造时,先将裁成一定尺寸和固定形样的片材夹在框架上并将它加热到热弹态,而后凭借施加的压力使其贴近模具的型面,因而取得与型面相仿的形样。成型后的片材冷却后,即可从模具中取出,经过适当的修整,即成为制品。施加的压力主要是靠片材两面的气压差,但也可借助于机械压力或液压力。

热成型制品的特点是壁薄,因为用作原料的片材厚度一般只是 1~3mm（绝大多数是偏低的,少数特殊制品所用片材厚度竟薄至 0.05mm）,而制品的厚度总比这一数值小。如果需要,热成型制品的表面积可以很大（单个制品所用片材的面积竟可达到 3m×9m）,这也是这种制品的特点。不过热成型制品都是属于半壳形（内凹外凸）的,其深度有一定限制。制品的类型有杯、碟和其他口用器皿、医用器皿、电子仪表附件、收音机与电视机外壳、广告牌、浴缸、玩具、帽盔、包装用具等乃至汽车部件、建筑构件、化工设备、雷达罩和飞机舱罩等。各种制品对塑料品种的选择依赖于制品用途对性能的要求。当然,塑料品种只能以可以用热成型加工的为限。目前工业上常用于热成型的塑料品种有:各种类型的聚苯乙烯、聚甲基丙烯酸甲酯、聚氯乙烯以及苯乙烯-丁二烯-丙烯腈共聚物、高密度聚乙烯、聚丙烯、聚酰胺、聚碳酸酯和聚对苯二甲酸乙二酯等。作为原料的片材用浇铸、压延或挤出方法制造。

与注射模塑比较,热成型常具有生产率高（采用多槽模生产时每分钟生产数量有高达 1500 件的）、设备投资少和能够制造面积较大的制品等优点,而缺点则在于采用的原料（片材）成本高和制品的后加工多。因此,凡遇制品用上列两法都可以生产时其选择多决定于制品的生产成本。应该指出,目前两种成型方法的发展都较快,尤以热成型为甚,发展形势是可以改变现在对这两种成型方法所作的结论的。

本章先叙述热成型的基本方法、设备和模具;而后扼要地对影响工艺的因素进行分析;最后,将对各种常用热塑性塑料片材的热成型行为给以简明的介绍,至于成型前片材的裁切和成型后制品修饰等,因与其他成型方法中的这种要求并无不同,故归在下一节中讨论。

4.6.2 热成型的基本方法

按照制品类型的不同和改变操作方式以便有利于生产,热成型方法可以有很多变化（现在约有几十种）。但归根结底总是由几个基本方法或略加改进而组成的。对其基本方法的认定,说法并不一致,但大体上是相同的,不同的只是在细分程度上,这里将其分为六种。

4.6.2.1 差压成型

先用夹持框将片材夹紧在模具上并用加热器进行加热,当片材已被热至足够的温度时,移开加热器且采用适当措施使片材两面具有不同的气压（图 4-6-1 与图 4-6-2）,这样,片材就会向下弯垂,而与模具表面贴合。随之在充分冷却后,用压缩空气自模具底部通过通气孔将成型的片材吹出,经修整后即成为制品。

使片材两面产生差压的措施,可从模具底部抽空,从片材顶部通入压缩空气,或两者兼用。前者常称为真空成型,而后两种则称为加压成型。单纯抽空所能造成的最大压差,工业上通常为 0.07~0.09MPa。如果这种压差不能满足成型要求,应改用压缩空气加压。压缩空气的压力一般不大于 0.35MPa。压差大小取决于模具和设备的坚实程度。与真空成型相比，加压成型不仅可用于较厚的片材生产较大的制品，而且可以采用较低的成型温度，同时还具有生产周期较短的优点。

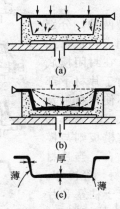

图 4-6-1 真空成型

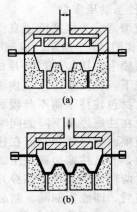

图 4-6-2 加压成型

差压成型是热成型中最简单的一种，所制成品的主要特点是：①结构比较鲜明，精细的部位是与模面贴合的一面，光洁程度较高；②成型时，凡片材与模面在贴合时间上愈后的部位，其厚度愈小，厚度分布如图 4-6-1(c) 所示。

用于差压成型的模具都是单个阴模，但也可以完全不用模具。不用模具时，片材就夹持在抽空柜（真空成型时用）或具有通气孔的平板上（加压成型时用），其情况分别见图 4-6-3 和图 4-6-4。成型时，抽空或加压只进行到一定程度即可停止，由直观或光电管控制。由这种方法（通常称自由成型）生产的制品形状都呈半球状的罩形体，其表面十分光泽且不带任何瑕疵。如果所用塑料是透明的，其光学性能几乎可以不发生变化，故常用为制造飞机部件、仪器罩和天窗等。

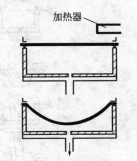

图 4-6-3 不用模型的真空成型

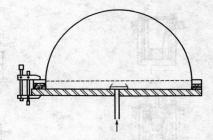

图 4-6-4 不用模型的加压成型

4.6.2.2 覆盖成型

这种成型对制造壁厚和深度均大的制品比较有利。采用的模具以单个阳模为限。成型时，可用液压系统的推力将阳模顶入由框架夹持且已加热的片材中（见图 4-6-5），也可用适当的机械力移动框架将片材扣覆在模具上。当片材、框架和模具已完全扣紧时，即在模底抽气使片材与模面完全贴合。经过冷却、脱模和修整后即可取得制品。制品的质量依赖于模具温度、覆盖速度和抽气速率等。

覆盖成型制品有以下几个主要特点。①和差压成型一样，与模面贴合的一面表面质量较高，结构上，也较鲜明、细致。②壁厚的最大部位在模具的顶部，而最薄的部位则在模具侧面与底面的交界区，见图 4-6-5(d)。③制品侧面常会出现牵伸和冷却的条纹。造成条纹的原因在于片材各部分贴合模面的时间有先后之分。先与模面接触的部分先被模具冷却，而在后继的扣覆过程中，其牵伸行为较未冷却的部分弱。这种条纹通常在接近模面顶部的侧面处最多。

4.6.2.3 柱塞助压成型

这种成型常分为柱塞助压真空成型和柱塞助压气压成型两种，分别如图 4-6-6 和图 4-6-7 所示。成型时，与差压成型一样，先用夹持框将片材紧夹在阴模上，用加热器将片材热至足够的温度。随后，在封闭模底气门的情况下，将柱塞压入模内。当柱塞向模内伸进时，由于片材下部的反压使片材包住柱塞而不与模面接触。柱塞压入程度以不使片材触及模底为度。在柱塞停止下降的同时，柱塞助压真空成型即从模具底部抽气使片材与模面完全贴合；而在柱塞助压气压成型时，柱塞模板则与模口紧密相扣，并从柱塞边通进压缩空气使片材与模面完全贴合。当片材已经成型时两种方法都将柱塞提升到原来的部位。成型的片材，经冷却、脱模和修整后，即成为制品。制品的质量在很大程度上决定于柱塞和片材的温度以及柱塞下降的速度。柱塞下降的速度在条件允许的情况下，越快越好。

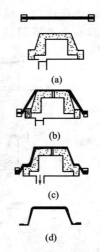

图 4-6-5 覆盖成型

在柱塞助压真空成型中，当柱塞压入模内时，由于片材可在模口上滑动，如将框架夹持片材的面积按照模口截面适当放大，则在柱塞下降时能将较多的片材纳入模内，制品各部分的厚度差就比片材不放大时要小些。放大的程度应以模槽深度和制品的具体形状为准，由经验决定，一般以框架夹口至模口的距程不超过模槽深度的 25% 为好。模槽越浅的，放大的百分率应越小。不用放大框架夹持片材的面积而用放大的片材和滑动的夹持也可取得上述效果，不过这种措施在制品的厚度控制上不如放大框架的严密。

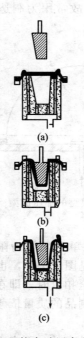 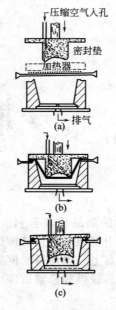 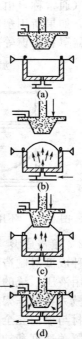

图 4-6-6 柱塞助压真空成型　　图 4-6-7 柱塞助压气压成型　　图 4-6-8 气胀柱塞助压真空成型

为使制品厚度更均匀，在柱塞下降前，可先用 0.01～0.02MPa（或更大）的压缩空气由模底送进使加热的片材上凸为适当的泡状物；而后在控制模腔内气压的情况下将柱塞下降，当柱塞将受热片材引伸到接近阴模底部时，停止下降，模底抽气，使片材与模面完全贴合，完成成型。这种成型方法如图 4-6-8 所示，通常称为气胀柱塞助压真空成型。如果不用模底抽气而将压缩空气由柱塞端引入使片材成型的方法则称为气胀柱塞助压气压成型。借调节片材的温度、泡状物的高低、助压柱塞的速度和温度、压缩空气的施加与排除以及真空度的大小，即能精确控制制品断面的厚度，并使片材能均匀引伸。由此法所得制品的壁厚可小至原片厚度的 25%，重复性好，通常不会损伤原片的物理性能，但应力有单向性，所以制品对平行于拉伸方向的破裂是敏感的。

柱塞助压成型采用的柱塞体积约为模腔体积的 70%～90%，其表面通常应力求光滑，一般在结构上不附有精细的部分。

柱塞助压成型制品的主要特点除厚度较均匀外，其他与差压成型极为相似。

4.6.2.4 回吸成型

常用的有真空回吸成型、气胀真空回吸成型和推气真空回吸成型等。

真空回吸成型如图 4-6-9 所示。用这种方法成型时，其最初几步，如片材的夹持、加热和真空吸进等都与真空成型相同。当加热的片材已被吸进模内而达到预定深度时（用光电管控制），将模具从上部向已经弯曲的片材中伸进，直至模具边沿完全将片材封死在抽空区上为止。而后，打开抽空区底部的气门并从模具顶部进行抽空。这样，片材被回吸而与模面贴合，经冷却、脱模和修整后，即成为制品。

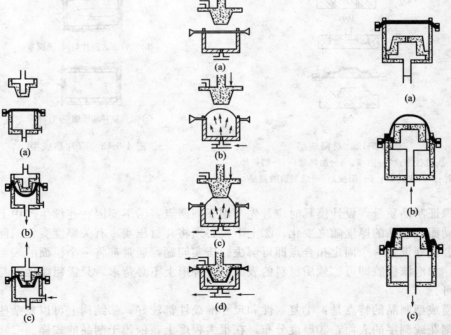

图 4-6-9 真空回吸成型　　图 4-6-10 气胀真空回吸成型　　图 4-6-11 推气真空回吸成型

气胀真空回吸成型如图 4-6-10 所示。这种技术使片材弯曲的方法不是用抽空而是靠压缩空气。压缩空气从箱底引入，使加热的片材上凸为泡状物，达规定高度后，用柱模将上凸的片状物逐渐压入压箱内。在柱模向压箱伸进的过程中，压箱内应维持适当气压，利用片材下部气压的反压使片材紧紧包住柱模。当柱模伸至箱内适当部位使模具边缘完全将片材封死在抽空区时，打开柱模顶部的抽空气门进行抽空。这样，片材就被回吸而与模面贴合，完成成型。经冷却、脱模和修整后即成为制品。

推气真空回吸成型如图 4-6-11 所示。成型时，片材预成泡状物的方法，不是用抽空和气压而是靠边缘与抽空区作气密封紧的模具的上升。当模具已升至顶部适当部位时，停止上升。随之从其底部抽空而使片材贴合在模面上，经过冷却、脱模和修整后，即取得制品。回吸成型法制品的主要特点是壁厚较均匀且结构上也可较复杂。

4.6.2.5 对模成型

与前述诸法不同，这种方法如图 4-6-12 所示，它是采用两个彼此扣合的单模，也就是配对的单模来成型的。成型时，将片材用框架夹持于两模之间并用可移动的加热器加热，当片材被热到足够温度时，移去加热器并将两模合拢。合拢时上模或下模的升降由液压操纵，而在合拢过程中，片材与模具间的空气则由设置在模具上的气孔排出。经冷却、脱模和修整后，即成为制品。

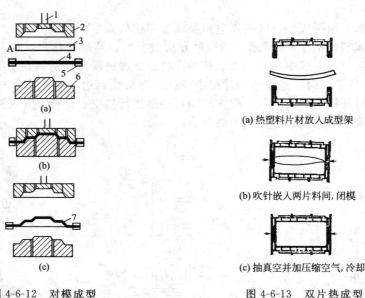

图 4-6-12　对模成型
1—压机柱塞；2—阴模；3—加热器；4—塑料片材；5—夹持架；6—阳模；7—成型后的制品

图 4-6-13　双片热成型
(a) 热塑料片材放入成型架
(b) 吹针嵌入两片料间，闭模
(c) 抽真空并加压缩空气，冷却

为保证制品质量，设计模具时应首先考虑下列两点：①不要因在连续生产中上下模间的压力波动而使制品的厚度随之变化；②上下模必须将片材压实。有关厚度变化的问题，可在上下模合拢处设置一个固定扣合点即可解决。压实问题，通常都将一个模面的表面改用较软的材料，如泡沫橡胶即可。软质材料的表面，在外形上不必苛求，只需粗略地能与对模相互配合即可。

对模成型制品的特点是：①复制性和尺寸准确性都较好；②结构上可以复杂些，甚至可制成有刻花或刻字的表面；③厚度分布，在很大程度上，依赖于制品的式样。

4.6.2.6 双片热成型

这种方法常用来生产中空制品，生产过程如图 4-6-13 所示。成型时，将两块已经热至足够温度的塑料片材放在半合模具的模框上并将其夹紧。然后将吹针插入两片材之间将压缩空气送至两片材间的中空区。与此同时，打开设在两半合模上的抽空气门进行抽空，这样，片材就适合于两半合模的内腔。经冷却、脱模和修整后即成为中空制品。

用这种方法生产中空制品的特点是：成型快，壁厚均匀，可制作双色和厚度不同的制品。

4.6.3 热成型的设备

从上述基本方法可知，任何方法所包括的工序共有五个：①片材的夹持；②片材的加热；③成型；④冷却；⑤脱模。其中以成型一项较复杂，随方法不同而可能有较大的差别。基于这种原因，目前所设计的设备，除少数情况外，都能完成上列五个工序。但按生产的需要，所能成型的类型只是一种或少数几种。

成型设备有手动、半自动和全自动。手动设备的一切操作，如夹持、加热、抽空、冷却、脱模等都由人工调整或完成。半自动设备的各项操作，除夹持和脱模须由人工完成外，其他都是按预先调定的条件和程序由设备自动完成。全自动设备中的一切操作完全由设备自动进行。

成型设备又按供料方式分为分批进料与连续进料两种类型。分批进料式多用于生产大型制件，而采用的原料一般是不易成卷的厚型片材。但分批进料式的设备同样也可以用薄型片材生产小型制件。工业上常用的分批进料设备是三段轮转机。这种设备按装卸、加热和成型的工序分作三段。加热器和成型用的模具都是设在固定区段内的，片材则是由三个按120°角度分隔而且可以旋转的夹持框夹持，并在三个区段内轮流转动，如图4-6-14所示。由于操作的需要，轮转动作是间歇的。为求生产率的提高或由于某些塑料需要更多的热量，也可以将加热区分为两个，而成为四段轮转机，但采用的还不多。工业上还有一种单段成型机，该种设备，除将加热部分作简单的分立外，其他工序都在同一区段内循序完成。上述各种成型机的夹持框的尺寸通常都可在一定范围内变动，其最大尺寸由设备的大小决定。工业上所用的成型机，其最大尺寸有大至1.2m×1.8m的。

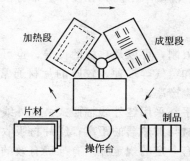

图 4-6-14 三段轮转机操作

连续进料式的设备多用为生产薄壁小型的制件，如杯、盘等，且都属大批生产性的。这类设备也是多段式的，每段只完成一个工序，如图4-6-15所示。其中供料虽属连续性的，但其运转仍然是间歇的，间歇时间自几秒至十几秒不等。为节省热能和供料方便，也有采用

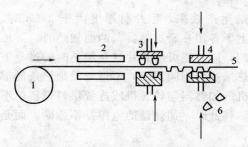

图 4-6-15 连续进料式的设备流程
1—片材卷；2—加热器；3—模具；4—切边；5—废片料；6—制品

片材挤出机直接供料的，如图 4-6-16 所示。为缩短工序，方便操作，也有将被包装物纳入多上位连续进料式生产线的。生产时，将被装物料贯入所成型的容器中，盖上塑料薄片，进行热封合，成型包装一起完成。

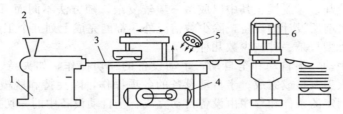

图 4-6-16 挤出机供料连续成型设备
1—挤出机；2—塑料进口；3—片材；4—真空泵与真空区；5—冷却用的风扇；6—冲床

采用片材挤出机直接供料的成型机通常都不附设加热段。由于挤出机的供料是连续的，而成型却是间歇的，因此，在成型机的结构上应该有所考虑，以便克服这种矛盾。多数是将设备中的成型区段设计成移动式的，使其在每次成型过程中能够在一定地位随着挤出的片材向前移动；而当完成一个工作周期后，成型区段又能立即后撤到原来的地位以便进行下一周期的操作。用挤出机供料的成型机虽对大批量和长期性的生产较为有利，但还存在两个主要缺点：①挤出速率一般都快于热成型速率，因此每一生产周期常比其他成型机的长；②生产上的控制因素多，而且各段工作又有同步的要求，这就给生产管理和维修带来较大的麻烦。

各类设备的几个主要部分，随要求不同，在设计上常有很大的差别。现将大概情况和主要要求分述如下。

4.6.3.1 加热系统

片材的加热方法并无严格限制，可以是热板的传导；也可以是红外线的辐照。供给热板热量的方法有油、电、过热水和蒸气等多种。较厚的片材通常都是用另外的烘箱进行预热，借以减轻成型机的负荷和提高生产率。

现代化成型机的加热器几乎都采用红外线辐照式。红外线的辐照效率依赖于：①加热器的温度；②辐照的密度；③片材与加热器的距离；④片材吸收辐射线的性能。为此，所有设备，除第④外，对其余各项均有一定的规定并附有准确有效的调整和控制装备。采用红外线辐照，具有加热时间短、升温速度快、节省能源等优点。如果用电热丝，电热丝应贯穿在瓷套管内，使之成为遮盖型加热器，这样比较安全。加热器的温度一般为 370～650℃；功率密度约为 $3.5～6.5 W/cm^2$。加热器温度虽然很高，但使用时片材并不与加热器直接接触，是间接加热方式，并可调节加热器和片材间的距离以达到控制成型温度的目的。片材与加热器的距离变化范围为 8～30cm。

为增进加热速率或提高生产效率，当片材厚度大于 3mm 时，常需采用两面加热的方法，也就是在夹持片材的上下各用一套加热器。两面加热时，下加热器的温度应比上加热器低，因为热空气是向上升的，同时还可防止片材在加热时的过分下垂。如果是轮转机或连续供料设备，还可用多段加热来达到相同目的，不过每段加热条件都是单独控制且要求各段间有严密的配合。单段成型机的加热器与轮转机或连续供料设备的不同，它是间歇工作和在完成加热时能够暂时移开的。移开时，加热器的电源并不截断，而是利用良好的反射器或保温床来继续保持它处于高温。

加热器的加热面一般都略大于夹持框的夹持面积。前者边线越过后者边线的长度约为 10～50mm。

在设计加热系统时，最好考虑到塑料的加热功率密度，几种常用塑料的加热功率密度见表 4-6-1。

表 4-6-1　几种常用塑料的加热功率密度

塑　料	功率密度/(W/cm²)
聚氯乙烯、改性聚苯乙烯	1.5～3
聚乙烯、聚丙烯	3.5～5
聚碳酸酯、聚砜	≥5

成型完成后对初制品的冷却应越快越好，这样可以提高生产率。冷却的方法有内冷与外冷两种。内冷是通过模具的冷却而使初制品冷却的，内冷只以采用金属模具的为限。外冷是用风冷法（利用风扇）或空气-水雾法。真正的喷水冷却很少用，因为容易使制品产生冷疤，同时还为之后带来了去水的问题。

成型中，模具的温度一般保持在 45～75℃。如果模具是金属的，则将温水循环于模内预设的通道即可。非金属模具，由于传热较差，只能采用时冷时热的方法来保持温度。加热时用红外线辐照，而冷却时则用风冷。在辅助柱塞成型中，为防止片材因柱塞造成的降温而有碍成型，柱塞必须保持与片材相近或相同的温度。基于这种要求，柱塞应用金属制造，以便使用内部电热的方法使其保持应有的温度。

4.6.3.2　夹持系统

夹持框架由上下两个机架组成。上机架受压缩空气操纵，常能均衡而有力地将片材压在下机架上。压力可以在一定范围内调整，总压力随设备的大小而变，可自 0.5t 变至 5t 不等。夹持压力一般不会随着片材厚度的不同而出现不均，因而框架上常附有自动补偿压力的装置。均衡的夹持是保证物料均匀分布的必要条件。夹持的片材应有可靠的气密性，不然，成型时就会发生漏气、片材滑动（允许滑动的另当别论，且所用装置也不相同）和片材的弯扭等。

为满足生产的需要，夹持框架大多是做成能在垂直或（和）水平方向上移动的。

4.6.3.3　真空系统

需用抽空的热成型设备，一般都附有自给的抽空设备，只有在设备数量较多的工厂中才使用集中抽空系统。自给设备中采用的真空泵大多是叶轮式的，所能达到的真空度通常是 5096Pa，特殊情况下亦有达 6566Pa 的。真空泵的转动功率随成型设备的大小而定，较大的设备中常有 2～4kW 的。集中抽空系统的大小视工厂具体生产和发展的要求而定，一般都是按预定规划单独设计的。采用真空泵的类型有叶轮式和蒸气喷射式等。为求得抽空时的气压平稳，不论是自给设备或集中系统都应设置真空区。

4.6.3.4　压缩空气系统

压缩空气除大量应用于成型外，还有相当一部分用于脱模、初制品的外冷却、操纵模具、框架的运动和运转片材。压缩空气系统也随具体情况而有自给和集中两种形式。中等大小热成型设备中所附的空气压缩机多数都是单级或双级的，其额定容量约为 0.15～0.3m³/min；压力范围为 0.6～0.7MPa。任何压缩空气系统都应附设储压器，以平稳所施的压力。

4.6.4　模具

由于热成型用的压力不很高，因此对模具刚度的要求比较低，这样，用作制模的材料就不限定用钢材。常用的制模材料有：木材（硬木和压缩木料）、石膏、塑料（酚醛树脂、环氧树脂、聚酯树脂、氨基树脂等）、铝和钢等。选用制模材料的主要依据是制品的生产数量和质量。试制产品时，一般用硬木或石膏作模，产量不大的用塑料，高产量或高质量（表面光洁程度高或结构较为精细的）的可以用铝或钢，此外，也可以用木材、塑料和金属的组合模。

已如前述，采用单模成型时，制品表面质量较高的部位是与模面接触的一面，而且在结构上也比较鲜明和细致。因此，对阴模和阳模的选择准则就在于此。采用多槽模成型时，最好用阴模，因为模腔之间的间隔既可以紧凑些，同时还能防止片材在模塑过程中与模面接触时起皱。此外，阴模成型脱模也比较容易，但制品底部断面较薄是其缺点。

模具表面光洁与否与制品表面的光洁程度有着密切关系。高度抛光的模具将得表面光泽的制品，闷光的模具则制得无光泽的制品。但各种塑料有自己的热强度和拉伸强度以及对模面的黏结特性，所以对模具表面的要求也不尽相同。例如聚烯烃用光滑模面成型就相当困难，因此用于该种塑料热成型的模具，表面应适当糙化。

模槽深度与宽度的比值常称为牵伸比，它是区别热成型各种方法优劣的一项指标。一般说来，用单个阳模成型时的牵伸比可以大些，因为可以利用阳模对片材进行拖曳或预伸，但是牵伸比不能大于1。用阴模成型的牵伸比通常不大于0.5。柱塞助压成型的目的无非是对片材进行拖曳或预伸，所以这种成型的牵伸比可以大到1以上。

为了避免在制品中形成应力集中，提高冲击强度，模面上的棱角和隅角都不应采用尖角而应改用圆角。圆角的半径最好等于或大于片材的厚度，但不能小于1.5mm。模壁都应设置斜度以便脱模。阴模的斜度一般为0.5°～3°，而阳模为2°～7°。为了成型时进出气体而在模具中开设的气孔直径，其大小随所用片材的种类和厚度略有不同。压制软聚氯乙烯和聚乙烯薄片时约为0.25～0.6mm；其他薄片为0.6～1.0mm；至于硬而厚的片材，则可大到1.5mm。孔径过大时常会使制品表面出现赘物。从减少气体通过气孔的阻力和便于成型来考虑，也有将通气孔近于模底的一端改成大直径的，其大小约为5～6mm，或者甚至采用长而窄的缝。通气孔设置的部位大多数是在隅角的深处、较大平面的中心以及偏凹部分。精细部位，真空孔设置的距离可近至6.4mm；大平面模具，真空孔的距离则可为25～76mm。

真空孔的加工方法视模具材料而定。石膏、塑料、铝等用浇铸法制造的模具，通常可在浇铸过程中，于需要设置真空孔的各部放置细小的铜丝，在完成浇铸后抽去即可得到孔眼。木材、金属、电解铜等模具则需用钻头打孔。对于直径较小的孔，用粗钻头先钻至距模具表面3～5mm处，再以小直径钻头钻穿。

热成型制品的收缩率约在0.001～0.04。为求得制品尺寸的精确，设计模具时应对收缩率给予恰当的考虑，几种塑料的热成型收缩率见表4-6-2。

表4-6-2　几种塑料的热成型收缩率

塑料		制品收缩率
聚氯乙烯	阳模	0.001～0.005
	阴模	0.005～0.009
ABS	阳模	0.001
	阴模	0.004～0.008
聚碳酸酯	阳模	0.005
	阴模	0.008
聚烯烃	阳模	0.01～0.03
	阴模	0.03～0.04
改性聚苯乙烯	阳模	0.005～0.008
	阴模	0.008～0.01

4.6.5 工艺因素分析

热成型操作虽然比较简单，但是这种工艺所牵涉的因素却不少。为能取得满意制品，有必要了解这些因素。这里仅就热成型中片材的加热、成型和制品的冷却脱模所牵涉的主要工艺因素作一扼要分析，最后举例说明如何从制品设计的规格和厚度来计算所用成型片材的规格（分批进料式）和厚度。

4.6.5.1 加热

将片材加热到成型温度所需的时间，一般约为整个成型周期的50%～80%。因此，如何缩短加热时间有其重要的意义。加热（或冷却）的时间，随片材厚度和比热容的增大而加长，随片材的热导率和传热系数的增大而减少，但都不是单纯的直线关系。比如，在相同条件下，对不同厚度的片材进行加热，其具体关系见表4-6-3。

表4-6-3 加热时间与片材（聚乙烯）厚度的关系

片材的厚度/mm	0.5	1.5	2.5
加热到121℃需要的时间/s	18	36	48
单位厚度加热时间/s·mm	36	24	19.2

实验条件：加热器的温度510℃，加热功率4.3W/cm^2，加热器与片材间的距离125mm。

基于上述理由，采用的片材应力求厚薄均匀，不然会出现温度不均的现象，从而使制品具有内应力。塑料片材的厚薄公差通常不应大于4%～8%，否则应延长加热时间，让热量传至厚壁内部，使片材通身"热透"而具有均匀的温度，以确保制品质量。由于塑料的热导率小，在加热厚片材时，如果采用加热功率较大的加热器或加热器离片材太近，则片材顶面已达到需要的温度时，其底面温度仍然很低，而当底面温度达到要求时，顶面温度已超过要求，甚至已被烧伤。底面温度不足和顶面温度过高的片材均不宜用作成型。在这种情况下，最好采用双面加热、预热或用高频加热（如片材可以用这种方法加热时）来缩短加热时间。成型温度的下限应以片材在牵伸最大的区域内不发白或不出现明显的缺陷为度，而上限则是片材不发生降解和不会在夹持架上出现过分下垂的最高温度。为了获得最快的成型周期，通常成型温度都偏于低限值。例如苯乙烯-丁二烯-丙烯腈共聚物（ABS）的低限成型温度可低至127℃，高限可达180℃，用快速真空成型低牵伸制品时，成型温度为140℃左右，深度牵伸的制品，温度约为150℃，只有较为复杂的制品才偏高限成型温度，约为170℃。片材在夹持架上出现下垂的原因是热膨胀和熔融流动。热膨胀是所有非定向片材自室温热至成型温度的通有现象。在这种情况下，每向增长的尺寸约为1%～2%。熔融流动的大小依赖于塑料熔体的黏度。下垂现象常可因改用定向的片材而得到一定的克服，因为定向的片材有热收缩的行为。但过分定向的片材常会由于具有太大的应力而使成型发生困难。

成型时，片材各部分的牵伸随模具的型样不同而改变。为防止各部分因牵伸不同而造成厚薄不均，可用纸剪花板特意将成型时牵伸较为强烈的部分遮蔽，让这些部分少受些红外线的照射，从而使该处的温度稍微低些。这样，就能使制品的厚度均匀性稍好一点。不过从实验得知，这种制品，由于内应力的关系，在因次稳定性和力学性能方面都会受到影响。一般的表现是遮蔽部分的因次稳定性较小且具有较高的冲击强度。提高全面的成型温度常能减少制品的内应力和取得较好的因次稳定性。此外，模具和辅助柱塞也应根据不同的塑料而采用适当的温度，使制品有良好的质量。各种塑料片材的成型条件和热膨胀系数见表4-6-4。

表 4-6-4　各种塑料片材的成型条件和热膨胀系数

塑料种类	成型条件		模具温度/℃	辅助柱塞温度/℃	热膨胀系数 α /[$\times 10^{-6}$ cm/(cm·℃)]
	成型温度/℃				
	最高值	最低值			
硬聚氯乙烯	135～180	93～127	41～46	60～149	6.6～8
聚乙烯(低密度)	121～191	107	49～77	149	15～30
聚乙烯(高密度)	135～191	121	64～93	149	15～30
聚丙烯	149～202				11
聚苯乙烯（双轴定向）	182～193		49～60	116～121	6～8
苯乙烯-丁二烯-丙烯腈共聚物	149～177	140～160	72～85		4.8～11.2
聚甲基丙烯酸甲酯(注塑)	143～182				
聚甲基丙烯酸甲酯(挤出)	110～160				7.5～9.0
醋酸纤维素	227～246	216	77～93	274～316	7
聚酰胺 6	216～221	210			10
聚酰胺 66	221～249				10
聚对苯二甲酸乙二酯(定向的)	177～254				
聚对苯二甲酸乙二酯(非定向的)	177～204				

4.6.5.2　成型

成型时，造成制品厚薄不均的主要原因是片材各部分所受的牵伸不同。不均的问题虽可用花板遮蔽加热和模具上通气孔的合理分布得到一定改善，但这些方法都会使制品的因次稳定性下降。这种由不同牵伸而引起的厚薄不均在各种成型方法中不尽相同，其中以差压成型法最为严重。影响制品厚薄不均的另一因素是牵伸或拖曳片材的快慢，也就是抽气、鼓气的速率或模具、框架、辅助柱塞等的移动速率。一般说来，速率应尽可能地快，这对成型本身和缩短周期均有利，因而有时甚至将孔改为长而窄的缝。例如电冰箱衬套成型时，用正常的真空孔，抽气时间需 2～5s；改用长窄缝后，抽气时间可降到 0.5s。当然过大的速率常会因流动不足使制品在偏凹或偏凸的部位呈现厚度过薄的现象，但过小的速率又会因片材的先行冷却而出现裂纹。牵伸速率依赖于片材温度，因此，薄型片材的牵伸一般都应快于厚型的，因为前者的温度在成型时下降较快。深牵伸制品在成型前通常都靠抽气或吹气成均匀的预伸泡状体，以确保制品断面的均匀性。泡状体的厚度应接近制品底部要求的厚度，因为成型时，一旦柱模或柱塞与塑料接触，其所受拉伸是很低的。当泡状体达规定要求后应保持几秒钟让其自行调整形状，均化断面并使片材较热（厚的）的部分继续延伸和较冷（薄的）的部分取得轻微的收缩。

成型时，如果在所有方向上的牵伸都是均匀一致的，则制品各向上的性能就不会出现不同。但是这种牵伸在实际情况中很难遇到。如果成型中的牵伸偏重在一个方向上，则制品会因分子定向而出现各向异性。各向异性着重表现在力学性能方面。例如，沿牵引方向上的拉伸强度、总伸长率、抗裂能力等均会有所增加，而在其他方向上则会相对地削弱。其次，具有分子定向的制品的因次稳定性比较差，尤其是在受热的情况下。生产实践证明：在正确的成型温度下，如果单向牵伸的数值和双向牵伸的差值都保持在一定范围以内（具体数值随塑料品种而异），则制品的各向异性程度就不会很大。还须说明的是，提高成型温度和降低牵伸速率都具有减少分子定向的作用。

4.6.5.3 冷却脱模

由于塑料导热性差，随着成型片材厚度的增加，冷却时间就会增长，必须采用人工冷却以缩短成型周期。如前所述，冷却分内冷和外冷两种，它们既可单独使用也可组合使用，这应根据制品的需要而定。通常大多采用外冷却，因为简单易行。不管用什么方式冷却，重要的是必须将成型制品冷却到变形温度以下才能脱模。例如，聚氯乙烯为40～50℃，醋酸纤维素为50～60℃，聚甲基丙烯酸甲酯为60～70℃，冷却不足，制品脱模后会变形，但过分冷却在有些情况下会由于制品收缩面包紧在模具上，使脱模发生困难。

除塑料片材因加热过度而引起分解或因模具表面过于粗糙外，片材很少有黏附在模具上的现象。如偶尔出现这种现象，可在模具表面涂抹脱模剂以清除这一弊病。但用量不得过多，以免影响制品的光洁程度和透明度。脱模剂的常用品种有硬脂酸锌、二硫化钼和有机硅油的甲苯溶液等。

4.6.5.4 片材厚度

成型方法和制品种类很多，要仔细了解片材成型为制品后各部位厚度发生的具体变化是困难的。成型用片材的厚度和面积的正确选择依赖于制品实际断面的最小厚度和形状。这里从面积比的概念介绍片材厚度的计算方法。面积比是与牵伸深度相联系的，可用制品面积和原片面积之比来表示。例如，如果片材的面积为300cm^2，所制制品的总面积为600cm^2，则其面积比为2∶1。制品的厚度平均为片材厚度的一半，因此，知道面积比即能粗略地算出片材的厚度。现举两例计算如下。

例1：用覆盖成型方法成型，制品的尺寸为610mm×500mm×50mm（长×宽×深），厚度为2.3mm，面积为416000mm^2，设用于夹持和模具余量的用料宽度总共为20mm，试计算片材的大小和厚度？

解：（1）成型片材的大小

长为 610＋20×2＝650（mm）

宽为 500＋20×2＝540（mm）

（2）成型片材的厚度

成型片材的有效面积为 610×500＝305000（mm^2）

面积比为 416000÷305000≈1.36

故片材的厚度为 2.3×1.36＝3.14（mm）

例2：用柱塞助压气胀成型法所制得的制品尺寸为1270mm×610mm×500mm（长×宽×深），其厚度为2mm，面积为2654700mm^2，片材夹持架与模具间的宽度共为12％，夹子夹持片材的宽度为20mm，设与柱塞接触的片料100％用作制品的底面，而其余的料只使用50％，试求成型片材的大小和厚度？

解：（1）片材的大小

长为 1270＋1270×12％＋20×2＝1462.4（mm）

宽为 610＋610×12％＋20×2＝723.2（mm）

（2）片材的厚度

制品底部面积为 1270×610＝774700（mm^2）

片材除去夹子夹持的宽度，其长度为 1462.4－20×2＝1422.4（mm）

片材除去夹子夹持的宽度，其宽度为 723.2－20×2＝683.2（mm）

其余的面积为 (1422.4×683.2－774700)×50％＝98541.84（mm^2）

则片材的有效面积为：

774700＋98541.84＝873241.84（mm^2）

面积比＝2654700÷873241.84＝3.04

故成型片材的厚度为 2×3.04＝6.08（mm）

4.6.6 热成型常用的塑料

用于热成型的塑料以氯乙烯类、烯烃类、丙烯酸酯类和纤维素类的塑料居多，近年来采用工程塑料的数量也日渐增加。现在按类分述如下。

4.6.6.1 氯乙烯类

用于热成型的主要是硬聚氯乙烯和软聚氯乙烯。前者具有较高的因次稳定性和冲击性能（竟能在达到－40℃前无任何显著变化），优良的抗化学腐蚀性能以及低吸水性，拉伸强度较大，有防燃性能。主要缺点是容易发黑。热成型制品的类型有浮凸地图、帽盔、小型容器、化工设备等。硬聚氯乙烯在正常成型温度下的牵伸率最好是 5％～25％。更高的牵伸率应以严格的温度控制为前提，温度偏低不可能获得高度的牵伸，而偏高时则有撕裂的危险。软聚氯乙烯的成型温度比硬聚氯乙烯低，具体温度数值依赖于增塑程度。这种材料很难制得牵伸比大和结构精致的制品。主要制品有垫子和皮夹等。

4.6.6.2 烯烃类

聚乙烯可在高于其熔点 5～50℃范围内成型。成型温度高时有利于制品的因次稳定性。采用的原料最好是熔融指数偏低，这样可以防止成型中片材的过度下垂。主要制品有家庭用具、实验室用具、耐沸水的厨房用具、玩具、小型建筑构件和包装容器等。遇有需要强度较大的场合，可采用高密度聚乙烯。聚乙烯的特性是韧度高（在低温下亦如此）、无毒、能抗御多种化学药品的腐蚀。

聚丙烯的成型与高密度聚乙烯极为相似，制品的种类亦相仿，但尤为重要的是包装容器。

4.6.6.3 苯乙烯类

非定向的聚苯乙烯片材一般不宜用作热成型，因为成型后的切边比较困难。双轴定向的聚苯乙烯片材是可以热成型的，但所用框架必须很结实，以防片材热收缩而发生意外。事实上这是用定向片材作原料时的通则。制品的种类主要有：透明的小型包装容器、文件保存盒、护罩等。热成型时，片材的温度应严格控制，不宜作较大的牵伸，最好兼用加压和抽空。

聚苯乙烯泡沫片材也可用作热成型，但必须是高质量的。由于这种片材的导热性极差，因此成型时所用加热器的温度不宜大于 340℃，加热时间也较长，当然，如采用挤出机供料即可免去加热的麻烦。这种材料还由于加热时能够进一步气胀，因此容易在成型中出现起皱现象。这种材料的制品特点是质量小和绝热性好，常用作包装容器和短时保冷保热的容器。

苯乙烯-丁二烯-丙烯腈（ABS）共聚物既可以顺利地用各种热成型方法成型，又可以制得牵伸比大和结构精致的制品，这主要是由于它的热机械强度较好的缘故。这种材料极坚韧，它的抗冲性能不仅很好，而且在低温下也无多大的改变。此外，它还有耐擦和不污染食物的优点。其缺点是较易为光和热所老化。由这种材料制成的制品主要用于飞机、汽车和某些设备的部件，冷藏货车的衬材，机器护罩，货运箱等。

4.6.6.4 丙烯酸酯类

用聚甲基丙烯酸甲酯的铸塑或挤出片材成型时均无特殊困难，而且两者在成型技术上也无多大的差别。不同的只是铸塑片材的成型温度更高一些，这是因为它的分子量偏高的缘故。聚甲基丙烯酸甲酯的特点是：透光性强、抗冲性高、能抗光的老化等。制品的种类有飞机舱罩、各种灯罩、天花板等。

4.6.6.5 纤维素类

醋酸纤维素片材是这类塑料中用于热成型的主要材料。制品的种类以透明的包装容器和用作陈列样品的容器为多。这种材料如在较高温度下成型则常会起泡。片材中的增塑剂和残余的溶剂很可能因加热而外逸，因此，当用阴模成型时，挥发物质即会凝结在模面上。克服的办法是在阴模中加设通气孔或改用阳模。挥发物质也可能在加热的片材内部形成微孔群，使片材失去原有的透明性。实践证明，片材的加热速率愈快就愈能避免微孔群的产生。牵伸过程中，片材还可能有发白或发红的现象。这种现象只须将模具温度保持在52～60℃即可免除。

4.6.6.6 工程塑料类

聚碳酸酯的成型温度比其他任何材料都高，原因在于它的玻璃化温度高（150℃）。虽然它对红外线的吸收性能比较好，加热因而较快，但由于要求的成型温度高，所以片材仍以用上下同时加热的为好。成型温度高的另一缺点是，夹持的片材常会因为膨胀过多而出现下垂现象。再加上这种材料的熔点比较明确，因此，只要温度稍微大于熔点，下垂的现象将更为严重，甚至发生流动，在成型时必须十分注意。这种材料的一大特点是因次稳定性高，其中一部分原因是它的吸湿性小。但是也正因为它仍然具有吸湿性，所以常有极少量的平衡水分。这种水分必须在成型前去除（即在110～130℃下烘若干时间），否则就会使制品出现雾状的微孔群，削弱制品的韧度。除因次稳定性和韧性优良外，聚碳酸酯尚具有极良好的透明度、力学性能和热性能等，因此常用于制造飞机部件、仪表部件、医疗器皿、化学实验室用具、照明部件及包装容器等。聚酰胺片材的热成型是比较容易的。其制品主要用作包装鱼、肉等食物。定向的聚对苯二甲酸乙二酯片材已在近年来成功地被用作热成型。成型时，最好兼用抽气和施加空气压力的方法。由于这种材料具有力学强度和电性能优良的缘故，所以其主要制品都用在电气工业方面。

热成型制品在成型过程中，由于工艺条件掌握不当、模具设计不良、设备故障以及片材质量等原因，使制品往往会存在一些问题，甚至变为废品。

4.7 塑料的机械加工、修饰及装配

4.7.1 概述

机械加工是借用切削金属和木材等加工方法对塑料进行加工的总称。塑料制品一般虽然都采用模塑或前述的其他方法制造，但在下列两种情况下常需要用机械加工来制造：①制造尺寸精度高的制品（用模塑等方法，其尺寸公差范围只能满足0.2%～0.3%）；②制品数量不多（用模塑法往往成本太高，时间上也很不经济）。此外，机械加工还用为模塑或其他成型作业的辅助性工序。例如模制品的废边切除、挤压型材的锯切以及将片材锯切成规定的尺寸等。

修饰是对模塑制品或其他成型制品进行的后加工，但主要是前一类制品。其目的在于去除制品的废边和附生的赘物以及美化制品的表面、提高制品的性能和改变制品的性能等（例如抛光、印花、电镀等）。

装配是指用黏合、焊接及机械连接等方法使塑料部件拼成完整制品的作业。

上列三类作业中所处理的物料状态，除极少数几种方法外，都具有"冷"、"硬"和"固状"的特点。其次，这些作业都是在塑料已经成型的基础上进行的。为此，工业上将这些作业称为二次加工，以别于一次加工（以前所述各种成型方法的总称）。虽然热成型也可列为二次加工，因为它是用塑料片材作原料的。不过片材在热成型时没有"冷"、"硬"等特点，

所以热成型既有称为一次加工的，也有称为二次加工的，没有很严格的规定。

除少数几种型材外，几乎所有一次加工的制品都需要经过或多或少的修饰，但是否需要经过机械加工和装配，则须由具体情况决定。如果能在设计制品时作到周详的考虑，即令需要上列三类作业，在工作量上就不会很多。这对提高生产率和降低成本都有积极意义。凡遇需要该类作业时，则在制品设计上务必注意以下几点：①不因进行该类作业使产品质量不合要求；②尽量为进行所需要作业提供方便；③必要时应在制品上留出加工裕量。

本章将分别对机械加工、修饰和装配的方法进行叙述，重点将放在基本原理方面。叙述各种具体方法时，均在可能情况下附给若干经验数据。但必须指出，由于塑料的种类繁多，即使同属一种，其性能还可能因为制造方法的不同而有出入。所以对附给的数据只具有一定的参考价值。

4.7.2 机械加工

4.7.2.1 切削塑料的基本概念

由于塑料的性能与金属或木材相差很远，因此，不能用切削金属或木材的要求和条件来对待塑料。其次，即使同是塑料，其性能还会因种类、牌号等的不同而有较大的差别，对切削要求也不可能完全一样。虽然目前对这方面的研究还很有限，但仍可将几种影响切削的主要因素进行分析，以便认清若干基本规律，作为求取高质量塑料制品时选择切削条件的指导。

（1）力学性能对切削的影响

用刀具对物料（即被切削物或称工件）进行切削就是使物料有控制地发生断裂分离，即将工件上不需要的部分在控制的条件下变成切屑，而留下来的部分即是产品。塑料制件的切削过程，就是用刀具刃口挤压塑料件的切削层，使之断裂变为切屑并与塑料件分离而得到所需形状制品的过程。它在很大程度上与将楔形物推进物料中的情况相同。当将刀具推进物料进行切削时，刀具必须克服其前倾面上所受到的正压力与切屑之间的摩擦力。这两个克服力（见图4-7-1中的F_1和F_2）的合力R就是将切屑切下的作用力，它是由物料内应力组成的抗合力R'来平衡的。抗力分水平抗力（F_3）和垂直抗力（F_4）两部分。在切削过程中，作用力沿着刀具的前进方向连续地促使邻近刀刃周围的物料发生变形，直至在逼近刃口处发生断裂，使一部分物料变成切屑。切屑的形样和加工后物料表面的粗糙度决定于作用力的方向和大小，以及物料的力学性能。例如，在缓慢变形时，力学性能表现为软而韧的聚四氟乙烯，其切屑常易成为连续状的，加工后的表面光洁程度也比较好。相反，性能上表现为硬而脆的聚酯玻璃纤维增强塑料，其切屑为不连续状的，加工后的表面光洁程度也不如前者好。因此，一般认为前者的加工性能比后者的优良。

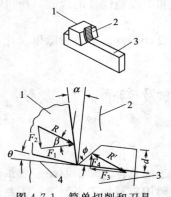

图4-7-1 简单切削和刀具几何参数

1—刀具；2—切屑；3—工件；4—后隙面；R—作用力；R'—抗合力；F_1—克服正压力的力；F_2—克服摩擦力的力；F_3—水平抗力；F_4—垂直抗力；ϕ—剪切角；β—摩擦角；α—前角；θ—后角；d—切削厚度

同一种塑料的力学性能会随变形速率和温度而变化。所以，切削条件不同时，切屑的形样也不同。变形速率缓慢，切屑倾向成连续状，而断裂则是韧性的。相反，断裂为脆性，切屑为不连续状的。温度偏高时，物料的断裂趋向于韧性，反之，易成为脆性。这种温度效应在热塑性和热固性两种塑料中常以前者更为显著。

大多数塑料的压缩强度均比其拉伸强度大二或三倍。因此，塑料对压缩断裂的阻力恒大于对牵伸断裂的阻力。如切削中能利用这种关系，即将刀具的形样和切削条件选为有利于使塑料发生牵伸的断裂，将收到积极的切削效果。从力学分析知，刀具前角愈大愈有利于塑料发生牵伸断裂，愈能减少切削所需要的功。但事实上刀具前角的增大却有一定的限制，过大时，某些塑料的断裂会成为脆性的，使加工后的表面比较粗糙。

塑料的弹性模量一般只能达到金属的 1/10～1/60。因此，切削时一切夹具和刀具对它所施加的力只要过分一点，则所引起的扭变或偏差就比金属大得多，这对切削是不利的。在相同的切削条件下，刃口迟钝的刀具对塑料工件所施加的力比刃口锋利的刀具要大得多。结合塑料弹性模量较小的特点来看，不能指望用迟钝刀具和锋利刀具的切削取得十分相近的结果：这就是在切削塑料时应该时时保持刀具刃口锋利的理由。

塑料还有一个与时间有关的力学性能，即弹性恢复，它对切削加工也有较大的影响。这将在以后讨论。

（2）热性能对切削的影响

以等量的热量加热等容的金属和塑料，则后者温度的上升量总要高些，而塑料的导热能力却不及金属的千分之三，因此，在切削过程中，由金属刀具和塑料摩擦所产生的热主要将传予刀具。少量传给塑料的热，由于很难进入内部，使表面温度显著增高。此外，塑料的热膨胀系数比金属高得多，某些塑料竟高至 20 倍左右，这对加工制件尺寸精度的控制就会发生问题。因为尽管温度的变动不大，也能使制件的尺寸产生相当大的变化。其次，过多的膨胀将使摩擦变大而产生更多的热，这样，上述的情况将愈益激化。结合到塑料的变形、软化和降解等温度都不很高的特点，热固性塑料就会发生燃烧和变色，而热塑性塑料就会发生变色和胶着。

（3）塑料在切削中的变形

图 4-7-2 所示在刀具前角改变而其他因素不变时切削聚四氟乙烯工件的真实变形情况。切削时采用的切削速度是 190m/min，切削深度为 0.5mm，刀具的后角都是 10°。图中虚线格子表示切削前材料的方位，而实线格子则表示切削时虚线格子位移的情况，也就是材料的变形情况。从图可以看出，切削中材料的变形是随刀具前角而变的。当前角为 40°时［图 4-7-2(a)］，刃口上下的材料变形都是牵伸变形，而沿着刃口前进的方向则为压缩变形。两种变形在工件中都会传至相当的深度。前角变至 0°时［图 4-7-2(b)］，各部分材料的牵伸变形已有所缓和，但压缩变形却有所增加。换成 -20° 的前角时［图 4-7-2(c)］，则沿刃口横直两向上的材料变形都是压缩变形，且很大。由此可知，在前角逐渐由大变小的过程中，材料变形的总趋势是，原占优势的牵伸变形逐渐为压缩变形所压倒，而且在量上还不断地加大。更明显的是，刃口下面的材料是先被提起，而在前角变小的过程中逐渐转为压下。所以只要前角不同，即令其他因素都不变，加工后的制件尺寸必定不会一样。此外，在材料被压下的切削中，刀具后隙面上的摩擦总比材料被提起时的大。实验证明，如果将上述的切削条件改变，则材料变形随前角变化的总情况依然不变，即由牵伸变形逐渐变向压缩变形，

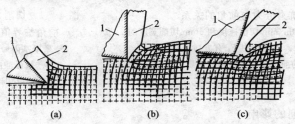

图 4-7-2　刀具前角在切削中对工件变形的影响（放大）
1—刀具；2—切屑

但在数量和具体的转变点上却不相同。实验同样证明,上述现象对任何塑料的切削都是准确的。

由于塑料具有弹性恢复的性能,因此这种性能必会在变形后的塑件中得到反映,而反映的发生则既可在切削之中,也可在切削之后。它的发生不仅会招致刀具后隙面的过多磨损,还会产生更多的摩擦热,从而导致刀具温度的过高。久处于高温的刀具,其硬度即会因退火而下降。切削后的弹性恢复说明了钻削或攻丝的孔眼直径何以小于刀具的直径,而车削制品的尺寸何以在存放时会发生收缩等。

(4) 塑料对切削的抗力

图 4-7-2 说明被切削的塑料变形是随刀具的前角变动而会在大小方向上发生变化的。这也是说塑料对切削的抗力会随刀具前角而变化。又从图 4-7-1 得知,被切塑料的抗力是由 F_3 和 F_4 两个分力所组成。在实验中,两个分力都可用刀具功率计分别测定。图 4-7-3 即为用不同前角的刀具切削聚碳酸酯时所测定的两个分力的结果。由图可以看出:塑料对切削的抗力是随着前角由负到正而逐渐降低的。其次,F_4 分力随着前角由负到正会发生方向的转变,且在一定点上的值等于零。这说明当前角偏向负值的一边时,邻近刀具刃口而与切削方向垂直的一部分塑料受的是压缩力,反之,则为牵伸力。F_4 等于零时,该部分塑料既不被提起又不被压下。使 F_4 等于零的前角称为"临界前角"。临界前角是用单刃刀具切削塑料的最佳前角,不但可以从它得到准确度最大的加工制件,而且还可使刀具的磨损最小。因为在这种情况下的切削不会导致塑料的"提起"和"压下",同时又使作用合力的方向与切削方向彼此符合。实验证明,用前角的数值等于或稍大于前角临界值的刀具都是可以的,这在切削中极为重要。不同的塑料和不同的加工条件,可以有不同的前角临界值(参见表 4-7-1 和图 4-7-4)。

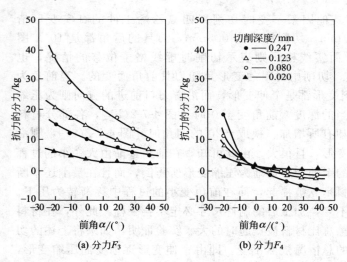
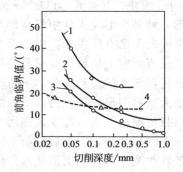

图 4-7-3 抗力分力与前角的关系

图中所有曲线均系用 400m/min 切削速度和 6mm 切削宽度的条件所取得的结果。注意图中 F_4 有方向的变化。F_4 为零时所指的前角是临界前角或最惠前角

图 4-7-4 切削几种热塑性塑料时刀具前角临界值与切削深度的关系

1—聚甲基丙烯酸甲酯;2—聚苯乙烯;3—聚碳酸酯;4—聚四氟乙烯

取用的数据均以切削速度等于 80m/min 的为准

(5) 热效应对切削的影响

塑料在切削过程中产生热的根源有两个:①分离或断裂塑料的能所变成的热;②塑料与刀具前倾面、后隙面和刀口间摩擦所生的热。切削时,用发热量的大小尚不足以说明热量对

切削的影响,能够说明这种影响的是单位时间内发热量的大小,也就是发热的强度。后者的标志是切削中刀具和工件的温度上升情况。

表 4-7-1　刀削聚乙烯的刀具前角的临界值

切削速度/(m/min)	不同切削深度的前角临界值		
	0.05mm	0.10mm	0.15mm
0.80	41°	30°	24°
50	35°	25°	20°
100	26°	16°	13°
200	18°	9°	8°
400	10°	4°	3°

第一种热源的发热强度主要随切削速度、刀口宽度和切削深度的增加而增加,并随刀具前角的增大而减小。但这些都不是直线性的关系。

对第二种热源的发热强度,凡刀具的前倾面和后隙面的抛光程度愈差、刀具后角愈小、被切塑料的弹性恢复和膨胀系数以及刀具和塑料之间的摩擦系数愈大时,则发热强度就愈高。

由于两种发热强度牵涉的因素很广,且又彼此相互影响;再者某些物理常数还会随着过程中温度的上升而发生变化,因此,切削中刀具和工件的温度上升情况以及发热量的多少,目前还只能由实验确定。

切削中刀具和工件的温度上升对刀具本身和工件的切削质量都不利,这在前面已曾论及。这里还应强调:由于切削时刀具和工件的温度上升,对工件来说,常会导致切削尺寸的误差较大、切削表面质量不高以至发生熔化和烧伤等;对刀具的影响则是使其发生退火而在硬度上有所下降,从而缩短其使用寿命。

鉴于热在切削中的不良影响,所以切削中采用冷却剂排热是一种有益的措施。使用的冷却剂有压缩空气、水和肥皂水等,但以不妨碍操作和降低制品的性能为原则。冷却是否有效,一般从切屑是否熔化来检查。当然,这只限于热塑性塑料。

(6) 刀具几何参数和切削条件对切削的影响

总的说来,这些影响是颇为复杂的,因为它们之间存在着较多的内在联系。通过实验总结,用单刃刀具对塑料进行切削时,各因素所能引起的主要影响见表 4-7-2。表中所列的影响是单刃刀具的切削情况(如刨削和某些车削),但也适用于多刃刀具的切削(如锯切、钻削、铣削和某些车削等)。因为后一种切削可以认为是前一种的综合方式,只是内在关系更为复杂而已。表 4-7-2 提供的情况仅能作为切削塑料时探求正确切削刀具和条件的线索。

表 4-7-2　切削塑料时各因素产生的主要影响

	因素的名称	主 要 影 响
刀具方面	(1)刀具的几何参数 　　前角 　　后角 　　刀尖圆弧半径 (2)刀具的材料	切屑的形成 刀具的磨损 切削面的粗糙程度 刀具的磨损
切割条件	(1)切削深度 (2)切削速度 (3)不排热 (4)使用冷却剂	切屑的形成和切削面的粗糙程度 切屑的形成和切削面的粗糙程度 容易发生烧伤和胶着,尺寸精度较差 尺寸精度较好,但有可能使制品性能变劣

至于具体的刀具几何参数和切削条件，一般都由实验确定。有关的经验数据，将在以后各节中陆续介绍。这里需要着重说明的是：在设计刀具和选取切削的各项因素时，应力求切屑成为连续状而又是平滑的。这样，加工后的表面就能在尺寸精度和光洁程度上得到较好的效果。

4.7.2.2 车削和铣削

车削和铣削是分别在车床和铣床上完成的。前者的目的是车圆柱、车斜度、车平面和车螺牙等，而后者的目的则为铣平面、铣斜接面、铣直角面、铣榫头、铣齿轮和铣圆边等。

能够满足车铣热塑性塑料要求的刀具可由高速钢、镀铬高速钢、碳化钨或金刚石制成。四种材料所制刀具对切削的区别列于表4-7-3。高速钢、镀铬高速钢两种刀具适宜于临时性的生产，其他两种刀具则适宜于长期性的生产。车铣一般热塑性塑料的温度不宜超过75℃。车削和铣削的经验性数据见表4-7-4和表4-7-5。

表4-7-3 不同材料所制刀具切削效果的比较

刀具材料	间断切削	表面质量	耐久性	光滑均匀性	每件切削成本	加工精度
高速钢	1	5	10	10	10	10
镀铬高速钢	1	4	8	8	8	8
碳化钨	5	6	5	5	5	5
金刚石	10	1	1	1	1	1

注：1为最好，10为最坏，2~9依次变坏。1~10代表等级的区别，无严格标准，仅由比较而得。

表4-7-4 车削

加工材料	侧后角/(°)	后角/(°)	前角/(°)	侧前角/(°)	表面切削速度/(m/min)	走刀量/(mm/r)
聚碳酸酯	3	3	0~5	0~5	150~450	0.15~0.65
聚甲醛	4~6	4~6	0~5	2~6	120~300	0.15~0.40
聚酰胺	5~20	15~25	-5~0	0	300~360	0.15~0.25
聚四氟乙烯 聚乙烯 聚丙烯	5~20	0.5~10	0~15	0~15	240	0.015~0.15
聚甲基丙烯酸甲酯	5~10	5~10	0~5	0~5	150	0.10~0.15
苯乙烯类塑料[①]	0~5	0~5	0~5	0~5	230~300	0.03~0.10
软性热固性塑料	—	—	—	—	60~180	0.12~0.25
硬性热固性塑料	—	—	—	—	50~180	0.12~0.25
玻璃纤维增强塑料[②]	—	—	-5~0	—	90	适当控制

① 这类塑料当切削中发热过多时表面容易开裂，最好在切削后立即进行热处理。
② 此处指的是用圆头刀具。

表4-7-5 铣削（铣面）

材料	硬度	切削深度/mm	表面切削速度/(m/min)		走刀量/mm(每齿)	
			高速钢	硬质合金钢	高速钢	硬质合金钢
热塑性塑料	$31R_R$ 至 $116R_R$	3	100	400	0.12	0.12
		1.5	230	480	0.25	0.25
热固性塑料	$50R_M$ 至 $119R_M$	3	45	150	0.12	0.12
		1.5	90	300	0.25	0.25
玻璃纤维增强塑料[①]		—	—	120~240	—	—

① 刀具前角为0°，最好用顺铣。

酚醛和氨基塑料的模塑制品，除不能在模塑中形成所需要的形样外，都不用车铣的方法来完成。因为经过车铣的表面没有光泽。两种塑料制品的车铣难易程度与其中所含填料的品种有关。现按其难易的顺序排列如下：①玻璃纤维（最难）；②矿物性填料；③棉花；④纤维织物；⑤木粉（最易）。车铣酚醛塑料的较大困难是容易碎裂。这样车铣与其说是削，不如说是磨，故刀具极易失去锋利。减轻这种困难的方法是在切削中加用风冷。

车铣玻璃纤维增强塑料时，最好用硬质合金钢的刀具。车削用的刀具还必须是略呈圆头的。刀具安放的位置最好稍微偏在中心线的下方。

用铣削方法使层压塑料成为齿轮时，先是将异向同性的层压塑料片材用锯切方法切成坯材或用压制方法将附胶材料压成坯材。而后即与铣削金属齿轮一样（切削刀具与切削条件应不同）将其铣成制品。齿轮虽然也可以用压制方法直接制成，但由于压制时层叠复杂而又费时，加以齿轮的塑模投资较大，在生产费用上不一定比铣削低，故工业上采用不多。此外，压制齿轮的力学强度不很均匀，工作性能不如用铣削的好，是工业上不用压制方法制造层压塑料齿轮的另一个原因。

4.7.2.3 钻孔、铰孔和镗孔

钻孔是在工件上作出圆眼的操作，所用的刀具是钻头。铰孔是将工件上已有的孔眼内部加光或修整到需要尺寸的操作，采用的刀具是铰刀。用一种可以调整的单刃刀具使孔眼扩大的操作称为镗孔。对塑料钻孔和铰孔可采用各式的钻床来完成，镗孔最好用车床进行，镗孔虽亦可用钻床，但须用特定的刀具夹持架。

塑料的热导率不大而热膨胀系数和弹性恢复都较大，钻孔中已成的孔壁常会发生内膨胀，在继续深钻中使钻削力和力矩都有所增加，并使钻头与孔壁间的摩擦热越来越大。结合塑料的软化和降解温度均不高的特点，钻孔时胶着、降解乃至燃烧等现象的发生在所难免的。其次，如果是热塑性塑料，则在继续钻削时钻屑还会因熔化而粘在孔壁或钻头上。这种现象的发生将使钻削力和力矩进一步增加，并使加工后的孔面质量很差。增加钻削力和力矩还会造成孔边开裂和已成孔的事后开裂。总的说来，塑料的钻削比金属困难得多。

钻孔中最为常用的刀具是麻花钻（见图4-7-5）。塑料的性能既与金属不同，对钻头的要求也不一样。实验证明：①钻头的螺旋角越小越不易导屑，这样，越易产生胶着或燃烧；②钻头的顶角越大越容易使孔边开裂。以上都是一般性的规律，不过各种塑料之间的性能还有不同，因此它们所用钻头的螺旋角和顶角都有各自的要求（见表4-7-6）。为防止孔边开裂，钻头形样常有专门的设计。图4-7-6所示双割头钻就是其中的一种。这种钻头的特点在于能够使靠近孔壁处的钻屑较孔心一带的薄，这样就能免除或减轻孔边开裂。

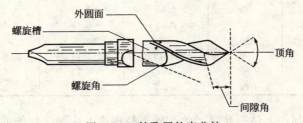

图 4-7-5　钻孔用的麻花钻

图 4-7-6　双割头钻头

表 4-7-6　钻头的几何参数

塑料种类	螺旋角	顶角	后角	前角
聚乙烯	10°～20°	70°～90°	9°～15°	0°
硬聚氯乙烯	27°	120°	9°～15°	—
聚甲基丙烯酸甲酯	27°	120°	12°～20°	—
聚苯乙烯	40°～50°	60°～90°	12°～15°	0°
聚酰胺	17°	70°～90°	9°～15°	—
聚碳酸酯	27°	80°	9°～15°	—
聚甲醛	10°～20°	60°～90°	10°～15°	—
热固性塑料	—	70°～90°	—	—
层压塑料（垂直）①	—	60°	—	—
层压塑料（平行）②	—	110°～120°	—	—

① 表示与层压塑料相互垂直的钻削。如果层压塑料是玻璃纤维增强的，顶角可用 55°；如果是深钻，则顶角都应用 90°。
② 表示与层压塑料相互平行的钻削。

已成孔的表面质量随钻削的条件而变化。例如钻头边缘速率过大而走刀量过小时，常会产生过多的摩擦热，以致形成热塑性塑料的胶着和热固性塑料的燃烧。走刀量过大时又常会造成孔边的开裂。边缘速率和走刀量均应适当控制。表 4-7-7 列出两者的经验数据。钻削时，如果能采取以下的措施：①使用冷却剂；②钻削中途不时拔出钻头以排除钻屑；③使用螺旋槽镀铬和螺旋角偏大的钻头，均有利于上述问题的解决。

铰孔与钻孔相仿，但困难远无钻孔时严重。镗孔在很多地方与车削的要求相似，不再作评论。

4.7.2.4　切螺纹

切螺纹分攻丝与车螺牙两种。攻丝是指在孔眼内制造内螺牙，车螺牙则是在柱形体上制出外螺牙。攻丝是在攻丝床或有攻丝附件的钻床上进行的，但也有手工进行的。采用的刀具是丝锥。车螺牙可用车削或铣削完成，也可以手工用螺纹板牙来完成。

表 4-7-7　钻削（高速钢钻头）

塑料种类	边缘速度 /(m/min)	走刀量/(mm/r) 钻头直径/mm			
		1.6	3.2	6.4	12.7
聚乙烯、聚丙烯和聚四氟乙烯	35	0.12	0.25	0.30	0.38
苯乙烯-丁二烯-丙烯腈共聚物	35	0.05	0.10	0.12	0.15
聚酰胺、聚甲醛和聚碳酸酯	35	0.05	0.12	0.15	0.20
聚甲基丙酸甲酯	35	0.05	0.12	0.15	0.20
聚苯乙烯	70	0.025	0.05	0.075	0.10
热固性塑料（软性）	50	0.075	0.12	0.15	0.20
热固性塑料（硬性）	35	0.05	0.12	0.15	0.20
层压塑料	10	0.075	0.18	0.38	0.50

攻丝时，应先在制件上钻一孔眼，此孔的直径理论上应等于丝锥的内径。这样大小的光眼能使攻丝深度达到 100%，但深度十足的螺牙是不易攻出的，事实上也没有必要。因此，用于打底眼的钻头一般都较丝锥内径大。决定底钻的大小可用式 $D = T - 2nd$ 计算。式中，D 为底钻的直径；T 为丝锥的外径；d 为螺牙深度；n 为螺牙深度的百分比。n 的数值通常取 50%～75%，T 值较小时偏高；较大时偏低。T 值的大小工业上有一定的标准，即所谓公制螺纹或英制螺纹。D 值在工业上也有一定的标准。如果按上式算出的 D 值无规定的标准，则可采用与计算值相近而又稍大的一种。

除直径在 6mm 以下的外，手用丝锥每套都为三个，分别称为头锥、二锥和三锥。头锥的顶端因需作出斜度，故至少去掉六个螺牙。同样，二锥应去掉三、四个牙，三锥则去掉最后一个牙。每套丝锥，除特别规定的外，直径都是相等的。攻穿孔时，单用头锥即可。攻盲孔，通常都是先用头锥，次用二锥，只有在孔眼较浅时再用三锥。

车螺牙的螺纹板牙有整块的，也有分成二、三或四瓣并将其固定在外壳中组成的。螺纹板牙的尺寸也都有一定的标准。分瓣的螺纹板牙，其大小可在规定的尺寸以外的一定范围内调整。这样，在车螺牙时，不妨先将其放大少许，再分一次或几次缩小到规定的尺寸，因而螺牙的车削分粗铰、光铰几次完成的。由这种方式完成的螺牙，其光滑和准确程度较一次完成的高得多。用手工铰牙之前，圆柱体的前端应先作成45°的斜角，斜角的长度应达到一个牙深。

对热塑性塑料的攻丝，一般都用粗牙，极少用细牙。攻丝后的成品最好经过热处理，不然成品常会因攻丝所造成的内应力而强度不足。由于热塑性塑料具有较大的弹性恢复，因之攻丝用的丝锥，其直径应比预定孔眼直径大 0.05mm。攻聚酰胺制品时竟有需要大到 0.12mm 的。在这种情况下，采用的丝锥有时就需要另行制造。用高速钢丝锥攻丝的切削速度建议用表 4-7-8 所列的数据。丝锥的沟槽应力求光滑以利导屑。攻丝时最好不用润滑油和风冷。攻丝中途能将丝锥倒回几次则对胶着的避免较为有利。在热塑性塑料上所攻或所车的螺牙，如果是与金属制成的螺旋配合，则应考虑两种材料的热膨胀不同而预留间隙。

表 4-7-8 攻丝

塑料种类	丝锥的沟槽数	切削速度/(m/min)
热塑性塑料	3～4	18
热固性塑料	3～4	18
层压塑料	3～4	8～12
玻璃纤维增强塑料①	3～4	20

① 应用带有硬质合金头顶尖的丝锥。

如果制品是在温度变化较大情况下使用的，则最好不用螺旋接合。

热固性塑料、层压塑料和玻璃纤维增强塑料的车螺牙和攻丝，除丝柱或丝孔直径不超过 6mm 的外，一般都用车削或铣削完成。诚然，对上述几类塑料采用细螺纹的问题要少些，尤其是层压塑料和玻璃纤维增强塑料，但最好还是用粗螺纹。切削螺纹时能不用冷却剂应尽量不用，实在有困难时可用松节油、水或轻质油料。对层压塑料和玻璃纤维增强塑料进行螺纹切制时，为防止胶层的分离，必须将材料夹定在钳子上。

4.7.2.5 锯切

锯切在塑料成型工业中的应用是颇为广泛的，如挤压型材的切割、热成型坯材的裁切及层压塑料和塑料板材的修边等。此外，还有将塑料片材锯切成一定的形样后再经过或不经过加工而作为成品的；也有将锯切后具有一定形样的片材通过粘接或连接等作为成品的。两类成品大多用于电工零件或日常用品，主要不同在于前一类制品是平板式的，后一类则为立体式的。目前锯切塑料的方法大多是锯切木材方法发展来的，应用上还很难令人满意。一般说来，其缺点是，锯后的表面毛糙、工具磨损大以及摩擦所产生的发热强度高（容易发生胶着和燃烧）等。

锯切的具体方法有弓锯、带锯和圆锯三种。弓锯法的速度低，容易使被锯的塑料开裂，锯后表面十分毛糙，事后的抛光工作量大，一般很少采用。带锯法的锯后表面质量虽比弓锯法高，但毛糙情况仍很显著，依然需要事后的抛光。带锯法的锯线正直程度和尺寸精度都较差，这是所用薄片锯带的柔曲性造成的。这种柔曲性还会增进锯带的磨损，尤以锯切增强塑料时为甚。但对厚度较大且又无填料的塑料的锯切，带锯法依然是有用的。此外，在非直线的切割中，带锯法是三种锯法中最易奏效的一种。圆锯法的锯后表面质量虽然稍差于带锯法，但它在直锯方面却优于带锯法，在塑料成型工业中用得较多，它的主要缺点是锯齿易磨损，需时常进行磨利。

用带锯法锯切各种塑料的条件见表4-7-9。可以看出，锯切厚度不同的同一种塑料的条件不完全相同，偏厚的用齿节偏小的带锯，反则反之。锯同样厚度的同一种塑料时，直锯所用带锯的齿节比曲线形锯切用的偏小。带锯的宽度随锯缝要求的正直程度而异，一般为8～32mm。厚度为0.7～1.0mm。锯齿的前角最好为零度。锯齿通常都按厚度的一半顺次向左右斜出，以减少摩擦。进给速率随材料的种类和厚度而变化，通常由经验决定（这种经验，操作者在短时间内即能掌握），大约在1～5m/min的范围内变化。

表 4-7-9 带锯

塑料种类		齿节(齿数/100mm 长)			带锯运动速度[①]/(m/min)
		材料厚度/mm			
		≤6.5	6.5～38	≥38	
热塑性塑料	醋酸纤维素	40	24～40	12～24	1000
	聚甲基丙烯酸甲酯	56	24～40	12～24	1000
	聚酰胺	56	16～40	12～16	1500
	聚苯乙烯	40	16～24	12～16	600
热固性塑料	三聚氰胺甲醛(通用)	56	24～40	12～16	1400
	酚醛(通用)	56	24～40	12～24	1400
	酚醛(布基或石棉基)	72	40～56	16～32	1000
	酚醛(玻璃纤维基)	56～72	32～40	24～32	24
	脲甲醛(通用)	56	24～40	12～24	1400

① 指用高碳钢制的带锯。

表 4-7-10 圆锯

塑料种类	齿节(齿数/100mm 长)	表面切削速度/(m/min)
聚四氟乙烯、聚乙烯和苯乙烯-丁二烯-丙烯腈共聚物	16～24	250～350
聚甲基丙烯酸甲酯和聚苯乙烯(薄片)	40～55	250～350
聚甲基丙烯酸甲酯和聚苯乙烯(厚片)	12～16	250～350
聚酰胺和聚丙烯(薄片)	32～40	250～450
聚碳酸酯和聚甲醛	16～24	250～350
层压塑料	16～32	30～120

用圆锯锯切的条件见表4-7-10，采用的锯床有两类：一类是被锯塑料固定，而圆锯移动，另一类恰好相反。通用圆锯的直径约30～40cm，厚约1.5～3.2mm。锯齿前角以零度为好。为减少锯切中的摩擦，通常都将齿口磨成宽于齿根的形式，也有将锯齿顺次向左右斜出0.3～0.5mm的。进给速度与用带锯相同。锯切时，锯片应锋利，一般在连锯半小时后即应检查，必要时应磨利。热固性塑料制品通常少用圆锯锯切。

为防止锯切时发生过热，带锯或圆锯均可用冷风或液体冷却剂（如肥皂水等）冷却。干锯时须设除尘装置。

用厚度不大的砂轮来切割塑料，常能取得较好的效果。将砂轮两面做成带有网状般的突出物并用金属薄膜覆盖，其效果尤为理想，因为锯切中的摩擦小、导热快。砂轮切割和锯片切割比较，前者不仅在切割速率上较快，切割后的表面质量也较好，切割后表面的变质情况和工具的损耗都较小，是一种实用的切割方法。砂轮直径一般约30cm，厚约2mm。砂轮所用磨料的种类和粒度随被切塑料的种类和对加工表面质量的要求而定。如果砂轮两面带有网状般的突出物，则其厚度可达 3mm。突出物的宽度为 1mm，高度为 0.5mm。两个平行突出物（即平行网线）间的中心距离为 5mm。砂轮切割塑料的条件随塑料的种类而不同，常由尝试误差法决定，但起始可将进给速率定在 0.5～3m/min，表面切削速率定在 2500～3000m/min。切割时可以用水冷却。

4.7.2.6 剪切、冲切和冲孔

剪切是用铡刀借适当的机械压力将塑料片材进行剪裁的方法（见图 4-7-7）。用具有一定形状且带有刃口的冲模进行剪裁时则为冲切。冲模为圆杆状（通称冲头），冲切只限于在片材上形成孔眼，这种冲切即为冲孔。三种方法使用目的虽各不同，操作原理却很一致，且同为塑料成型工业中广用的加工方法。

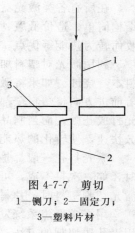

图 4-7-7 剪切
1—铡刀；2—固定刀；3—塑料片材

剪切常用的设备是四方剪机，冲切和冲孔常用的设备则为人力或机械压机。采用设备的大小根据加工材料的尺寸、厚度及生产率的高低等决定。三种方法中分别用的铡刀、冲模和冲头，一般用工具钢制成。为节省钢材和时间，临时用的或要求不高的冲模也可用带有刃口的钢皮嵌入木块中制成。

如果被处理的塑料性能较脆，则沿着切口常会发生缺口或破裂。由于塑料的脆性随温度的提高而减小，所以对任一种塑料只要工作温度范围选择得当则会有恰当的流变性能而可使三种操作顺利进行，同时事后的表面不需再加工就能符合一般要求的质量。温度范围通常由实验确定。实验证明，温度范围不仅与塑料的品种有关，而且还依赖于塑料的厚度。厚度大温度应偏高，因为厚度大操作中单位长度切边上的抗力也大。

剪切或冲切酯酸纤维素、聚乙烯和软聚氯乙烯等片材时，如厚度不大于 1.5mm，则在 ≥20℃ 下均可进行。厚度大于 1.5mm 的，在剪切或冲切前须加热。例如厚度为 1.5～3.0mm 的酯酸纤维素和硬聚氯乙烯片材，其剪切或冲切温度范围在 38℃ 左右；厚度为 20mm 的为 80～105℃。又如丙烯酸酯类塑料片材的操作温度约在 160℃；而抗热性的丙烯酸酯类塑料片材则在 170℃。聚甲基丙烯酸甲酯片材的剪切或冲切条件见表 4-7-11。上述两种切法的准确度约在 ±0.4mm。在室温下剪切或冲切较薄的片材时，其准确度可高达 0.005mm。对准确度要求较高的剪切或冲切，应对加热后的收缩有充分的估计。热固性塑料制品和层压塑料一般都不大用剪切或冲切，因为容易造成破裂。

表 4-7-11 聚甲基丙烯酸甲酯的剪切或冲切

厚度/mm	在 160～170℃ 下加热时间/min	剪切压力/MPa
6.4	8	3.25
9.5	10	3.25
12.5	12	4.2

各种薄型热塑性塑料片材的冲孔均可在常温下进行，较厚的则应在较高温度下进行，一般不超过 50℃，须结合材料特性和具体要求从实验确定。例如丙烯酸酯类塑料厚片的冲孔温度竟需 95℃。冲孔也不用于热固性塑料制品，但可用于厚度不大于 2.5mm 的层压塑料和玻璃纤维增强塑料。这种冲孔通常也都在常温下进行。如有困难，不妨提高温度，加热必须迅速而均匀，最好用红外线加热，加热温度过高或加热时间过长均能使材料发脆，故应特别注意。由于塑料都具有弹性恢复的性能，冲成的孔眼直径总比冲头小，所以冲头直径须比孔眼规定的尺寸大些。基于同样的理由，被冲的材料必须夹紧，以免冲头退回时损坏孔边；冲孔方法也用于去除模塑制品的某些特殊形样的废边，如穿孔上的废边等。

4.7.2.7 激光加工

经过聚焦的激光束具有极高的功率,在近代工业技术中受到各方面的重视。激光在工业上的某些应用已日趋成熟,但尚未完全发挥它的威力,所以各方面的研究仍在积极进行中。实验证明,利用激光对许多塑料(就目前来说还不是所有的塑料)的加工的确具有很多优点,尤其是加工速度快、成本低和工种变化多。这里不论述产生激光的技术,只就利用激光对塑料加工的情况作简单叙述。

在所有各类激光器中以二氧化碳激光器作为加工塑料的工具比较适合。这种激光器具有结构简单、造价低廉、工作效率较高以及所放出的 $10.6\ \mu m$ 波长的红外线能为塑料强烈吸收而转为热能等优点。

利用激光对塑料加工的本质是,塑料能将吸收的光迅速转成热能,在很短的时间内将塑料本身烧蚀。如果将激光集中在塑料制件的某一点上,激光就能在其光柱所触及的范围内沿着前进方向将塑料全部摧毁。这样,在塑料制品不作任何移动时,指定照射的部位就会被激光打成孔眼;而当制品移动时就能被它"切"成长缝。由激光转成热能不仅极为集中而且十分快速,使转化的热能向非照射部分的传递接近于零。

激光打孔一般都是以脉冲方式进行的。对不厚的塑料一次脉冲就能打出一个孔。打深孔时,如一次打不成,可用多次脉冲的方式完成。每次脉冲的时间尚不足千分之一秒,因此用激光切割塑料时,片材的移动并不需要断续地进行。

用寻常聚焦系统发射的激光打孔时,孔径的大小约 $0.025\sim 1.2mm$。需打大孔时,可采用沿孔边切割的方法。近来也有采用特殊透镜将激光柱变为空心的,这样也能打出大径的孔。在激光打孔中,激光器并不直接与塑料接触,只需激光能够射至打孔的方位就行。因此,当用寻常钻削不很方便时,利用激光打孔却往往是可行的。

激光加工有其独具的特点,由于聚焦后的激光柱总是圆锥形的,因此所打孔眼的孔边即具有一定的斜度。另一个特点是,孔眼边缘会凸起少许,这是因为在激光所射的范围边缘处塑料发生短暂熔化的结果,用激光打成的孔眼,其尺寸精度并不很高。例如在厚度 $0.25mm$ 的聚对苯二甲酸乙二酯的片材上打直径为 $0.3mm$ 的孔眼时,误差是 $+25\%\sim -8\%$。

降低激光强度或对激光不聚焦,这样的激光对塑料的作用就被抑制成仅能熔化而不能烧蚀,从而为焊接塑料提供了新途径。

实验证明,绝大多数塑料都可用激光打孔、切削和焊接。但是环氧和酚醛等热固性塑料例外。焊接当然是不可能的,因为它们不可能熔化,就连打孔和切割也成问题,原因是它们在加工过程中常会出现气泡和烧焦等。其次,对聚氯乙烯的加工还有一定问题。加工不当时也会出现烧焦和发出不良气味的烟雾。

4.7.3 修饰

4.7.3.1 锉削

本质上,锉削也是切削作业的一种,属于机械加工的范畴。但在塑料成型工业中,锉削在绝大程度上都用作模塑制品和片材的修平、去除毛口、去除废边及修改尺寸等,只有少数例外,如在制品上锉成斜面等。为此,将它归在修饰中叙述。

如有可能,应尽量采用转鼓滚光法去除废边,因为该法比较经济。只有在该法不易奏效以及塑料硬度较高且又相当耐热时,才采用锉削。

进行锉削时,锉刀的选择十分重要。由于锉刀的形式、大小以及锉齿的粗细等有很多不同,选择不当,对锉削的难易和速率以及锉后的表面质量都将发生影响。所选锉刀的类型应与被锉的塑料硬度、脆性、柔曲性和耐热性相适应。锉刀的大小和形状应以能配合塑料制品被锉部分的大小、形状和曲面等为原则。

热塑性塑料模塑制品废边的去除，通常都用三角刮刀而不用锉刀。因其他目的而需用锉刀的，以用倾斜角为 45°的单纹剪齿形粗锉（平的或半圆形的）为好。粗齿和长角的锉刀有利于锉屑的自落。锉削时宜采用轻而锉程长的锉法，以免损伤被锉的制件。锉片材的边缘时，宜采用铣齿锉，同时锉刀与被锉的边缘最好形成 20°的角度。

去除热固性塑料模塑制品的废边时，宜先碎除废边的较大部分（但不能因此而伤及制品的主体），再进行锉削。初锉时，应用锉刀坚稳地推压废边，使其沿着主体的边缘拆裂，再将表面锉光。锉刀的选择以实验为准，故应备有各种锉刀。至于去除模塑制品凸面的废边、片材的边角和锯切的毛口或开切斜面时，则宜采用铣齿锉中锉纹较为中等的锉刀。精致或较小的热固性塑料的模塑制品，宜用粗纹的样板锉去除废边，用锉纹较细的进行修整。清理孔口或圆口时宜用圆锉或半圆锉；清理细长槽口时可用刀锉或什锦锉。

层压塑料废边的去除，通常都用切割而不用锉削，只有在修整表面、修整大小、清除毛边和清理孔口时才用锉削，这与热固性塑料制品的锉削极为相似。

锉刀的设计本来只供往一个方向上锉削的，所以也只能在一个方向上施加压力，而在返回时放松。实践得知，锉削较为精致或细小的制品时，锉刀来回都施加平稳的压力，常能取得较好的表面，但这样对锉刀的损害较大。锉削时，锉刀的两端和两侧都应尽量发挥作用，使锉刀的磨损均匀。

锉刀的选择、使用和维护不当，将加速其损坏。锉刀是贵重的切削工具，不应随便放置在工作台上或抽屉里，尤忌相互堆放在一起，这样容易毁损其刃口。存放时应悬挂或支承在适当的锉刀架上，并应保持干燥，以免生锈。锉削时，应在锉几下后稍稍击动锉刀的一端，使锉屑脱落而保持锉面的洁净。存放之前应用锉刀刷作全面的刷洗。如果锉刀沾有油腻，则可先在锉面上放些粉笔灰再进行刷洗。锉刀失利时，可再行磨利。磨利的次数一般不超过四次。磨利的锉刀当不如新锉刀的锋利。

大批生产时，圆形或筒形制品的废边可采用半自动方法去除。其法由一个转动夹持器将制品夹稳，制品能沿其心轴转动。此时，由踏板推动，将已装好的锉刀或砂轮推至制品的废边上，即能将废边除去。锉刀或砂轮也可用适当的弹簧支承，以便具有弹性而不致损伤制品。锉刀也可不装在机架上而用手操纵。小型的圆形制品，如纽扣等，其废边的去除也可用上述类似的原理借特殊设备达到全部自动操作。

4.7.3.2 转鼓滚光

转鼓滚光是对小型模塑制品的一种修饰作业，其作用是：圆角、去除废边和铸口残根、减少尺寸以及磋光表面等。具体的方法是将该类制品连同附加的菱形木块与磨料（随需要而定）等放入八角转鼓内（放入的总容量不超过转鼓容量的 1/3），靠转鼓的转动即能达到目的。放入菱形木块的作用是，使转动中的制品发生参差不齐的运动，有利于彼此之间的摩擦。不管采用转鼓滚光的目的是什么，制品上都不应带有易碎的凸出物。转鼓滚光是去除废边的一种极为经济的方法。在表面磋光上虽不及磨削和抛光等有效，但费用少却是其独特之处，对表面光滑程度要求不高的制品仍然适用。

热塑性塑料制品使用转鼓抛光的目的不外是圆角、去除废边、去除铸口残根和磋光。转鼓用钢材或木材制造，径长约 50～75cm，转速约 15～25r/min。生产上有时要求同时能处理几种颜色或形状的制品，为此，转鼓也有隔成两个或几个小室的。为达到相同目的也有不用分隔转鼓而用不同口袋分装的。如果制品体积较大，使用转鼓滚光的目的又只是去除废边或铸口残根，由于不需放入磨料（但应放入直径约 25mm 的硬木球，以协助制品滚动。据经验知，放入硬木球的总体积最好是制品的两倍），采用的八角转鼓周围的八个面可以是轮间封闭和敞开的。敞开的四面都嵌有较粗的金属网，便于操作中已除脱的碎屑分出。为使制品硬脆而有利于废边和残根的去除，操作时可加入适量干冰。这时就不应采用四面敞开的八角转鼓。磋光表面一般分两次完成。第一次可用木屑、轻石粉、碳酸钙粉等作磨料，因为这些材料的磨蚀作用快。第二次应用磨蚀作用小的磨料，如棉子壳和废革头等。用这些磨料要取得全面均匀的磋光是比较困难的，因为转鼓转动中磨料和打光膏等常会积聚在沟槽中。加用一些用狭布条或棉绳扎成的花状物，常能取得较好的效果。转鼓工作时间随处理制品的类型和要求而不同，去除废边和残根所需的时间较短（自十几分钟至一、二小时不等），而磋光则较长（绝大多数都在一小时以上）。

转鼓滚光对热固性塑料模塑制品废边和残根的去除、圆角以及磋光等均与热塑性塑料相同。用转鼓滚光减小热固性塑料制品的尺寸，处理上就有些不同，转鼓应是封闭式的，同时还须加入有切削作用的磨料，可由形状、大小不一，且混有磨蚀料的橡皮充任。这种方法处理的制品表面常会出现缎带状的条纹且无任何粗糙切痕。如要这种作用加快，可用砂布或砂纸条为切削物料，甚至转鼓内壁也可用砂布镶衬。减小尺寸的要求不大时，尤其是在抛光之前，用菱形木块和轻石粉即可。转鼓转速一般约 20～35r/min。

4.7.3.3 磨削

用砂轮或砂带去除模塑制品废边或铸口残根的方法常称为磨削。磨削也常用于磨平表面、磨出斜角或圆角、修改尺寸和糙化表面（供黏合用）等。

热塑性和热固性塑料制品的磨削并无显著差别，一般都用砂带进行。既可干磨，也可湿磨。湿磨的优点是无灰尘飞扬、不致过热、磨带使用寿命长、磨带堵塞少及磨出的表面比较细等；缺点则为磨后的制品必须清洗与干燥。干磨的优缺点与湿磨相反。干磨须有排尘装置，以防燃烧和爆炸。砂带按磨料粒度有很多型号，例如：50，60，…，150，…，200，…，600 等，号数愈大颗粒愈小。磨削量大的宜先用粗磨，后用细磨；反之可适用细磨。砂带的线速度一般为 600～1500m/min。值得一提的是聚甲基丙烯酸甲酯片材上的划痕或其他斑痕的磨平方法。磨平时，将抗水砂纸裹卷在橡皮或毛毡等较软的物体上，用水或肥皂水为润滑剂并以圆运动的方式对其表面作较轻微的研磨。研磨面积的直径应等于划痕或其他斑痕长度的 2～3 倍。磨平先用粗砂纸后用细砂纸分几次完成。砂纸上磨料的细度按磨平的顺序是：300 号、400 号到 500 号或 600 号。每次研磨后都应进行清洗。如果研磨的片材很多，可不用砂纸而直接用混合磨料。

层压塑料原已具有光泽的表面，很少需要磨削。只在修改尺寸、糙化表面、修整毛边和要求具有一致的厚度时始行采用。磨削时通常都用砂轮，一般是将它固定在一可移动的机台上，在控制下通过旋转的砂轮并与砂轮表面发生摩擦。平整层压塑料厚度时，可采用上下相对的两个砂轮磨削。被磨层压塑料是由砂轮夹缝中通过的。

4.7.3.4 抛光

用表面附有磨蚀料或抛光膏的旋转布轮对塑料制品表面进行处理的作业统称为抛光。随要求不同（反映在布轮表面上附加的物料种类）又可分为灰抛（亦称砂磨）、磨削抛光和增泽抛光三种。

灰抛主要用于清除不规则表面上不能用湿磨去掉的冷疤和斑迹，处理的制品大多是热塑性塑料。工具是涂有湿轻石粉的布轮。布轮以用较软的为好，其表面速度约 1200m/min。轻石粉按要求不同，可以是通过 100～150 筛孔的。由于湿轻石粉易被旋转的布轮甩脱，所以须有防护罩。灰抛后的制品应清洗和干燥后方能进行下一步的增泽抛光。

磨削抛光是指将粗糙的平面抛为平滑的表面。布轮上附加物的主要组分是矿物性的细粉。随情况不同，可加或不加蜡脂等物料。所用布轮的柔软程度视具体情况而定。磨削抛光后的制品有时还需要经过增泽抛光。

增泽抛光的目的是将平滑的表面变成光泽的表面。布轮上可以加或不加附加物。所加的附加物大多是脂膏一类的物料，但也有再加入少量极细的矿物性物料的。加入的矿物性物料少而细，是增泽抛光附加物与磨削抛光附加物的主要区别。增泽抛光所用的布轮应比前两种抛光更为柔软。增泽抛光后的制品，如其表面上附着的脂膏太多，应用干净而又柔软的布轮再度抛光。

上述三种抛光机床，有小型台式的；也有大至30～40kW座式的。常用的是1～3kW座式的。机床的转速应在不停车的情况下可于1500～3000r/min范围内任意调整。干抛设备应用防护罩掩盖且与通风集尘装置连通，保证安全和免除火险。

抛光用的布轮是由细棉布的圆片叠合而成的。按照对布轮软硬的要求不同，可以将圆片加缝或不加缝。加缝的布轮较硬，加缝针脚（一般为3～6mm）小的又比大的硬。不加缝的布轮中，折叠的又比不折叠的硬。如果需要非常柔软的抛光轮，可采用圆形的绳刷，也就是用棉纱或布条代替猪鬃作的圆刷。

热塑性塑料制品的抛光不应有过热现象，否则会因塑料的热软化引起表面出现波纹或弯曲。基于这种理由，应避免用柔曲性小和转速过大的抛光轮；也不应使制品和抛光轮接近的压力过大。有关这类制品的灰抛情况已见前述。其余两种抛光所用抛光轮的速度均为1000～1200m/min。磨削抛光轮上用的附加物一般是拌有二氧化硅细粉的脂膏；而增泽抛光用的则为蜡脂一类的物料，但也有不用附加物的。两种抛光所用的抛光轮均以柔软的为好。

热固性塑料制品磨削抛光所用的附加物，可以是拌有脂膏的细粉；也可以是不含脂膏的细粉。用后一种的磨削作用较大，常用于去除制品表面上的缺陷、微量的剩余废边以及机械加工的刀痕等。抛光轮的速度约1500m/min。用拌有脂膏的细粉作附加物的磨削抛光，主要是将较为粗糙的表面抛为平滑的表面。抛光轮的速度约1200～1800m/min。两种磨削抛光所用抛光轮的软硬程度均随具体情况而定：制品需要抛除的物料偏多时，抛光轮应偏硬；反之就偏软。热固性塑料制品在增泽抛光中所用的附加物大多是加有水磨矾土的脂膏。采用的抛光轮都是平直不加缝的布轮，速度约1200～1500m/min。

层压塑料制品的抛光与热固性塑料制品的抛光相同。

4.7.3.5 溶浸增亮和透明涂层

将热塑性塑料制品在一种可溶的有机溶剂中浸约一分钟，再在一种不溶的液体内浸少许时间以去除其表面上附着的溶剂，则制品表面上的细小不规则物，如机械加工的刀痕等，就能借此而除去。这种处理方法称为溶浸增亮。它不仅可以增添制品表面的光泽，同时还因为细小不规则物已被去除，其表面的染污和吸湿能力均有所减少，使制品的介电性能得到提高。不过对环境应力开裂敏感的塑料，如聚苯乙烯、聚碳酸酯等，除在严格控制的情况下进行外，最好不用这种方法。

从溶浸增亮出发，工业上又将它改进成为喷涂透明涂层。这种方法就是将树脂溶液直接喷涂于制品的表面。如果树脂溶液对被涂塑料制品具有溶解作用，则它与溶浸增亮并无多大的区别，不过这种方法还有一种用途，即可用于不能为树脂溶液溶解的塑料制品。

塑料制品愈大时，其表面加工愈重要，因为大件制品的成本不在加工费用而在塑料本身。如果能将大件制品的主体用低廉塑料制造而用透明涂层的方法改善其表面性能，就能大大降低制品的成本。为这种目的而采用透明涂层的意义和金属电镀并无不同。

除聚四氟乙烯、聚乙烯和聚丙烯少数几种塑料外，大多数的塑料都已有效的表面涂料。使用透明涂层最多的塑料是玻璃纤维基的聚酯、环氧和三聚氰胺层压塑料。进行喷涂时，须有一定的喷涂技术，否则不易奏效。喷涂好的制品应用热空气干燥并避免灰尘。

施行溶浸增亮和透明涂层时，具有内应力的制品常会发生坼裂。因此，进行这些操作前最好先做小样试验，再决定应该采取的步骤。进行两种方法的操作时，如用的是较弱的溶剂，对坼裂制品可起到适当的抑制作用。不过在透明涂层中对涂层的附着力却带来了不良的影响，所以对溶剂的选择必须谨慎。

大气湿度较高时喷涂是不相宜的，因为湿度大时涂层的附着力低。相反，大气湿度过低，制品又有被毁损的可能，这是溶解过分的结果。克服这种困难的方法是在所用溶剂系统中加入适当的非溶剂液体。如果涂层附着力不强的现象是在正常操作下发生的，其原因可能是：压制制品时模具上用的润滑剂和现用的涂层溶液之间缺乏互溶性；压制时润滑剂的用量太多或被处理的制品已沾有油腻或水等。

透明涂层能否在应用中符合抗湿、耐光、耐热、耐磨等要求，应结合具体情况订出简便的检定方法。这不仅能保证用户的要求，也有利于生产。

4.7.3.6 彩饰

彩饰是对塑料制品表面添加彩色花纹或图案的一种作业。目的是使塑料增添美观或便于区别。每一类塑料制品在形样和所用材料上各有其特点，因此彩饰时就各有其特定的问题。彩饰的方法甚多，有的还十分新颖并处在完善的过程，如静电印刷法等。这里对上述两方面都作出详尽的叙述是不现实的，只就彩饰中广用的几种方法作简单论述。

(1) 热压印

热压印是利用彩箔和刻有花纹或字体的热模，在控制温度和压力下，对塑料制品表面制造彩色浮凸花纹或字体的方法。其操作只须用装在固定压机上的热模隔着彩箔对制品需要彩饰的区域施加压力即可。

彩箔系由底材、脱除剂和色料（或金属粉）层三部分组成。底材用醋酸纤维素或聚对苯二甲酸乙二酯等薄膜。脱除剂是介于底材和色料层间的一种物质，在制造时先于色料层涂覆于底材上。其作用为便于色料层在适当的温度下与底材相互脱离而移植到塑料制品上。色料（或金属粉）层是树脂和色料（或金属粉）的混合物，色彩可以不止一种。从彩箔的组成和热压印的操作可以看出，热压印事实上就是热熔和焊接的过程。

采用的热模，随需要不同，可用黄铜、钢、锌、铅或硅橡胶等制成。长期生产或处理硬性塑料（聚苯乙烯）应用黄铜或钢材制模；短期生产可用锌、铅；制品上具有凸起物的（如阳文字体）应用硅橡胶。硅橡胶模由硅橡胶薄片和金属（黄铜、钢或铝）板黏结而成，通过金属板与压机连接在一起。生产时，金属部分的温度一般应高于规定的热压温度80℃，因为硅橡胶是热的不良导体。

热压印的压机种类很多，手动到全自动的都有。完善的压机至少应具备以下部分：①加热模具的装置，其温度范围65~260℃，并应附有控制仪；②正确夹持被处理制品的装置；③连续并准确供应彩箔的装置；④操纵热模进退和压力高低的装置。

热压的温度、时间和压力是主要控制因素，须按规定严格控制。温度过低，彩箔上的色料层不能完全贴附在制品上；过高，热印的图案又会因色料层的溢流而不很清晰。热压时间随被处理的塑料品种而异，硬性的常需较长的时间。热压精致图案的时间应比粗放的图案短。施加压力大小的原则和要求热压时间的长短相同。软性塑料和精致图案的热压只需作短暂的轻压即可。

热压印是一种简单经济的彩饰方法，适用于所有热塑性塑料制品；少数热固性塑料制品和层压塑料也可以用，但效果不太令人满意。热压印法不能用于三聚氰胺甲醛塑料制品，对脲甲醛塑料制品也很少用。

(2) 绢印

绢印和平常的油印很相似，广泛用于模塑制品平面和曲面上的印花。在平面上印花，它比漆花方法经济，且能取得精巧的图案。

绢印的基本工具是橡皮辊和丝网。橡皮辊是推挤油墨通过丝网的一种工具，辊的主体用耐油橡胶制成，并附有操作用的把手或夹持器。丝网是作为印花底板用的，其作用和油印中刻制的蜡纸相同。制造丝网的材料有蚕丝、尼龙、钢丝、不锈钢丝及合成纤维等。称为绢印的缘由在于这种丝网早期都用蚕丝做成，在塑料工业化之前已用于印刷工业。丝网是绷在一定的木框或金属框上的。为了能够印出花纹或图案，丝网上贴有精心设计的模绘板，以划出能使油墨通过和不通过的区域，在印刷时构成应有的花纹或图案。模绘板用水黏性的薄膜制造。如果模绘板是借助于摄影技术制成的，则能使花纹或图案更为精致和逼真。要求花纹或图案同时具备几种颜色时，应分几次用不同的丝网分上不同的颜色。这种印法称为套印。丝网用丝愈细和网孔目数愈高，绢印的质量愈高。

绢印操作与油印完全相同，可以手动也可以是机动的。采用的油墨决定于印制情况和被印塑料的种类。一般说来，油墨可以分为真漆（树脂、色料和挥发性溶剂配成的溶液，干结的膜在化学组分上与原用树脂相同）和瓷漆（热固性树脂、色料和挥发性溶剂配成的溶液，干结后的膜在化学组分上是原用树脂经化学作用后的产物）两种。瓷漆印制的花纹和图案，在耐久、柔曲、光泽和抗腐蚀等方面均较真漆好，但印制后须经热处理，使热固性树脂发生化学作用成为不熔的物质。在热固性塑料上印花，即令用附着性好的油墨，仍不很可靠，因此，表面上应再涂一层清漆。花纹或图案的质量依赖于油墨的质量和对油墨的选择。

(3) 照相凹版印刷

凹版印刷所用印版的特点，是图文部分低于空白部分，凹板多制成圆筒形，称为印辊。照相凹版是用照相显影技术将原稿图文转移到镀铜的印辊表面，再用腐蚀的方法使图文部分下凹。这种方法的基本过程是：在墨盆中滚过的印辊整个版面都沾上一层油墨，刮刀刮去辊面上的油墨使其成为空白区，而凹下的部分仍为油墨所填满，当印辊轻压承印物（薄膜）时，即将凹下部分所含油墨转移到对油墨有一定附着力的薄膜面上形成与原稿相同的图文。

凹版印刷法印出的墨层较厚，而且可借助凹下部分的深浅变化使着墨层有浓淡之分，能使图文细致部分和色调很好再现；加之所用溶剂型油墨多具有速干性。容易实现多色复杂图案的印刷。这种方法主要用于各种塑料薄膜和其他连续卷材的大批量连续印刷。

(4) 橡胶凸版印刷

凸版印刷特点是印版图文部分高于空白部分。橡胶凸版是指印版由橡皮材料制成。凸版印刷可采取平压、圆压和轮转压等方式进行，以轮转压较为常见。过程是：盛在油墨盘中的油墨，通过浸渍辊和网纹辊将一定厚度的墨层传递到版辊（或称铜辊）上的凸起部分，当承印物（塑料薄膜）通过版辊与压辊的间隙时，版辊凸起部分的墨层即转移到薄膜表面形成与原稿相同的图文。

凸版印刷一般难于像凹版印刷那样使图文的微细部分和色调的浓淡再现，但用橡胶材料制版成本较低，印刷时的压力低，适合在很薄的塑料膜上印出粗线条的图文，是中、小批量塑料薄膜包装袋常采用的印刷方法。

(5) 转印

先由版面将花纹或图案印在胶板或胶辊上。再由胶板或胶辊将花纹或图案转印到塑料制品表面上，这种方法称为转印。转印的优点是能在一次操作中施用几种色彩，且不妨害花纹或图案的清晰和光滑。此外，转印的花纹或图案还不会因为塑料制品的大小略有不同而受到影响。其缺点是生产率低和不能取得不透明性较强的印痕。转印的成功要点是如何选择合适的胶板或胶辊以及油墨等。

(6) 填漆

将稠厚适当的彩色油漆填嵌在制品表面已经模塑好的花纹或图案中的作业称为填漆。填漆时，应将不应上漆的区域，在油漆没有完全干燥之前，完全拂拭干净。这种方法的费用比上列三种彩饰方法都高，但花纹或图案不受尺寸公差的影响却为其特点，所以在某些情况下仍然比较经济。

(7) 漆花

漆花法是彩饰塑料制品的一种重要方法。它与前述喷涂透明涂层在本质上是相同的。所不同的只是，喷涂透明涂层是在模塑制品表面上进行全面的上漆，而漆花则是透过一种截花板对模塑制品进行部分的上漆。上漆部分的外形正是设计上要求的花纹或图案。花纹或图案有时须多种颜色。这时，喷涂应分次用不同的截花板和不同颜色的油漆进行。漆花与喷涂透明涂层在本质上既然相同，因此，凡前述的对喷涂透明涂层的注意事项也都适用于漆花。截花板就是镂空的纸版、木片或金属片，镂空部分的形状即为设计要求的花纹或图案。漆花时，应力求截花板和模塑制品的表面间有很好的吻合，使所漆的花纹或图案鲜明。事实上，求得完全吻合是困难的，因此，要求花纹或图案精致的场合，用漆花方法是不相宜的。其次，被处理的模塑制品的表面起伏过多时，漆花方法也是不相宜的。

4.7.3.7 涂盖金属

凡以金属被覆塑料制品表面的方法都称为涂盖金属。对塑料制品表面涂盖金属的目的是：①装饰；②消除塑料某些不需要的性能；③组成一种兼具塑料和金属某些性能的复合材料；④利用废塑料。涂盖金属的方法甚多，工业上常用的是真空淀积法、喷雾镀银法和电镀法。现分述如下。

(1) 真空淀积法

真空淀积就是将金属（一般用铝，但也有用金、银、铜、锌的）在真空情况下加热蒸发而使其蒸气在塑料制品表面凝结成为均匀的金属薄膜。具体操作可分为以下几个步骤。

① 制品表面的预处理　预处理的主要目的是去除塑料制品表面上的污垢、油腻、灰尘和脱模剂等，以保证真空淀积后的产品无表面缺陷和黏结不牢等缺点。常用的预处理方法是溶剂清洗法。采用的溶剂应随塑料的种类而异，以不伤害塑料制品表面且能快速挥发为好。例如，聚苯乙烯和酚醛塑料通用乙醇浸洗 4～5min 即可，而醋酸纤维素就以用乙醇、丁醇和石蜡油（1∶1∶1）的混合溶剂为好。脱模剂是很难去除干净的。所以需要真空淀积的模塑制品最好不用脱模剂。

聚乙烯和聚丙烯制品单经过溶剂清洗是不够的，因为它们的表面对油漆的附着力不强。因此，必须在清洗后再用高温（1100～2800℃）火焰或重铬酸钾-硫酸溶液作较短时间的处理，使其表面物质氧化，从而对油漆具有较大的附着力。

存有内应力的制品应事先经过热处理，不然在清洗和涂底漆时常会开裂和翘曲。聚酰胺和酚醛等热固性塑料制品，即使不存在内应力，也须经过热处理以排除一些低分子物（聚酰胺中是少量水分，热固性塑料中则是与交联时有关的残余物）。这些物质不排除，抽空时即会逸出，导致不易达到高度真空或最后制品表面起泡等。

② 上底漆　经过预处理的制品，其待淀积金属的表面上还须上一层底漆，目的是：a. 堵塞和封闭制品上的微孔，这些微孔常会吸留若干气体，影响抽空和制品质量；b. 消除制品表面上的微小不规则物和缺陷，使其平滑而有利于金属的淀积。这些障碍物不去除，淀积金属后会因光学效应而愈益显眼。

底漆的种类随塑料种类而不同。总的来说，应符合下列要求：a. 对塑料制品无显著的蚀刻作用，彼此间应有良好的附着力；b. 形成的漆膜既不应有任何残余的挥发物，也不致于为塑料中的增塑剂所伤害；c. 漆膜应有很好的光泽和柔曲性。通常以烤漆和风干熟化漆为好。

涂漆操作是将制品按一定的排列装在特制的机架上，用喷涂、蘸浸或流化喷涂等方法将漆涂上。再经适当的烘烤或干燥即能进行金属的淀积。

③ 淀积金属　淀积金属设备有如图 4-7-8 和图 4-7-9 所示的钟罩式和连续式两种。两种设备都由镀膜室和真空系统两大部分组成。钟罩式镀膜室内的主要部件是蒸发源和可旋转的

镀件台，适于单件塑料制品的淀积。连续式镀膜室内的主要部件是蒸发源、供料装置和冷却装置等，适用于薄膜和线材的淀积。现以钟罩式设备在制品表面的镀铝为例简要说明其操作。

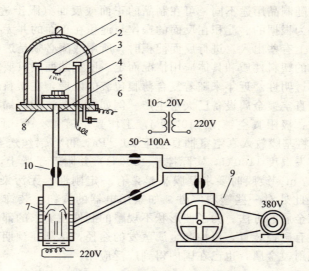

图 4-7-8　钟罩式真空镀膜装置

1,3—蒸发电极；2—挂在钨丝上的待镀金属；4—镀件；5—真空计；
6—放气阀；7—扩散泵；8—镀件台；9—机械泵；10—阀门

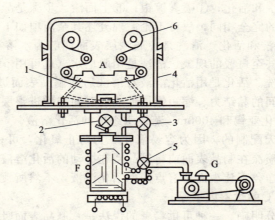

图 4-7-9　连续式真空镀膜装置

A—真空镀膜室；F—扩散泵；G—旋转机械泵；
1—水箱；2—高真空阀；3,5—真空阀；4—罩壳；6—传动辊

将塑料件置于钟罩内的镀件台上，并将清洁的高纯铝材挂在蒸发源的钨丝加热圈上。放入的铝材质量可计算确定，与要求的镀层厚度、镀层密度、铝材与塑件的垂直距离等因素有关。关闭钟罩后，先用机械泵抽真空，再用扩散泵使罩内的真空度达到 $10^2 \sim 10^{-3}$ Pa，随后加热铝材使其温度升高到约 1000℃ 的蒸发点。在铝材全部蒸发后蒸镀即可停止，这一过程仅需 $5 \sim 15$ s，铝层厚度应在 $1\mu m$ 以下，过厚容易脆裂脱落。铝膜结构与铝材蒸发速度、钟罩内真空度、塑料件表面温度和铝蒸气对塑料件表面的入射方向等有关。

④ 上面漆　真空淀积后，新由真空室卸出的制品，表面十分光亮，但必须再上一层水白色或其他色彩的透明漆，以便使用中能抗御摩擦、潮湿、氧化、腐蚀等。选用的面漆性能

随制品用途而定。如没有较高的要求，大多用真漆而不用烤漆。必须注意，所上面漆不允许对原上的底漆有蚀刻、溶胀、游移等作用，以免会降低质量或毁损制品。上面漆的方法与上底漆相同。

淀积的金属层，随制品用途不同，可在制品的正面或反面（限于透明塑料制品）。上述操作是以淀积在正面为根据的。淀积在反面的操作与淀积在正面的并无很大的不同，只是在上底漆和面漆的要求上有些出入。进行反面淀积时，所用底漆必须是透明的，但也可不上底漆，这须视制品所用的塑料性质和具体应用情况而定。所上的面漆只要求对金属层起保护作用，并不要求其具有透明性。近年来随着复合薄膜包装的发展，在塑料薄膜表面进行真空镀铝的日益增多，国产真空镀金属设备已大量生产。例如对铸塑法聚丙烯（CPP）膜进行真空镀铝，设备主要参数：极限真空镀 5×10^{-4} Pa，工作真空镀 4×10^{-3} Pa，速度 $60\sim120$ m/min，功率 100kW。将基膜放入真空室抽真空至 10^{-3} Pa，再将铝丝送至真空室的蒸发源熔化、气化、蒸发（蒸发温度 1100℃，实际控制 1500℃）并附着于膜上，即成为镀铝膜。铝层厚约 $(2\sim3)\times10^{-8}$ m。镀膜时要求基膜平整，有一定刚性、无污染，则所得镀层均匀，黏结牢固，光泽好。此外对一些塑料零件，如家用电器的旋钮、装饰件等塑料（如 ABS）零件，也采用真空镀金属的方法。为了使形状不规整的制件在要求的部位顺利镀上金属，在真空镀膜设备上，设有磁控装置，以控制金属蒸发的途径，达到在预期部位镀上完整的金属层，称为真空磁控溅射镀金属，也已在国内得到广泛应用。

(2) 喷雾镀银法

这一方法是由制镜法演变而来的。镀于塑料制品表面上的银层，是同时喷涂于表面上的银盐溶液和醛溶液产生化学作用的结果。方法的基本步骤是：①制品表面的预处理；②上底漆；③底漆层表面的清洗和活化；④喷雾镀银；⑤上面漆。步骤是顺序进行的，其中①、②及⑤与真空淀积中所述的完全相同，故可不论。现分述其余两项如下。

① 底漆层表面的清洗和活化　清洗是使底漆层表面能够为水溶液全部浸湿，否则以后喷镀的银层会出现不均甚至斑驳的现象。清洗是用肥皂水（也可用 pH 值与肥皂水相仿的洗涤剂水溶液）和热水漂洗。活化是用活化溶液对清洗后的制品表面进行处理，其目的在于：提高制品表面与银层之间的黏结力、缩短银层形成的时间和增进银层的均匀性。活化溶液的配方很多，例如，1g 氯化亚锡和 4000mL 蒸馏水组成的活化溶液。

活化溶液最好是当天配制的，因为容易氧化。为防止氧化，可在溶液中放入纯锡块或棒。活化是将活化溶液喷涂在制品表面或将制品浸在搅动的活化溶液中 2～3min。活化后的制品须用蒸馏水彻底洗净，不让表面留有点滴的活化溶液，不然所镀的银层会出现黑斑。洗净后的制品可在 60～65℃ 的烘室内干燥。

活化的原理尚不十分明确。一种可供参考的说法是：制品表面吸收的一层活化剂能与以后的镀银溶液通过还原作用而生成银粒子核，从而激起银的沉积。借助于制品表面对活化剂的原有吸收力，遂能使银层的黏结力得到有力的增加。

② 喷雾镀银　是指将镀银液和还原液分别同时用喷枪喷到活化后的制品表面上，两种溶液的配方随着对镀银的速度、成本和银层质量等要求不同而有很多变化，但原理都是相同的。即以醛还原硝酸银使其中银离子成为金属银。现例示一种配方见表 4-7-12。

表 4-7-12　喷雾镀银配方

镀 银 溶 液		还 原 溶 液	
硝酸银	72g	乙二醛(30%)	100mL
氢氧化铵	60mL	三乙醇胺	25mL
蒸馏水	3900mL	蒸馏水	3875mL

配制还原溶液是按规定用量将各组分相互混合并搅匀即可。配镀银溶液时，宜先将硝酸银溶在 2000mL 的蒸馏水中再在强烈搅拌下加入氢氧化铵。加入中先有棕色沉淀出现，但当氢氧化铵加完后，沉淀即全部溶解。最后加足蒸馏水，使总容积到 4000mL。两种溶液中所用的化学药品至少应是工业纯的。

两种溶液的喷涂最好在固定的风柜中进行，以便控制恒定的空气湿度和温度，否则所镀银层的质量会发生波动。供应的空气应是无灰、无油烟和无硫的。过程中的废液应回收利用，因为银盐的成本较高。

镀有银层的制品经清洗与烘干再涂上面漆即可作为成品。

(3) 电镀法

电镀法是利用电化学原理对导电材料进行涂盖金属层的方法。如能将塑料制品通身或表面变为导电的，则电镀法就能施行于塑料制品。变塑料制品为导电的措施只限于它的表面，没有必要使其通身都成为导电的。使塑料制品表面具有导电性能有不同的方法，最为常用的是喷雾镀银法。

进行塑料制品电镀时，先使制品表面取得导电的银层，但当银层形成后即行停止，不需要干燥及上面漆。

镀有银层的制品应立即放在碱性铜浴内进行初步电镀，再转入正常的酸性铜浴内进一步电镀。不直接用酸性铜浴电镀的原因是导电银层较薄，在酸性溶液中常有剥落的危险。通用碱性铜浴的成分为：硫酸铜 60g/L；氢氧化钠 50g/L；酒石酸甲钠 160g/L。所用的电流密度为 $0.0045 \sim 0.0055 A/cm^2$。电镀时间约为 5min。酸性铜浴溶液的成分为：硫酸铜 $150 \sim 200$g/L；硫酸 $25 \sim 37$g/L。此时电流密度为 $0.02 \sim 0.03 A/cm^2$。电镀 1h 所得铜层的厚度约为 $0.03 \sim 0.04$mm。

制品表面镀至所需的铜层厚度时即取出。经过清洗、干燥、抛光和上漆（按需要决定）后，即可作为制品。如果要求电镀金、银、镍、铬或其他金属的，则镀铜可视为必须的初步涂盖层。也就是镀铜层经清洗后，再按寻常在铜制品上电镀金、银、镍、铬或其他金属的方法进行处理。

4.7.3.8 植绒

植绒是指在涂有黏合剂的塑料制品表面上散布作为绒毛的短纤维后，经干燥或固化使绒毛整齐地固定在制品表面的作业。塑料制品表面经过植绒后，可取得装饰和保护的双重效果。植绒后的膜、片既可再用热成型等制成各种绒面立体产品，也可直接用作室内天花板和各种外壳件的罩面装饰。植绒的实施方法很多，有手撒法、机械法、交流电静电法和直流电静电法等多种，以直流电静电法的应用最广泛。按塑料制品形状分，有膜与片等平面植绒和立体单件模塑制品植绒两种，无论哪一种方法，其工艺过程，一般都由绒毛预处理、基材表面涂胶、植绒和绒毛固定等组成。

(1) 绒毛预处理

用于塑料制品表面植绒的绒毛多为尼龙 6 和尼龙 66 的低纤度纤维，有时也用聚酯纤维和不燃的改性腈纶纤维。绒毛纤维的长度通常在 $0.3 \sim 3.0$mm。绒毛预处理主要有染色和提高导电性的增湿。染色是使绒毛具有产品要求的颜色，增湿则是使绒毛的电阻保持在 $8 \times 10^7 \sim 1 \times 10^6 \Omega$ 以满足对绒毛导电性的要求。

(2) 基材表面涂胶

涂胶前应对植绒表面进行仔细清洗（用物理或化学方法），然后用刷、浸、辊或喷等方法涂布厚度均匀的黏合剂层。涂胶操作可间歇进行，也可在植绒生产线上连续地进行；所用的黏合剂应保证在涂胶后到植绒前不失去良好的黏结性。常用的有溶剂型聚氨酯、环氧树脂、水溶性聚乙烯醇、聚丙烯酸酯和聚氯乙烯增塑糊等。

（3）植绒

植绒是塑料植绒的关键工序。直流电静电植绒装置的工作原理见图 4-7-10。经过预处理的绒毛自下部为栅电极的撒布器 B 下落，当通过与高压静电发生器 A 相连的栅电极时带上负电。由于绒毛有一定导电性，因而进入高压电场后，负电荷即位移到面向接地金属丝网电极 D 的一端，使其成为偶极体。借助偶极体的取向作用，绒毛在电场中下落时沿电场力线整齐地落到基材 C 的涂胶层上，并只有一端与胶层接触而保持直立位置。大量绒毛以上述方式均匀落在胶层上，即形成基材的植绒表面。影响植绒过程和植绒效果的主要因素是绒毛尺寸、胶层质量和与电场强度调节有关的各项参数。

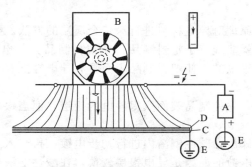

图 4-7-10　直流电静电植绒装置原理

（4）绒毛固定

植绒后按照所用黏合剂的性质，使胶层挥发干燥或交联固化，并使已植上的绒毛牢固地附着在塑料件表面。

植绒技术也可在塑料薄膜等表面制得绒面的花纹图案，其过程是先在薄膜表面按图案要求印上黏合剂，再在有图案的胶层上植绒并固定。

4.7.4　装配

4.7.4.1　黏合

通过黏合剂（胶黏剂）使塑料与塑料或其他材料彼此连接的作业称为黏合。黏合可使简单部件成为复杂完整的大件，以弥补模塑的不足。此外，黏合还有其他不少用途，例如修残补缺等。

黏合剂约可分为三类：①溶剂黏合剂，是被粘塑料的溶剂或混合溶剂，靠其溶解和事后的挥发使被粘物相互黏结；②溶液黏合剂，是溶剂和被粘塑料或与它相似的聚合物所组成的溶液，黏合原理与前一类相同；③活性黏合剂，是与被粘物相同或相容的单体以及催化剂和促进剂组成的混合物，也可以是它们的部分聚合产物以及催化剂和促进剂组成的混合物。它们在黏结后都能于室温或比被粘塑料软化点低的温度下进行近于完全的聚合。这类黏合剂借价合力或（和）机械结合力使被粘物连接在一起。使用部分聚合产物作黏合剂时，被粘塑料不必限定其化学类型和黏合剂相同，例如，不少热塑性塑料都可以用环氧树脂和硬化剂的混合物黏合。

被黏合的物料表面应力求清洁平整，但不需抛光。光泽的表面并不利于黏合，倒是较为粗糙的好。由机械加工的表面就已能满足黏合的要求。被黏合的表面上切忌存有油脂、水分、脱模剂或抛光剂，即使是微量的，都会降低黏结强度，甚至使黏合失效。接合的结构种类甚多，最常用的是搭接、对接、斜接和凸凹接等，少数也有用嵌接和 V 形接的。黏合时，随黏合剂的稠度和具体情况不同，可以在浸渍、涂刷、辊涂或刀刮等方法中选择适用的方法对被粘表面敷涂黏合剂。黏合剂应均匀敷涂在被粘表面上，并应保有适当的余量，以免黏合后出现空隙。当涂有黏合剂的表面发黏时（一般约在涂后几秒钟到几分钟不等，决定于所用黏合剂的类型），应立即进行接合，并用适当的夹具施加足够的压力以保证完善的接触，直到黏合处的强度已不会因为解除压力而出现活动为止。如果夹持中所用压力过大，使被黏合的部件发生弯曲，则应在黏合剂没有完全变硬时进行纠正，否则接合就不能符合要求。黏合中，对黏合剂所释出的气体应作有效的排除，以保证安全、防止火险和制品不受溶剂蒸气侵害等。黏合后的修整工作必须在黏合剂变硬后进行。有关塑料的黏合情况分述如下。

（1）热塑性塑料

用溶剂作黏合剂是热塑性塑料独有的一种黏合，但能用溶剂黏合取得较好效果的热塑性塑料并不多。表 4-7-13 列出用溶剂作黏合剂的几种常见的热塑性塑料以及所用的溶剂。为减少操作困难不使溶剂挥发太快或太慢，可在溶剂中加入适量的稀释剂。用溶剂黏合时，被粘塑料制品最好事先经过热处理，不然在涂覆溶剂后常有碎裂的危险。理论上溶剂黏合的接口事后应经热处理，以将溶剂排尽；也借此减少内应力。但实际上很少采用，因为许多接合强度不用热处理已能满足要求，而将溶剂排除完尽又不很容易。相反，在热处理中，残余的溶剂常会进一步渗入制品内部，引起不良后果。如热处理实属必要，则应小心从事。所定温度不能使制品翘曲，也不能使溶剂处于沸腾状态在接合处形成气泡。

表 4-7-13 塑料品种和所用溶剂黏合剂

塑料种类	溶剂黏合剂
聚苯乙烯	二氯甲烷、乙酸乙酯、苯、甲苯、乙苯、二甲苯、松节油
苯乙烯-丁二烯-丙烯腈共聚物	酮类、酯类、氯化烃类
丙烯酸酯类塑料	二氯甲烷、冰醋酸
纤维素塑料	丙酮、乙酸乙酯、二氯乙烷、乙酸戊酯
聚碳酸酯	二氯甲烷
聚酰胺	苯酚水溶液（水含量 12%）
氯乙烯-乙酸乙烯酯共聚物	丙酮、甲乙酮、环己酮

用溶液黏合剂的黏合只限于热塑性塑料。溶液黏合剂中含有树脂，溶剂虽在黏合后已经挥发，但树脂却留在接合处。这样，接合处如有细小的孔隙就会被填塞，对接合强度无疑是有益的。其次，溶液黏合剂的黏度较高，在接合处的溢流不大，同时溶剂向制品内部的渗入也会受到一定的抑制。再次，溶液黏合剂的挥发速率不如纯溶剂快，操作时间上可充裕些，对有些一时难于为溶剂所软化的塑料（例如聚氯乙烯）的黏合也是有利的。如前所述，溶液黏合剂中溶解的树脂不一定与被黏合的塑料相同，相似的也可以，所以应用的范围就宽些。例如，除表 4-7-12 所列的各种塑料都可以用其本身的溶液作黏合剂外，所有纤维素塑料都可以用硝酸纤维素的丙酮溶液作黏合剂；聚苯乙烯可以用丙烯酸酯类树脂的二氯甲烷溶液作黏合剂；聚氯乙烯可以用过氯乙烯的二氯甲烷溶液（通用的溶液浓度是 10%）作黏合剂等。

用加有催化剂的单体作黏合剂时，通常须对接合处加热以便单体的聚合。能用单体黏合的塑料只限于：①确有单体存在的（如聚乙烯醇就不可能）；②单体在常温下是液体；③单体无严重的危害性。即令单体确具以上条件，其操作技术要求仍然较高，故很少采用。

用部分聚合产物作热塑性塑料的黏合剂，其黏合虽因需要加热处理（也有采用冷交联剂而不需要加热的）等比用溶剂或溶液黏合剂麻烦；同时还因为本质上或色泽上与被粘塑料不一样而在外观上出现不协调的现象（尤其是透明塑料），但是这种黏合剂的黏合范围比较宽，而且这一类黏合剂的品种和黏合技术都不断有所发明和创造，所以近几年来已在很大程度上改变过去不常采用这类黏合剂的倾向，这是应该给予重视的。表 4-7-14 列出常用塑料采用这类黏合剂的具体品种。黏合时，可结合具体情况进行选择。

表 4-7-14 常用塑料用的活性黏合剂（不包括单体）

塑料品种	黏合剂品种①	塑料品种	黏合剂品种①
聚乙烯	2,3,9	聚酰胺	1,2,4,6
聚丙烯	2,3,9	聚氨酯	2,4,7,8
聚氯乙烯	4,7,8	聚四氟乙烯	1,2
聚苯乙烯	2,3,4,7,8	酚醛塑料	2,3,4,6,7,8
纤维素塑料	4,7,8	聚酯玻璃纤维增强塑料	2,3,4,7
聚甲基丙烯酸甲酯	3,4,8	三聚氰胺甲醛塑料	2,3,4,6,7
聚对苯二甲酸乙二酯	4,8	脲甲醛塑料	2,3,6,7
聚甲醛	2,7	环氧塑料	2,3,4,6,7
聚碳酸酯	建议不用		

① 本项中所列数字代表的品种：1—间苯二酚、甲醛或酚-间苯二酚甲醛树脂；2—环氧树脂；3—酚甲醛-聚乙烯缩丁醛树脂；4—聚酯树脂；5—天然橡胶；6—氯丁橡胶；7—丁腈橡胶；8—聚氨酯橡胶；9—天然或合成橡胶（水基）。

（2）热固性塑料的黏合

由于热固性塑料的不溶性，只能用部分聚合产物黏合剂。几种常见的热固性塑料通用黏合剂见表 4-7-14。热固性塑料模塑制品的表面一般都很光滑，这对黏合很不利，在黏合前须将被粘表面用机械加工或砂磨使其变糙。

（3）塑料和非塑料的黏合

这类黏合在工业上已日趋重要，并已逐渐取代原有的机械连接方法（如铆接、螺钉接合等）。表 4-7-15 列出各种塑料与非塑料黏合用的黏合剂。

表 4-7-15 塑料与非塑料的黏合剂

塑料种类	金属	陶瓷	橡胶	织物	木材	皮革
聚乙烯	5	5,9	2,9	5,9	5,9	5,9
聚丙烯	5	5,9	2,9	5,9	5,9	5,9
聚苯乙烯	3	9	8	6,8	3,4	3,8
聚氯乙烯	4,6,7	7,8	7,8	7,8	4,7	7,8,13
聚四氟乙烯	1,2	2	2	1	2	1
聚甲基丙烯酸甲酯	6,7	6,7	5～8	7	6,7	6,7
纤维素塑料	6,7	7	5～8	7	6,7	6,7
聚碳酸酯	2	2,4	4,6	2,4	2,4	2,4
聚酰胺	2,6	2,7	6	6,7	6,7	6,7
聚甲醛	2,7	2	7	2,7	2	2,7
聚氨酯	7,8	7	4,8	4,8	4	7,8
聚对苯二甲酸乙二酯	4	4	4	4		4,8
环氧塑料	2,3	2,3	7	7	2,3	7
三聚氰胺甲醛塑料	7	6	7	7		6,7
酚醛塑料	7	6	6,7	7		6,7
聚酯塑料	8	6	5～8	7		8
脲甲醛塑料	6,7	7	5～8	7	6	6,7

注：本项中所列数字代替的品种：1—间苯二酚、甲醛或酚-间苯二酚甲醛树脂；2—环氧树脂；3—酚甲醛-聚乙烯缩丁醛树脂；4—聚酯树脂；5—天然橡胶；6—氯丁橡胶；7—丁腈橡胶；8—聚氨酯橡胶；9—天然或合成橡胶（水基）。

4.7.4.2 焊接

加热熔化使塑料部件间接合的作业称为焊接。它是一种基于自黏结过程的塑料连接工艺，自黏合性是指两个表面接触时能形成稳态键的能力。目前对焊接机理主要有两种理论。一是扩散理论，认为自黏合能力与接触面上分子链自由末端的存在有关。焊接时由于有剧烈的运动，两个焊件表面层分子链末端能通过接触面扩散形成自黏合键。这种扩散相互间能越过界面交织起来，使表面层消失，使两个被焊件熔合为一体。其次是黏弹性理论，认为在焊接加工时，两个焊件的表面在热和焊接压力的作用下，发生黏性及部分弹性变形。作用于接触表面的分子间的吸引力不断增大，分子间距离的缩短，原子间距离的接近，导致氢键力和次价力的大幅度增加，使之聚集成一个整体。这两种理论都能说明焊接时需要一定的时间以达到焊成一个整体的目的。焊接时，可以加入新的塑料，如焊条；也可以不加。由于加热方式不同，焊接有很多方法，大体包括热焊接、摩擦（发热）焊接和电磁（发热）焊接三类，其中较重要的是，加热工具焊接、感应焊接、热气焊接、超声焊接、摩擦焊接和高频焊接。所有焊接方法只适用于热塑性塑料，但硝酸纤维素则例外，它在高温下很不稳定。而聚四氟乙烯因难于熔融，一般只能用加热工具焊接较薄的制品和板材，对较厚的大面积板材则难以保证焊接质量。遇有这类情况目前多使用与聚四氟乙烯性能相近、能够熔融和焊接的、四氟乙烯与全氟代烷基乙烯基醚的共聚物（PFA）来代替。多数情况下，焊接是在两种相同材料的零部件间进行的，但也有少数是不同材料（通常是相容性良好的）间的焊接。这时通常都要使用两种材料的共混物制成的焊条。

（1）加热工具焊接

利用电热的工具，如热板、热带或烙铁等，对被焊接的两个塑料表面直接加热，直至其面层发生足够的熔化，抽开加热工具并立刻将两个表面压拢，直到熔化部分冷却、硬化，就能使塑料部件彼此连接。这即称为加热工具焊接。图 4-7-11 和图 4-7-12 分别示出用热板焊接板材和烙铁焊接薄膜的情况。当然，其他如棒材、管材、模塑制品等也均可焊接。加热工具焊接法主要用于焊接聚甲基丙烯酸甲酯、增塑的聚氯乙烯、聚酰胺、高密度聚乙烯和聚四氟乙烯等塑料制品，但也可用于聚碳酸酯、聚丙烯、低密度聚乙烯、硬聚氯乙烯等塑料制品。

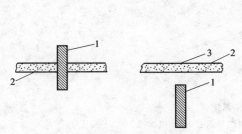

图 4-7-11　塑料板材的热板焊接法
1—加热用的热板；2—塑料板材；3—焊缝

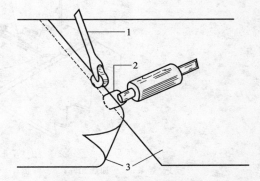

图 4-7-12　塑料薄膜的烙铁焊接法
1—手辊；2—电热烙铁；3—塑料薄膜

为工作需要，加热工具的形样有不同的变化。焊接设备有简单手提轻便式的，也有全自动固定式的。不同设备大小，操作原理均相同。加热工具一般由钢、铜或铝制成。为防止被焊塑料熔化而粘污加热工具，工具表面通常镀镍或涂有聚四氟乙烯。镀镍或覆盖涂层还另有一种意义，即避免铜或钢制的工具在高温下促使某些塑料的降解。加热工具一般可随焊接不同塑料而控制在一定温度范围。

焊接聚甲基丙烯酸甲酯为 320～350℃；高密度聚乙烯约 200～205℃；低密度聚乙烯约 150～200℃；增塑聚氯乙烯约 160～180℃。压向焊接处的压力约 0.02～0.08MPa。压拢时，接合处的气泡应完全排除，以保证焊缝的强度。加热时间一般在 4～10s。自加热工具移出至被焊部件接合的时间，最好不超过1s，时间愈长，焊接强度愈低。

由于焊接时施压，焊接处总会鼓出一道焊痕。如果接合后还须进一步成型，例如管材弯成适当角度或板材热成型等，这道焊痕可暂不除去，因为成型时接合处常会发生下陷。如果不需要再成型，焊痕可用砂磨法除去。

(2) 感应焊接

将金属嵌件放在被黏合的塑料表面之间，以适当的压力使它们暂时结合在一起，并将其置于高频磁场内。金属嵌件因感应生热使塑料熔化，再通过冷却而使塑料部件连接。上述方法即称为感应焊接。这种方法几乎对所有热塑性塑料都能奏效。

焊接中，不用金属嵌件而用金属网或热压印法贴上的金属箔，或者涂上一层金属粉和树脂的混合物，同样也能达到目的。焊接时，推向接合处的压力愈高，塑料与金属间的接触愈紧，塑料的温度上升也愈快，对焊接是有利的。通常所用的压力约 0.6～0.7MPa，有些塑料则需更大些，以排除热降解所产生的气泡。

感应焊接是一种非常快速（一般为 3～10s，甚至只需 1s）和多样化的焊接方法，焊接强度多数情况下都能符合使用要求。缺点是焊缝处留有金属、设备投资高和焊接强度不如其他焊接方法高。

(3) 热气焊接

用焊枪喷出的热气流使塑料焊条熔结在待焊塑料的接口处使之接合的方法称为热气焊接（见图 4-7-13）。这种焊接一般都是手工操作，操作周期长，焊接质量影响因素较多。主要用于聚乙烯、聚丙烯、聚甲醛、聚氯乙烯、聚酰胺等塑料的焊接，也可用于聚碳酸酯、聚苯乙烯等塑料。

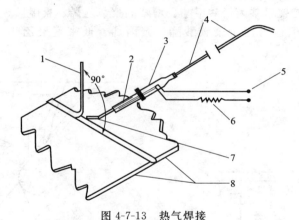

图 4-7-13　热气焊接
1—焊条；2—加热元件；3—焊枪；4—压缩空气导入管；5—电源接头；6—温度调整装置；7—对准板材与焊条的热气喷头；8—待焊的塑料板材

待焊塑料接口的结构，按需要不同，可有如图 4-6-13 所示的变化。从图可以看出，多数接口都须事先开出斜面。接口的表面应做到平整、干净、无任何油腻和脱模剂。

焊条的化学组分通常都与待焊的塑料相同，也可在主成分相同或相似的情况下稍稍改变其次要成分。焊条外形以圆杆状居多，其直径为 1.5～4.5mm。近来倾向于用三角形杆状的焊条（其宽度有达 9.5mm 的）。这种焊条的优点是接口处的空隙少和只需一次就能完成焊接工作（见图 4-7-14）。但是很明显，焊条细了是不成的。焊条一粗，劳动强度必然增加。除圆形与三角形焊条外，少数也有采用带状焊条的。

焊枪主要由加热元件（电热或煤气加热，但以前者较普遍）、导引气流的管道和喷嘴组成。电热元件的功率约 400～600W。喷嘴口径约 3～6.5mm。喷嘴喷出的气体温度在 200～480℃内变化，决定于所焊塑料的种类和待焊部件的情况。喷出的风量和风压分别为 0.015～0.085m^3/min 和 0.03～0.10MPa（表压）。通入焊枪的气体，随被焊塑料的品种而异，聚氯乙烯可用压缩空气，但对易氧化的塑料，如聚乙烯，则用氮气或二氧化碳。焊枪引入气体和

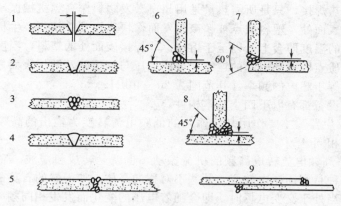

图 4-7-14 接口的结构
1—部件之间所留的间隙；2—第一根焊条焊的位置；3—V形结构焊毕后的情况；
4—用角焊条的焊接；5—复V形焊接；6,7—角焊；8—双边角隅焊；9—搭焊

电流的一端套有手柄，以便握持。

焊接前，将已开切斜面的待焊部件相互对齐并夹持在木质或不导热的垫板上（导热垫板常会导致不良的接合）。待焊部件之间应留有 0.4～1.5mm 的间隙，使焊条能够伸至底部，保证焊接强度。当焊枪喷出气体的温度、压力和气量调整到正常后，焊接即行开始，先将焊条放在接口处，在焊枪喷嘴朝着接口和焊条（须保持一定距离）及摆动焊枪的情况下，使喷出的热气流对待焊的两个表面和焊条作均匀的加热。当待焊表面和焊条已软化时，使焊条在适当压力下并与焊面保持一定的角度（焊聚氯乙烯和高密度聚乙烯时约 90°，见图 4-7-13；焊低密度聚乙烯时可大于 90°）沿焊接的方向作等速前进。前进的速度取决于喷嘴结构、接口结构和加热软化的具体情况，一般约 0.6～0.3m/min。这种焊接与金属的焊接不同，不需要使焊条完全熔化和流动，只需要有适当的软化达到良好的焊接即可。焊接时，有些塑料常会因热而裂解出毒性气体，因此，必须有适当的安全措施。

焊接速度可随喷嘴结构的改进而得到提高。图 4-7-15 就是快速焊接所用喷嘴的一种。

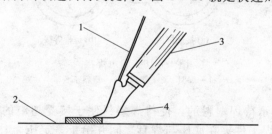

图 4-7-15 用圆形焊条的快速焊枪
1—焊条；2—塑料部件；3—焊枪；4—喷嘴

热气焊接的焊接强度取决于：①被焊件和焊条的塑料种类；②接口结构；③待焊面的机械加工质量和；④焊接技术。焊接强度不足的因素是焊接温度过高或过低，焊条没有贯穿接口、焊条受到延伸和接口处存在气泡等。过高的焊接温度常会引起塑料的降解，以致损伤焊接强度。温度过低，熔合不够，也会损伤焊接强度。焊条没有贯穿和接口处存有气泡对焊接强度不利的原因是相同的，即焊接截面受到折耗。焊条出现延伸是由于焊接中焊条的推进过快造成的。延伸的结果会使焊条的直径发生变化，从而形成内应力，以致焊接强度受到损伤。

（4）超声焊接

超声焊接也是热焊接，只是所需热量是用超声激发塑料作高频机械振动取得的。当超声被引向待焊的塑料表面处，塑料质点被超声激发而作快速振动并从而产生机械功，随着再转为热，热塑性塑料的温度即会上升以至于熔化。非焊接表面处的塑料，温度则不会上升。机械功的形式是塑料质点因振动引起的连续交替的受压与解压以及被焊表面之间因振动引起的摩擦。振动的频率等于超声的频率，其范围为 20～40kHz。

所有超声焊接设备都有以下四个基本构件。

① 高频电流发生器　主要作用是将输入的低频电流转换为输出的高频电流。其频率范围与超声频率范围相同。

② 换能器　将高频电流转成高频的机械振动，也就是转成超声波。完成这种转换的常用方法有两种：一种是利用压电效应。某些不对称的晶体，如天然的石英晶片和合成的钛酸锂或钡的晶片等，当处于交变电场时，即会随着电压的变化而发生相同频率的机械变形或尺寸伸缩，这种现象即所谓压电效应。利用这类晶片的压电效应即可将高频电能转换为超声波能。另一种方法是利用磁致伸缩效应，这种效应指的是像铁、钴、镍一类金属或它们的合金在交变磁场下所发生的收缩和膨胀的变化。利用这种效应也可以将高频电能转换为超声波能，从声学原理知，声强是正比于声波振幅平方的。由上列两种方法转换的超声波振幅都不大，因此，这种不大的运动还须适当放大（振幅 $2.5\sim250\mu m$）才能使用。

③ 焊具　焊具是将超声能量传送给待焊塑料的工具，通常由铝、钛或蒙乃尔合金做成圆锥体（见图 4-7-16）。锥体是便于超声能量能够在待焊部件上集中，而圆锥体则是便于焊具的制造。为了防止焊具与塑料接触部分的过多磨损，焊具顶端一般镶有碳化钨的接头。焊具顶端的直径随焊接工作的情况而异，通常在 12～120mm 内变化。

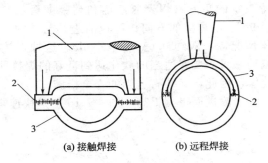

图 4-7-16　超声焊接
1—焊具；2—接口；3—塑料部件

④ 底座　底座是支承待焊塑料的，使待焊塑料便于接受超声的冲击，通用硬性金属制成。超声焊接时，将被焊工件夹在底座与焊具之间并给予一定压力。开动设备，超声被传至塑料待焊部分，在较短时间（0.5～5s）内交接处的塑料即会熔化而相互熔接。按照焊具与塑料待焊部分间的距离，超声焊接有接触焊接和远程焊接之分。接触焊接几乎对所有热塑性塑料都有效，但远程焊接只适用于硬性和半硬性的热塑性塑料，而对软性热塑性塑料就不很有效，因为超声能量在这种塑料中的消失很快。

在许多情况下，对塑料制品加入金属嵌件也可以用超声进行。具体的方法如下。塑料制品需要加入金属嵌件的部位在模塑时预先形成孔眼。孔眼的直径应稍小于嵌件。将嵌件坐落在孔眼上，连同塑料制品一并放在超声焊机上（见图 4-7-17）。焊机开动时，超声能量即由焊具传至金属嵌件，且有部分传入塑料中。这时与金属界面处的一部分塑料就会熔化，金属嵌件遂能因势而压入塑料制品中。经短暂冷却后，嵌件即被正确地固定在预定的位置上。

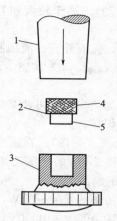
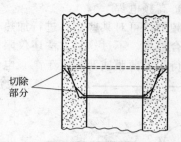

图 4-7-17 用超声法在塑料制品中加入金属嵌件
1—焊具；2—金属嵌件；3—塑料制品；4—嵌件的滚花部分；5—嵌件的导入部分

图 4-7-18 摩擦焊接中空制品接合面结构的设计

（5）摩擦焊接

利用热塑性塑料间摩擦生成的摩擦热使摩擦面发生熔化，在加压下冷却，就能使其接合，这种方法即为摩擦焊接。此法最适用圆柱形制件。如果制品是非圆柱形而其待接合的部分是圆柱形或其他简单几何形，也可以使用。

操作时，将一个部件固定在筒式车床或钻床的车头上并使其旋转（待焊面边缘转动的线速度约 100～500m/min），而将另一部件静止固定在车床尾部或钻床底部，抵紧两个部件，使在接合面上发生强烈摩擦，抵紧压力一般为 0.1～1.0MPa，视待焊塑料的刚度和强度而定。待有足够的塑料熔化后即停车而使其冷却。冷却时，两个部件仍应相互抵紧，以免接合处有气泡。为增进焊接质量，此时所用压力也可比摩擦时的大，有大至几倍的。冷却后，两个部件即熔接成一整体。

焊接实心部件时，由于接合面中心至边缘有线速度梯度，随之发生温度梯度，接合面的温度自中心向边缘次第上升。这样，制件在接合处就会存在残余应力，对质量不利。为此，可将接合面改为微具球面状的，以期摩擦先在接合面的中心发生，而后逐渐推向边缘。

摩擦焊接制件的焊接处常会鼓出一道焊痕。如果制件是中空的，则内外都会有焊痕，焊痕是熔融塑料被挤而溢出的。因此，在保证所需的摩擦和焊接强度的前提下，抵紧塑料部件的压力不应过大，摩擦时间也不能过长。否则将增多熔融塑料的溢出。此外，由于离心力增加，提高旋转速度会增大熔融塑料向制件外表面的溢出，减少中空制品向内表面的溢出。鼓出的焊痕常可从接合面结构的设计得当而得到减少或免去。图 4-7-18 所示的结构即为中空制品常用的一种，其榫边和榫口有一部分被切除。留出空位作为容纳多余熔融塑料，这样，鼓出的焊痕即能减小或免去。

摩擦焊接对很多热塑性塑料都是适用的。主要用途在于焊接工具把手、仪表按钮、上下瓶身等。

此外还发展了一种靠振动摩擦进行焊接的方法称为振动焊。焊件置于固定装置上，在一定压力下在接触面上进行振动摩擦，使界面熔化，停止振动，在保压下待焊面固化。一般振动焊机的频率为 100～250Hz，振幅<5mm，振动压力 1～4MPa，焊接时间 1～10s。其优点是焊接周期短，易控制，被焊塑料不易降解，适于低熔体黏度的塑料，可焊接焊面较大、形状较复杂的制件。缺点是焊面需平整，不适于低模量的塑料等。振动焊可分：直线振动型（沿直线往复振动），可同时焊接几对焊件或长宽比>1.5 的狭长零件。但不能进行圆周面的焊接；角旋转型（以轴为中心在较小的旋转角内前后旋转运动），适于较大和界面为圆周面等零件的焊接。

振动焊接目前主要用于汽车制造、家用机械等，如油箱、保温外壳、液压制动阀、仪表按钮等的焊接。

(6) 高频电焊

高频电流可对某些塑料进行加热在第 4 章已论及。这种加热当然也可使某些塑料熔化并取得接合效果。不过这种方法还仅限于塑料薄膜和薄板等的焊接。

将待焊的薄膜或薄板置于高频电焊设备的电板之间（见图4-7-19）；在适当压紧下，使电流短时间通过（例如焊接 2mm 的聚氯乙烯薄板约 5s）；再放松电极，即得焊接完的制品。

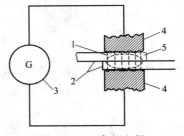

图 4-7-19　高频电焊
1—电场；2—塑料薄板；3—高频电流发生器；4—电极；5—发热最高的区域

通用高频电焊设备的功率约 1/4～6kW，特殊用途的可达 50kW。焊接的电压为 4000～10000V；电频约 2～100MHz。电极上下移动和压紧待焊塑料可以机械力或流体压力。设备上一般都附有输出功率、通电时间和夹持塑料压力的调整装置。作为焊接工具用的金属高频电极，从焊接原理上，只须两极对口处保持平整，形样并无特殊要求。但按具体工作的需要、可将电极做成特殊形样，甚至可以刻花。也可将电极改成滑轮式的、短距离移动式的等，以便连续焊接或提高生产率。电极边缘都应适当的倒角而不应是尖角，不然，电场会在尖角处集中，造成该处过热。

高频电热是极性分子在高频电场发生频繁振动的结果。因此，焊接时，介于电极之间的塑料似乎都将同时达到熔化状态。但是事实上因为电极是冷的，在塑料发热时又能导走若干热量，所以塑料温度是中心最高而两面及四侧最低。这对焊接是很理想的，尤其对等厚度的薄膜或薄板的焊接。不过焊接厚度较小的薄膜是不宜的。因为如果塑料发热速率不高，在待焊塑料中心至其面和底之间形成较陡的温度梯度是不容易的。而提高发热速率就需增大电压，这会使较薄的膜出现电击穿。所以薄膜厚度应有一定的限度，一般不低于 0.1mm。过厚的板材也不宜用高频电焊，因为同样也需要采用高电压，这时虽然不会电击穿，但一般焊接设备能承受的电压却有一定限度，同时，过高电压的生产危险性也大。

高频电焊虽只能用于分子有极性的塑料，如聚氯乙烯、聚酰胺、聚偏二氯乙烯和醋酸纤维素等，但经适当修改，也可用于聚乙烯。常用的一种方法是在两个电极上各贴一层分子极性较高且在 120℃下无很大变形的材料，如玻璃纸或醋酸纤维素等。这样，就会因所贴材料的分子振动而发热，并以热传导方式传给聚乙烯。所贴材料的厚度约 0.05～0.15mm。其使用寿命依赖于所焊聚乙烯薄膜的厚度、焊接设备的设计等因素，在许多情况下都有满意的效果。

4.7.4.3　机械连接

借机械力使塑料部件之间或与其他材料（多数是金属）的部件连接的方法都称为机械连接。机械连接的方法较多，每种方法所用的结构设计类型更多，且与日俱增。方法的种类或结构设计的类型，至今绝大多数都是从经验积累而得，因此，对它们的选择也多从经验判断。塑料制品的机械连接包括自攻螺钉连接、金属螺纹嵌件连接、塑料螺纹连接、片状螺母连接、螺栓连接、铆钉连接、卡入连接等，随着塑料应用的日趋广泛而逐步发展起来。在众多的连接方法中其适用范围、连接性能有较大的差别。在应用时，连接方法的选择不仅与连接性能要求有关，而且与所用塑料种类有关，表 4-7-16 列出了常用塑料对连接方法的适应性。现将几种较为常用的机械连接方法举述如下,对各种方法所用的结构类型则从略。

表 4-7-16 塑料对机械连接的适应性

材料		连接方法									
名 称	缩写代号	自攻螺钉			金属螺纹嵌件		塑料螺纹嵌件		片状螺母连接	铆钉连接		卡入连接
		有刀螺钉	无刀螺钉	新型螺钉	模塑嵌入	超声嵌入	模塑	车制		塑料	金属	
聚乙烯	PE	#	○	⊙	○	⊙	○	○	⊙	△	△	⊙
聚丙烯	PP	#	○	⊙	○	⊙	○	○	⊙	△	△	⊙
聚苯乙烯	PS	○	○	○	○	⊙	○	○	△	○	○	△
高抗冲聚苯乙烯	HIPS	○	○	○	○	⊙	○	○	○	○	○	○
丙烯腈-丁二烯-苯乙烯共聚	ABS	○	○	○	○	⊙	○	○	⊙	○	○	⊙
聚氯乙烯	PVC	○	○	○	○	⊙	○	○	○	○	○	△
聚酰胺	PA	⊙	○	⊙	○	⊙	○	○	○	○	○	○
聚碳酸酯	PC	⊙	○	⊙	○	⊙	○	○	○	○	○	○
聚甲醛	POM	⊙	○	⊙	○	⊙	○	○	○	○	○	○
聚苯醚	PPO	⊙	○	⊙	○	⊙	○	○	○	○	○	○
酚醛塑料		△	#	△	○	×	#	#	×	△	△	#
有机硅塑料		△	#	△	○	○	#	#	×	△	△	#

注:表中适应性没有考虑其经济性,其中,⊙—好,○—较好,△——一般,#—差,×—不能适应。

(1) 螺钉连接

通过被连接部件上的原有孔眼,用金属或塑料螺钉使其彼此连接的方法称为螺钉连接。塑料部件上的孔眼可以用模塑或机械加工方法形成。孔眼的结构可以按其中是否有内螺牙而分为丝孔与光孔两种。

用丝孔的螺钉连接,严紧程度不如用光孔的好,丝孔的形成又比光孔复杂,这是它的缺点,但能用于厚度不大的部件,这又是它的优点。用光孔的螺钉连接的优缺点与丝孔的相反,但须说明的是,这种连接在连接处常会形成内应力的集中,以及连接时必须用金属制的自攻螺钉。

自攻螺钉是利用自身的螺纹,在拧入螺母零件的光孔时可以攻出内螺纹的螺钉。常见的几种自攻螺钉见图 4-7-20。

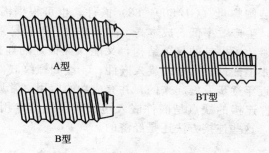

图 4-7-20 常见的几种自攻螺钉

自攻螺钉与机螺钉的螺纹参数主要区别在于螺距、螺纹高度、末端形状不同。前者螺距大、螺纹高度高、末端形状有利于拧入。其他如所用材料、力学性能也有所不同。一些新型自攻螺钉还在牙型角、螺纹头数、螺杆外形等方面做了改进，使更好地适应螺纹自攻的特点和有更好的连接性能。

自攻螺钉开始在塑件中应用只是简单的"移用"，后来才有了适应塑料性能特点的自攻螺钉。随着塑料品种的不断增加和应用范围的日趋广泛，自攻螺钉仍在不断改进以适应新的需要。

自攻螺钉连接一般由三个部分组成：①自攻螺钉；②被连接零件；③螺母（塑料）零件。其中被连接零件可以是金属或塑料等材料，螺母零件是带有支柱的塑料零件。支柱有螺纹底孔（光孔）供拧入自攻螺钉。由于自攻螺钉的自锁性能好，一般不需加弹簧垫圈或平垫圈。自攻螺钉连接广泛用于仪器仪表、电视机、录像机、玩具等。自攻螺钉连接是可拆连接，实验表明，正确的装配和拆卸可反复数十次而保证良好的连接强度。但最好是不拆或少拆，在大批装配时，由于装配的不一致性，此点尤为重要。自攻螺钉的最大优点是成本低，塑件的模具结构简单。

目前国内大量使用的按 GB 922—76 和日本 JISB 1115—76 生产的自攻螺钉：AB、B、BT 型三种。它们存在如下缺点：①大的拧入力矩；②易产生环状应力（hoopstress）；③螺纹浅，螺距小，牙形角大。近年来，先后研制了一些新型自攻螺钉，见图 4-7-21。这些自攻螺钉弥补了普通自攻螺钉的不足，提高了连接性能，它们主要包括：①双头螺纹自攻螺钉；②自攻锁紧螺钉；③大螺距、小牙形角自攻螺钉；④锯齿形螺纹自攻螺钉；⑤小直径自攻螺钉；⑥压入型自攻螺钉。这些新型自攻螺钉在设计思想上一个重要内容是，让不同的螺钉适用不同的塑料，让螺钉的连接性能尽量适应塑料的性能。

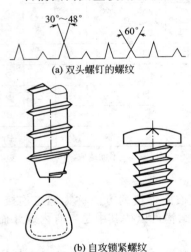

图 4-7-21 几种新型自攻螺钉

(2) 金属螺纹嵌件连接

它是指在塑件中嵌入金属螺纹嵌件，然后用普通机螺钉将被连接零件与塑件紧固在一起的方法。在塑件中嵌入金属嵌件，可以有效地增加塑件局部的强度，弥补塑料固有的弱点。金属螺纹嵌件所能提供的连接强度远比自攻螺钉连接强度高，且适用于反复拆装的场合。金属螺纹嵌件常用的材料有钢、铜、铝等，嵌件有螺母形螺柱形式等，应用较多的是螺母嵌件。按嵌入塑料的时间不同，可分为两大类：一类为模塑时嵌入的嵌件，另一类为模塑后嵌入的嵌件。

模塑时嵌入嵌件技术比较成熟，应用时主要考虑嵌件周围的壁厚、塑件的合理结构等。设计时可选用标准的嵌装圆螺母（GB 809—88）嵌件，也可根据需要自行设计。这种连接的缺点是模具结构复杂，生产效率低、成本高，除非必须，不轻易采用。

模塑后嵌入的嵌件避免了模具的复杂结构，又能保证很好的连接强度。其主要种类有：①超声嵌入嵌件；②扩张型嵌件；③自攻旋入嵌件；④线圈螺纹嵌件；⑤压入型嵌件；⑥粘接型嵌件，这些嵌件是近年逐步发展起来的，并有成功的应用。常见的几种模塑后嵌入的嵌件见图 4-7-22。这类嵌件连接的缺点是嵌件嵌入塑件时往往需专用的设备，一次性投资较大，但在大批量生产时，这些连接方法还是经济的。

(3) 塑料螺纹连接

塑料螺纹连接是指在塑件中采用塑料内螺纹和塑料外螺纹的连接。其连接的紧固件可以是塑料内螺纹与机螺钉（金属），也可以是塑料内螺纹与塑料螺钉，或是塑料螺钉加金属螺母。塑料螺纹连接的设计主要是塑料螺纹的设计。塑料螺纹一般均采用普通粗牙螺纹，细牙

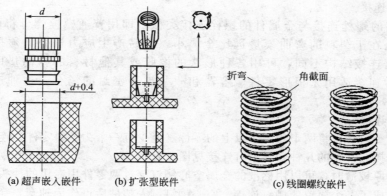

图 4-7-22 几种模塑后嵌入的嵌件

螺纹会因强度太低而使螺牙开裂。塑料螺纹可由模塑和机械切削两种方法获得。

模塑螺纹是指成型时在制件上留下的螺纹,其成型方法有:①用成型杆成型内螺纹,用成型环成型外螺纹;②用瓣合模成型外螺纹;③对韧性塑料(如 PP)采用强制脱模成型内外螺纹。模塑螺纹不能达到高精度,一般低于 IT10~IT11 级,螺纹直径不能小于 2mm,螺纹的长度一般不宜大于螺纹直径的 1.5 倍。模塑螺纹的设计还要考虑塑件本身及模具制造时的工艺性,这是非常重要的。

切削螺纹是在塑料毛坯上用机械切削获得的。外螺纹常用车削或板牙的方法,也有用成型铣刀在铣床上加工的。切削内螺纹时先钻孔,再用丝锥攻丝而获得。切削塑料螺纹要根据塑料的特性选择切削工艺参数。

塑料螺纹连接的强度不高,生产效率低,只适用于单件或小批量生产且螺纹直径较大的场合。

(4) 片状螺母连接

片状螺母又称为快速装配螺母,具有良好的自锁性能和快速装配的特点。这种螺母用薄钢板冲制而成。将约 10mm×10mm 的薄钢板中间冲成两夹片,夹片的上下错开距离等于所用螺钉的螺距,两夹片中间形成的孔比螺钉内径略大,钢板厚度略小于螺距。装配时,首先将这种螺母插入塑件的固定槽,拧入螺钉时螺母有一定的弹性从而夹紧螺钉,达到自锁,见图 4-7-23。采用的螺钉一般为自攻螺钉(取其螺距大的特点)。

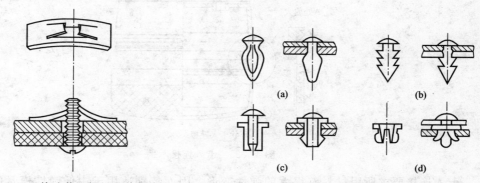

图 4-7-23 快速装配螺母及其连接　　图 4-7-24 几种塑料铆钉连接

片状螺母的应用是近几年的事,某些国家已将片状螺母列为标准件生产。片状螺母的连接强度很高,成本低、装配迅速,值得推荐采用。这种连接由于其结构特征,适用于壳体零件的连接。片状螺母的外形可以根据连接的需要,设计成合适的形状,以利于塑件的装配。

(5) 螺栓连接

塑料制品的螺栓连接与金属件的螺栓连接类似,即用普通螺栓螺母将两零件夹持紧固,不同之处在于塑料的弯曲模量远比金属小,容易产生应力松弛,须采取措施来分散应力。根据连接结构不同,可用各种形状的橡胶或其他材料的弹性垫以及大面积的垫圈等。这种连接适用于板形零件、容器和一些需要密封的场合。这种连接的强度和可靠性很高。

(6) 铆钉连接

用金属或塑料铆钉将两个或两个以上的零件(至少有一个为塑料零件)连接在一起称为塑料的铆钉连接。常见的几种塑料铆钉连接见图 4-7-24。

当零件壁厚较薄时,可以用标准的金属空心铆钉穿过两零件用专用的冲头将铆钉一端铆死,这样就形成了一个简单的铆钉连接。空心铆钉铆入塑件后可作为轴套,穿入轴后形成轴与套的连接,减少塑料的磨损。金属铆钉可根据需要,设计以适应各种情况的连接。塑料铆钉可以利用塑料固有的弹性变形设计成空心的,穿入两连接零件后,再敲入一芯棒以胀紧连接;也可设计成实心的,采用过盈配合,装配后将一端烫牢。塑料铆钉常用尼龙、聚乙烯、聚丙烯、ABS 塑料等。

塑件铆钉连接适用于连接强度要求不高的场合,多数情况下其连接也是不可拆的。

(7) 卡入连接

卡入连接又称卡装或钩扣连接。这种连接有多种形式,但都具有一个共同特征,即连接的两零件中一个带有凸缘部分,另一个带有凹槽,装配时其配合处产生瞬时挠曲变形使凸缘卡入凹槽,将两个零件锁定,并处于无应力状态。卡入连接示例见图 4-7-25。

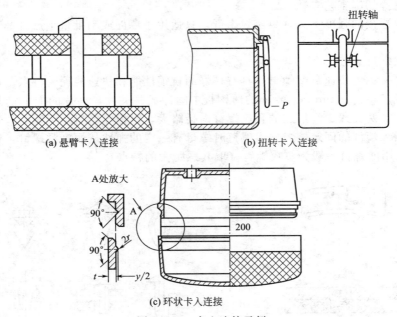

图 4-7-25 卡入连接示例

卡入连接要求所用材料有很大的弹性变形,因而特别适用于中低弹性模量的塑料,如 ABS、聚酰胺、聚碳酸酯、聚丙烯等。正确设计的塑件卡入连接具有良好的可靠性,连接强度好,结构简单、经济,可迅速连接两个相同或不同材料的零件。大量生产时,卡入连接是所有塑料连接方法中成本最低、装配最简单、速度最快的。

卡入连接按结构特征和受力状态,可分为悬臂卡入连接、环状卡入连接、扭转卡入连接等，其中悬臂卡入连接是最简单、最常用的。设计卡入连接可以通过计算许用挠曲力、过盈量、卡入力来保证连接的可靠性和连接强度。在结构设计时要尽量避免模具的抽芯，以方便模具制造和生产。

卡入连接已广泛应用于各种塑料制品。如一种交通管制用的红绿灯除灯炮和反光镜外零件全部用塑料制造，其连接也全部采用了卡入连接。同时还研究出了用有限元法分析、计算悬臂卡入连接的计算机软件包，能对卡入连接的参数求得精确解，使计算变得容易、高效，连接更加合理可靠。

（8）其他活动连接

根据具体情况，塑料部件也可用弹簧夹、弹簧插销、铰链、活栓锁、弹簧锁等进行连接。这些连接方法与金属或其他非金属制品的连接相同。采用的铰链、活栓锁、弹簧锁等均由金属制成，且有一定规格和标准。

附 录

附录1 挤压管材的反常现象、原因及消除方法

反常现象	原 因	消除方法
管材内外表面毛糙	(1)塑料中水分含量过大 (2)料温太低 (3)机头与口模内部不洁净 (4)挤出速率太快	(1)干燥塑料 (2)适当提高温度 (3)清理机头与口模 (4)降低螺杆转速
制品带有焦粒或变色	(1)挤压温度过高 (2)机头与口模内部不洁净或有死角	(1)降低温度 (2)清理机头与口模,改进机头与口模的流线型
管材起皱	(1)料流发生脉动 (2)牵引速度不平稳	(1)检查发生脉动的原因,采取相应的措施,放慢挤压速度和严格控制温度 (2)检查牵引装置,使之达到平稳
管壁厚度不均	(1)芯棒和模套定位不正 (2)口模各点温度不均 (3)牵引位置偏离挤出机的轴线	(1)校正其相对位置 (2)校正温度 (3)校正牵引的位置
管材口径不圆	(1)定型套口径不圆 (2)牵引前部的冷却不足	(1)掉换或改正定型套 (2)校正冷却系统或放慢挤出速度
管材口径大小不同	(1)挤出温度有波动 (2)牵引速度不均	(1)控制温度恒定 (2)检查牵引装置,使之达到平衡
制品带有杂质	(1)滤网破损或滤网不够细 (2)塑料发生降解 (3)用料中加入的填料太多	(1)掉换滤网 (2)校正各段温度 (3)降低填料的比例

附录2 吹塑薄膜的反常现象、原因及消除方法

反常现象	原 因	消除方法
光学性能差	(1)熔体温度偏低 (2)吹胀比过小 (3)冷却太慢	(1)提高挤出温度 (2)提高吹胀比(4∶1) (3)加快冷却速度
单向强度偏低	横直两向的定向作用不平衡	调整牵伸比与吹胀比
薄膜撕裂强度偏低	(1)熔体温度偏高 (2)定向作用不够 (3)冷却太快	(1)降低挤出温度 (2)增加吹胀比 (3)减慢冷却
薄膜变色	树脂发生降解	降低料温
鱼眼泡	树脂发生降解	降低料温
薄膜中出现痕迹	(1)口模不洁净 (2)发生降解	(1)清理口模 (2)降低挤出温度
薄膜厚度不均	口模出料不均	(1)调整口模缝隙宽度 (2)调整模口各点的温度 (3)调整冷却风环的位置

续表

反常现象	原因	消除方法
厚度与宽度发生波动（管泡不稳定）	(1)料流出现脉动 (2)压缩空气压力不稳定 (3)外面空气流不稳定	(1)放慢挤出速度和严格控制温度 (2)检查供气系统有无漏气或障碍，并作适当处理 (3)设法使外在空气流稳定
薄膜发皱	(1)薄膜厚度不均 (2)口模各部温度不均	(1)降低料温 (2)调整温度使其均匀
薄膜两层间发黏	(1)冷却不够 (2)润滑剂用量不够	(1)增强冷却效果 (2)适当增加润滑剂用量

附录3 注塑模塑的缺陷及其可能产生的原因

制品缺陷	产生的原因
模腔未充满，制品缺料	(1)料筒、喷嘴及模具温度偏低 (2)加料量不够 (3)料筒剩料太多 (4)注射压力太低 (5)注射速度太慢 (6)流道或浇口太小，浇口数目不够，位置不当 (7)模腔排气不良 (8)注射时间太短 (9)浇注系统发生堵塞 (10)原料流动性太差
制品溢边	(1)料筒、喷嘴及模具温度太高 (2)注射压力太大，锁模力不足 (3)模具密封不严，有杂物或模板弯曲变形 (4)模腔排气不良 (5)原料流动性太大 (6)加料量太多
制品有气泡	(1)塑料干燥不良，含有水分、单体、溶剂和挥发性气体 (2)塑料有分解 (3)注射速度太快 (4)注射压力太小 (5)模温太低、充模不完全 (6)模具排气不良 (7)从加料端带入空气
制品凹陷	(1)加料量不足 (2)料温太高 (3)制品壁厚或壁薄相差大 (4)注射及保压时间太短 (5)注射压力不够 (6)注射速度太快 (7)浇口位置不当

续表

制 品 缺 陷	产 生 的 原 因
熔接痕	(1)料温太低,塑料流动性差 (2)注射压力太小 (3)注射速度太慢 (4)模温太低 (5)模腔排气不良 (6)原料受到污染 (7)模具设计或浇口位置开设不当
制品表面有银丝及波纹	(1)原料含有水分及挥发物 (2)料温太高或太低 (3)注射压力太低 (4)流道浇口尺寸太大 (5)嵌件未预热或温度太低 (6)制品内应力太大
制品表面有黑点及条纹	(1)塑料有分解 (2)螺杆转速太快、背压太高 (3)塑料碎屑卡入柱塞和料筒间 (4)喷嘴与主流道吻合不好,产生积料 (5)模具排气不良 (6)原料污染或带进杂质 (7)塑料颗粒大小不均匀
制品翘曲变形	(1)模具温度太高,冷却时间不够 (2)制品厚薄悬殊 (3)浇口位置不当,数量不够 (4)顶出位置不当,受力不均 (5)塑料中大分子定向作用太大
制品尺寸不稳定	(1)加料量不稳 (2)原料颗粒不匀,新旧料混合比例不当 (3)料筒和喷嘴温度太高 (4)注射压力太低 (5)充模保压时间不够 (6)浇口、流道尺寸不均 (7)模温不均匀 (8)模具尺寸不准确 (9)脱模杆变形或磨损 (10)注射机的电气、液压系统不稳定
制品粘模	(1)注射压力太高,注射时间太长 (2)模具温度太高 (3)浇口尺寸太大和位置不当 (4)膜腔光洁程度不够 (5)脱模斜度太小,不易脱模 (6)顶出位置结构不合理
主流道粘膜	(1)料温太高 (2)冷却时间太短,主流道料尚未凝固 (3)喷嘴温度太低 (4)主流道无冷料穴 (5)主流道粗糙度差 (6)喷嘴孔径大于主流道直径 (7)主流道衬套弧度与喷嘴弧度不吻合 (8)主流道斜度不够

续表

制品缺陷	产生的原因
制品内冷块或僵块	(1)塑化不均匀 (2)模温太低 (3)料内混入杂质或不同牌号的原料 (4)喷嘴温度太低 (5)无主流道或分流道冷料穴 (6)制品质量和注射机最大注射量接近,而成型时间太短
制件分层脱皮	(1)不同塑料混杂 (2)同一种塑料不同级别相混 (3)塑化不均匀 (4)原料污染或混入异物
制品褪色	(1)塑料污染或干燥不够 (2)螺杆转速太大,背压太高 (3)注射压力太大 (4)注射速度太快 (5)注射保压时间太长 (6)料筒温度过高,使塑料、着色剂或添加剂分解 (7)流道、浇口尺寸不合适 (8)模具排气不良
制品强度下降	(1)塑料分解 (2)成型温度太低 (3)熔接不良 (4)塑料潮湿 (5)塑料混入杂质 (6)浇口位置不当 (7)制品设计不当,有锐角缺口 (8)围绕金属嵌件周围的塑料厚度不够 (9)模具温度太低 (10)塑料回料次数太多

附录4 一般热固性塑料产生废品的类型、原因及处理方法

废品类型	产生的原因	处理方法
表面起泡或鼓起	(1)塑料中水分与挥发物的含量太大 (2)塑模过热或过冷 (3)模压压力不足 (4)模压时间过短 (5)塑料压缩率太大,所含空气太多 (6)加热不均匀	(1)将塑料进行干燥或预热后再加入塑模 (2)适当调节温度 (3)增加压力 (4)延长模压时间(指固化阶段) (5)将塑料进行预压或用适当的分配方式使之有利于空气的逸出。对于疏松状塑料,宜将塑堆堆成山峰状,且不宜使峰顶平坦或下陷 (6)改进加热装置

续表

废品类型	产生的原因	处理方法
翘曲①	(1)塑料固化程度不足 (2)塑模温度过高或阴阳两模的表面温差太大,使制件各部间的收缩率不一致 (3)制件结构的刚度不足 (4)制件壁厚与形状过分不规则使料流固化与冷却不均匀,从而造成各部分的收缩不一致 (5)塑料流动性太大 (6)闭模前塑料在模内停留的时间过长 (7)塑料中水分或挥发物含量太大	(1)增加固化时间 (2)降低温度或调整阴阳两模的温差在±3℃的范围内,最好相同 (3)设计制件时应考虑增加制件的厚度或增添加强筋 (4)改用收缩率小的塑料,相应调整各部分的温度;预热塑料;变换制件的设计 (5)改用流动性小的塑料 (6)缩短塑料在闭模前停留于模内的时间 (7)预热塑料
欠压(即制件没有完全成型、不均匀、制件全部或局部成疏松状)	(1)压力不足 (2)加料量不足 (3)塑料的流动性大或小 (4)闭模太快或排气太快,使塑料自塑模溢出 (5)闭模太慢或塑模温度过高,以致有部分塑料过早固化	(1)增大压力 (2)增加料量 (3)改用流动性适中的塑料,或在模压流动性大的塑料时缓缓加大压力;在模压流动性小的塑料时则增大压力与降低温度 (4)减慢闭模与排气的速度 (5)加快闭模或降低塑模温度
裂缝	(1)嵌件与塑料的体积比例不当或配入的嵌件太多 (2)嵌件的结构不正确 (3)模具设计不当或顶出装置不好 (4)制件各部分的厚度相差太大 (5)塑料中水分和挥发物含量太大 (6)制件在模内冷却时间太长	(1)制件应另行设计或改用收缩率小的塑料 (2)改用正确的嵌件 (3)改正塑模或顶出装置的设计 (4)改正制件的设计 (5)预热塑料 (6)缩短或免去在模内冷却的时间
表面灰暗	(1)模面光洁程度不够 (2)润滑剂质量差或用量不够 (3)塑模温度过高或过低	(1)仔细清理塑模并加强维护(抛光或镀铬) (2)改用适当的润滑剂 (3)校正塑模温度
表面出现斑点或小缝	塑料内含有外来杂质,尤其是油类物质;或塑模未很好清理	塑料应过筛;防止外来杂质的沾染,仔细清理模腔
制件变色	塑模温度过高	降低模温
粘模	(1)塑料中可能无润滑剂或用量不当 (2)模面粗糙度差	(1)塑料内应加入适当的润滑剂 (2)增加模面的粗糙度
废边太厚	(1)上料分量过多 (2)塑料流动性太小 (3)模具设计不当 (4)导合钉的套筒被堵塞	(1)准确加料 (2)预热塑料、降低温度及增大压力 (3)改正设计错误 (4)清理套筒
表面呈橘皮状	(1)塑料在高压下闭模太快 (2)塑料流动性太大 (3)塑料颗粒太粗 (4)塑料水分太多(暴露太久)	(1)降低闭模速度 (2)改用流动性较小的塑料或将原用塑料进行烘焙 (3)预热塑料,将粗颗粒料模压薄壁长流距的制件 (4)进行干燥

续表

废品类型	产生的原因	处理方法
脱模时呈柔软状	(1)塑料固化程度不够 (2)塑料水分太多(暴露太久) (3)塑模上润滑油太多	(1)增长模压周期(指固化阶级)或提高模压温度 (2)预热塑料 (3)不用或少用
制件尺寸不合要求	(1)上料量不准 (2)塑模不精确或已磨损 (3)塑料不合规格	(1)调整上料量 (2)修理或更换模具 (3)改用符合规格的塑料
电性能不合要求	(1)塑料水分太多 (2)塑料固化程度不够 (3)塑料中含有金属污物或油脂等杂质	(1)预热塑料 (2)增长模压周期或提高模温 (3)防止外来杂质
力学强度差与化学性能低劣	(1)塑料固化程度不够,一般是由模温太低造成的 (2)模压不足或上料量不够	(1)增加塑模温度与模压周期(指固化阶段) (2)增加模压和上料量

① 翘曲现象虽可用制件在塑模内冷却的方法消除,但使模压周期延长或需用几副塑模,对生产不够经济,如特殊需要也可采用。

参 考 文 献

[1] 黄锐. 塑料成型工艺学：第 2 版. 北京：中国轻工业出版社，2003.
[2] 蓝立文. 高分子物理. 西安：西北工业大学出版社，1993.
[3] 何曼君. 高分子物理. 上海：复旦大学出版社，2008.
[4] 王槐三. 高分子化学教程. 北京：科学出版社，2007.
[5] 金日光，华幼卿. 高分子物理：第 3 版. 北京：化学工业出版社，2010.
[6] 赵振河. 高分子化学和物理. 北京：中国纺织出版社，2003
[7] 张克惠. 塑料材料学. 西安：西北工业大学出版社，2000.
[8] 许健南. 塑料材料. 北京：中国轻工业出版社，1999.
[9] 张明善. 塑料成型工艺及设备. 北京：中国轻工业出版社，1998.